Conquer Power BI

征服Power BI

提升办公数字化能力的45个实战技巧

雷元（BI使徒工作室）/著

本书是一本关于 Power BI 进阶知识的实战类图书，将 Power BI 的主要功能融入 45 个高级应用技巧中，每个技巧都以解决实际商业分析或商业分析 BI 方案为导向。

全书将 Power BI 功能分为六大知识模块：数据处理模块介绍了将非结构化数据转换为结构化数据的相关方法；DAX 模型分析模块介绍了定义数据表之间的关系、创建度量和计算列，以及 DAX 建模等核心知识；可视化应用模块按类介绍了可视化对象个体，以及整体提升报表效果的方法；数据发布与共享模块介绍了分享数据流、数据集、数据市场，创建和管理指标、管道，创建多语言和视角等数据分享功能；Power Platform 与 Microsoft 365 集成模块介绍了 Power BI 与其他工具结合的应用案例；企业应用模块介绍了与 Power BI 报表开发相关的功能。

本书主要面向进阶用户，适合有一定 Power BI 基础的职场办公人士学习。

图书在版编目（CIP）数据

征服 Power BI：提升办公数字化能力的 45 个实战技巧 / 雷元著 . —北京：机械工业出版社，2023. 3

ISBN 978-7-111-72482-7

Ⅰ. ①征… Ⅱ. ①雷… Ⅲ. ①可视化软件-数据分析 Ⅳ. ①TP317. 3

中国国家版本馆 CIP 数据核字（2023）第 049281 号

机械工业出版社（北京市百万庄大街 22 号 邮政编码 100037）
策划编辑：张淑谦　　责任编辑：张淑谦　丁　伦
责任校对：韩佳欣　解　芳　　责任印制：单爱军
北京虎彩文化传播有限公司印刷
2023 年 5 月第 1 版第 1 次印刷
184mm×260mm · 17. 5 印张 · 451 千字
标准书号：ISBN 978-7-111-72482-7
定价：99. 00 元

电话服务　　网络服务
客服电话：010-88361066　机　工　官　网：www. cmpbook. com
010-88379833　机　工　官　博：weibo. com/cmp1952
010-68326294　金　书　网：www. golden-book. com
封底无防伪标均为盗版　机工教育服务网：www. cmpedu. com

序 一

18 世纪，法国著名思想家、文学家伏尔泰在多本著作中不断盛赞中国是“世界上最古老、最广阔、最美丽、人口最多、管理得最好的国家”“中国人在道德和政治经济学、农业、生活必需的技艺等方面已臻完美境地”。当时的中国，正处于农业时代的鼎盛时期。在英国著名经济学家安格斯·麦迪森的《世界经济千年史》中，估算当时中国 GDP 约占全世界的 32.9%。

实际上，在漫长的农业时代中，技术进步的速度极其缓慢，个人的生产效率一直较低，所以人口和土地是最宝贵的资源，社会财富的数量与人口数量基本上呈正相关。

新中国成立以来，我们一直在奋力追赶，不但完成了工业化改革，而且在信息化改革中也高歌猛进，成为今日的世界第二大经济体。我们每一个人，都享受着新技术带来的各种便利，同时也需要不断学习和使用各种新技术和新工具来创造价值。

每一次生产力革命都会对旧生产关系、生产形式进行颠覆。以前，强壮的农民、拥有知识和技能的产业工人是劳动主力，他们可以创造财富，所以他们自己就是财富。但在信息化时代的高级阶段——数字时代，一切都在变化，因为数据开始成为财富，可以说数据就是生产力。

IDC 对全球数据规模进行的预测显示，到 2025 年，全球数据可达 175ZB（十万亿亿字节），其中有超过一半（90ZB）来自物联网设备，80%的数据是非结构化的。如何利用海量的数据是摆在每一家企业，甚至每一个人面前的重要问题。

以前对数据的处理是某些专业领域人员的主要工作，比如会计、HR、统计人员和科研人员等，但现在不一样了，人人都需要学会获取和处理数据，而且要高效处理数据，并从中寻找有用的信息，让其产生价值。掌握了这样的能力，就等于学会了使用数据处理这个工具。

本书的作者雷元，就是帮大家破解密码的人。

他拥有 20 多年的 IT 与 BI 相关工作经历，精通多种相关软件进行数据分析，曾为多家知名企业提供过数字化管理方案并获好评。目前，他是一位独立的技术顾问和培训师，也是多本 BI 畅销图书的作者。

我第一次和雷老师交流，是因为一次微软最有价值专家（MVP）内部分享话题的相关访谈，为了更好地获得图书出版经验，当时采访了包括雷老师在内的多位出版过图书的 MVP。雷老师对于图书写作的丰富经验，对知识分享的独到见解，对于技术的热爱与追求，给我留下了深刻的印象。此外，雷老师聊到技术滔滔不绝，聊到自己的成就却很谦虚，甚至显得有些羞涩，是一个典型的纯技术大牛。

以 Excel、Power BI 为核心的 Microsoft 365 与 Microsoft Power Platform 是当下最主流的数据处理与分析工具，如果要学习这些先进工具的运用理念及应用案例，选对老师是很重要的事情。像雷老师这样的技术专家，不但写书、讲课、做企业项目，还开设了自己的知识星球，积极与学员做深入技术交流，不断分享新技术点和新见解。就像本书，在 Power BI 的应用案例之外，还加入了很多与 Power Platform 相结合的用法，形成了更完备的企业数字化技术体系，这在其他同类题材图书中是比较少见的。

最后，总结一下我的个人观点。

人人都应该尽早开始学习数据的处理与分析，这将是今后的一项重要技能。

跟着雷元老师这样务实的专家学习，可以少走弯路并降低学习成本。

祝大家学习愉快！

周庆麟

ExcelHome 创始人、微软最有价值专家（MVP）

序 二

近几年，随着经济环境的影响和混合工作模式的变化，众多企业都将“降本增效”作为保持业务韧性运营和永续发展的主旨。当然，降本始于心，而增效践于行。每位职场人也都在积极探求提高运转效率、增加经营效益的方法。

无论身处哪个行业，从事何种工作岗位，相信你都想成为个人工作流程中最重要的一环，这就需要不断生产、发现、触发和管理企业业务中的核心——数据。

不断演变的工作模式，已经将“数据分析”能力列入每位职场人的必备技能清单。

- 要求我们具备深入业务的体感力：你是否理解每一项业务的商业思路和底层逻辑，是否可以从这些错综复杂的表层，抽丝剥茧发现相互依赖的关键关系。
- 要求我们具备洞察数据的敏感力：你是否能够及时发现数据的变化和影响趋势，是否可以从不同维度的动态数据模型中快速捕获并精准标识最核心的重要指标。
- 要求我们具备基于数据的总结力：你是否可以从茫茫数据海洋中清晰梳理出直击业务核心的明确路径，并将其作为辅助做出最佳决策的理论与实践依据。
- 要求我们具备沟通数据的影响力：你是否能够以数据的形式简洁、直观地将发现的问题表达出来，向每位合作的业务伙伴传递准确且有价值的信息。

每人周围都有一些优秀的同事，他们有着很强的数据分析能力，我们往往在办公室尊称其为“表哥”“表姐”。

是的，我和你一样，也在向这些“表哥”“表姐”们不断学习其基于数据的思考能力，以及数据分析工具的熟练使用能力。正如常言所说“工欲善其事，必先利其器”，我们处在海量数据的时代，除了日常办公中最熟悉的 Microsoft Excel 外，很多朋友也在积极探索和学习大数据分析工具，并希望将其融入自己的工作过程中。而 Microsoft Power BI 数据分析服务绝对算众多选择中最值得关注和推荐的一个。

我本人现在也是 Microsoft Power BI 的深度使用者。

其实，最初学习和使用 Power BI 的过程，对于我而言并不算十分轻松。虽然可以很容易地将 Excel 中的数据管理、数据计算、数据分析、数据逻辑和数据展现思维迁移到 Power BI 服务，并借助 Power BI 强大的功能来处理信息，但是总希望能够了解更多基于 Power BI 服务本身的分析技能，以及快速的操控技巧。那时，我无意间关注了“BI 使徒”微信公众号，并从中结识了雷元老师。自此与雷元老师有了诸多工作合作和技术交流。

雷元老师是微软最有价值专家（MVP），主攻 Power BI 技术方向。当雷元老师托我为本书作序时，我诚惶诚恐，因为在雷元老师面前，我可能和你一样都是 Power BI 的小学生。但强大的技术获知欲，让我迫不及待地翻阅并学习这本书的手稿。很庆幸，我可能是这本新作的第一位读者，更值得炫耀的是，我已经抢先一步将本书中的讲解案例实际应用在了工作中。在这一过程中，渐悟雷元老师在此书中对 Power BI 技术的用心编排和细节处理。

如果你正在使用 Excel，推荐阅读这本书。其中的数据处理和模型构建的思路、方法，完全可以颠覆你对数据常规操作的认知。

如果你正在学习 Power BI，推荐阅读这本书。它可以让你更轻松地将数据分析目标执行在 Power BI 工具中，按照步骤指导，快速交付。

如果你已经是 Power BI 高手，推荐阅读这本书。从中，你将更容易化解那些之前曾经困扰你的疑难症结，提升对数据的全局操控能力。

如果你是企业级 Microsoft 365 用户，更推荐阅读这本书。因为你将会发现 Power BI 在你的办公平台中无处不在。数据，原来才是所有业务的关键驱动核心。

兵法中曰：知己知彼，百战不殆。大家身处的商业环境，又何尝不是如此，数据就是那个“彼”。

正因为此，具备并掌握数据结构思维、数据逻辑思维、数据分析思维和数据学习思维的关键技能，你才能够站在业务的制高点，理解掌控工作核心，使自己立于不败之地，成就职场中最卓越的自己。

李　辉
微软技术社区区域总监（Microsoft Regional Director）

前言

为何写本书

自微软在2015年7月正式发布第一版Power BI以来，历经数年的更新发展，成绩斐然，这可以从每年加德纳顾问公司的Analytics and Business Intelligence Platform魔力象限图得到印证。不管是工具的易用性，还是平台的前瞻性，微软BI都处于领导者地位，这有赖于Power BI在其中发挥的巨大贡献，未来，这种优势还将持续下去，甚至有继续扩大的趋势。作为Power BI的一名“老兵”，作者能真切地感受到企业对Power BI的重视程度与普遍需求也在不断增强。

Power BI如此成功的众多原因之一是其拥有一个非常成熟的社群团体，在这里爱好者和开发者聚集一堂，讨论分享Power BI各方面的话题，Power BI开发团队积极倾听其中的改善意见，一些重要建议也被转化成Power BI新的功能。Power BI问世至今，其研发团队几乎每月都发布新功能，更新速度之快令人咂舌。

在享受Power BI新功能的同时，也必须承认它为用户带来了某种“压力”。为了能保持对Power BI更新功能的敏感与了解，用户必须不断学习并更新自己的知识体系，无论是从更新的数量和速度上，这对许多人而言是一种新的挑战。有时候几个月没有了解Power BI更新，就会感觉自己原有的知识体系又落伍了，因此作者总是对Power BI保持一种欣赏而谦卑的态度。

然而面对数量庞大的新知识，读者应该如何系统升级自己的认知？正所谓“得系统者，得Power BI”，这也引出了本书的立意，即为读者提供系统且覆盖全面的Power BI知识技巧，让读者从中发掘更多的价值。

如何使用本书

本书尝试从科学性和实用价值的角度将Power BI功能分门别类，形成实用技巧案例，具体细分为以下六大知识模块。

- 数据处理——为数据处理提速

数据处理是数据分析的基石，只有使用处理干净的数据，分析才会产生价值。简单而言，数据处理的终极目的是将非结构化数据转换为结构化数据。虽然数据处理自身未必直接产生数据价值，但其过程往往相当耗时，因此如果无法高效完成数据整理任务，必将影响最终的数据分析进程。通过本章内容的学习能帮助大家进一步提高数据整理的能力和效率，达到事半功倍的效果。无论读者使用Excel

或 Power BI，都可以用到本章介绍的技巧。

- DAX 模型分析——有趣的灵魂

如果将可视化喻为“皮囊”，那 DAX 模型就一定是“灵魂”。当用户完成数据处理后，下一道工序便是建模分析，其内容包括定义数据表之间的关系、创建度量和计算列。这些内容虽然对于报表使用者而言都是不可见的“黑匣子”，但有价值的事物往往是无法被直接观察触摸的，错误的模型设计将导致错误的结果，有时甚至比没有分析结果更糟糕。本章主要介绍 Power Pivot 中 DAX 建模相关的核心知识。

- 可视化应用——一图胜千言

在实际工作中，既不能强调可视化设计的唯一性，也不能完全忽视可视化设计的必要性。所谓可视化分析，说白了就是既要好看、也要有趣。回到正题，如果说数据是对现实世界的抽象，那么可视化对象便是对数据的抽象。数据可视化是一种非常强有力的“看图说明”方式，分析者根据不同的分析目的，采用不同的可视化对象，与受众产生共鸣。本章将按类介绍可视化对象个体，还将介绍整体提升报表效果。

- 数据发布与共享——强大的数据分发平台

数据分析提供商业洞察力，数据发布与共享提升协同效率，将正确的数据，在正确的时间，以正确的方式，推送给正确的受众，驱动正确的决策和行动，将数据的价值发挥到极致。如何高效发布与共享数据内容，使数据价值发挥最大效益是平台管理者的责任。Power BI Service 是 Power BI 的 SaaS（软件即服务）平台，集成了大量高级的数据分享功能，如分享数据流、数据集、数据市场，创建和管理指标、管道，创建多语言和视角功能等，为数据共享提供强大的基础平台，本章主要介绍 Power BI Service 中的以上功能特色与亮点。

- Power Platform 与 Microsoft 365 集成——兄弟同心，其利断金

虽然 Power BI 是数据分析的利器，但站在更高的战略角度去看，仅依靠一款工具难以完整支撑企业数字化转型的全面需求。作为 Power Platform 中的一员，Power BI 天然与 Power Apps、Power Automate 深度结合，也能与 Azure Cloud、Microsoft 365 Cloud（Office）形成集成应用，从而产生合力，其中很多应用场景都基于 SaaS 场景实现。本章主要介绍 Power BI 与其他工件结合的典型应用案例。

- 企业应用——站在企业视角升级 BI

工欲善其事、必先利其器。对于开发者而言，除了学习 M 语言、DAX 模型和可视化分析相关的知识外，还需要掌握 Power BI 工具知识，特别是 BI 领域，这是因为对于特殊或者复杂度相对高的任务，开发者需要精准使用正确的开发工具以提高开发的效率与能力。本章主要围绕与 Power BI 报表开发相关的功能展开介绍，提升用户对开发工具的了解与技能。

每章内容包含若干技巧，每个技巧又包含若干个相关的案例，本书为每个案例配备了示例文件和视频。相信通过系统学习以上 6 章的内容，读者将系统全面性地提升个人的 Power BI 应用水平。

本书前三章涉及数据处理、数据建模、数据可视化，为广大读者展示了众多实用技巧；在后三章，本书将知识扩展至 Microsoft 365、Power Platform 和企业 BI 方面的相关内容，为读者提供更加宽广的学习视野。

在内容风格方面，本书延续作者以往一贯的实用主义，案例解析做到步骤清晰明了、图文并茂。另外，本书还配有精美视频和示例文件，为读者们提供了多种学习方式。在深度方面，书中内容主要

适合有一定 Power BI 基础的读者学习，当然不排除其他任何对数据分析有兴趣和热情的读者。书中每个技巧都以解决实际商业分析或 BI 问题为导向，并且提供了解决方案。

书中不包含的内容

本书不会涉及对 Microsoft 365、Power platform、BI 等方面的概念介绍。同时，读者需要自行安装各种常用的开发工具（如 Tabular Editor、Visual Studio、SSDT、SSMS、DAX Studio 等），关于这部分工具的知识技巧也不在本书的介绍范围。

勘误和联系我们

读者若对书中内容有任何疑问可发邮件（yuan. lei@ biapostle. onmicrosoft. com）联系作者。读者也可扫描本书封底二维码，关注机械工业出版社计算机分社官方微信订阅号——IT 有得聊，来获取更多的相关知识和最新 IT 资讯。

感谢

创作总是一件充满挑战的事情，作者必须每时每刻不断地去挖掘创作题材，然后鉴别、筛选甚至否定。这个过程无疑是漫长、艰辛甚至痛苦的，在此特别感谢所有支持我的读者和包括大海老师（一位知识渊博的好友）在内的朋友们，正因为你们的支持，给了我前进的动力和鼓舞。另外，特别感谢机械工业出版社的张淑谦老师，他给了我诸多中肯的建议和支持，使我的创作之路变得不孤独。最后，我需要感谢且感恩我的家人，是你们长久以来的支持，让我在砥砺前行的路途上更有动力，尤其是乐乐和天天，你们是我写作的力量和灵感的源泉。

作　者

目录

第1章

「数据处理——为数据处理提速」

数据处理是数据分析的基石，只有使用处理干净的数据，分析才会产生价值。简单而言，数据处理的终极目的是将非结构化数据转换为结构化数据。虽然数据处理自身未必直接产生数据价值，但其过程往往相当耗时，因此如果无法高效完成数据整理任务，必将影响最终的数据分析进程。通过本章内容的学习能帮助大家进一步提高数据整理的能力和效率，达到事半功倍的效果。无论读者使用 Excel 或 Power BI，都可以用到本章讲解的技巧。

技巧 1　如何处理数据追加

问题：

- 如何实现单工作簿中多张工作表的追加？
- 如何实现单工作簿中多张工作表的追加（无主数据）？
- 如何实现多工作簿中单工作表的追加？
- 默认追加合并功能出错了，如何解决？
- 如何实现多工作簿多工作表的追加？
- 当全量追加数据过慢时，如何优化追加效率？

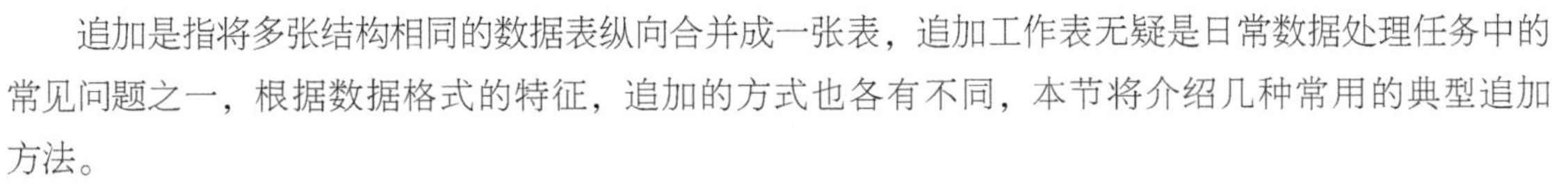

追加是指将多张结构相同的数据表纵向合并成一张表，追加工作表无疑是日常数据处理任务中的常见问题之一，根据数据格式的特征，追加的方式也各有不同，本节将介绍几种常用的典型追加方法。

例 1　单工作簿多工作表追加

图 1.1 中所显示的单工作簿中含多张工作表的源数据，通过追加将其转换为图 1.2 中的结构数据。

	A	B	C	D	E	F	G
1	日期	收盘价	开盘价	最高价	最低价	成交量	股票代码
2	2020/1/1	$ 100.44	$ 93.75	$ 102.79	$ 90.77	83,251,785	AMZN
3	2020/2/1	$ 94.19	$ 100.53	$ 109.30	$ 90.56	92,353,091	AMZN
4	2020/3/1	$ 97.49	$ 95.32	$ 99.82	$ 81.30	163,293,618	AMZN
5	2020/4/1	$ 123.70	$ 96.65	$ 123.75	$ 94.46	123,585,974	AMZN
6	2020/5/1	$ 122.12	$ 116.84	$ 126.27	$ 112.82	81,971,523	AMZN
7	2020/6/1	$ 137.94	$ 122.40	$ 139.80	$ 121.86	87,101,967	AMZN
8	2020/7/1	$ 158.23	$ 137.90	$ 167.21	$ 137.70	126,084,802	AMZN
9	2020/8/1	$ 172.55	$ 159.03	$ 174.75	$ 153.65	82,659,090	AMZN
10	2020/9/1	$ 157.44	$ 174.48	$ 177.61	$ 143.55	114,488,569	AMZN

PG　JNJ　AMZN　MSFT　AAPL

就绪　辅助功能：一切就绪

图 1.1　含有多只股票历史交易数据的工作簿

公司代码	日期	收盘价	开盘价	最高价	最低价	成交量
MCD	2022年5月25日	244.01	242.58	245.7	241.59	2631319
MCD	2022年5月26日	248.09	246	249.3269	245.595	1972341
MCD	2022年5月27日	251.87	249.5	251.87	248.78	2063755
AMZN	2010年1月4日	30.95	30.62	31.1	30.59	38414185
AMZN	2010年1月5日	30.96	30.85	31.1	30.64	49758862
AMZN	2010年1月6日	30.77	30.88	31.08	30.52	58182332
AMZN	2010年1月7日	30.452	30.63	30.7	30.19	50564285
AMZN	2010年1月8日	30.66	30.28	30.88	30.24	51201289

图 1.2 追加完成后的数据表截图

01 在 Power BI Desktop 界面中单击【Excel 工作簿】选项，在弹出的【导航器】对话框中勾选任意一张表，单击【转换数据】按钮，见图 1.3。

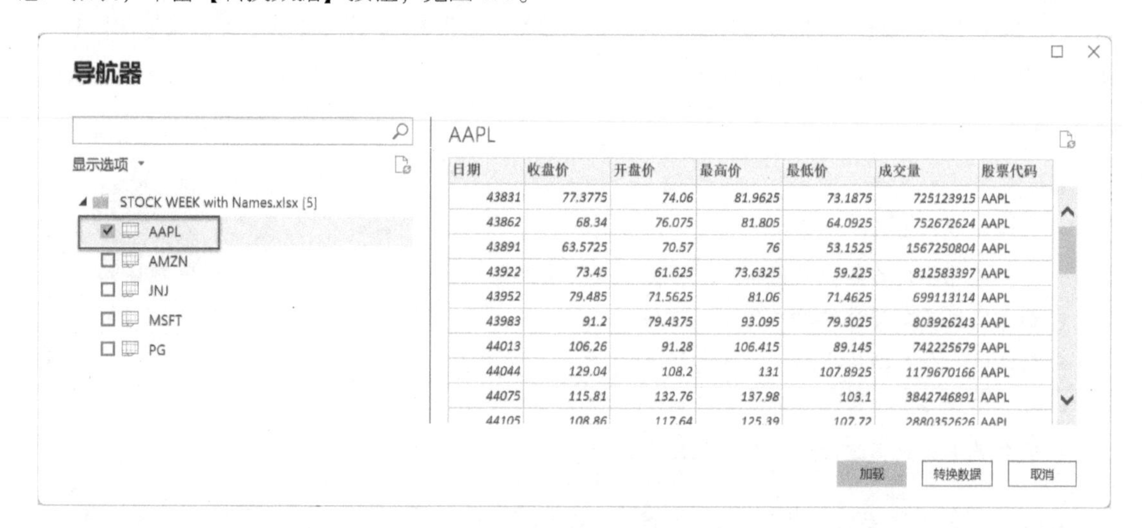

图 1.3 导入任意一张工作表

02 进入 Power Query 界面后，单击 × 删除符号，将【应用的步骤】中【源】以外的步骤都删除，见图 1.4。

```
= Table.TransformColumnTypes(提升的标题,{{"日期", Int64.Type}, {"收盘价", type number}
, {"开盘价", type number}, {"最高价", type number}, {"最低价", type number}, {"成交
量", Int64.Type}, {"股票代码", type text}})
```

	日期	收盘价	开盘价	最高价
1	43831	77.3775	74.06	81.9625
2	43862	68.34	76.075	81.805
3	43891	63.5725	70.57	76
4	43922	73.45	61.625	73.6325
5	43952	79.485	71.5625	81.06
6	43983	91.2	79.4375	93.095

查询设置
属性
名称
AAPL
所有属性
应用的步骤
源
导航
提升的标题
更改的类型

图 1.4 删除 Power BI 默认产生的额外步骤

03 删除完毕后，选中【Data】列（列也可称为字段）中的任意 Table，观察下方数据表结构快照，此例中标题为第一行，因此需要提升标题，将公式中的 null 值直接改为 true，按<Enter>键，见图

1.5 与图 1.6。

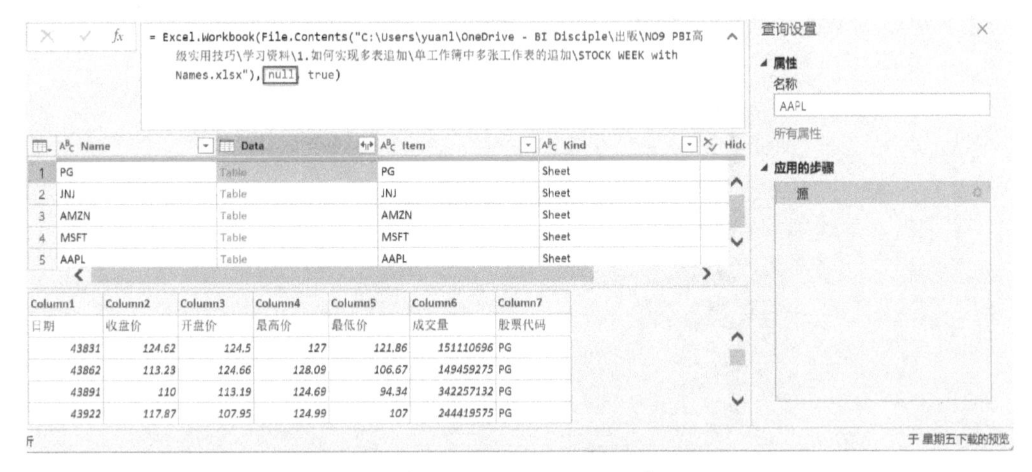

图 1.5 默认读取文件的 null 参数设置

```
= Excel.Workbook(File.Contents("C:\Users\yuanl\OneDrive - BI Disciple\出版\NO9 PBI高
  级实用技巧\学习资料\1.如何实现多表追加\单工作簿中多张工作表的追加\STOCK WEEK with
  Names.xlsx"), true, true)
```

	Name	Data	Item	Kind
1	PG	Table	PG	Sheet
2	JNJ	Table	JNJ	Sheet
3	AMZN	Table	AMZN	Sheet
4	MSFT	Table	MSFT	Sheet
5	AAPL	Table	AAPL	Sheet

日期	收盘价	开盘价	最高价	最低价	成交量	股票代码
43831	124.62	124.5	127	121.86	151110696	PG
43862	113.23	124.66	128.09	106.67	149459275	PG
43891	110	113.19	124.69	94.34	342257132	PG
43922	117.87	107.95	124.99	107	244419575	PG
43952	115.92	117.6	118.37	111.25	156055505	PG

图 1.6 手动调整 null 值为 true

04 完成后，选中【Data】列并单击鼠标右键，在弹出的快捷菜单中选择【删除其他列】选项，见图 1.7。

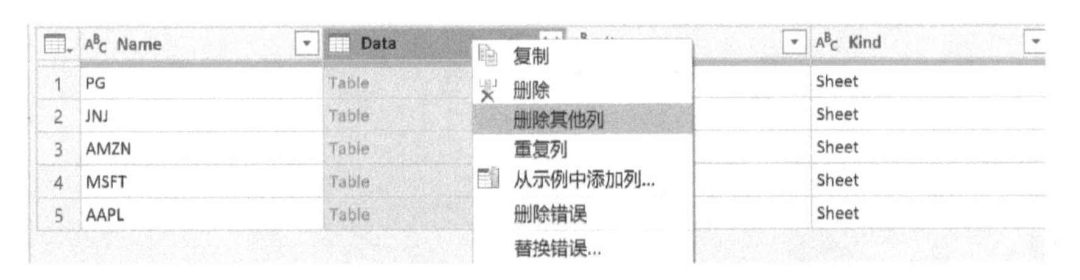

图 1.7 删除【Data】列以外的其他列

05 单击【Data】列旁的图标展开各列（见图 1.8），取消勾选【使用原始列名作为前缀】，单击【确定】按钮。图 1.9 为最终追加完成结果。

图 1.8 将【Data】列进行展开操作

		收盘价	开盘价	最高价	最低价
1	2020/1/1	124.62	124.5	127	12
2	2020/2/1	113.23	124.66	128.09	10
3	2020/3/1	110	113.19	124.69	9
4	2020/4/1	117.87	107.95	124.99	
5	2020/5/1	115.92	117.6	118.37	11
6	2020/6/1	119.57	116	121.82	11
7	2020/7/1	131.12	119.65	132.03	1
8	2020/8/1	138.33	130.47	139.69	13
9	2020/9/1	138.99	137.86	141.7	1
10	2020/10/1	137.1	139.58	145.87	13
11	2020/11/1	138.87	138.51	146.92	13
12	2020/12/1	139.14	139.16	140.07	134.2
13	2021/1/1	128.21	139.66	141.04	127.4
14	2021/2/1	123.53	129	130.72	12
15	2021/3/1	135.43	124.16	137.6	12
16	2021/4/1	133.42	135.05	138.59	130.
17	2021/5/1	134.85	134.03	139.1	13

成交量 股票代码
升序排序
降序排序
清除排序
清除筛选器
删除空
文本筛选器
搜索
(全选)
AAPL
AMZN
JNJ
MSFT
PG
确定 取消

图 1.9 最终追加完成的数据表结果

例 2 单工作簿多工作表追加（无主数据）

图 1.10 中的例子中不含【股票代码】列，表中仅包含交易数据，这种数据表被称为无主数据表，对于处理这种数据追加的情景，需要“创造”主数据列。

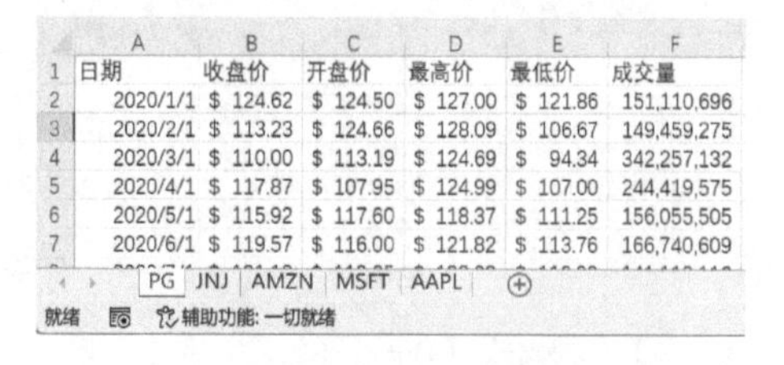

	A	B	C	D	E	F
1	日期	收盘价	开盘价	最高价	最低价	成交量
2	2020/1/1	$ 124.62	$ 124.50	$ 127.00	$ 121.86	151,110,696
3	2020/2/1	$ 113.23	$ 124.66	$ 128.09	$ 106.67	149,459,275
4	2020/3/1	$ 110.00	$ 113.19	$ 124.69	$ 94.34	342,257,132
5	2020/4/1	$ 117.87	$ 107.95	$ 124.99	$ 107.00	244,419,575
6	2020/5/1	$ 115.92	$ 117.60	$ 118.37	$ 111.25	156,055,505
7	2020/6/1	$ 119.57	$ 116.00	$ 121.82	$ 113.76	166,740,609

PG JNJ AMZN MSFT AAPL
就绪 辅助功能: 一切就绪

图 1.10 不含有股票代码列的历史数据工作簿

01 先参照例 1 完成步骤 1～3 的操作，再选择列步骤，这里需要同时选择【Name】和【Date】列，然后选择【删除其他列】选项，见图 1.11。

图 1.11 删除【Name】和【data】列以外的其他列

02 当展开【Data】列后，每行数据将默认包含【Name】（股票代码）列，见图 1.12。

开盘价	最高价
124.5	127
124.66	128.09
113.19	124.69
107.95	124.99
117.6	118.37
116	121.82
119.65	132.03
130.47	139.69
137.86	141.7
139.58	145.87
138.51	146.92
139.16	140.07
139.66	141.04
129	130.72
124.16	137.6
135.05	138.59
134.03	139.1

升序排序
降序排序
清除排序
清除筛选器
删除空
文本筛选器
搜索
(全选)
AAPL
AMZN
JNJ
MSFT
PG
确定
取消

图 1.12 追加完成之后的结果

例 3 多工作簿单工作表追加

图 1.13 为包含多张结构相同的工作簿的文件夹，对于多工作簿单工作表的追加场景，需要选择【文件夹】类型数据，Power Query 将默认读取指定文件夹下的所有文件，并进行追加。

图 1.13 文件夹下含有多张工作簿

01 直接在 Power Query 的查询面板空白处单击鼠标右键，在弹出的快捷菜单中选择【新建查询】-【更多】选项，见图 1.14。

02 在弹出的【获取数据】对话框中选择【文件夹】选项并单击【连接】按钮，见图 1.15。

图 1.14 创建新的查询

图 1.15 选择【文件夹】类型数据源

03 在【文件夹】对话框的【文件夹路径】中填入对应的文件夹位置，单击【确定】按钮，见图 1.16。

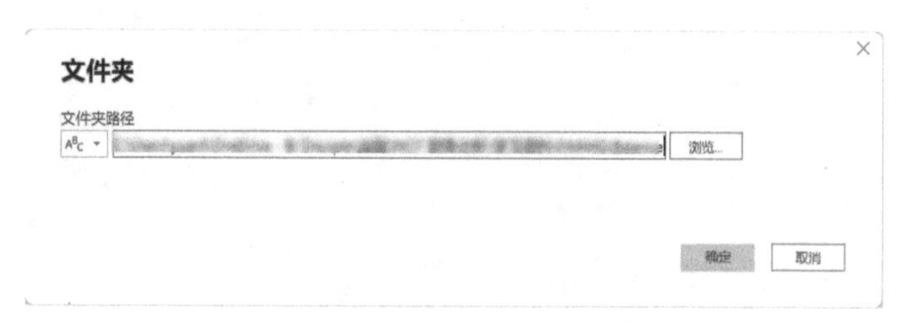

图 1.16 填入对应的文件夹路径

04 Power Query 会显示文件快照，确认后依次单击【组合】-【合并并转换数据】选项，见图 1.17。

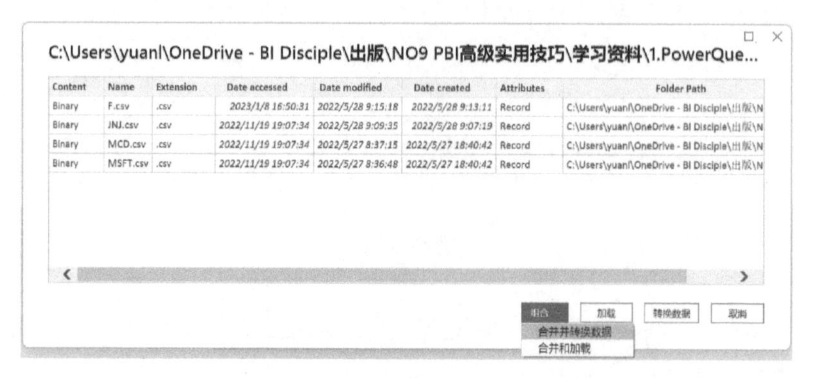

图 1.17 在快照区选择将数据进行合并并转换数据的操作

05 在【合并文件】对话框中，Power Query 会显示第一个文件的快照内容以及对应的【文件原始格式】，如果出现中文乱码，使用者可以调整至正确的编码格式，单击【确定】按钮，见图 1.18。

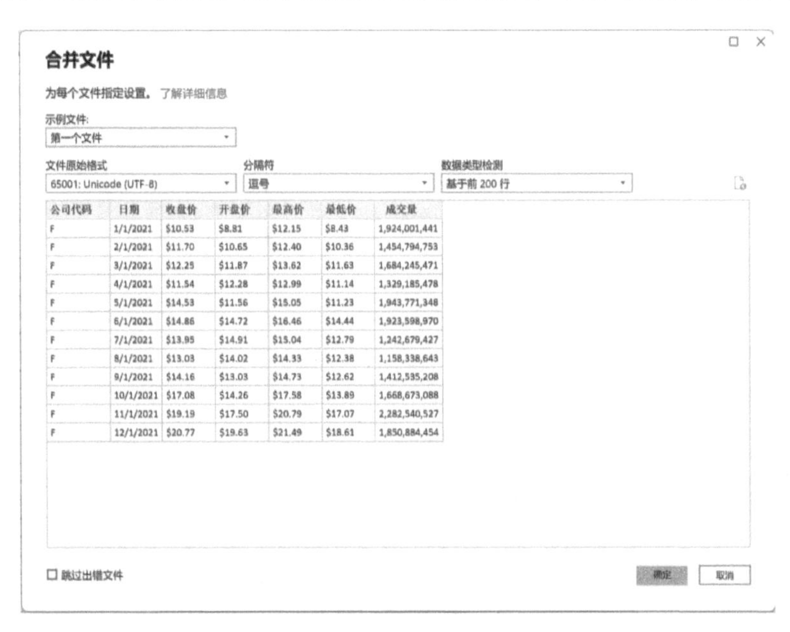

公司代码	日期	收盘价	开盘价	最高价	最低价	成交量
F	1/1/2021	$10.53	$8.81	$12.15	$8.43	1,924,001,441
F	2/1/2021	$11.70	$10.65	$12.40	$10.36	1,454,794,753
F	3/1/2021	$12.25	$11.87	$13.62	$11.63	1,684,245,471
F	4/1/2021	$11.54	$12.28	$12.99	$11.14	1,329,185,478
F	5/1/2021	$14.53	$11.56	$15.05	$11.23	1,943,771,348
F	6/1/2021	$14.86	$14.72	$16.46	$14.44	1,923,598,970
F	7/1/2021	$13.95	$14.91	$15.04	$12.79	1,242,679,427
F	8/1/2021	$13.03	$14.02	$14.33	$12.38	1,158,338,643
F	9/1/2021	$14.16	$13.03	$14.73	$12.62	1,412,535,208
F	10/1/2021	$17.08	$14.26	$17.58	$13.89	1,668,673,088
F	11/1/2021	$19.19	$17.50	$20.79	$17.07	2,282,540,527
F	12/1/2021	$20.77	$19.63	$21.49	$18.61	1,850,884,454

图 1.18 选择正确的文件原始格式

合并追加文件后观察查询区中自动生成的参数及文件夹，这些是 Power Query 自动生成的参数文件（不可删除），见图 1.19。

图 1.19 通过无代码追加所产生的额外参数文件及文件夹

例 4 使用 M 函数追加工作表

例 3 操作虽然简单，但可能会产生两个潜在问题，本节内容将介绍如何使用 M 函数解决这些问题。

- 无代码追加可能会产生未知错误，见图 1.20。
- 无代码追加会自动生成多个参数和文件夹，不易于管理。

01 参照之前 CSV 的示例方式，先读取示例文件 Excel 文件夹【Stocks_EXCEL】中的数据。读取完成后，删除【Content】列以外的列。选择【添加列】-【自定义列】选项，在弹出的【自定义列】

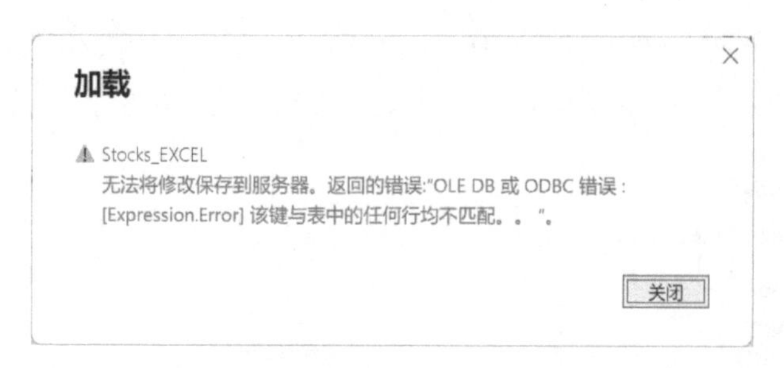

图 1.20 无代码追加方式产生的意外错误

对话框中输入公式“Excel. Workbook([Content], true)”(公式中的 true 表示自动提升数据标题),单击【确定】按钮,见图 1.21。

图 1.21 在自定义列中使用 Excel. Workbook( ) 函数

02 将【Content】列删除,并展开新产生的【自定义】列,在展开框中只选择【Data】列,单击【确定】按钮,见图 1.22。

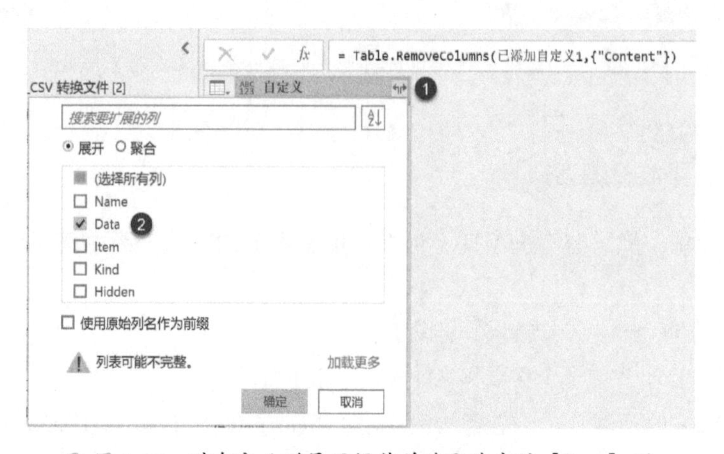

图 1.22 对自定义列展开操作并选取其中的【Data】列

03 对展开后的【Data】列进行下一层的展开，此时可以看到【Data】列中所包含的所有对应字段，单击【确定】按钮，见图 1.23。

图 1.23 将【Data】列进行展开并选择其中相关的字段

最终的结果见图 1.24。在本实例中，M 函数将所有的工作表内容进行了追加，而且没有出错，也没有产生额外的参数文件。相类似的 M 函数还包括 Csv. Document 和 Json. Document，用户可自行研究。注意，M 函数对大小写敏感。

	公司代码	日期	收盘价	开盘价	最高价	最低价	成交量
1	AAPL	44197	131.96	133.52	145.09	126.382	2236654333
2	AAPL	44228	121.26	133.75	137.877	118.39	1834022593
3	AAPL	44256	122.15	123.75	128.72	116.21	2650845211
4	AAPL	44287	131.46	123.66	137.07	122.49	1889669721
5	AAPL	44317	124.61	132.04	134.07	122.25	1711181106
6	AAPL	44348	136.96	125.08	137.41	123.13	1604290694
7	AAPL	44378	145.86	136.6	150	135.76	1919127917
8	AAPL	44409	151.83	146.36	153.49	144.5	1463302097

图 1.24 最终追加完成的结果

例 5 多工作簿多工作表追加

读者可能会问：如果遇到图 1.25 中的多工作簿多工作表的情景怎么处理追加呢？对于这类的 Excel 数据，仍然可以用 Excel. Workbook 函数来处理。

	A	B	C	D	E	F	G
1	公司代码	日期	收盘价	开盘价	最高价	最低价	成交量
2	MSFT	2021/1/1	231.96	222.53	242.64	211.94	647,998,091
3	MSFT	2021/2/1	232.38	235.06	246.13	227.88	490,981,819
4	MSFT	2021/3/1	235.77	235.9	241.05	224.26	724,981,506
5	MSFT	2021/4/1	252.18	238.47	263.19	238.0501	568,648,546
6	MSFT	2021/5/1	249.68	253.4	254.35	238.07	494,825,712
7	MSFT	2021/6/1	270.9	251.23	271.65	243	507,664,907
8	MSFT	2021/7/1	284.91	269.61	290.15	269.6	522,689,102
9	MSFT	2021/8/1	301.88	286.36	305.84	283.74	441,326,364
10	MSFT	2021/9/1	281.92	302.865	305.32	281.62	502,931,199
11	MSFT	2021/10/1	331.62	282.1217	332	280.25	516,523,658
12	MSFT	2021/11/1	330.59	331.355	349.67	326.37	509,503,364
13	MSFT	2021/12/1	336.32	335.13	344.3	317.25	625,971,723
14							

F MSFT

	A	B	C	D	E	F	G	H
1	公司代码	日期	收盘价	开盘价	最高价	最低价	成交量	
2	JNJ	1/1/2021	$163.13	$157.24	$173.65	$154.13	183,420,338	
3	JNJ	2/1/2021	$158.46	$165.31	$167.94	$157.97	147,687,929	
4	JNJ	3/1/2021	$164.35	$161.45	$167.03	$151.47	175,075,046	
5	JNJ	4/1/2021	$162.73	$162.60	$167.79	$156.53	162,520,147	
6	JNJ	5/1/2021	$169.25	$163.60	$172.74	$163.12	133,178,757	
7	JNJ	6/1/2021	$164.74	$170.15	$170.20	$161.79	145,659,149	
8	JNJ	7/1/2021	$172.20	$164.74	$173.38	$164.63	133,727,152	
9	JNJ	8/1/2021	$173.13	$172.47	$179.92	$171.30	114,790,653	
10	JNJ	9/1/2021	$161.50	$172.90	$175.22	$161.41	132,035,291	
11	JNJ	10/1/2021	$162.88	$161.53	$166.03	$157.34	136,330,276	
12	JNJ	11/1/2021	$155.93	$163.16	$167.62	$155.85	164,282,279	
13	JNJ	12/1/2021	$171.07	$156.88	$173.51	$156.25	167,979,307	
14								

JNJ MCD

图 1.25 多工作簿多工作表的原始数据

01 通过【文件夹】获取对应的工作簿，然后在添加列中使用 Excel. Workbook 获取 Table，并展开【自定义】列，获取其中的【Data】列，见图 1.26。

```
= Table.AddColumn(删除的其他列, "自定义", each Excel.Workbook([Content],true))
```

	Content	自定义
1	Binary	Table
2	Binary	Table

Name	Data	Item	Kind	Hidden
F	Table	F	Sheet	FALSE
MSFT	Table	MSFT	Sheet	FALSE

图 1.26 通过添加自定义列获取工作簿中的工作表

02 获取下一层 Table 后，对【Data】列进行展开操作，见图 1.27。最终结果见图 1.28。

	Content	Data
1	Binary	Table
2	Binary	Table
3	Binary	Table
4	Binary	Table

公司代码	日期	收盘价	开盘价	最高价	最低价	成交量
F	1/1/2021	10.53	8.81	12.15	8.43	1924001441
F	2/1/2021	11.7	10.65	12.4	10.36	1454794753
F	3/1/2021	12.25	11.87	13.62	11.63	1684245471
F	4/1/2021	11.54	12.28	12.99	11.14	1329185478
F	5/1/2021	14.53	11.56	15.05	11.23	1943771348

图 1.27 对【Data】列进行展开操作

	公司代码	日期	收盘价	开盘价
11	F	2021/11/1	19.19	17.5
12	F	2021/12/1	20.77	19.63
13	MSFT	2021/1/1	231.96	222.53
14	MSFT	2021/2/1	232.38	235.06
15	MSFT	2021/3/1	235.77	235.9
16	MSFT	2021/4/1	252.18	238.47
17	MSFT	2021/5/1	249.68	253.4

图 1.28 最终追加完成的结果

例 6 增量追加数据表

追加处理大型数据往往需要很长的时间，哪怕只是更新其中一个文件，Power Query 默认也会对所有数据进行全量刷新，本例内容将介绍如何优化追加过程。在图 1.29 中的父文件夹下创建两个子文件夹，假设其中的【OLD】文件夹用于存放旧的数据，【OLD】仅在创建初始化时刷新一次，而每次我们仅将新文件放入【NEW】并刷新，这样便达到了优化刷新的目标。

01 参照前文，分别将两个文件夹的数据追加到 Power Query 中，右击【追加 6 OLD】查询，在弹出的快捷菜单中取消勾选【包含在报表刷新中】选项，见图 1.30。这样操作后 Power Query 便不会自动刷新该查询。

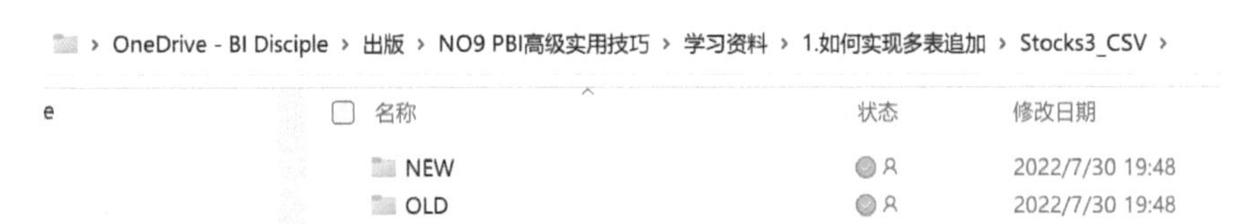

图 1.29　含有子文件夹的数据

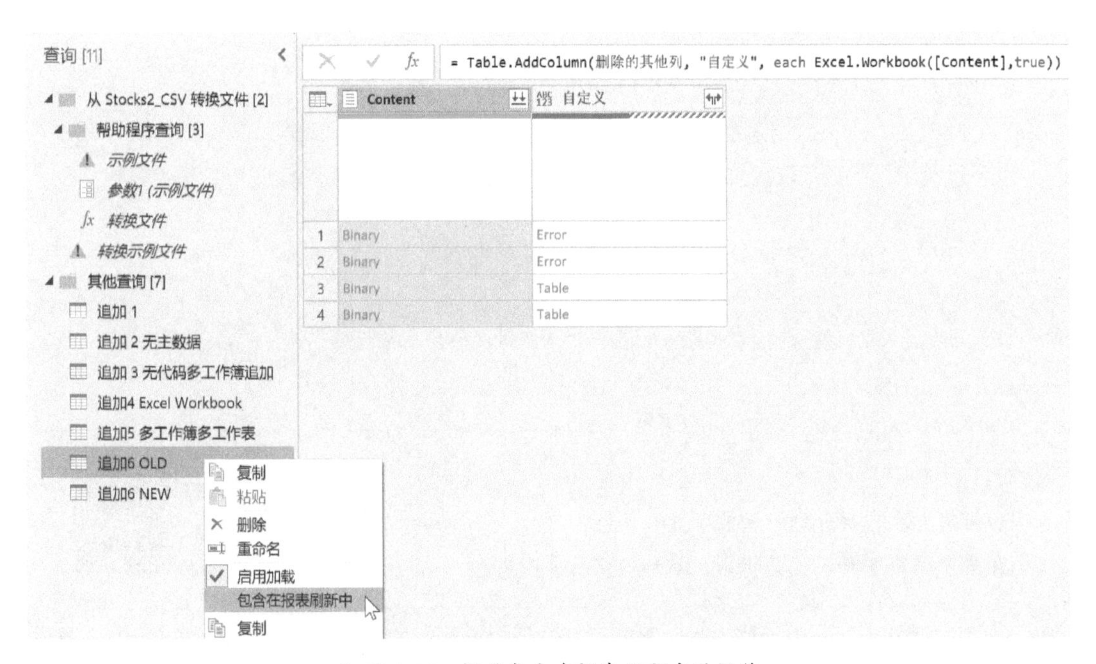

图 1.30　撤销包含在报表刷新中的操作

02 选择【追加 6 NEW】选项，单击【追加查询】按钮，在弹出的【追加】对话框的【要追加的表】栏中选择【追加 6 OLD】，单击【确定】按钮，见图 1.31，退出 Power Query 界面。

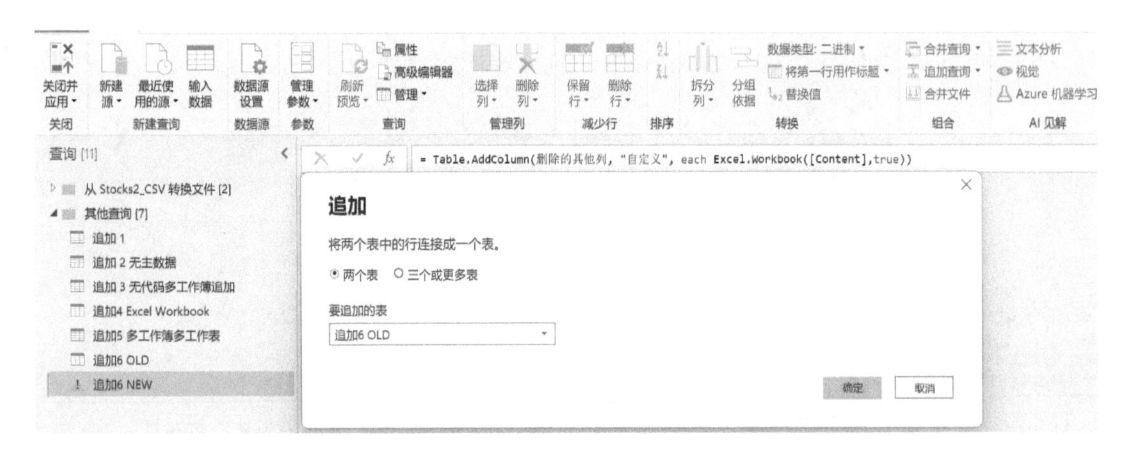

图 1.31　选择要追加的表

03 在 Power BI Desktop 主界面刷新数据，出现的刷新查询列表中并没有【追加6 OLD】查询，说明已省略该查询，这样便有助于提升整体的性能，见图 1.32。

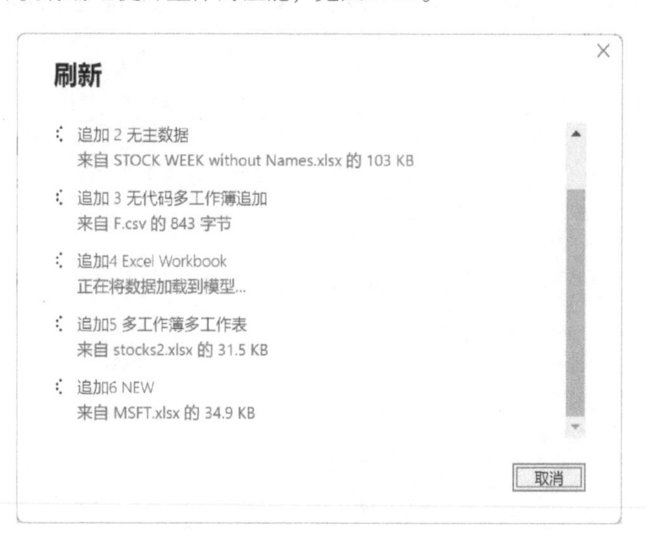

图 1.32 完成以上操作后的刷新界面

技巧 2 如何处理拆分类型

问题：

- 如何实现表中拆分到行功能？
- 有些分隔符字符不容易识别，该如何进行拆分？

当同类型数据处于同一单元格内时，需要对其进行拆分到行的数据处理，本节将介绍 Power Query 中拆分到行的处理功能。

例 7 拆分为行操作

在图 1.33 例子中，【收入来源（月）】列中的收入类型是由【\】符号分隔的，收入与金额之间由【*】符号分隔。本例的解题思路是第 1 步要按【\】拆分到行，第 2 步按【*】拆分到列。本例将介绍如何对该表进行拆分到行的操作，图 1.34 为最终处理结果。

	A	B
1	人物	收入来源(月)
2	使徒	打工*10000\股票投资*5000\淘宝开店*3000\写书*8000
3	关柔柔	打工*7000\基金投资*5000\直播带货*3000
4	何微微	健身教练*12000\翻译*9000

图 1.33 非结构化的原始数据

	人物	收入来源(月).1	收入来源(月).2
1	使徒	打工	10000
2	使徒	股票投资	5000
3	使徒	淘宝开店	3000
4	使徒	写书	8000
5	关柔柔	打工	7000
6	关柔柔	基金投资	5000
7	关柔柔	直播带货	3000
8	何微微	健身教练	12000
9	何微微	翻译	9000

图 1.34 经过拆分结构化处理的数据

01 将数据导入 Power Query，右键单击【收入来源（月）】列，选择【拆分列】-【按分隔符】选项，见图 1.35。

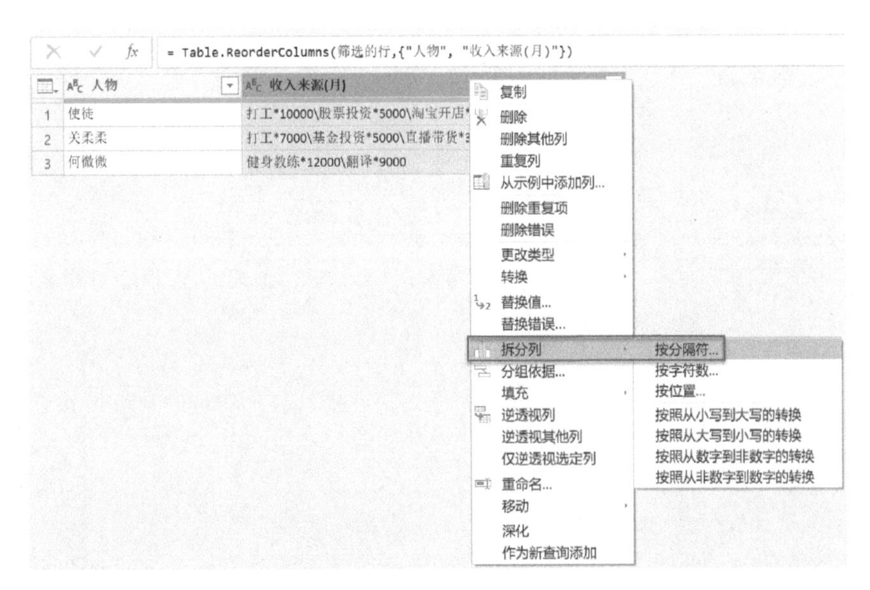

图 1.35 选择按分隔符拆分操作

02 在弹出的【按分隔符拆分列】对话框中选择使用的分隔符。之后，选择【每次出现分隔符时】单选按钮，在【高级选项】中选择【行】单选按钮，再单击【确定】按钮，见图 1.36。

03 拆分后每一项收入都被拆分为独立的行，见图 1.37。接下来只要将收入种类和金额拆分到列即可。

图 1.36 选择依据【\】符号拆分为行操作

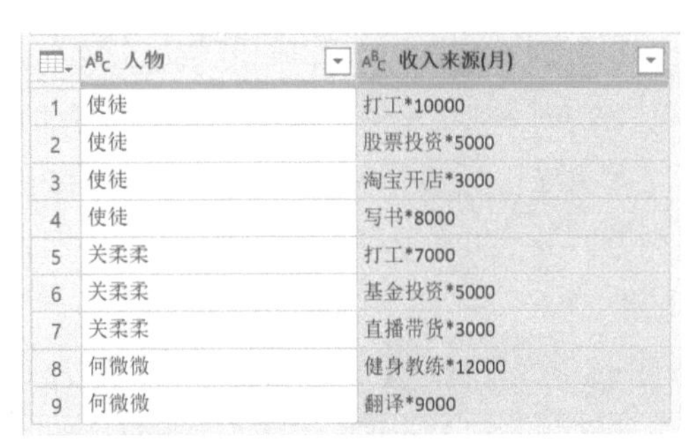

	人物	收入来源(月)
1	使徒	打工*10000
2	使徒	股票投资*5000
3	使徒	淘宝开店*3000
4	使徒	写书*8000
5	关柔柔	打工*7000
6	关柔柔	基金投资*5000
7	关柔柔	直播带货*3000
8	何微微	健身教练*12000
9	何微微	翻译*9000

图 1.37 拆分为行后的结果

04 重复之前的步骤，而这次选择的是以【＊】分隔符拆分为列，单击【确定】按钮完成，最终得到的结果见图 1.38。

图 1.38　选择依据【＊】符号拆分为列操作

例 8　按特殊字符拆分为行操作

有时有可能遇到以特殊字符（如回车、换行、Tab 等）为分隔符的情况，在没有办法手动输入特殊分隔符的情况下需要【使用特殊字符进行拆分】功能。在图 1.39 中，【个人信息介绍】列中含有多行信息，此处的分隔符为换行符，需要将列拆分为行，然后再进行透视操作，形成透视表。

	A	B
1	员工ID	个人信息介绍
2	1001	姓名：使徒 联系电邮：shitu@bi.com 职位：BI经理 入职时间：2010-9-1
3	1002	姓名：关柔柔 联系电邮：guan.rourou@bi.com 职位：文秘 入职时间：2018-7-1
4	1003	姓名：何微微 联系电邮：he.weiwei@bi.com 职位：分析师 入职时间：2015-08-1

图 1.39　非结构化原始数据

01 在 Power Query 中，右击【个人信息介绍】列，同样选择拆分为行操作，在最下端选择【换行】作为拆分字符，见图 1.40。图 1.41 为拆分为行的结果。

02 选中拆分后的【个人信息介绍 . 1】文件，选择【转换】-【透视列】选项，在弹出的【透视列】对话框中选择【值列】为【个人信息介绍 . 2】，【聚合值函数】为【不要聚合】，单击【确定】按钮，见图 1.42。图 1.43 为最终完成的透视结果。

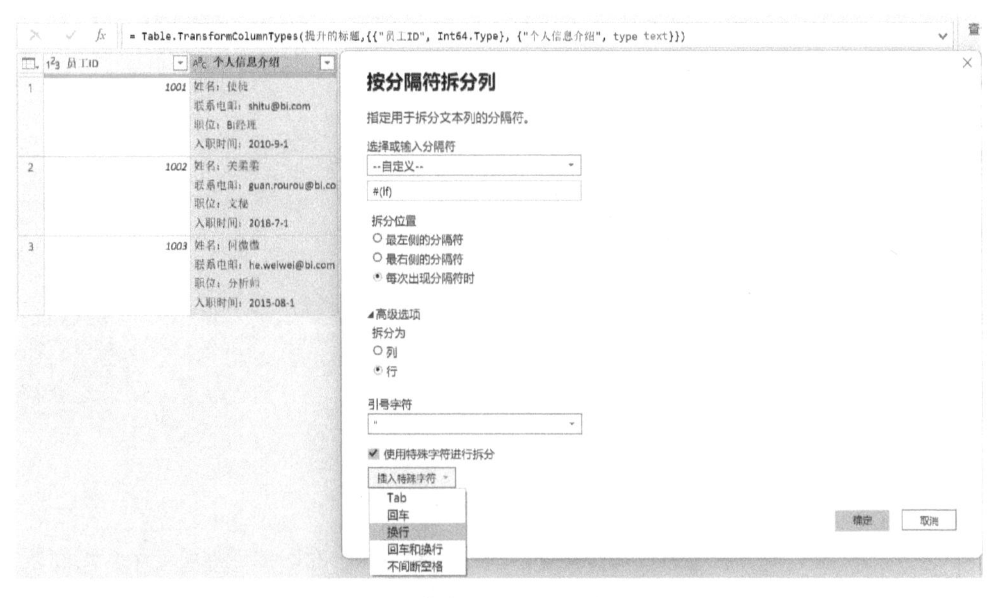

图 1.40　选择按换行分隔符拆分为行操作

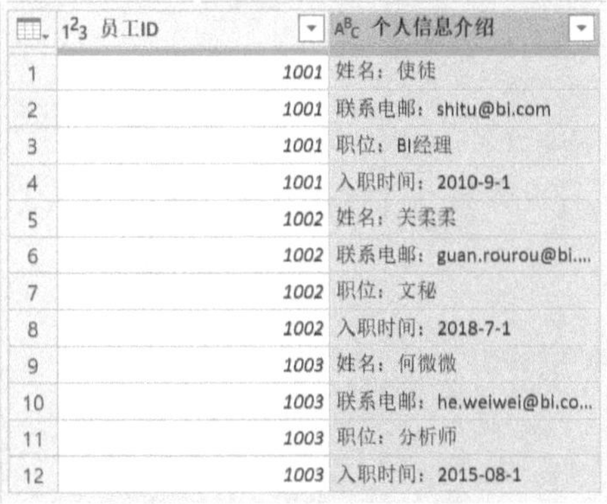

	员工ID	个人信息介绍
1	1001	姓名：使徒
2	1001	联系电邮：shitu@bi.com
3	1001	职位：BI经理
4	1001	入职时间：2010-9-1
5	1002	姓名：关柔柔
6	1002	联系电邮：guan.rourou@bi....
7	1002	职位：文秘
8	1002	入职时间：2018-7-1
9	1003	姓名：何微微
10	1003	联系电邮：he.weiwei@bi.co...
11	1003	职位：分析师
12	1003	入职时间：2015-08-1

图 1.41　拆分为行的结果

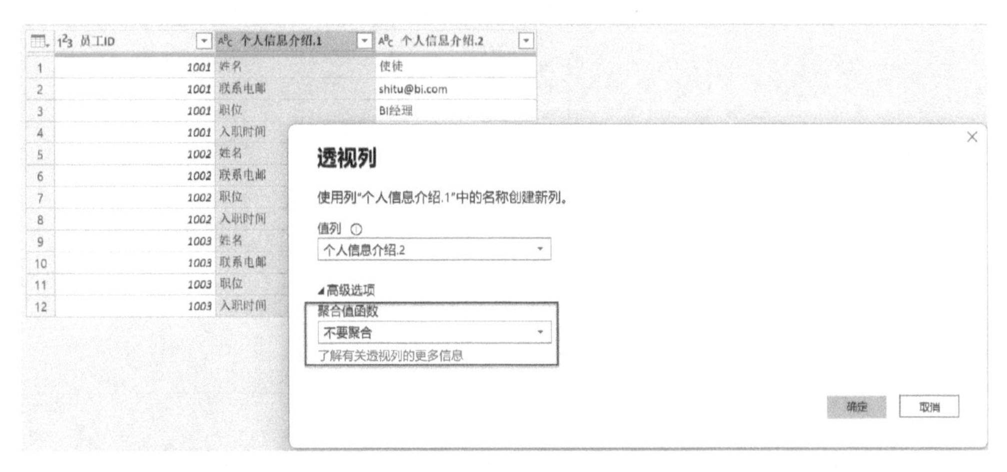

图 1.42　选择对【个人信息介绍.1】列进行透视列操作

	员工ID	姓名	联系电邮	职位	入职时间
1	1001	使徒	shitu@bi.com	BI经理	2010-9-1
2	1002	关柔柔	guan.rourou@bi.com	文秘	2018-7-1
3	1003	何微微	he.weiwei@bi.com	分析师	2015-08-1

图 1.43 透视列后的结果

技巧 3 如何处理逆透视列与透视列

问题：

- 为什么在数据整理中逆透视十分必要？
- 如何实现逆透视和追加逆透视？
- Power Query 可以实现透视吗？
- 什么情况下需要逆透视和透视组合使用？

透视表又称为交叉表或者二维表，其行和列均含有维度信息。在数据处理过程中，需要将二维表转换为一维表，目的是将数据进行结构化处理，这个过程称为逆透视操作。本节将介绍关于逆透视和透视的相关操作。

例 9 批量处理逆透视操作

图 1.44 为常见的透视表，这种效果方便受众分析数据结果。但透视表属于非结构化的表格，需要通过逆透视操作将列维度转换为【属性】与【值】，最终转换为图 1.45 中的结果，下面介绍如何进行简单的逆透视操作。

	A	B	C	D	E
1	年度销售目标	1/1/2015	1/1/2016	1/1/2017	1/1/2018
2	杨健	¥ 180,000	¥ 180,000	¥ 180,000	¥ 260,000
3	楚杰	¥ 400,000	¥ 380,000	¥ 680,000	¥ 920,000
4	殷莲	¥ 530,000	¥ 460,000	¥ 600,000	¥ 840,000

图 1.44 交叉表结构数据

	年度销售目标	属性	值
1	杨健	1/1/2015	180000
2	杨健	1/1/2016	180000
3	杨健	1/1/2017	180000
4	杨健	1/1/2018	260000
5	楚杰	1/1/2015	400000
6	楚杰	1/1/2016	380000
7	楚杰	1/1/2017	680000
8	楚杰	1/1/2018	920000
9	殷莲	1/1/2015	530000
10	殷莲	1/1/2016	460000
11	殷莲	1/1/2017	600000
12	殷莲	1/1/2018	840000

图 1.45 逆透视表结构化数据

进入 Power Query，选中【年度销售目标】列，单击鼠标右键后选择【逆透视其他列】选项，见

图1.46。

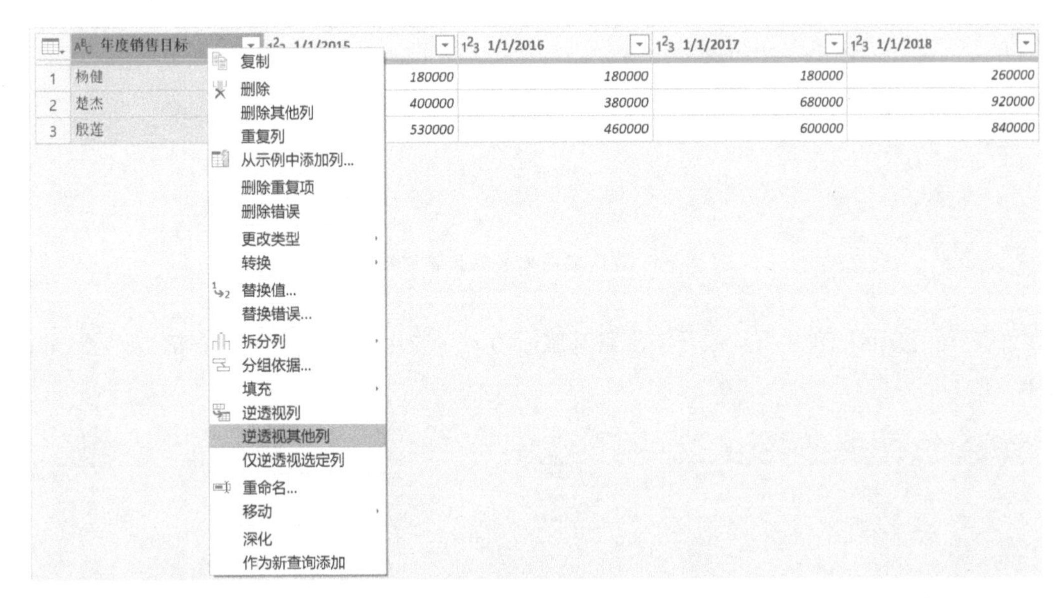

图1.46 选择【逆透视其他列】选项

图1.47为逆透视的结果，原先的列维度转换为【属性】和【值】，这便是逆透视的数据整理过程。

	年度销售目标	属性	值
1	杨健	1/1/2015	180000
2	杨健	1/1/2016	180000
3	杨健	1/1/2017	180000
4	杨健	1/1/2018	260000
5	楚杰	1/1/2015	400000
6	楚杰	1/1/2016	380000
7	楚杰	1/1/2017	680000
8	楚杰	1/1/2018	920000
9	殷莲	1/1/2015	530000
10	殷莲	1/1/2016	460000
11	殷莲	1/1/2017	600000
12	殷莲	1/1/2018	840000

图1.47 逆透视其他列后的结果

有些时候需要处理更加复杂的逆透视任务，如在图1.48中，有两张透视表，如果仔细观察会发现列维度的日期并非一致，这种情况下应该如何处理呢（假设它们来自不同的Excel工作簿）？

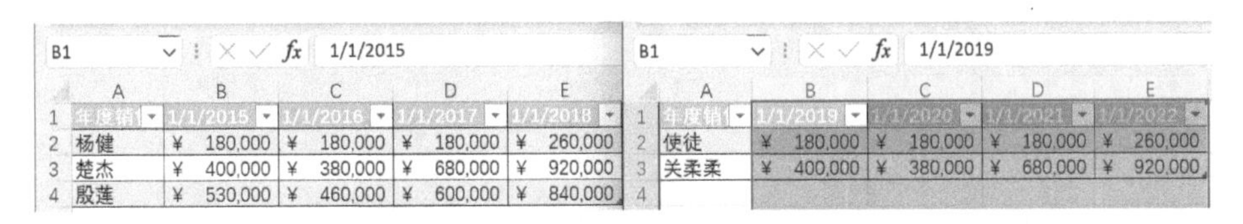

B1 fx 1/1/2015

	A	B	C	D	E
1	年度销售	1/1/2015	1/1/2016	1/1/2017	1/1/2018
2	杨健	¥ 180,000	¥ 180,000	¥ 180,000	¥ 260,000
3	楚杰	¥ 400,000	¥ 380,000	¥ 680,000	¥ 920,000
4	殷莲	¥ 530,000	¥ 460,000	¥ 600,000	¥ 840,000

B1 fx 1/1/2019

	A	B	C	D	E
1	年度销售	1/1/2019	1/1/2020	1/1/2021	1/1/2022
2	使徒	¥ 180,000	¥ 180,000	¥ 180,000	¥ 260,000
3	关柔柔	¥ 400,000	¥ 380,000	¥ 680,000	¥ 920,000
4					

图1.48 多张含有交叉表数的工作簿

01 用【文件夹】方式获取图1.48中的数据，再使用Excel.Workbook函数获取Table类型数据。

注意，读取出的数据可能包括 Sheet 和 Table 类型，此处仅需选择 Table 类型，见图 1.49。

= Table.ExpandTableColumn(已添加自定义, "自定义", {"Data", "Kind"}, {"Data", "Kind"})

	Content	Data	Kind
1	Binary	Table	Sheet
2	Binary	Table	Table
3	Binary	Table	Sheet
4	Binary	Table	Table

图 1.49　通过文件夹类型获取原始数据

02 仅保留【Data】列并将其展开，观察某些值为 null 的行，这是因为追加错位所导致的，见图 1.50。

	年度销售目标	1/1/2015	1/1/2016	1/1/2017	1/1/2018	1/1/2019
1	杨健	180000	180000	180000	260000	null
2	楚杰	400000	380000	680000	920000	null
3	殷莲	530000	460000	600000	840000	null
4	使徒	null	null	null	null	180000
5	关柔柔	null	null	null	null	400000

图 1.50　对数据进行追加操作

03 选中【年度销售目标】，单击鼠标右键后选择【逆透视其他列】选项，结果见图 1.51。可以利用【逆透视其他列】处理动态列维度情景，巧妙避免因列名发生变动而导致的错误。

	年度销售目标	属性	值
1	杨健	1/1/2015	180000
2	杨健	1/1/2016	180000
3	杨健	1/1/2017	180000
4	杨健	1/1/2018	260000
5	楚杰	1/1/2015	400000
6	楚杰	1/1/2016	380000
7	楚杰	1/1/2017	680000
8	楚杰	1/1/2018	920000
9	殷莲	1/1/2015	530000
10	殷莲	1/1/2016	460000
11	殷莲	1/1/2017	600000
12	殷莲	1/1/2018	840000
13	使徒	1/1/2019	180000
14	使徒	1/1/2020	180000
15	使徒	1/1/2021	180000
16	使徒	1/1/2022	260000
17	关柔柔	1/1/2019	400000
18	关柔柔	1/1/2020	380000
19	关柔柔	1/1/2021	680000
20	关柔柔	1/1/2022	920000

图 1.51　对追加结果进行逆透视

例 10　实现透视列操作

很多人可能不知道在 Power Query 中包括透视列功能，虽然这种情况使用的机会并不多，但应该了解如何在 Power Query 中进行透视列操作。

回到图 1.47 中，选中【属性】列，在菜单中单击【透视列】选项，在弹出的【透视列】对话框中设置【值列】为【值】、【聚合值函数】为【求和】，单击【确定】按钮，见图 1.52。逆透视结果被转换为透视表。

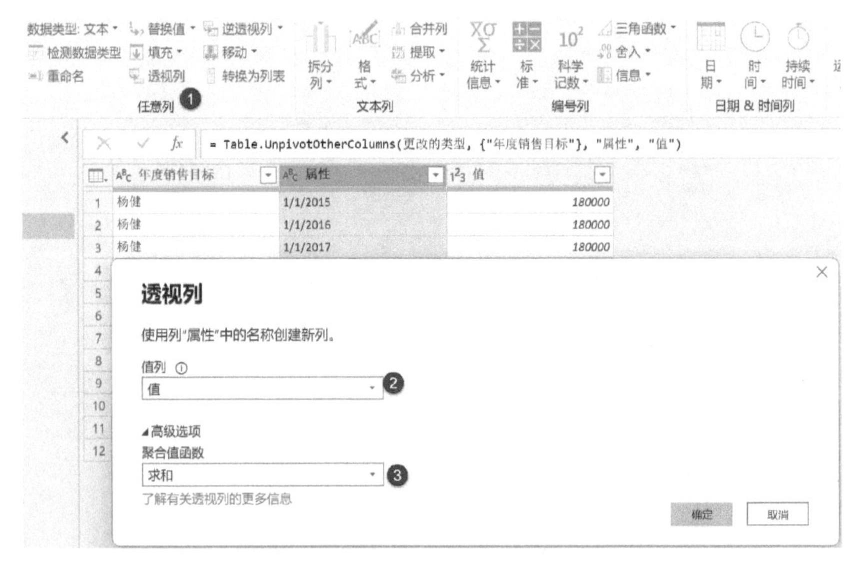

图 1.52　对【属性】列进行透视列操作

也许读者会问【聚合值函数】中的【不要聚合】选项有什么用呢？该选项通常用于聚合列为字符串的情况，见以下的例子。图 1.53 中的【达成结果】为字符串类型值，因此此处不可使用求和。

选中图 1.52 中的【年度销售目标】列，单击【透视列】选项，在弹出的【透视列】对话框中设置【值列】为【达成结果】【聚合值函数】为【不要聚合】，单击【确定】按钮，见图 1.53。图 1.54 为透视表结果。

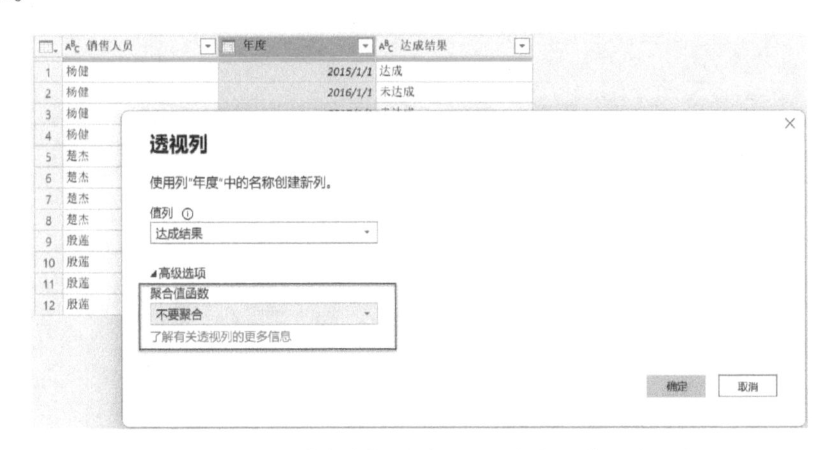

图 1.53　对【年度】列进行不要聚合的透视列操作

	销售人员	1/1/2015	1/1/2016	1/1/2017	1/1/2018
1	杨健	达成	未达成	未达成	未达成
2	楚杰	未达成	达成	未达成	达成
3	殷莲	未达成	达成	达成	达成

图 1.54　完透视列后的结果

例 11 实现透视表行与列互换操作

假设需要就将图 1.55 中的行维度与列维度互换，（上图转换为下图），应该如何操作呢？

	A	B	C	D	E	F
1	地区经理	类别	2015	2016	2017	2018
2	杨健	办公用品	60857.33	42949.54	53714.16	110860.48
3	杨健	家具	61369.64	63285.32	99101.74	92455.72
4	杨健	技术	59203.79	55404.69	48788.49	67559.41
5	楚杰	办公用品	171725.9	152257.73	235694.17	241583.61
6	楚杰	家具	156672.9	144166.74	229179.31	360309.53
7	楚杰	技术	132636.3	151266.89	279615.03	369198.62
8	殷莲	办公用品	172796.9	141294.24	184223	301031.47
9	殷莲	家具	213369.8	191624.2	195060.08	366815
10	殷莲	技术	182832.5	127318.02	261421.58	269648.51
11						
12						
13	地区经理	年份	办公用品	家具	技术	
14	杨健	2015	60857.33	61369.64	59203.79	
15	杨健	2016	42949.54	63285.32	55404.69	
16	杨健	2017	53714.16	99101.74	48788.49	
17	杨健	2018	110860.5	92455.72	67559.41	
18	楚杰	2015	171725.9	156672.85	132636.34	
19	楚杰	2016	152257.7	144166.74	151266.89	
20	楚杰	2017	235694.2	229179.31	279615.03	
21	楚杰	2018	241583.6	360309.53	369198.62	
22	殷莲	2015	172796.9	213369.8	182832.52	
23	殷莲	2016	141294.2	191624.2	127318.02	
24	殷莲	2017	184223	195060.08	261421.58	
25	殷莲	2018	301031.5	366815	269648.51	

图 1.55 需要进行维度互换的数据表及结果对照

01 在 Power Query 中同时选中【地区经理】和【类别】列，然后单击鼠标右键后选择【逆透视其他列】选项，见图 1.56。

	地区经理	类别	1.2 2015	1.2 2016	1.2 2017	1.2 2018
1	杨健	办公用品	60857.33	42949.54	53714.16	110860.48
2	杨健	家具	61369.64	63285.32	99101.74	92455.72
3	杨健	技术	59203.79	55404.69	48788.49	67559.41
4	楚杰	办公用品	171725.88	152257.73	235694.17	241583.61
5	楚杰	家具	156672.85	144166.74	229179.31	360309.53
6	楚杰	技术	132636.34	151266.89	279615.03	369198.62
7	殷莲	办公用品	172796.85	141294.24	184223	301031.47
8	殷莲	家具	213369.8	191624.2	195060.08	366815
9	殷莲	技术	182832.52	127318.02	261421.58	269648.51

复制
删除列
删除其他列
从示例中添加列...
删除重复项
删除错误
替换值...
填充
更改类型
转换
合并列
创建数据类型
分组依据...
逆透视列
逆透视其他列
仅逆透视选定列
移动

图 1.56 对【地区经理】和【类别】列进行逆透视其他列操作

02 选中【类别】列再选择【透视列】选项，然后选择【值列】为【值】，单击【确定】按钮，见图 1.57。图 1.58 为组合操作的最终结果。

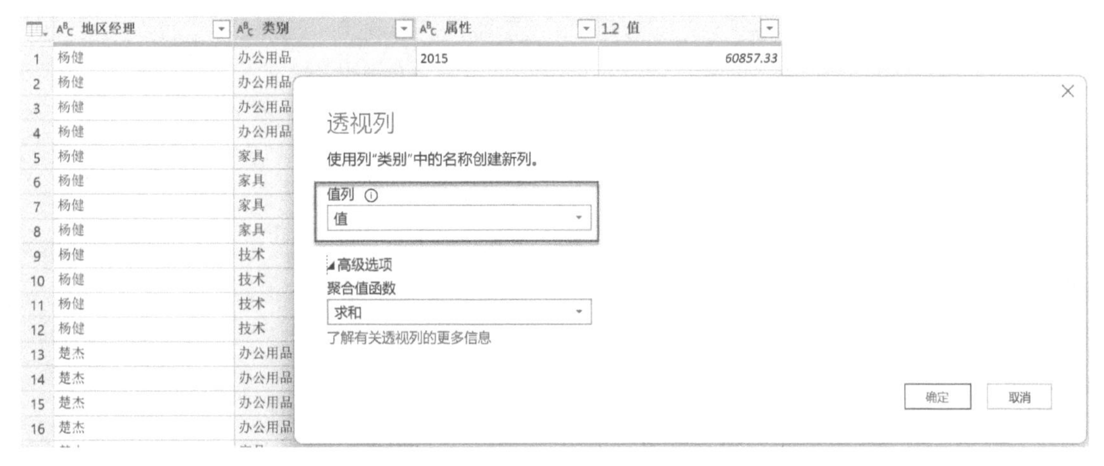

图 1.57 对类别进行透视列操作

	地区经理	属性	办公用品	家具	技术
1	杨健	2015	60857.33	61369.64	59203.79
2	杨健	2016	42949.54	63285.32	55404.69
3	杨健	2017	53714.16	99101.74	48788.49
4	杨健	2018	110860.48	92455.72	67559.41
5	楚杰	2015	171725.88	156672.85	132636.34
6	楚杰	2016	152257.73	144166.74	151266.89
7	楚杰	2017	235694.17	229179.31	279615.03
8	楚杰	2018	241583.61	360309.53	369198.62
9	殷莲	2015	172796.85	213369.8	182832.52
10	殷莲	2016	141294.24	191624.2	127318.02
11	殷莲	2017	184223	195060.08	261421.58
12	殷莲	2018	301031.47	366815	269648.51

图 1.58 维度互换完成后的结果

技巧 4 如何处理多表头数据任务

问题：

- 如何将多表头透视表转换为结构化数据表？
- 如何批量将多表头透视表转换为结构化数据表？

大家经常会遇到包含多层表头结构的透视表，见图 1.59，而数据整理需要将其进行逆透视操作，见图 1.60。具体如何实现这种多表头非透视表的整理转换呢？本节将介绍两种多表头处理方法。

	A	B	C	D	E	F	G
1					2022年		
2	大区	账目	1月	2月	3月	4月	5月
3	南区	财务费用	92024	36819	56734	92024	36819
4	南区	销售费用	330774	154154	89232	330774	154154
5	南区	管理费用	39913	11790	87668	39091	15179

图 1.59 含有多表头的原始数据

	大区	账目	年月	金额
1	南区	财务费用	2022年1月	92024
2	南区	财务费用	2022年2月	36819
3	南区	财务费用	2022年3月	56734
4	南区	财务费用	2022年4月	92024
5	南区	财务费用	2022年5月	36819

图 1.60 经过结构化处理的数据表

处理单工作表多表头数据

01 将数据读入 Power Query，并确保数据表内容不用作表头标题，见图 1.61。

	Column1	Column2	Column3	Column4	Column5
1	null	null	2022年	null	null
2	国家	账目	1月	2月	3月
3	南区	财务费用	92024	36819	56734
4	南区	销售费用	330774	154154	89232
5	南区	管理费用	39913	11790	87668

图 1.61 确保表标题不为第一行数据

02 按住<Ctrl>键，选中第一列和第二列，单击【转换】-【转置】选项，见图 1.62。

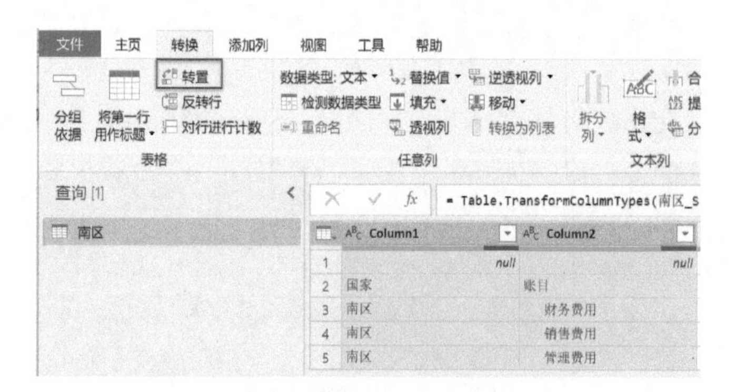

图 1.62 将数据表进行转置操作

03 选中转置后的第一列，单击【填充】-【向下】选项，将年份进行向下填充，见图 1.63。

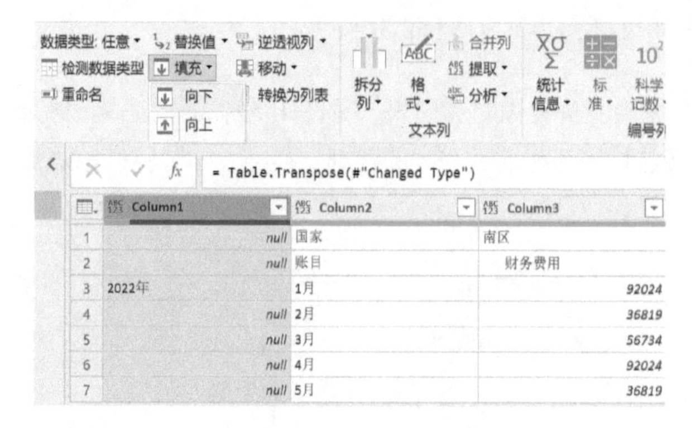

图 1.63 对年份进行向下填充操作

04 选中第一列和第二列，在右键菜单中选择【合并列】选项，见图 1.64。

05 选中【已合并】列，再次对其进行【转置】操作，见图 1.65。

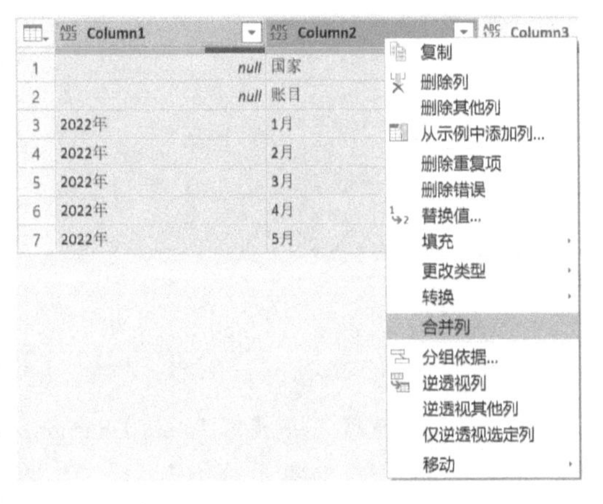

图 1.64 将年份与月份列进行合并列操作

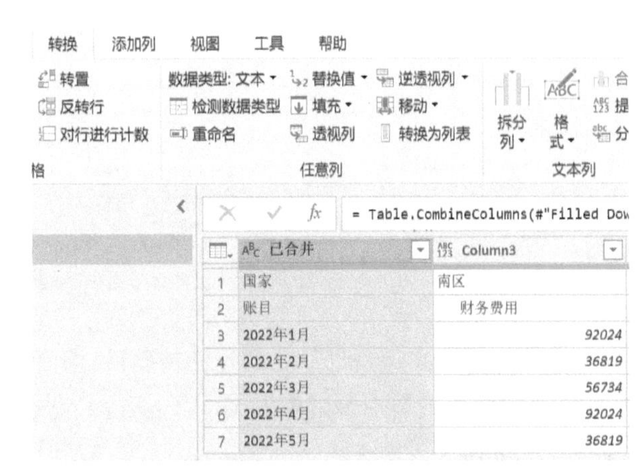

图 1.65 对合并完成后的数据结构进行转置操作

06 经过两次转置后，两层表头变为单层，此时单击【将第一行用作标题】-【将第一行用作标题】选项，见图 1.66。

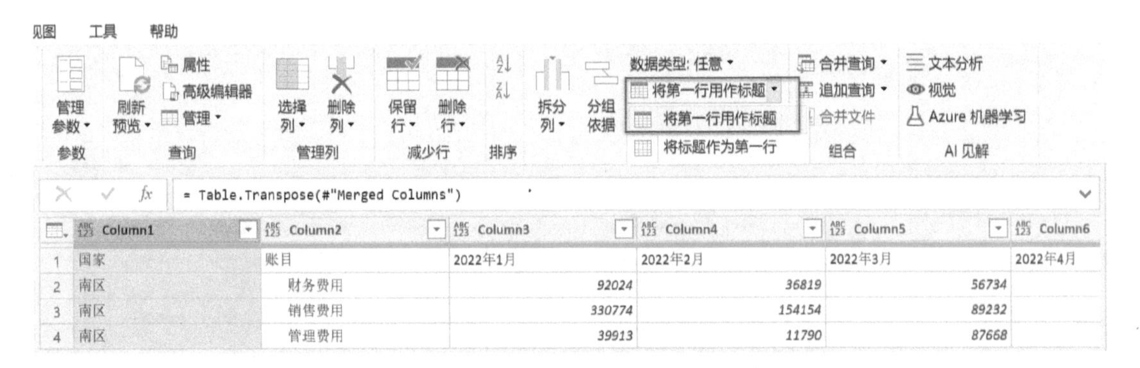

图 1.66 将数据表第一行用作标题操作

07 选中【国家】与【账目】列，进行逆透视其他列操作（具体参考前文），最终结果见图 1.60。

例 13 批量处理多表头转单表头结构化处理数据

图 1.67 中包含两张结构相同的多表头结构数据表，如何分别对它们实现结构化处理并进行追加？这种情况下，需要使用变量函数，利用变量函数自动处理所有的表结构，最后实现追加，原理是创建的这个函数有输入值和输出值，输入值是未经处理的表，输出值是处理干净的表。以下是具体操作步骤。

	A	B	C	D	E	F	G
1			2022年				
2	大区	账目	1月	2月	3月	4月	5月
3	北区	财务费用	92024	36819	56734	92024	36819
4	北区	销售费用	330774	154154	89232	330774	154154
5	北区	管理费用	39913	11790	87668	39091	15179

	A	B	C	D	E	F	G
1			2022年				
2	大区	账目	1月	2月	3月	4月	5月
3	南区	财务费用	92024	36819	56734	92024	36819
4	南区	销售费用	330774	154154	89232	330774	154154
5	南区	管理费用	39913	11790	87668	39091	15179

图 1.67 包含多表头的多个工作簿原始数据

01 将上一小节中的【查询】进行复制（选择右键菜单的【复制】选项），见图 1.68。

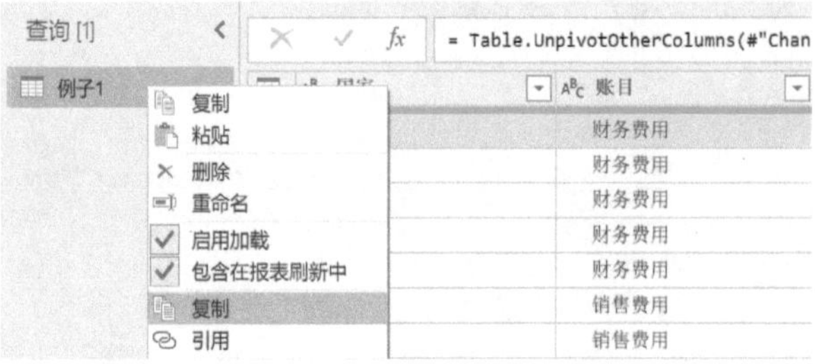

图 1.68 复制原有的查询

02 选中复制的新查询并更名为【转换】，之后单击【查询】-【高级编辑器】选项，在弹出的【高级编辑器】对话框的编辑框中添加“(t)=>”，删除高亮部分的内容，将内容 Table. Transpose(#" Changed Type")改为 Table. Transpose（t），单击【完成】按钮完成设置，如图 1.69 所示。

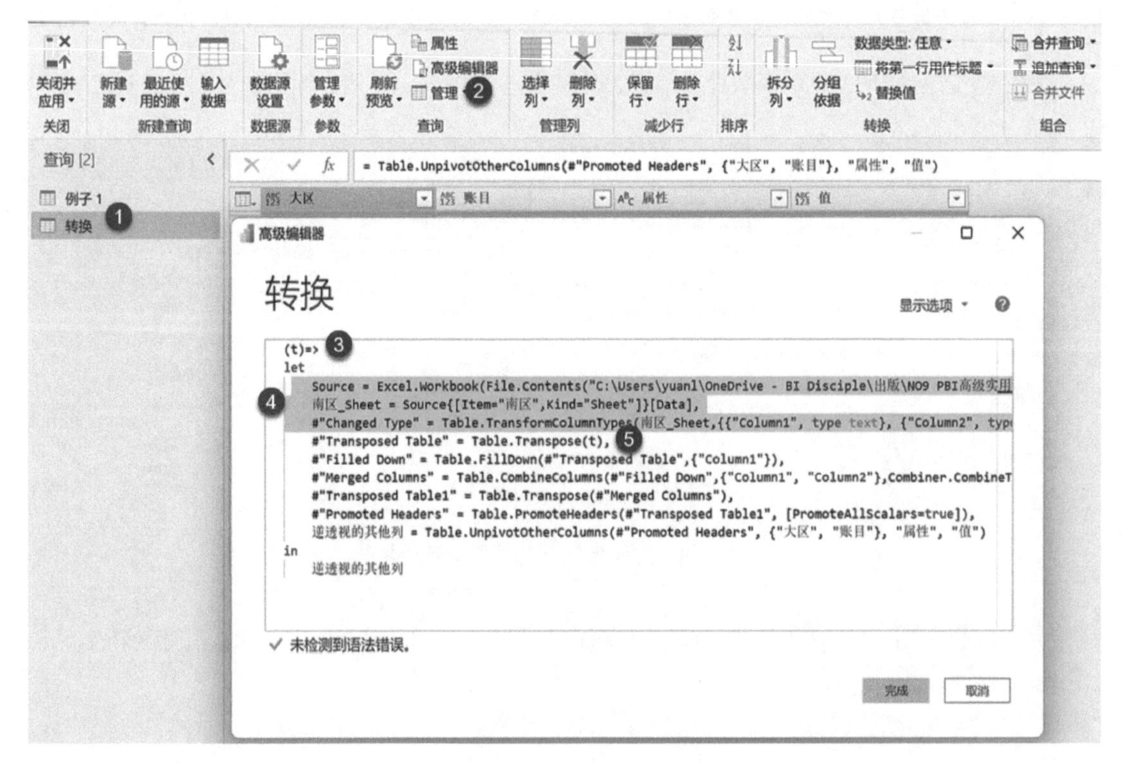

图 1.69 选择修改复制查询中的 M 代码

03 完成创建函数后可以继续读取多表数据，读取【文件夹】类型数据，并使用 Excel. Workbook 函数提取 Table，然后扩展其中的【Data】列，删去其他列，结果见图 1.70，具体步骤请参照前文内容，此处不再赘述。

04 选中查询，单击【添加列】-【自定义列】选项，在【功能查询】处选择【转换】，之后单击【确定】按钮，见图 1.71。

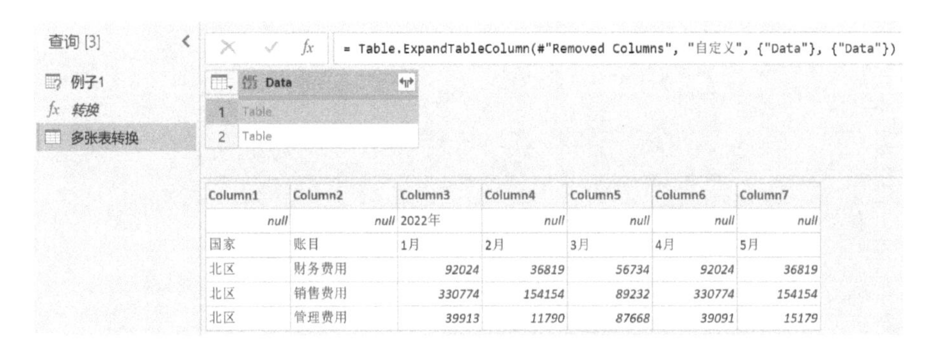

Column1	Column2	Column3	Column4	Column5	Column6	Column7
null	null	2022年	null	null	null	null
国家	账目	1月	2月	3月	4月	5月
北区	财务费用	92024	36819	56734	92024	36819
北区	销售费用	330774	154154	89232	330774	154154
北区	管理费用	39913	11790	87668	39091	15179

图 1.70　以文件夹形式读取原始数据

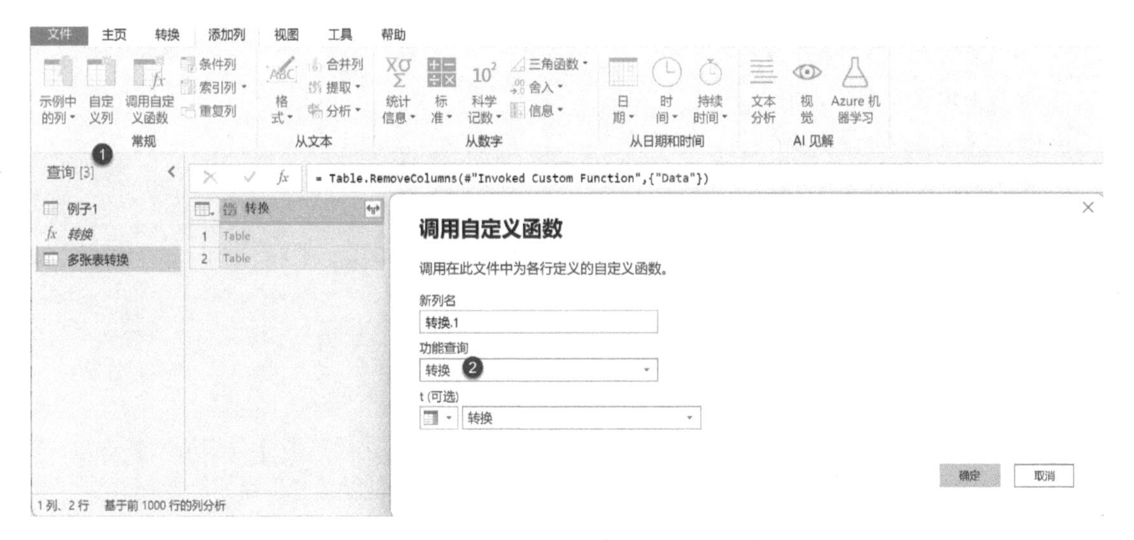

图 1.71　添加调用自定义函数操作

05 高亮选中【转换】列中的 Table，可在快照中看见转换成功的内容，删除【Data】列，并展开【转换】列，见图 1.72 和图 1.73。

```
= Table.AddColumn(#"Expanded {0}", "转换", each 转换([Data]))
```

	Data	转换
1	Table	Table
2	Table	Table

国家	账目	属性	值
北区	财务费用	2022年1月	92024
北区	财务费用	2022年2月	36819
北区	财务费用	2022年3月	56734
北区	财务费用	2022年4月	92024
北区	财务费用	2022年5月	36819
北区	销售费用	2022年1月	330774
北区	销售费用	2022年2月	154154

图 1.72　删除【Data】列并展开转换列中的内容

	国家	账目	属性	值
13	北区	管理费用	2022年3月	87668
14	北区	管理费用	2022年4月	39091
15	北区	管理费用	2022年5月	15179
16	南区	财务费用	2022年1月	92024
17	南区	财务费用	2022年2月	36819

图 1.73　展开后的数据表结构

技巧 5　如何处理分组依据分析

问题：

- 什么是分组依据功能？
- 如何查询最大值、最小值？
- 如何查询最后购买日期？
- 什么是所有行分组依据？
- 如何动态查询计数值？

分组依据功能类似于摘要表功能，通过选择需要摘要的字段对具体数值进行某种指定的聚合，本节将介绍常用的分组依据功能。

例 14　用分组依据分析最大值或最小值

01 打开示例文件，在 Power Query 界面下选中【订单】选项，之后单击【分组依据】选项，见图 1.74。

图 1.74　对订单数据进行分组依据操作

02 在弹出的【分组依据】对话框中选中【高级】单选按钮，再单击【添加分组】按钮，添加需要进行分组的字段，定义以何种方式进行聚合（如最大值），最后单击【确定】按钮，见图 1.75。

图 1.76 为按照【客户 ID】与【邮寄方式】字段对销售金额进行最大值统计的结果。

图 1.75 设置分组依据操作的参数

	客户ID	邮寄方式	最大销售
1	曾惠-14485	二级	129.696
2	许安-10165	标准级	463.68
3	宋良-17170	标准级	4741.044
4	万兰-15730	二级	1375.92
5	俞明-18325	标准级	11129.58
6	谢雯-21700	二级	696.696
7	康青-19585	标准级	2673.72
8	赵婵-10885	标准级	5936.56

图 1.76 分组依据操作后的结果

例 15 用分组依据分析最后购买值

如何查询每位客户的最后一次或最初购买日期呢？为了更形象地说明这个问题，在本示例中只选中一位客户，这位客户有多笔交易记录，而最后一笔交易记录为 2018 年 6 月 24 日（见图 1.77）。接下来介绍具体操作。

	客户ID	订单日期	订单ID	销售额
1	丁君-15280	6/24/2018	CN-2018-3095328	636.16
2	丁君-15280	3/1/2015	US-2015-2547654	121.968
3	丁君-15280	3/1/2015	US-2015-2547654	80.472
4	丁君-15280	8/24/2017	US-2017-2151004	1059.156
5	丁君-15280	6/14/2017	US-2017-3285234	3339.168

图 1.77 查找最后购买值的结果

01 选中【订单日期】列，单击【订单日期】表头旁的按钮，对其进行降序排列，见图 1.78。

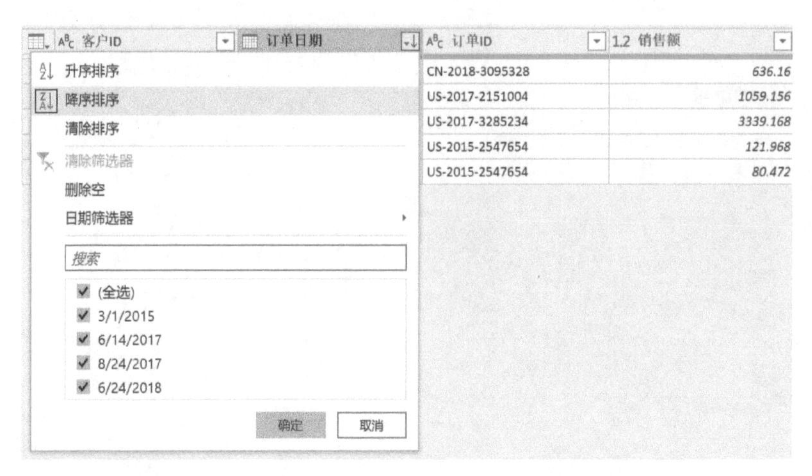

图 1.78 对【订单日期】列进行降序排列

02 选中【客户 ID】列，在右键菜单中选择【删除重复项】选项，见图 1.79。

图 1.79 删除【客户 ID】列的重复项

结果见图 1.80，所筛选的结果并非是第一行的结果，而是另外一行的结果。

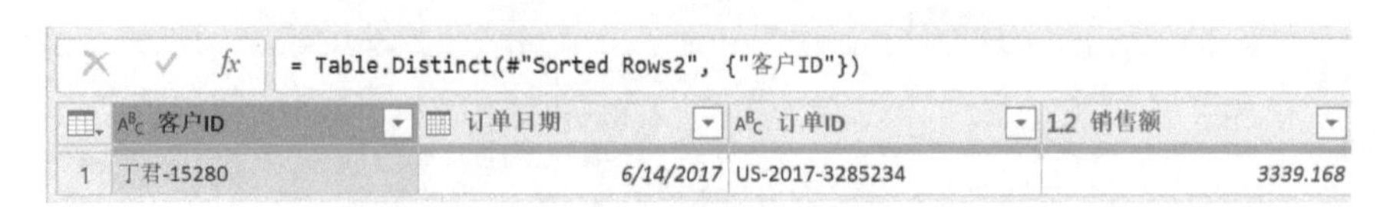

= Table.Distinct(#"Sorted Rows2", {"客户ID"})
客户ID
订单日期
订单ID
1.2 销售额
1
丁君-15280
6/14/2017
US-2017-3285234
3339.168

图 1.80 删除重复项后的结果

03 为什么会发生这样的情况呢？留意选择排序后，【订单日期】旁出现的向下箭头，这表明排序并没有在数据底层发生，而只是停留在视图层面，这是 Power Query 处理排序的一个特性，为了

“固定”排序，需要添加一个 Table. Buffer 函数将排序结果进行“固定”，见图 1. 81。完成后去重操作只会保留第一行记录。

```
= Table.Buffer(   Table.Sort(#"Filtered Rows",{{"订单日期", Order.Descending}})   )
```

	客户ID	订单日期	订单ID	销售额
1	丁君-15280	6/24/2018	CN-2018-3095328	636.16
2	丁君-15280	8/24/2017	US-2017-2151004	1059.156
3	丁君-15280	6/14/2017	US-2017-3285234	3339.168

图 1. 81　添加 Table. Buffer 操作

04 如果觉得以上操作略显麻烦，也可以在排序后添加任意不影响排序的步骤，比如【检测数据类型】，这样也会让排序结果固定下来，见图 1. 82。

图 1. 82　插入检测数据类型步骤

05 以上这两种方法都是比较常见的解决方法，因为日期本身也是一种数字类型，所以当对【订单日期】进行最大值聚合的时候，同样也可以得到相同的结果，而且更加便利，见图 1. 83。

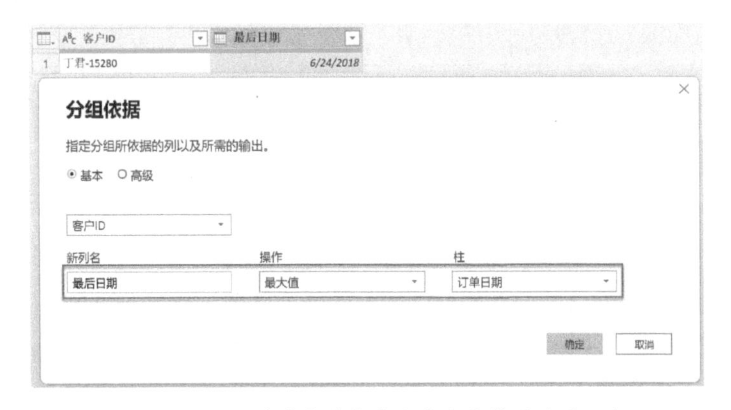

图 1. 83　通过最大值聚合方式查找最后购买日期

例 16 用分组依据分析购买次数

有的读者可能会问，在【添加聚合】中操作有一个【所有行】选项的用处是什么呢？本例将介绍所有行的用法。

01 通过复制创建新【订单】查询，单击【分组依据】选项，在弹出的【分组依据】对话框中选择【操作】为【所有行】，单击【确定】按钮，见图 1.84。

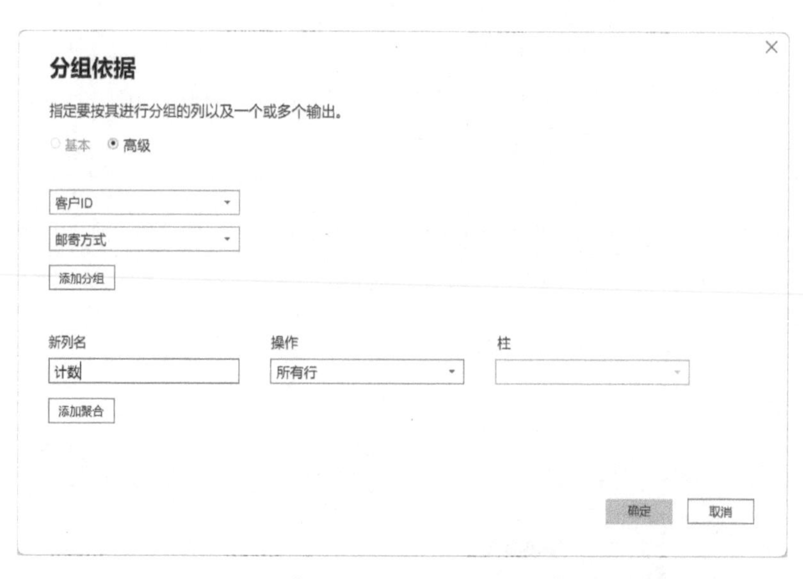

图 1.84 在分组依据功能中使用所有行操作

02 将光标移至新产生的【计数】列中的【Table】内容中，可见【所有行】包含分组依据中的所有行内容，见图 1.85。

	客户ID	邮寄方式	计数
1	曾惠-14485	二级	Table
2	许安-10165	标准级	Table
3	宋良-17170	标准级	Table
4	万兰-15730	二级	Table

订单ID	订单日期	发货日期	邮寄方式	客户ID	城市	产品ID	销售额	数量	折扣	利润
US-2018-3017568	12/10/2018	12/14/2018	标准级	宋良-17170	镇江	办公用-用品-1000496	321.216	4	0.4	-27.104
US-2018-2199283	8/6/2018	8/13/2018	标准级	宋良-17170	海城	办公用-用品-1000353	195.384	2	0.4	-91.336
CN-2018-3226363	3/17/2018	3/23/2018	标准级	宋良-17170	仙桃	办公用-用品-1000104	248.22	3	0.4	12.18

图 1.85 采用对所有行进行分组依据的结果

03 展开【计数】列，再选中【聚合】单选按钮，并勾选【#订单 ID 的计数】复选框，最后单击【确定】按钮，见图 1.86。图 1.87 为根据【客户 ID】和【邮寄方式】字段分组依据的记录数。

另外，若用户希望同时查看计数行的具体信息，可在图 1.85 复制所有行作为辅助字段，便于观察相关记录详情，结果见图 1.88。

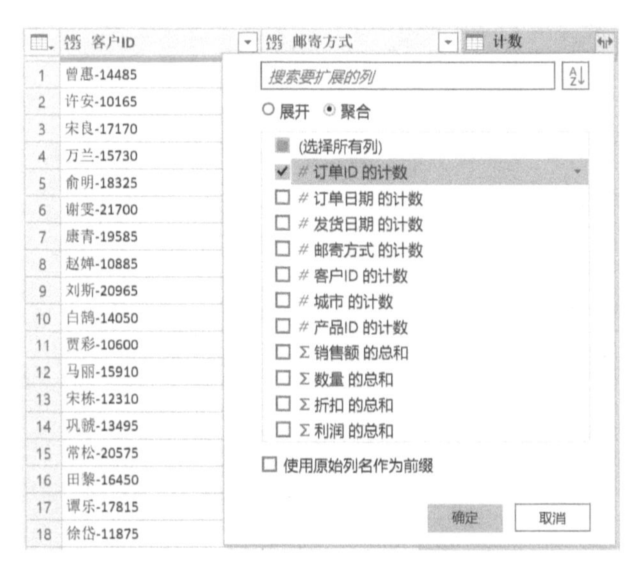

图 1.86 对计数进行重复列操作

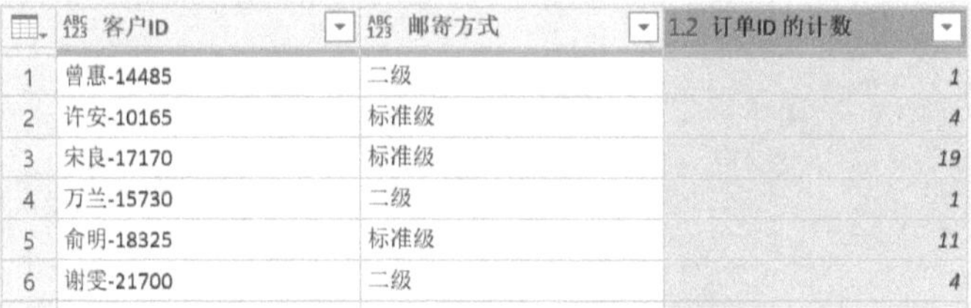

	客户ID	邮寄方式	订单ID 的计数
1	曾惠-14485	二级	1
2	许安-10165	标准级	4
3	宋良-17170	标准级	19
4	万兰-15730	二级	1
5	俞明-18325	标准级	11
6	谢雯-21700	二级	4

图 1.87 对所有行中的字段进行展开操作

	客户ID	邮寄方式	订单ID 的计数	具体信息
1	龚松-20710	标准级	12	Table
2	龚松-20710	二级	4	Table
3	龚松-20710	一级	3	Table
4	龙锦-14875	标准级	13	Table

订单ID	订单日期	发货日期	邮寄方式	客户ID	城市	产品ID	销售额	数量	折扣	利润
CN-2017-4246507	2017/1/24	2017/1/26	二级	龚松-20710	辽阳	办公用-美术-1000079	161.896	7	0.8	-396.704
CN-2017-4246507	2017/1/24	2017/1/26	二级	龚松-20710	辽阳	家具-书架-10001663	2305.8	2	0.4	-538.16
CN-2017-4246507	2017/1/24	2017/1/26	二级	龚松-20710	辽阳	技术-电话-10002061	803.712	4	0.4	-535.808
CN-2017-4246507	2017/1/24	2017/1/26	二级	龚松-20710	辽阳	办公用-用品-1000485	397.32	5	0.4	-199.08

图 1.88 同时查看计数行的具体信息

技巧 6 如何添加字段子索引

问题：

- 如何按分组依据添加索引？
- 如何提升分组依据的效率？

在图 1.89 中的事实表包含多条【订单 ID】相同的记录，对记录添加分组索引有助于后续相关的

分析，本节介绍两种添加分组索引的常用方法。

	订单ID	订单日期	分组索引
1	US-2018-1357144	2018/4/28	1
2	US-2018-1357144	2018/9/17	2
3	CN-2018-1973789	2018/6/16	1
4	CN-2018-1973789	2018/6/16	2
5	CN-2018-1973789	2018/5/5	3
6	CN-2018-1973789	2018/6/22	4
7	CN-2018-1973789	2018/6/22	5
8	CN-2018-1973789	2018/8/2	6
9	CN-2018-1973789	2018/8/2	7

图 1.89　添加【订单 ID】字段的分组索引结果

例 17 添加字段子索引（迭代方法）

01 将订单查询进行复制和改名，如改为【订单分组 1】，然后添加【索引列】，见图 1.90。

图 1.90　为【订单分组 1】查询添加索引列

02 添加完索引列后，继续添加一个【自定义列】，并在【自定义列】对话框的公式框中输入参考公式，单击【确定】按钮，见图 1.91。

图 1.91　通过自定义列添加分组索引

```
Table.RowCount(
    Table.SelectRows(#"Added Index",(t)=>t[索引]<=[索引] and t[订单 ID]=[订单 ID]))
/* 公式中的(t)表示当前记录,t[索引]<=[索引]表示当前记录[索引]与所有其他记录[索引]的比较。RowCount
用于计数符合筛选条件的记录数* /
```

最终的自定义字段结果与图 1.89 一致，这种方法的核心逻辑是每条记录与其他记录逐一对比，并返回符合条件的记录计数，类似笛卡儿乘积计算的过程，当记录行较多时，效率会明显变慢。

例 18 添加字段子索引（分组方法）

另外一种添加分组索引的方法是先对记录进行分组，然后使用逐行对比，这样便大大减少了需要对比的记录数。

01 重复图 1.90 中的步骤，复制另一个查询并添加索引，然后选择添加以【订单 ID】作为分组依据的【所有行】操作，见图 1.92。

图 1.92 进行分组依据操作

02 分组完成后，新产生的【计数】列 Table 包含了当前【订单 ID】一致的所有记录，其中的 M 语言“each_”表示每一行的记录数据，见图 1.93。

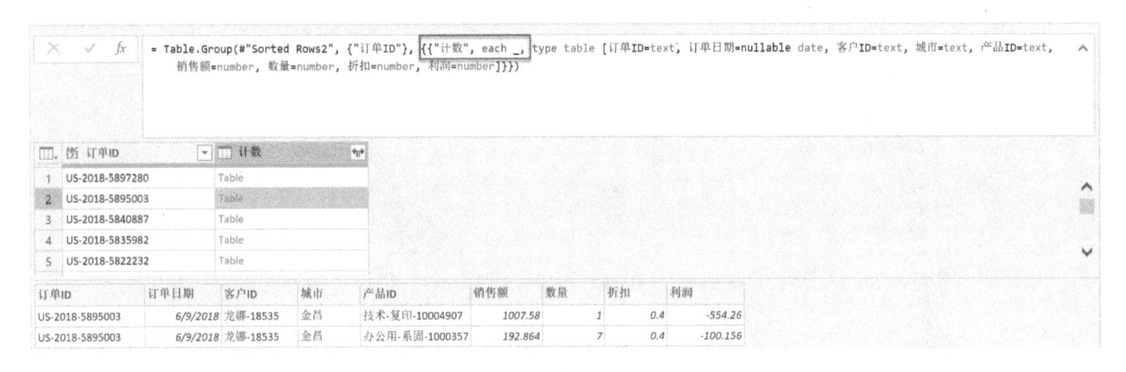

图 1.93 each_表示每一行记录数据

03 参照图 1.94 直接手动修改公式，为分组后的记录添加索引，按<Enter>键并观察图中所有行出现了新字段【分组依据】。

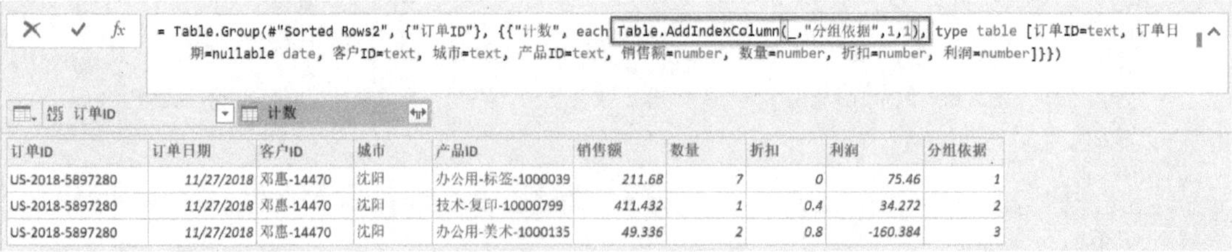

```
= Table.Group(#"Sorted Rows2", {"订单ID"}, {{"计数", each Table.AddIndexColumn(_,"分组依据",1,1), type table [订单ID=text, 订单日期=nullable date, 客户ID=text, 城市=text, 产品ID=text, 销售额=number, 数量=number, 折扣=number, 利润=number]}})
```

订单ID	订单日期	客户ID	城市	产品ID	销售额	数量	折扣	利润	分组依据
US-2018-5897280	11/27/2018	邓惠-14470	沈阳	办公用-标签-1000039	211.68	7	0	75.46	1
US-2018-5897280	11/27/2018	邓惠-14470	沈阳	技术-复印-10000799	411.432	1	0.4	34.272	2
US-2018-5897280	11/27/2018	邓惠-14470	沈阳	办公用-美术-1000135	49.336	2	0.8	-160.384	3

图 1.94 直接修改 each 后面的公式部分

04 当展开【计数】列时，却无法找到新字段【分组依据】，见图 1.95。原因是 Type Table 后的字段还是没有变化。最简单的解决办法是把 each Table. AddIndexColumn（_,"分组索引"，1，1）后的 Type Table 都手动删除。再次尝试展开后，便可观察到新字段【分组依据】，见图 1.96。

图 1.95 修改代码展开后却看不到分组索引

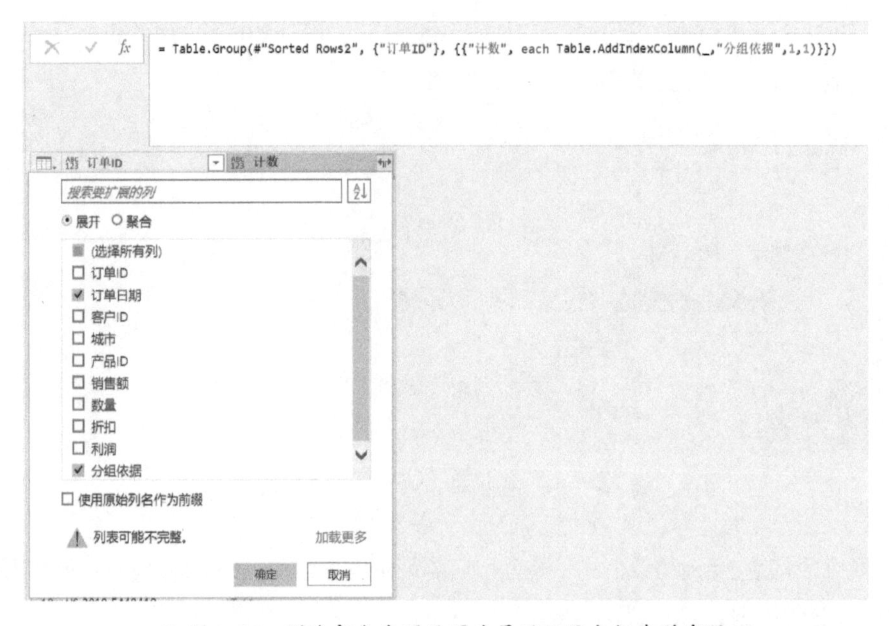

图 1.96 删除部分代码后再次展开可见分组索引字段

技巧 7 如何添加条件列字段

问题：

- 如何设置单条件列？
- 如何设置多条件列？
- 如何使用示例中的列？

产品分类是常见分析场景之一，业务依据产品自身特征将其归类，见图 1.97。在第一个例子中，根据产品名称判断产品类，其逻辑为如果产品名称包含【小黄人】关键字，则产品类称为【小黄人】，依此类推。

	产品名称	产品类
1	小黄人30克黑巧克力*6盒装（进口）	小黄人
2	小黄人30克黑巧克力*6盒装（进口）	小黄人
3	小绿人20克薄荷糖*20片装	小绿人
4	小绿人10克薄荷糖*5片装	小绿人
5	小蓝人30克花生巧克力棒*40粒（代工）	小蓝人
6	小蓝人15克花生巧克力棒*20粒（代工）	小蓝人
7	小蓝人15克榛子巧克力条*5条装	小蓝人
8	小蓝人15克葡萄干巧克力条*5条装	小蓝人

图 1.97 为【产品名称】列添加【产品类】字段

例 19 设置单条件判断列

01 选中产品表，单击【添加列】-【条件列】选项，见图 1.98。

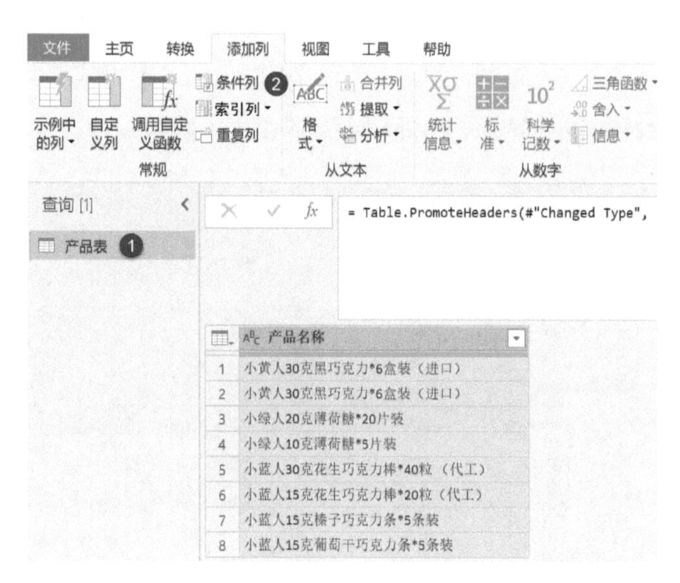

图 1.98 选中为产品名称添加条件列

02 在弹出的【添加条件列】对话框中，参照图 1.99 填入列名、运算符、值和输出，单击【确定】按钮。完成后，Power Query 将按照输入的逻辑产生【产品类】，见图 1.97。

图 1.99　添加条件列设置

例 20　设置多条件判断列

在上述例子中，通过 IDE 界面便完成了单条件的判断逻辑设置。如果打开【高级编辑器】便可观察到相应的逻辑代码，即 if xx then xx else if xxx then xxx else xxxx 这样的判断语句。使用 IDE 条件列的好处是简单无需手动写代码，但是 IDE 条件列也有其限制，当输入多条件判断时，IDE 界面便无法处理了。本例将介绍设置多条件判断逻辑创建产品子类名称字段，见表 1.1。

表 1.1　产品子类名称与产品名称对照逻辑

产 品 名 称	产品子类名称
凡是含有关键字【小蓝人】和【条】的产品	小蓝人条装
凡是含有关键字【小蓝人】和【棒】的产品	小蓝人棒装

01 在例 19 的结果中继续添加新的【自定义列】，在【自定义列】对话框中输入判断公式，见图 1.100。小提示：读者可将例 19 中的条件列代码进行修改变为以下代码。

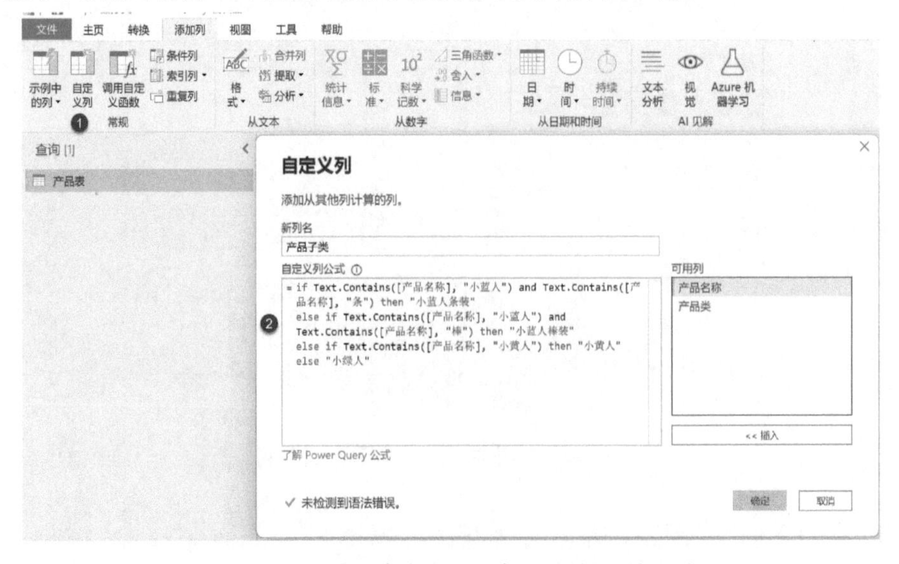

图 1.100　直接在自定义列中添加判断逻辑语句

```
if Text.Contains([产品名称], "小蓝人") and Text.Contains([产品名称], "条") then "小蓝人条装"
else if Text.Contains([产品名称], "小蓝人") and Text.Contains([产品名称], "棒") then "小蓝人棒装"
else if Text.Contains([产品名称], "小黄人") then "小黄人" else "小绿人"
```

02 Power Query 会形成双重条件判断，其语句格式为 Text. Contains and Text. Contains 的组合，图 1.101 为产品子类的结果。

	产品名称	产品类	产品子类
1	小黄人30克黑巧克力*6盒装（进口）	小黄人	小黄人
2	小黄人30克黑巧克力*6盒装（进口）	小黄人	小黄人
3	小绿人20克薄荷糖*20片装	小绿人	小绿人
4	小绿人10克薄荷糖*5片装	小绿人	小绿人
5	小蓝人30克花生巧克力棒*40粒（代工）	小蓝人	小蓝人棒装
6	小蓝人15克花生巧克力棒*20粒（代工）	小蓝人	小蓝人棒装
7	小蓝人15克榛子巧克力条*5条装	小蓝人	小蓝人条装
8	小蓝人15克葡萄干巧克力条*5条装	小蓝人	小蓝人条装

图 1.101　完成添加自定义列后产品子类列

例 21　用示例中的列智能分类

本例介绍提取产品的规格，见图 1.102。此处的难点在于“ * ”的位置不是固定的，而且有些名称含有“进口”“代工”这样的描述，Power Query 会提供一个按示例中的列的方式来快速解决此问题。

	产品名称	产品类	产品子类	规格
1	小黄人30克黑巧克力*6盒装（进口）	小黄人	小黄人	6盒装
2	小黄人30克黑巧克力*6盒装（进口）	小黄人	小黄人	6盒装
3	小绿人20克薄荷糖*20片装	小绿人	小绿人	20片装
4	小绿人10克薄荷糖*5片装	小绿人	小绿人	5片装
5	小蓝人30克花生巧克力棒*40粒（代工）	小蓝人	小蓝人棒装	40粒
6	小蓝人15克花生巧克力棒*20粒（代工）	小蓝人	小蓝人棒装	20粒
7	小蓝人15克榛子巧克力条*5条装	小蓝人	小蓝人条装	5条装
8	小蓝人15克葡萄干巧克力条*5条装	小蓝人	小蓝人条装	5条装

图 1.102　为产品名称添加规格字段

01 选中【产品名称】列，单击【添加列】-【示例中的列】-【从所选内容】选项，见图 1.103。

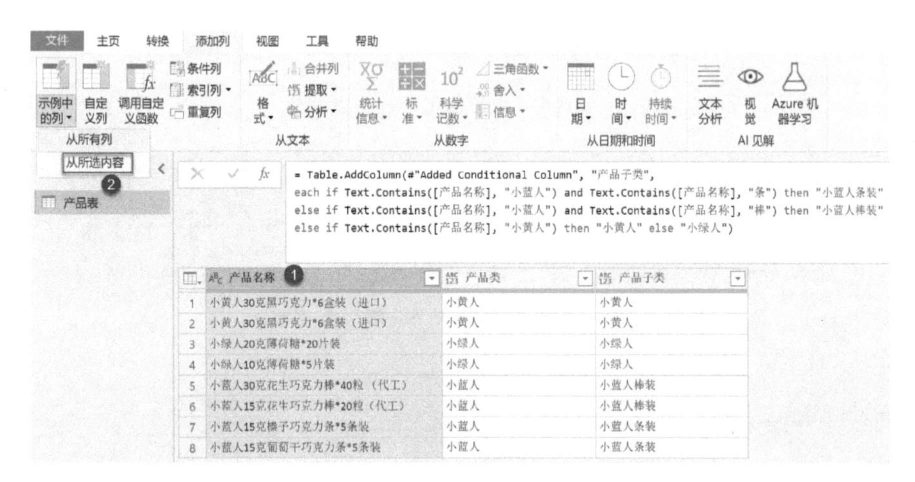

图 1.103　依据产品名称添加示例中的列操作

02 此时，Power Query 界面将生成一新列，尝试在新列中输入建议的内容，AI 功能会自动生成建议的内容，单击【确定】按钮，见图 1.104。

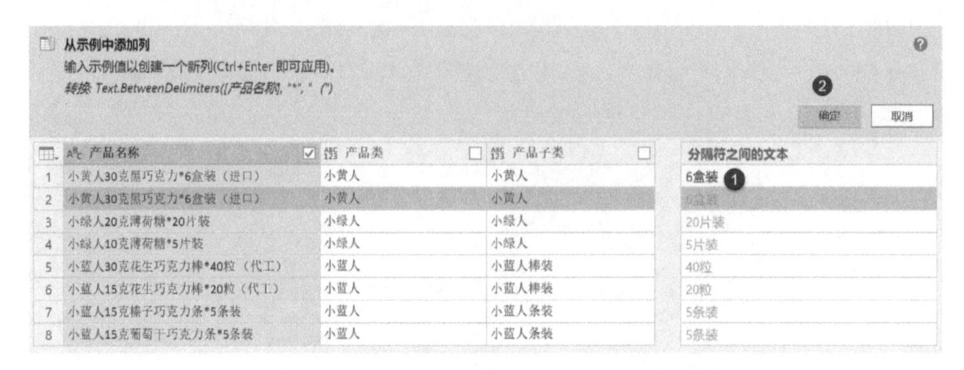

	产品名称	产品类	产品子类	分隔符之间的文本
1	小黄人30克黑巧克力*6盒装（进口）	小黄人	小黄人	6盒装
2	小黄人30克黑巧克力*6盒装（进口）	小黄人	小黄人	6盒装
3	小绿人20克薄荷糖*20片装	小绿人	小绿人	20片装
4	小绿人10克薄荷糖*5片装	小绿人	小绿人	5片装
5	小蓝人30克花生巧克力棒*40粒（代工）	小蓝人	小蓝人棒装	40粒
6	小蓝人15克花生巧克力棒*20粒（代工）	小蓝人	小蓝人棒装	20粒
7	小蓝人15克榛子巧克力条*5条装	小蓝人	小蓝人条装	5条装
8	小蓝人15克葡萄干巧克力条*5条装	小蓝人	小蓝人条装	5条装

图 1.104 通过手动方式输入示意例子

03 结果见图 1.102，Powe Query 准确提供了产品名称所对应的规格信息。如果打开【高级编辑器】，即可观察到自动生成的代码，【示例中的列】功能带有一定 AI 智能判断能力，其优点在于可大幅提高数据处理的效率。

```
已插入分隔符之间的文本 = Table.AddColumn(#"Added Custom", "规格", each Text.BetweenDelimiters
([产品名称], "* ", "("), type text)
```

技巧 8 如何结构化复杂表单数据

问题：

- 如何对标题与内容同行的表进行结构化处理？
- 如何对标题与内容同单元格的表进行处理？

在日常业务中经常遇到类似图 1.105 这种非结构化的数据报表，经过数据处理后，非结构化表将被转换为图 1.106 的结构化数据表。本节将介绍两种常用的表单处理方法。

	A	B	C	D	E	F
1	培训登记表					
2	企业名称	大软科技有限公司	培训项目	PowerBI快速入门	培训日期	6/6/2022
3	联系人	关柔柔	客户等级	¥ 9,000.00	电话	18620141986
4	邮箱	guan.rourou@bigsoft.com				

图 1.105 非结构化的原始数据表

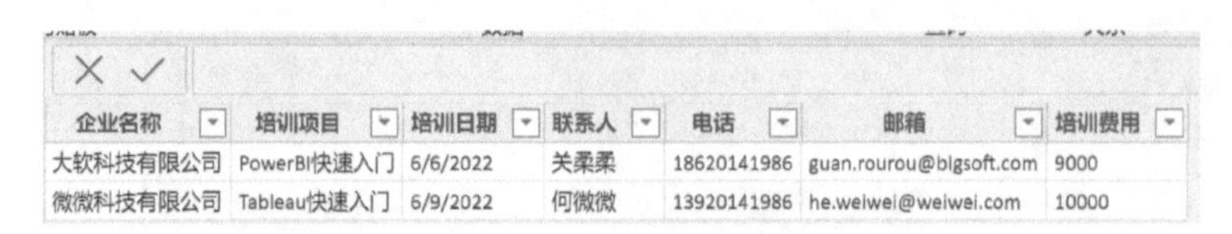

企业名称	培训项目	培训日期	联系人	电话	邮箱	培训费用
大软科技有限公司	PowerBI快速入门	6/6/2022	关柔柔	18620141986	guan.rourou@bigsoft.com	9000
微微科技有限公司	Tableau快速入门	6/9/2022	何微微	13920141986	he.weiwei@weiwei.com	10000

图 1.106 经过结构化处理的数据表

例 22 处理标题与内容同行的数据表

01 以【文件夹】类型获取两个示例文件，再用 Excel.Workbook 函数提取表内容，为了行文方便，可以右击展开应用的步骤，选择【重命名】选项简化名称（此处改为 GET），见图 1.107。

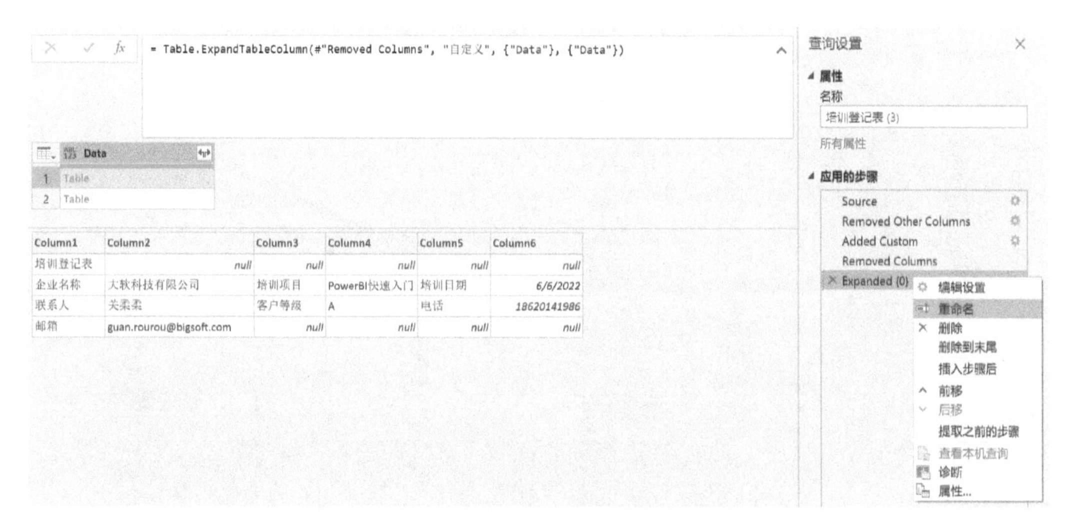

图 1.107 获取的非结构化原始数据

02 展示一个示例方便读者理解，单击 fx 图标添加一个新步骤，然后添加以下 M 函数公式，代码的作用是获取 GET 步骤中的［Data］列数据，{0}代表第一个表，{Column2}{1}对应企业名称内容所在之处，见图 1.108。

图 1.108 直接通过 M 函数获取对应的单元格信息

```
#table({"企业名称"},{{#"GET"[Data]{0}[Column2]{1}}})
```

03 通过以上方法，便可按规律获取其他相对应字段信息，删除 GET 之后的步骤，单击【自定义列】选项并添加以下完整的 M 代码，代码中的［Data］是对上一步中相关列的引用，用户可在快照中观察提取的数据内容，见图 1.109。

```
#table(
{"企业名称","培训项目","培训日期","联系人","培训费用","电话","邮箱"},
{{
[Data][Column2]{1},[Data][Column4]{1},[Data][Column6]{1},[Data][Column2]{2},
[Data][Column4]{2},[Data][Column6]{2},[Data][Column2]{3}
}})
```

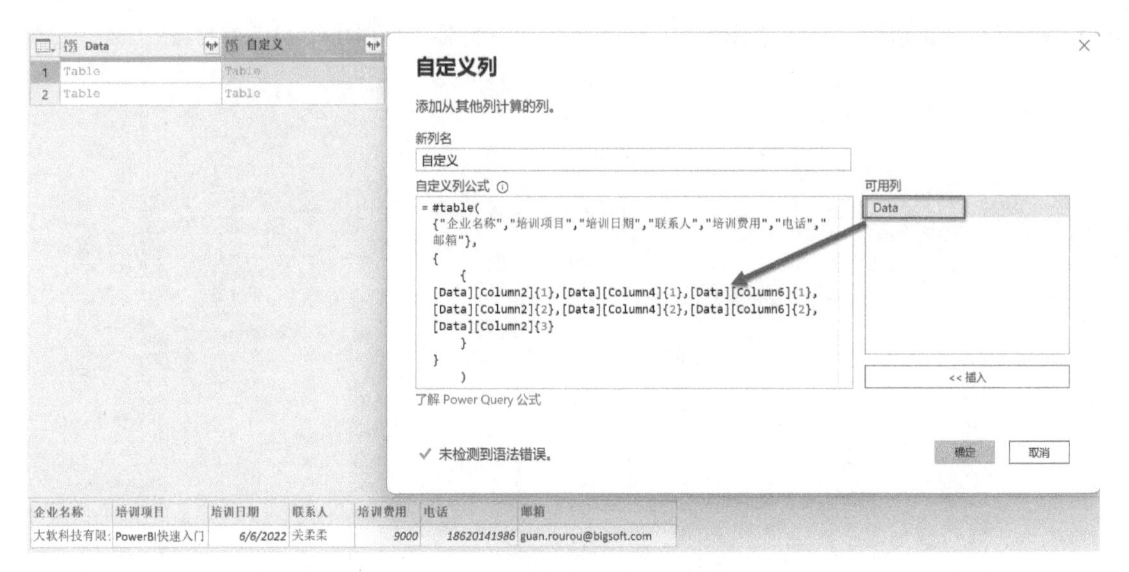

图 1.109　添加自定义列中的 M 公式

04 生成自定义列后，便可以删除【Data】列，并将【自定义】列展开，见图 1.110。最终的结果见图 1.106。

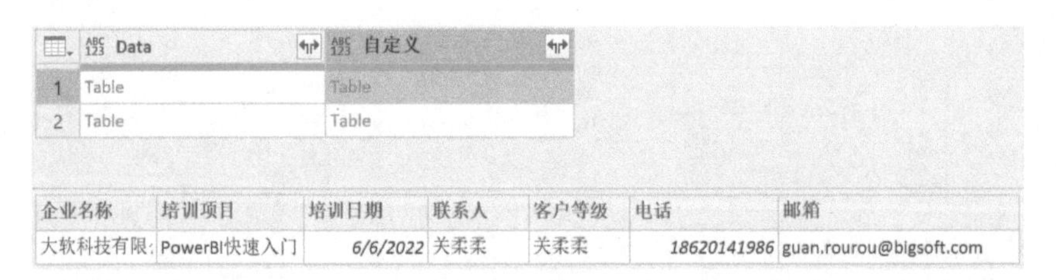

图 1.110　查看自定义列中的 Table 结构数据

例 23 处理标题与内容同单元格的数据表

另外一种典型的非结构化表结构是标题与内容处于同一单元格中。在图 1.111 中，行 2 和行 3 为合并单元格，本例介绍如何将员工数据进行结构化处理，见图 1.112。解题思路是将表头与表身分别进行处理，然后将它们合并。

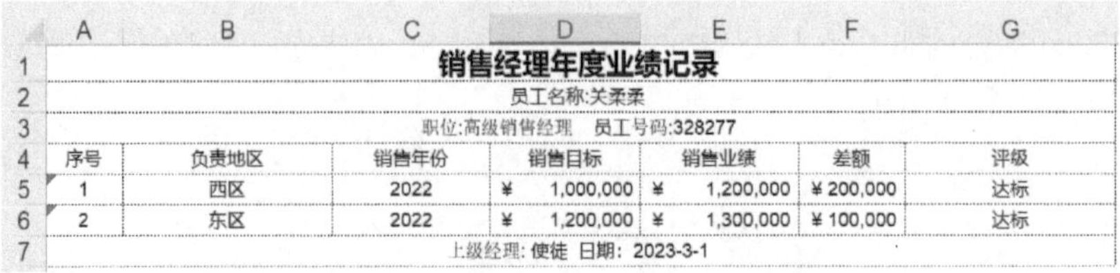

	A	B	C	D	E	F	G
1	销售经理年度业绩记录						
2	员工名称:关柔柔						
3	职位:高级销售经理　员工号码:328277						
4	序号	负责地区	销售年份	销售目标	销售业绩	差额	评级
5	1	西区	2022	¥ 1,000,000	¥ 1,200,000	¥ 200,000	达标
6	2	东区	2022	¥ 1,200,000	¥ 1,300,000	¥ 100,000	达标
7	上级经理: 使徒　日期: 2023-3-1						

图 1.111　非结构化的原始数据

01 与前面示例相似，以【文件夹】类型获取两个示例文件，这里唯一的特殊地方是会保持工作簿

【Name】字段作为后边的合并之用，见图 1.113。

序号	负责地区	销售年份	销售目标	销售业绩	差额	评级	员工名称	职位	员工号码
1	西区	2022	1,000,000	1,200,000	200,000	达标	关柔柔	高级销售经理	328277
2	东区	2022	1,200,000	1,300,000	100,000	达标	关柔柔	高级销售经理	328277
1	北区	2022	1,000,000	2,000,000	1,000,000	优秀	何薇薇	高级销售经理	488277
2	南区	2022	1,200,000	1,500,000	300,000	达标	何薇薇	高级销售经理	488277

图 1.112 处理完成的结构化数据表

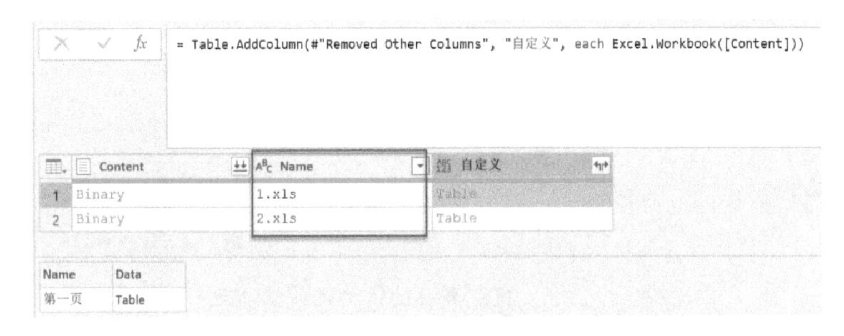

图 1.113 通过文件夹形式读取数据后并提取其中的 Table

02 此处会把原来的表改名为【Body】，然后复制并改名为【Headers】，见图 1.114（读者可自行改名）。

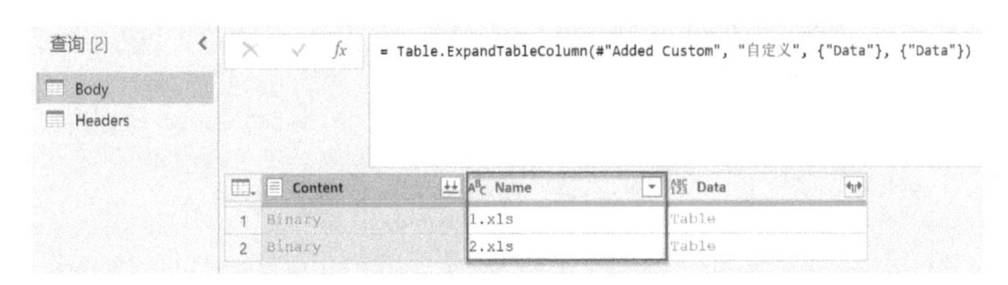

图 1.114 复制该查询

03 继续处理【Body】查询，为其添加【自定义列】并添加以下 M 函数公式，处理结果快照见图 1.115。

图 1.115 添加自定义列获取 Table 中的结构化数据

```
Table.RemoveLastN(Table.PromoteHeaders(Table.Skip([Data],3)) ,1)
/* 自定义列其实是由 3 个 M 函数的嵌套组合而成的,最下层 Table.Skip 表示将表头进行剔除,中间层的Table.PromoteHeaders 表示将表头提升,最上层的 Table.RemoveLastN 是去除第 7 行的冗余信息* /
```

04 将自定义列展开并且始终保留【Name】字段，见图 1.116。至此，已经完成了表身的数据处理。

图 1.116 完成表身的结构化数据处理

05 接下来处理表头的数据，返回前面复制的【Headers】并选中该查询，为其添加【自定义列】，之后添加以下 M 函数公式，见图 1.117。

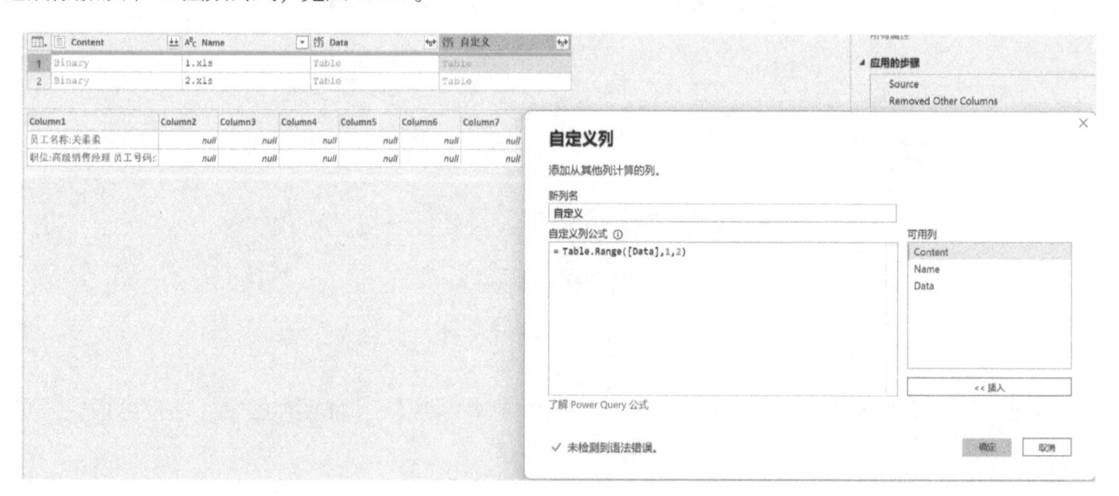

图 1.117 进行表头的结构化数据处理

```
Table.Range([Data],1,2)
// 提取 Excel 行 2 与行 3 的员工信息
```

06 提取完成后，展开【自定义列】，提取原表头的员工名称、职位和员工号码等信息，参考图 1.118 仅保留相关列。

07 将【Column1】中所有的空值进行筛选后去除，然后进行【按分隔符拆分列】操作，分隔符为【冒号】，这样便将表头信息描述和具体信息名称拆分为两列了，见图 1.119。

08 选中【Column1.1】并对其进行透视操作，【聚合值函数】为【不要聚合】方式，单击【确定】

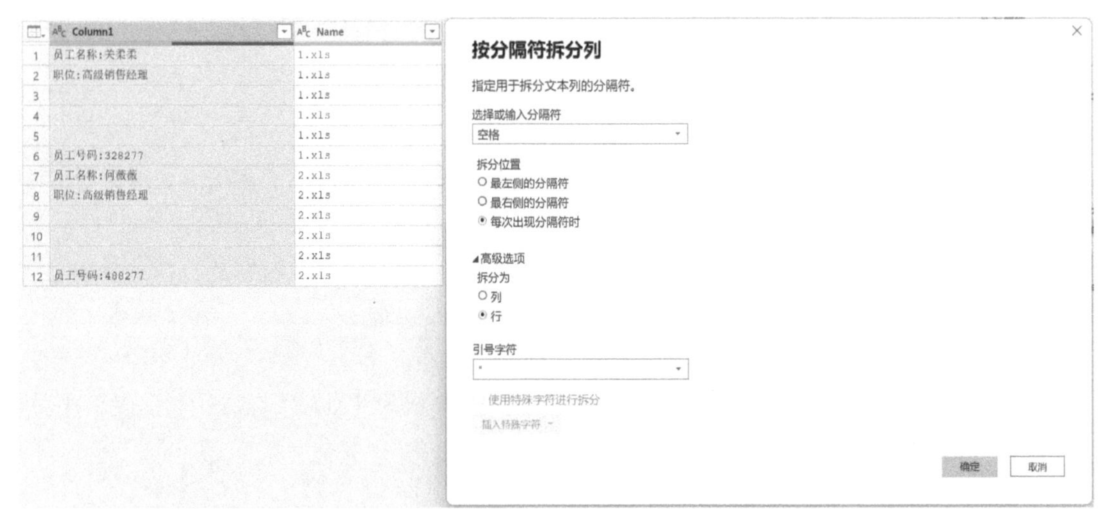

图 1.118　进行拆分为行操作

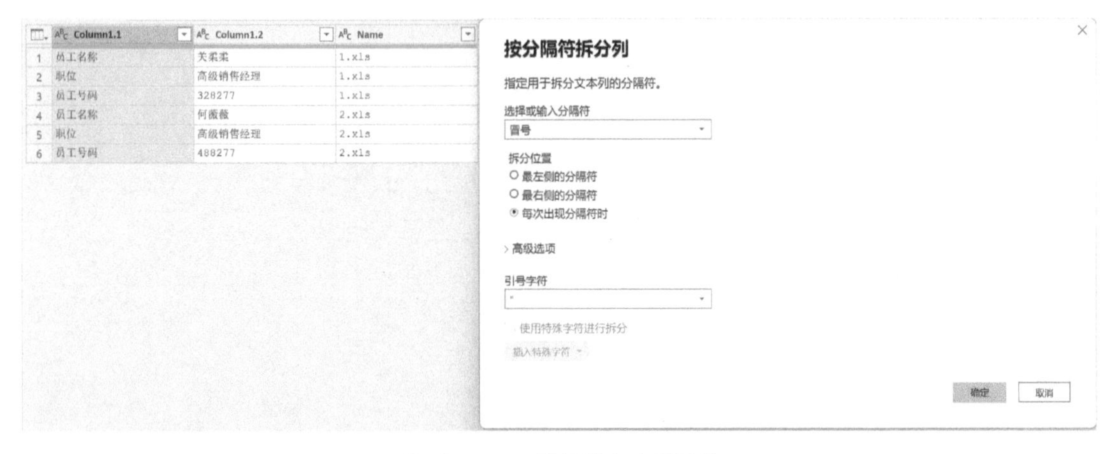

图 1.119　进行拆分为列操作

按钮，结果见图 1.120。至此，完成了对表头的数据处理。

图 1.120　进行透视列操作

09 依据【Name】字段，对两个表进行合并操作，在菜单中选择【合并查询】-【将查询合并为新查询】选项，见图 1.121。

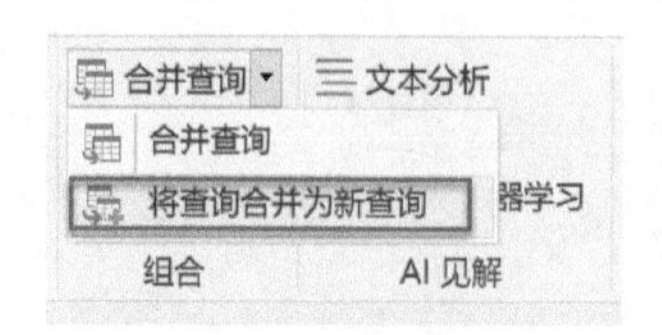

图 1.121　将表头与表身进行合并查询操作

10 在【合并】对话框中分别选中【Body】和【Headers】中的【Name】字段，然后使用【左外部】联接种类，单击【确定】按钮，见图 1.122。

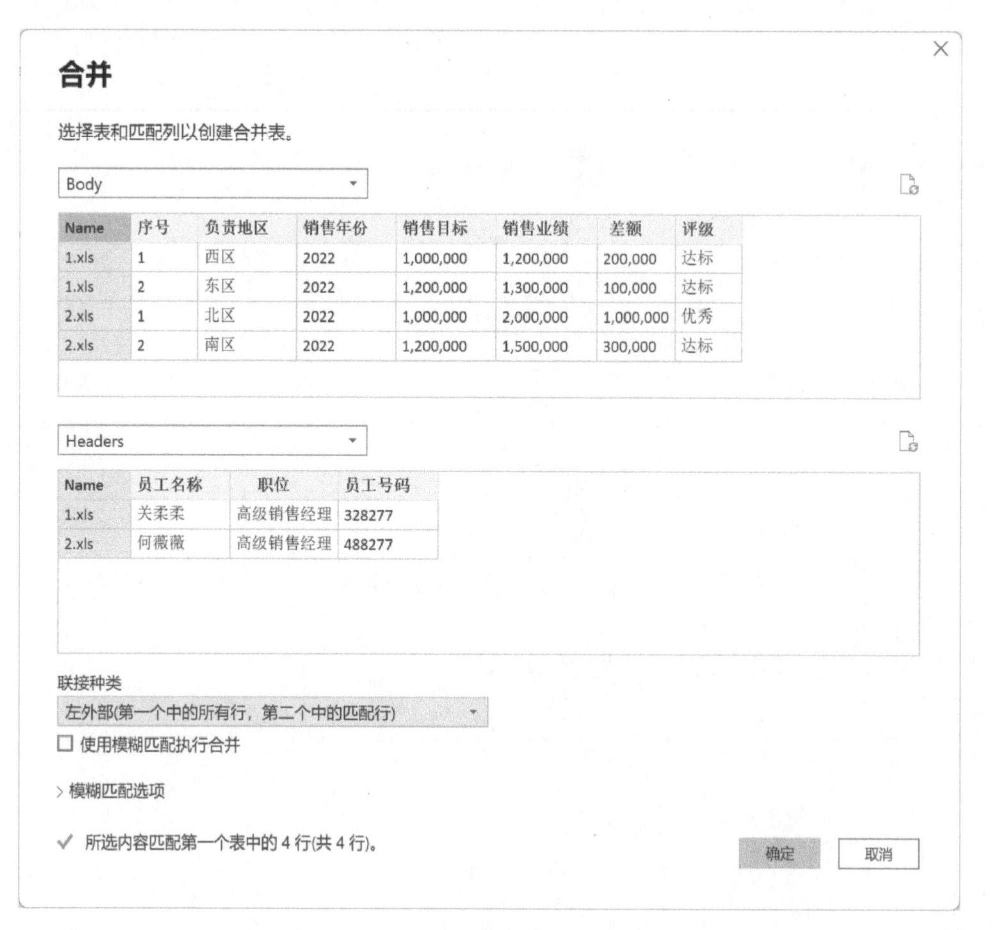

Name	序号	负责地区	销售年份	销售目标	销售业绩	差额	评级
1.xls	1	西区	2022	1,000,000	1,200,000	200,000	达标
1.xls	2	东区	2022	1,200,000	1,300,000	100,000	达标
2.xls	1	北区	2022	1,000,000	2,000,000	1,000,000	优秀
2.xls	2	南区	2022	1,200,000	1,500,000	300,000	达标

Name	员工名称	职位	员工号码
1.xls	关柔柔	高级销售经理	328277
2.xls	何薇薇	高级销售经理	488277

图 1.122　对两个表进行左外部合并操作

11 合并完后将【Headers】字段展开并选择相关的字段信息，见图 1.123，删除【Name】字段，最终获得图 1.112 中的结果。

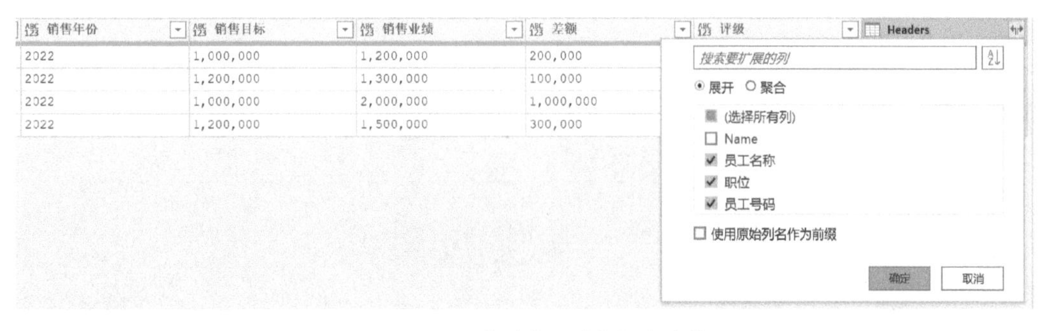

图 1.123　合并完后的数据表结构

第2章

「DAX模型分析——有趣的灵魂」

如果将可视化喻为“皮囊”，那DAX模型就一定是“灵魂”。完成数据处理后，下一道工序便是建模分析，其内容包括定义数据表之间的关系、创建度量和计算列。这些内容虽然对于报表使用者而言都是不可见的“黑匣子”，但有价值的事物往往是无法被直接观察触摸的，错误的模型设计导致的错误结果有时甚至比没有分析结果更为糟糕。本章主要介绍Power Pivot中DAX建模相关的核心知识。

技巧9 如何使用日期函数

问题：

- 如何计算期初、期末日期？
- 如何设置定制格式设置？
- 如何设置周数计算？
- 如何计算中国式工作日？
- 如何通过日期函数计算库存结存

DAX日期函数与Excel日期函数有类似之处，但也有其独特之处。本节将介绍关于DAX日期函数方面的知识。

例24 自定义日期格式

DAX函数中关于年、月、日的创建方式与Excel一致，通过YEAR、MONTH和DAY函数便可获取对应数值，见图2.1。

DAX中的FORMAT函数支持多种日期显示格式，见图2.2。关于更多日期格式的设置，请参照表2.1的内容。

1 日 = DAY([日期])

日期	年	月	日
2015年1月1日	2015	1	1
2015年1月2日	2015	1	2
2015年1月3日	2015	1	3
2015年1月4日	2015	1	4

图2.1 添加年、月、日计算列

1 年月日 = FORMAT([日期],"yyyy-MM-dd")

日期	年	月	日	年月日
2015年1月1日	2015	1	1	2015-01-01
2015年1月2日	2015	1	2	2015-01-02
2015年1月3日	2015	1	3	2015-01-03
2015年1月4日	2015	1	4	2015-01-04
2015年1月5日	2015	1	5	2015-01-05

图2.2 用FORMAT函数调整具体的显示方式

表 2.1 FORMAT 格式符号说明

Format 格式符号	返回值示例	用 法 说 明
YYYY	2015	4 位数年份
MM	01	2 位数月份，必须用大写
MMM	Jan	3 位字符英文月份名称
MMMM	January	英文月份全称
DD	01	2 位数日期数值
DDD	Mon	3 位字符英文星期名称
DDDD	Monday	英文星期全称

例 25 分析月初与月末日期

DAX 中的 STARTOFMONTH 和 ENDOFMONTH 支持月初日期和月末日期的查询，见图 2.3 和图 2.4。

```
1 本月第一日 = STARTOFMONTH('日期'[日期])
```

日期	年	月	年月	本月第一日
2016年1月1日	2016	1	2016-01	2016/1/1 0:00:00
2016年1月2日	2016	1	2016-01	2016/1/1 0:00:00
2016年1月3日	2016	1	2016-01	2016/1/1 0:00:00

图 2.3 用 STARTOFMONTH 函数获得本月第一日

```
1 本月最后一日 = ENDOFMONTH('日期'[日期])
```

日期	年	月	年月	本月第一日	本月最后一日
2016年1月1日	2016	1	2016-01	2016/1/1 0:00:00	2016/1/31 0:00:00
2016年1月2日	2016	1	2016-01	2016/1/1 0:00:00	2016/1/31 0:00:00
2016年1月3日	2016	1	2016-01	2016/1/1 0:00:00	2016/1/31 0:00:00
2016年1月4日	2016	1	2016-01	2016/1/1 0:00:00	2016/1/31 0:00:00

图 2.4 用 ENDOFMONTH 函数获得本月最后一日

类似地，如果需要灵活查询下月最末和上月最末值，则可以采用 EOMONTH 和 DATEADD 函数，见图 2.5 和图 2.6。

```
1 下月最后一日 = EOMONTH('日期'[日期],1)
```

日期	年	月	年月	本月第一日	本月最后一日	下月最后一日
2016年1月1日	2016	1	2016-01	2016/1/1 0:00:00	2016/1/31 0:00:00	2016/2/29 0:00:00
2016年1月2日	2016	1	2016-01	2016/1/1 0:00:00	2016/1/31 0:00:00	2016/2/29 0:00:00
2016年1月3日	2016	1	2016-01	2016/1/1 0:00:00	2016/1/31 0:00:00	2016/2/29 0:00:00
2016年1月4日	2016	1	2016-01	2016/1/1 0:00:00	2016/1/31 0:00:00	2016/2/29 0:00:00
2016年1月5日	2016	1	2016-01	2016/1/1 0:00:00	2016/1/31 0:00:00	2016/2/29 0:00:00

图 2.5 用 EOMONTH 函数得到下月最后一日

```
1 上月最后一日 = DATEADD('日期'[本月最后一日],-1,MONTH)
```

日期	年	月	年月	本月第一日	本月最后一日	下月最后一日	上月最后一日
2016年1月1日	2016	1	2016-01	2016/1/1 0:00:00	2016/1/31 0:00:00	2016/2/29 0:00:00	2015/12/31 0:00:00
2016年1月2日	2016	1	2016-01	2016/1/1 0:00:00	2016/1/31 0:00:00	2016/2/29 0:00:00	2015/12/31 0:00:00
2016年1月3日	2016	1	2016-01	2016/1/1 0:00:00	2016/1/31 0:00:00	2016/2/29 0:00:00	2015/12/31 0:00:00
2016年1月4日	2016	1	2016-01	2016/1/1 0:00:00	2016/1/31 0:00:00	2016/2/29 0:00:00	2015/12/31 0:00:00
2016年1月5日	2016	1	2016-01	2016/1/1 0:00:00	2016/1/31 0:00:00	2016/2/29 0:00:00	2015/12/31 0:00:00

图 2.6 用 DATEADD 函数返回上月最后一日

例 26 分析日期相关周数

DAX 日期函数提供了几种不同的周计算方式，图 2.7 为该函数的说明解释。

本例以 2016 年年初为例，2016 年 1 月 1 日为周五，第一个周日出现在 1 月 3 日，见图 2.8。

WEEKNUM

项目 • 2022/07/14 • 3 个参与者

根据 return_type 值返回给定日期的周数。周数指示此周在一年中的数值。

有两个系统用于此函数：

- **系统** 1 - 包含 1 月 1 日的周是一年的第一周，编号为"第 1 周"。
- **系统** 2 - 包含一年第一个星期四的周是一年的第一周，编号为"第 1 周"。此系统是 ISO 8601 中指定的方法，通常称为欧洲周编号系统。

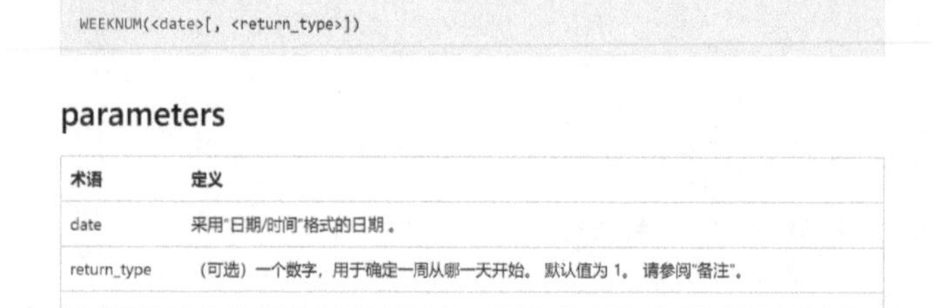

语法

DAX 复制

```
WEEKNUM(<date>[, <return_type>])
```

parameters

术语	定义
date	采用"日期/时间"格式的日期。
return_type	（可选）一个数字，用于确定一周从哪一天开始。默认值为 1。请参阅"备注"。

图 2.7 WEEKNUM 函数具体使用方法参考

图 2.8 2016 年 1 月日历表

图 2.9 包含由周日开始和由周一开始的周计算日期，当 WEEKNUM 参数为 2 时，2016 年 1 月 4 日为第二周的起始日。

```
1 年周（周一开始） = COMBINEVALUES("-",YEAR('周日期'[日期]), WEEKNUM('周日期'[日期],2))
```

日期	年周（周日开始）	年周（周一开始）	年
2015年12月31日	2015-53	2015-53	2015
2016年1月1日	2016-1	2016-1	2016
2016年1月2日	2016-1	2016-1	2016
2016年1月3日	2016-2	2016-1	2016
2016年1月4日	2016-2	2016-2	2016
2016年1月5日	2016-2	2016-2	2016

图 2.9 以一年第一日为起始周

WEEKNUM 参数为 21 时，该函数将采用 ISO 8601 日历标准。2016 年 1 月 4 日之前被归为 2015 年的第 53 周。此种情况下，不能使用默认的自然年，否则会造成错误年月，见图 2.10。

```
1 自然年ISO周 = COMBINEVALUES("-",YEAR('周日期'[日期]), WEEKNUM('周日期'[日期],21))
```

日期	年周（周日开始）	年周（周一开始）	年	自然年ISO周
2015年12月31日	2015-53	2015-53	2015	2015-53
2016年1月1日	2016-1	2016-1	2016	2016-53
2016年1月2日	2016-1	2016-1	2016	2016-53
2016年1月3日	2016-2	2016-1	2016	2016-53
2016年1月4日	2016-2	2016-2	2016	2016-1
2016年1月5日	2016-2	2016-2	2016	2016-1

图 2.10 ISO 8601 日历计算标准

解决问题的思路是创建一个判断条件的 ISO 年，见图 2.11。

```
1 ISO 年 = SWITCH(TRUE(),
2 WEEKNUM('周日期'[日期])>=52 && WEEKNUM('周日期'[日期],21)<=2, '周日期'[年]+1,
3 WEEKNUM('周日期'[日期])<=2 && WEEKNUM('周日期'[日期],21)>=52, '周日期'[年]-1
4 ,YEAR('周日期'[日期])
5 )
```

日期	年周（周日开始）	年周（周一开始）	年	自然年ISO	ISO 年
2015年12月31日	2015-53	2015-53	2015	2015-53	2015
2016年1月1日	2016-1	2016-1	2016	2016-53	2015
2016年1月2日	2016-1	2016-1	2016	2016-53	2015
2016年1月3日	2016-2	2016-1	2016	2016-53	2015
2016年1月4日	2016-2	2016-2	2016	2016-1	2016
2016年1月5日	2016-2	2016-2	2016	2016-1	2016

图 2.11 添加 ISO 年计算列

```
ISO 年 = SWITCH(TRUE(),
WEEKNUM('周日期'[日期])>=52 && WEEKNUM('周日期'[日期],21)<=2, '周日期'[年]+1,
WEEKNUM('周日期'[日期])<=2 && WEEKNUM('周日期'[日期],21)>=52, '周日期'[年]-1
,YEAR('周日期'[日期])
)
```

最终的【ISO 年周】字段将显示正确的 ISO 年周值，见图 2.12。

```
1 ISO 年周 =
2 [ISO 年] & "-" & CONCATENATE( if(len(WEEKNUM('周日期'[日期],21))=1, "0"), WEEKNUM('周日期'[日期],21)
```

日期	年周（周日开始）	年周（周一开始）	年	自然年ISO周	ISO 年	ISO 年周
2015年1月1日	2015-1	2015-1	2015	2015-1	2015	2015-01
2015年1月2日	2015-1	2015-1	2015	2015-1	2015	2015-01
2015年1月3日	2015-1	2015-1	2015	2015-1	2015	2015-01
2015年1月4日	2015-2	2015-1	2015	2015-1	2015	2015-01
2015年1月5日	2015-2	2015-2	2015	2015-2	2015	2015-02
2015年1月6日	2015-2	2015-2	2015	2015-2	2015	2015-02

图 2.12 ISO 年周值

例 27 分析周初与周末日期

周初的认定方法也分从周日或周一起始两种，本例以周一为周初日，周日为周末日，使用的 DAX 函数为 WEEKDAY，图 2.13 为该函数的说明解释。

1. 周末日期

先梳理计算周末日期的思路，换句话说，分析的目的是算出当下日期所属的周末是哪天。

01 梳理每日所代表的 WEEKDAY 天数，见表 2.2。

表 2.2 每日所代表的 WEEKDAY 天数

周一	周二	周三	周四	周五	周六	周日
1	2	3	4	5	6	7

WEEKDAY

项目 • 2022/07/14 • 3 个参与者

返回指示日期属于星期几的数字，1 到 7 之间的数字。默认情况下，日期范围是 1（星期日）到 7（星期六）。

语法

DAX 复制

```
WEEKDAY(<date>, <return_type>)
```

parameters

术语	定义
date	采用日期/时间格式的日期。 应该使用 DATE 函数、计算结果为日期的表达式或其他公式的结果来输入日期。
return_type	用于确定返回值的数字： 返回类型：1，周从星期日 (1) 开始，到星期六 (7) 结束。编号 1 到 7。 返回类型：2，周从星期一 (1) 开始，到星期日 (7) 结束。 返回类型：3，周从星期一 (0) 开始到星期日 (6) 结束。编号 1 到 7。

图 2.13 WEEKDAY 函数具体使用方法参考

02 梳理每日与周末所相差的天数差，见表 2.3。以周一为例，需要算出周一所对应的天数差为 6 日，因此周一向后平移 6 日后便是对应的周末日期。

表 2.3 每日与周末日期所相差的天数差

周一	周二	周三	周四	周五	周六	周日
6	5	4	3	2	1	0

03 创建新计算列【周末日期】，通过“7-WEEKDAY([日期],2)”得出该日与周末的天数差，见图 2.14。

04 通过嵌套 DATEADD 函数，将日期平移对应天数差，获取周末日期，见图 2.15。

1 周末日期 = 7- WEEKDAY([日期],2)

日期	本周星期数	年	周末日期
2016年1月1日	Fri	2016	2
2016年1月2日	Sat	2016	1
2016年1月3日	Sun	2016	0
2016年1月4日	Mon	2016	6
2016年1月5日	Tue	2016	5

图 2.14 获取与周末日期间隔天数

1 周末日期 = DATEADD('周日期2'[日期], 7- WEEKDAY([日期],2),DAY)

日期	本周星期数	年	周末日期
2016年1月1日	Fri	2016	2016/1/3 0:00:00
2016年1月2日	Sat	2016	2016/1/3 0:00:00
2016年1月3日	Sun	2016	2016/1/3 0:00:00
2016年1月4日	Mon	2016	2016/1/10 0:00:00
2016年1月5日	Tue	2016	2016/1/10 0:00:00
2016年1月6日	Wed	2016	2016/1/10 0:00:00
2016年1月7日	Thu	2016	2016/1/10 0:00:00
2016年1月8日	Fri	2016	2016/1/10 0:00:00
2016年1月9日	Sat	2016	2016/1/10 0:00:00
2016年1月10日	Sun	2016	2016/1/10 0:00:00

图 2.15 获得当下日期的对应周末日期

2. 周初日期

类似地，当需要获取周初日期时，需先获得每一日与周初的日期差，见表 2.4。

表 2.4 每日与周初所相差的天数

周一	周二	周三	周四	周五	周六	周日
0	-1	-2	-3	-4	-5	-6

01 创建新计算列【周初日期】，通过“-WEEKDAY([日期],2)+1”得出该日与周一的天数差，见图 2.16。

02 通过嵌套 DATEADD 函数，将日期平移对应天数差，获取周一日期，见图 2.17。

```
1 周初日期 = - WEEKDAY([日期],2)+1
```

日期	本周星期数	年	周末日期	周初日期
2016年1月1日	Fri	2016	2016/1/3 0:00:00	-4
2016年1月2日	Sat	2016	2016/1/3 0:00:00	-5
2016年1月3日	Sun	2016	2016/1/3 0:00:00	-6
2016年1月4日	Mon	2016	2016/1/10 0:00:00	0
2016年1月5日	Tue	2016	2016/1/10 0:00:00	-1
2016年1月6日	Wed	2016	2016/1/10 0:00:00	-2
2016年1月7日	Thu	2016	2016/1/10 0:00:00	-3
2016年1月8日	Fri	2016	2016/1/10 0:00:00	-4
2016年1月9日	Sat	2016	2016/1/10 0:00:00	-5
2016年1月10日	Sun	2016	2016/1/10 0:00:00	-6

图 2.16 获取距离周初的差异天数

```
1 周初日期 = DATEADD('周日期2'[日期],- WEEKDAY([日期],2)+1,DAY)
```

日期	本周星期数	年	周末日期	周初日期
2016年1月1日	Fri	2016	2016/1/3 0:00:00	2015/12/28 0:00:0
2016年1月2日	Sat	2016	2016/1/3 0:00:00	2015/12/28 0:00:0
2016年1月3日	Sun	2016	2016/1/3 0:00:00	2015/12/28 0:00:0
2016年1月4日	Mon	2016	2016/1/10 0:00:00	2016/1/4 0:00:00
2016年1月5日	Tue	2016	2016/1/10 0:00:00	2016/1/4 0:00:00
2016年1月6日	Wed	2016	2016/1/10 0:00:00	2016/1/4 0:00:00
2016年1月7日	Thu	2016	2016/1/10 0:00:00	2016/1/4 0:00:00
2016年1月8日	Fri	2016	2016/1/10 0:00:00	2016/1/4 0:00:00
2016年1月9日	Sat	2016	2016/1/10 0:00:00	2016/1/4 0:00:00
2016年1月10日	Sun	2016	2016/1/10 0:00:00	2016/1/4 0:00:00

图 2.17 获得当下日期的对应周初日期

例 28 分析中国工作日

NETWORKDAYS 函数用于返回两个日期（含）之间的整个工作日数，参数指定周末及其天数。周末和节假日不被视为工作日，图 2.18 为该函数的说明解释。

NETWORKDAYS

项目 • 2022/07/14 • 1 个参与者

返回两个日期（含）之间的整个工作日数。参数指定周末及其天数。周末和节假日不被视为工作日。

语法

```
DAX
NETWORKDAYS(<start_date>, <end_date>[, <weekend>, <holidays>])
```

参数

术语	定义
start_date	表示开始日期的日期。要计算差额的日期。start_date 可以早于、等于或晚于 end_date。
end_date	表示结束日期的日期。要计算差额的日期。start_date 可以早于、等于或晚于 end_date。
周末	表示一周中不包含在 start_date 到 end_date 之间的整个工作日天数中的周末天数。周末是一个周末数字，用于指定周末发生的时间。 周末数值表示以下周末日： 1 或省略：星期六、星期日 2：星期日、星期一 3：星期一、星期二 4：星期二、星期三 5：星期三、星期四 6：星期四、星期五 7：星期五、星期六 11：仅星期日 12：仅星期一 13：仅星期二 14：仅星期三 15：仅星期四 16：仅星期五 17：仅星期六
holidays	要从工作日日历中排除的一个或多个日期的列表。

图 2.18 NETWORKDAYS 函数具体使用方法参考

图 2. 19 为 NETWORKDAYS 的默认计算方式，即把周六、周日作为不包含的天数。

对于中国这样有调休假期惯例的情景，NETWORKDAYS 默认方式并不适用于中国工作日计算[⊖]。那如何准确计算中国式工作日呢？

01 以 2016 年 2 月为例，预先统计当月中国假期日历，见图 2. 20。

1 默认本日至周末剩余工作日 = NETWORKDAYS('周日期2'[日期],[周末日期])

日期	本周星期数	年	周末日期	周初日期	默认本日至周末剩余工作日
2016年1月30日	Sat	2016	2016/1/31 0:00:00	2016/1/25 0:00:00	0
2016年1月31日	Sun	2016	2016/1/31 0:00:00	2016/1/25 0:00:00	0
2016年2月1日	Mon	2016	2016/2/7 0:00:00	2016/2/1 0:00:00	5
2016年2月2日	Tue	2016	2016/2/7 0:00:00	2016/2/1 0:00:00	4
2016年2月3日	Wed	2016	2016/2/7 0:00:00	2016/2/1 0:00:00	3
2016年2月4日	Thu	2016	2016/2/7 0:00:00	2016/2/1 0:00:00	2
2016年2月5日	Fri	2016	2016/2/7 0:00:00	2016/2/1 0:00:00	1
2016年2月6日	Sat	2016	2016/2/7 0:00:00	2016/2/1 0:00:00	0
2016年2月7日	Sun	2016	2016/2/7 0:00:00	2016/2/1 0:00:00	0
2016年2月8日	Mon	2016	2016/2/14 0:00:00	2016/2/8 0:00:00	5
2016年2月9日	Tue	2016	2016/2/14 0:00:00	2016/2/8 0:00:00	4
2016年2月10日	Wed	2016	2016/2/14 0:00:00	2016/2/8 0:00:00	3
2016年2月11日	Thu	2016	2016/2/14 0:00:00	2016/2/8 0:00:00	2
2016年2月12日	Fri	2016	2016/2/14 0:00:00	2016/2/8 0:00:00	1
2016年2月13日	Sat	2016	2016/2/14 0:00:00	2016/2/8 0:00:00	0
2016年2月14日	Sun	2016	2016/2/14 0:00:00	2016/2/8 0:00:00	0

图 2. 19　NETWORKDAYS 使用示例

2016年 ▾　〈　2月 ▾　〉　放假安排 ▾　返回今天

一	二	三	四	五	六	日
1 北小年	2 南小年	3 廿五	4 立春	5 冬六九	班 6 廿八	休 7 除夕
休 8 春节	休 9 初二	休 10 初三	休 11 初四	休 12 初五	休 13 初六	班 14 情人节
15 初八	16 初九	17 初十	18 十一	19 雨水	20 十三	21 十四
22 元宵节	23 冬八九	24 十七	25 十八	26 十九	27 二十	28 廿一
29 廿二	1 廿三	2 廿四	3 冬九九	4 廿六	5 惊蛰	6 廿八
7 廿九	8 妇女节	9 二月	10 龙抬头	11 初三	12 植树节	13 初五

图 2. 20　2016 年 2 月中国假期日历

02 创建【中国假期】表。小提示：用户可通过【输入数据】一次性粘贴休假日期，单击【加载】按钮，见图 2. 21。

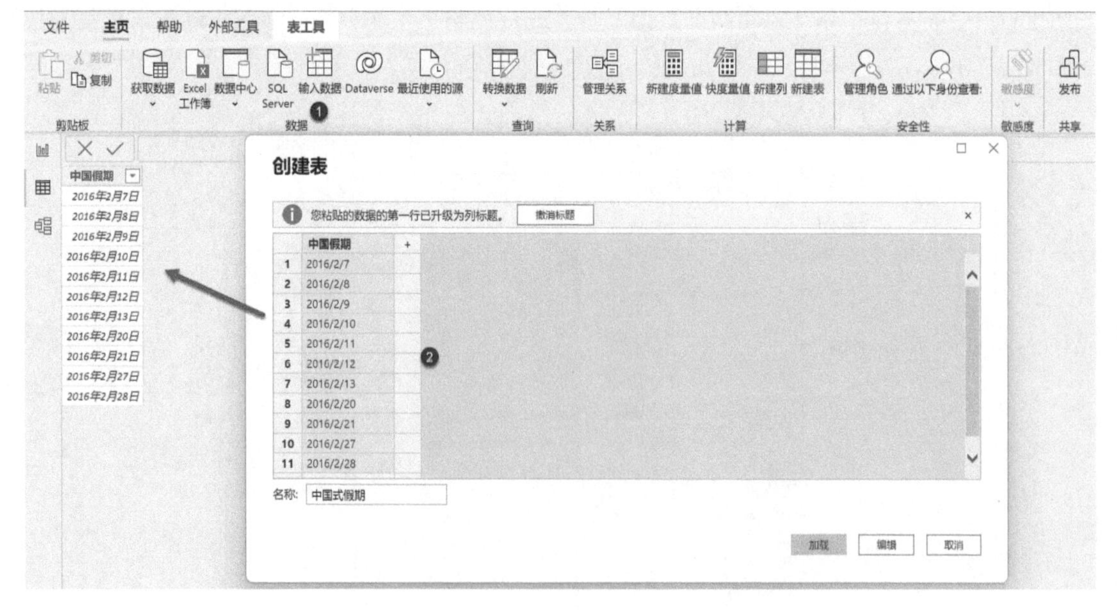

图 2. 21　一次性创建中国假期日历表

⊖ NETWORKDAYS 将指定规则排除休息天数，而中国式假期调休的规律不明显，因此不能直接使用 NETWORKDAYS 计算工作日。

03 创建【中国式本日至周末剩余工作日】计算列，输入以下计算方式，见图 2.22。下面验证计算结果，如 2 月 6 日为工作日，2 月 6 日所剩余的工作日为 1 天，2 月 14 日为工作日，从 2 月 8 日到 2 月 14 日所剩的工作日为 1 天。

```
1 中国式本日至周末剩余工作日 = [周末日期]-[日期] +1 - COUNTROWS(FILTER('中国假期表', [日期]<=[中国假期] && [中国假期]<=[周末日期]))
```

日期	本周星期数	年	周末日期	周初日期	默认本日至周末剩余工作日	中国式本日至周末剩余工作日
2016年1月30日	Sat	2016	2016/1/31 0:00:00	2016/1/25 0:00:00	0	2
2016年1月31日	Sun	2016	2016/1/31 0:00:00	2016/1/25 0:00:00	0	1
2016年2月1日	Mon	2016	2016/2/7 0:00:00	2016/2/1 0:00:00	5	6
2016年2月2日	Tue	2016	2016/2/7 0:00:00	2016/2/1 0:00:00	4	5
2016年2月3日	Wed	2016	2016/2/7 0:00:00	2016/2/1 0:00:00	3	4
2016年2月4日	Thu	2016	2016/2/7 0:00:00	2016/2/1 0:00:00	2	3
2016年2月5日	Fri	2016	2016/2/7 0:00:00	2016/2/1 0:00:00	1	2
2016年2月6日	Sat	2016	2016/2/7 0:00:00	2016/2/1 0:00:00	0	1
2016年2月7日	Sun	2016	2016/2/7 0:00:00	2016/2/1 0:00:00	0	0
2016年2月8日	Mon	2016	2016/2/14 0:00:00	2016/2/8 0:00:00	5	1
2016年2月9日	Tue	2016	2016/2/14 0:00:00	2016/2/8 0:00:00	4	1
2016年2月10日	Wed	2016	2016/2/14 0:00:00	2016/2/8 0:00:00	3	1
2016年2月11日	Thu	2016	2016/2/14 0:00:00	2016/2/8 0:00:00	2	1
2016年2月12日	Fri	2016	2016/2/14 0:00:00	2016/2/8 0:00:00	1	1
2016年2月13日	Sat	2016	2016/2/14 0:00:00	2016/2/8 0:00:00	0	1
2016年2月14日	Sun	2016	2016/2/14 0:00:00	2016/2/8 0:00:00	0	1

图 2.22 通过公式计算中国式本日至周末的剩余工作日

```
中国式本日至周末剩余工作日 =
[周末日期]-[日期] +1-COUNTROWS(FILTER('中国假期表',[日期]<=[中国假期] && [中国假期]<=[周末日期]))
//FILTER 用于统计本周内的中国假期,然后用 COUNTROWS 统计汇总天数,最后与自然天数相减
```

技巧 10 如何使用时间智能函数

问题：

- 什么是时间智能函数？
- 如何动态计算过去同比日期？
- 如何依据现在分析滚动 12 个月累计金额？
- 如何分析积压订单数量？

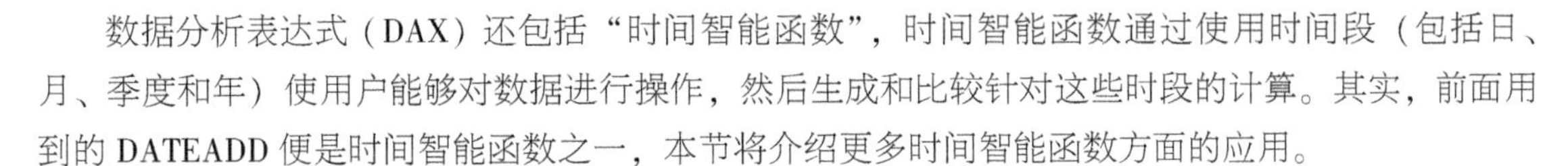

数据分析表达式（DAX）还包括“时间智能函数”，时间智能函数通过使用时间段（包括日、月、季度和年）使用户能够对数据进行操作，然后生成和比较针对这些时段的计算。其实，前面用到的 DATEADD 便是时间智能函数之一，本节将介绍更多时间智能函数方面的应用。

例 29 常用时间智能函数操作

DAX 时间智能函数有很多，按功能可以分为四大类。

1. 累计日期函数

累计日期函数是指从某个指定时间开始到上下文中至今的一系列日期的集合，表 2.5 为该类函数的列表和说明解释。

表 2.5 累计日期函数列表

函　数	说　明
DATESMTD	返回一个表，此表包含当前上下文中该月份至今的一列日期
DATESQTD	返回一个表，此表包含当前上下文中该季度至今的一列日期
DATESYTD	返回一个表，此表包含当前上下文中该年份至今的一列日期
TOTALMTD	计算当前上下文中该月份至今的表达式的值
TOTALQTD	计算当前上下文中该季度至今的日期的表达式的值
TOTALYTD	计算当前上下文中表达式的 year-to-date 值

2. 期初与期末日期

期初与期末日期是指从目前上下文中的日期推算出期初或期末日期，表 2.6 为该类函数的列表和说明解释。

表 2.6 期初与期末日期函数列表

函　数	说　明
CLOSINGBALANCEMONTH	计算当前上下文中该月最后一个日期的表达式
CLOSINGBALANCEQUARTER	计算当前上下文中该季度最后一个日期的表达式
CLOSINGBALANCEYEAR	计算当前上下文中该年份最后一个日期的表达式
ENDOFMONTH	返回当前上下文中指定日期列的月份的最后一个日期
ENDOFQUARTER	为指定的日期列返回当前上下文的季度最后一日
ENDOFYEAR	返回当前上下文中指定日期列的年份的最后一个日期
FIRSTDATE	返回当前上下文中指定日期列的第一个日期
FIRSTNONBLANK	返回按当前上下文筛选的 column 列中的第一个值，其中表达式不能为空
LASTDATE	返回当前上下文中指定日期列的最后一个日期
LASTNONBLANK	返回按当前上下文筛选的 column 列中的最后一个值，其中表达式不能为空
NEXTDAY	根据当前上下文中的 dates 列中指定的第一个日期返回一个表，此表包含从第二天开始的所有日期的列
NEXTMONTH	根据当前上下文中的 dates 列中的第一个日期返回一个表，此表包含从下个月开始的所有日期的列
NEXTQUARTER	根据当前上下文中的 dates 列中指定的第一个日期返回一个表，其中包含下季度所有日期的列
NEXTYEAR	根据 dates 列中的第一个日期，返回一个表，表中的一列包含当前上下文中明年的所有日期
OPENINGBALANCEMONTH	计算当前上下文中该月份第一个日期的表达式
OPENINGBALANCEQUARTER	计算当前上下文中该季度第一个日期的表达式
OPENINGBALANCEYEAR	计算当前上下文中该年份第一个日期的表达式
PREVIOUSDAY	返回一个表，此表包含的某一列中所有日期所表示的日期均在当前上下文的 dates 列中的第一个日期之前

（续）

函　　数	说　　明
PREVIOUSMONTH	根据当前上下文中的 dates 列中的第一个日期返回一个表，此表包含上一月份所有日期的列
PREVIOUSQUARTER	根据当前上下文中的 dates 列中的第一个日期返回一个表，此表包含上一季度所有日期的列
PREVIOUSYEAR	基于当前上下文中的“日期”列中的最后一个日期，返回一个表，该表包含上一年所有日期的列
STARTOFMONTH	返回当前上下文中指定日期列的月份的第一个日期
STARTOFQUARTER	为指定的日期列返回当前上下文中季度的第一个日期
STARTOFYEAR	返回当前上下文中指定日期列的年份的第一个日期

3. 日期范围

日期范围是指根据指定日期返回日期区间，表 2.7 为该类函数的列表和说明解释。

表 2.7　日期范围函数列表

函　　数	说　　明
DATESBETWEEN	返回一个包含一列日期的表，这些日期以指定开始日期，一直持续到指定的结束日期
DATESINPERIOD	返回一个表，此表包含一列日期，日期以指定的日期开始，并按照指定的日期间隔一直持续到指定的数字

4. 移动日期

移动日期是指对目前上下文中日期进行指定的位移，表 2.8 为该类函数的列表和说明解释。

表 2.8　移动日期函数列表

函　　数	说　　明
DATEADD	返回一个表，此表包含一列日期，日期从当前上下文中的日期开始按指定的间隔数向未来推移或者向过去推移
SAMEPERIODLASTYEAR	返回一个表，其中包含指定 dates 列中的日期在当前上下文中前一年的日期列
PARALLELPERIOD	返回一个表，此表包含一列日期，表示与当前上下文中指定的 dates 列中的日期平行的时间段，日期是按间隔数向未来推移或者向过去推移的

分析滚动 12 个月累计金额

时间智能函数经常以组合的形式被使用，本例将介绍如何智能计算过去 12 个月的销售汇总，见图 2.23。本例的解题思路如下。

- 通过时间智能函数获取上月末和 12 个月前的月初具体日期。
- 通过时间智能函数选取日期范围内销售额。
- 通过时间智能函数排除不满足过去 12 个月有销量的汇总（可选）。

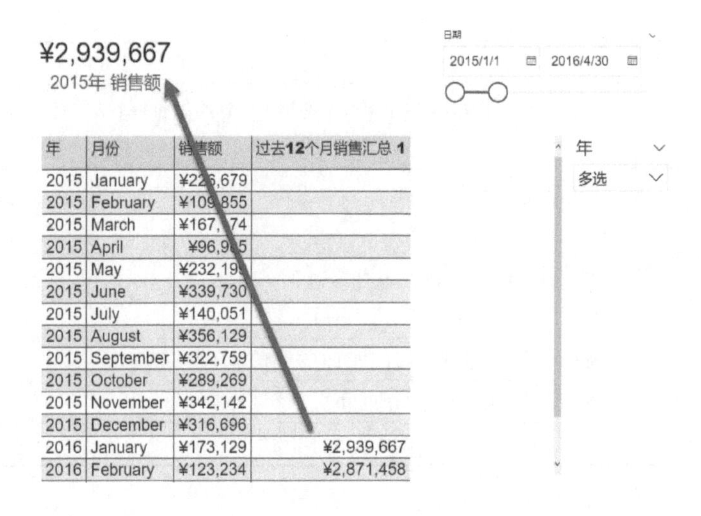

年	月份	销售额	过去12个月销售汇总 1
2015	January	¥22[illegible],679	
2015	February	¥109,855	
2015	March	¥167,[illegible]74	
2015	April	¥96,9[illegible]5	
2015	May	¥232,19[illegible]	
2015	June	¥339,730	
2015	July	¥140,051	
2015	August	¥356,129	
2015	September	¥322,759	
2015	October	¥289,269	
2015	November	¥342,142	
2015	December	¥316,696	
2016	January	¥173,129	¥2,939,667
2016	February	¥123,234	¥2,871,458

图 2.23 计算去年同比值

01 用 EDATE 与 STARTOFMONTH、ENDOFMONTH 的组合方式获取 12 个月前的月初日期和上月月末日期，见图 2-24。值得一提的是，读者也可以尝试不同的写法，如“FIRSTDATE(FIRSTDATE('日期'[日期])-1”的写法也适用于上月期末值。

```
Edate 1 = EDATE(STARTOFMONTH('日期'[日期]),-12)
Edate 2 = EDATE(ENDOFMONTH('日期'[日期]),-1)
```

```
1 Edate 1 = EDATE(STARTOFMONTH('日期'[日期]),-12)
```

¥2,939,667
2015年 销售额

日期 2015/1/1 2016/4/30

年 多选

年	月份	Edate 1	Edate 2
2015	January	2014-01-01	2014-12-31
2015	February	2014-02-01	2015-01-28

图 2.24 获取 12 个月前的期初和上一个月的期末日期

02 使用 DATESBETWEEN 函数获取过去 12 个月范围的数值，见图 2.25。

```
1 过去12个月销售汇总 1 = CALCULATE([销售额 M],DATESBETWEEN('日期'[日期],[Edate 1],[Edate 2]))
```

¥2,939,667
2015年 销售额

日期 2015/1/1 2016/4/30

年 多选

年	月份	Edate 1	Edate 2	过去12个月销售汇总 1
2015	January	2014-01-01	2014-12-31	
2015	February	2014-02-01	2015-01-28	¥191,085
2015	March	2014-03-01	2015-02-28	¥336,534
2015	April	2014-04-01	2015-03-30	¥497,151
2015	May	2014-05-01	2015-04-30	¥600,692
2015	June	2014-06-01	2015-05-30	¥817,944
2015	July	2014-07-01	2015-06-30	¥1,172,621
2015	August	2014-08-01	2015-07-31	¥1,312,672
2015	September	2014-09-01	2015-08-30	¥1,636,147
2015	October	2014-10-01	2015-09-30	¥1,991,560
2015	November	2014-11-01	2015-10-30	¥2,258,009
2015	December	2014-12-01	2015-11-30	¥2,622,971
2016	January	2015-01-01	2015-12-31	¥2,939,667
2016	February	2015-02-01	2016-01-29	¥2,871,458

图 2.25 获取去年同比值

03 上一步存在一些瑕疵，示例的销售是从 2015 年 1 月开始的，也就是说 2015 年 12 月或之前的月份并没有前 12 个月的数据，某些业务场景将排除不满足 12 个月的销售数值。假设此处只考虑前 12 个月均有销售数据的情况下才进行汇总，那需要在公式中添加判断条件【12 个月前销售额】。

```
12 个月前销售额 = CALCULATE([销售额 M],SAMEPERIODLASTYEAR('日期'[日期]))
```

最终的完整公式如下，读者也可以通过 DATESINPERIOD 创建类似的计算逻辑，见图 2.26。

```
过去 12 个月销售汇总 1 =
IF (  [12 个月前销售额] <> BLANK (),
  CALCULATE ( [销售额 M], DATESBETWEEN ('日期'[日期], [Edate 1], [Edate 2] ) ))
过去 12 个月销售汇总 2 =
IF ( [12 个月前销售额] <> BLANK (),
  CALCULATE ( [销售额 M], DATESINPERIOD ( '日期'[日期], [Edate 2], -1, YEAR ) ))
```

¥2,939,667
2015年 销售额

日期
2015/1/1 2016/4/30

年
多选

年	月份	Edate 1	Edate 2	过去12个月销售汇总 1	过去12个月销售汇总 2
2015	January	2014-01-01	2014-12-31		
2015	February	2014-02-01	2015-01-28		
2015	March	2014-03-01	2015-02-28		
2015	April	2014-04-01	2015-03-30		
2015	May	2014-05-01	2015-04-30		
2015	June	2014-06-01	2015-05-30		
2015	July	2014-07-01	2015-06-30		
2015	August	2014-08-01	2015-07-31		
2015	September	2014-09-01	2015-08-30		
2015	October	2014-10-01	2015-09-30		
2015	November	2014-11-01	2015-10-30		
2015	December	2014-12-01	2015-11-30		
2016	January	2015-01-01	2015-12-31	¥2,939,667	¥2,939,667
2016	February	2015-02-01	2016-01-29	¥2,871,458	¥2,907,052

图 2.26 排除不满足 12 个月的同比值

例 31 依据现在分析滚动 12 个月累计金额

怎么样实现图 2.27 中的卡片图效果呢？此处难点在于卡片图无日期筛选上下文，因此需要“创建”一个动态的当前日期，再根据当前日期去分析过去滚动 12 个月的累计金额。本例将介绍具体的实现方式。

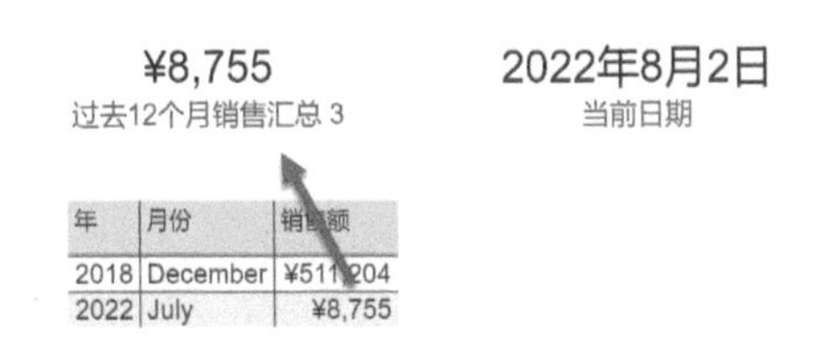

年	月份	[illegible]
2018	December	[illegible]
2022	July	¥8,755

图 2.27 无上下文日期的同比值示例

01 在 Power Query 界面建立一个新的空查询，见图 2.28。

02 在查询处输入函数“DateTime. LocalNow( )”返回当前系统日期时间，并选择将该时间进行

【仅日期】的转换，见图 2.29。

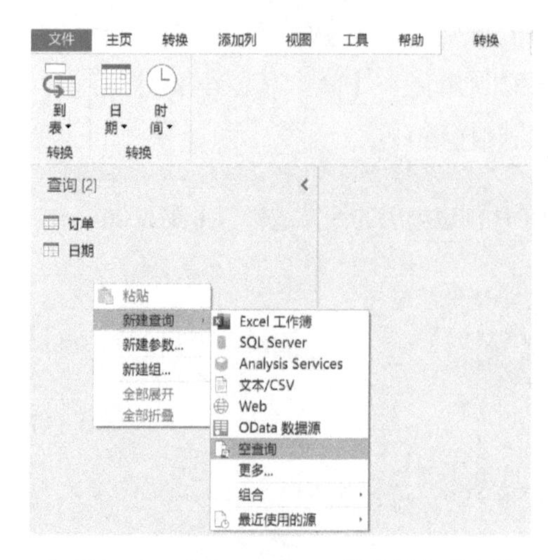

图 2.28 在 Power Query 界面添加空查询

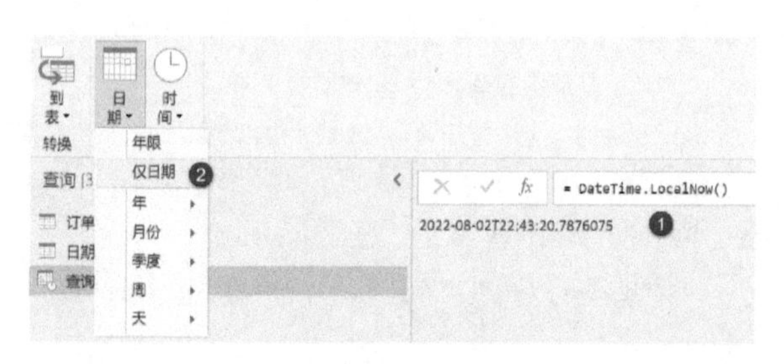

图 2.29 将日期时间类型数值转换为仅日期格式

03 转换完成后，返回到 Power BI Desktop 界面，将新产生的查询字段放入卡片图中，验证当前的日期是否正确，见图 2.30。

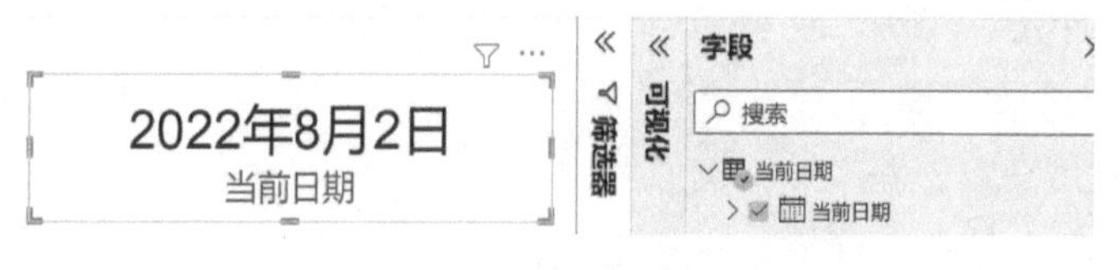

图 2.30 获取当前日期

04 参照以下公式创建汇总，也就是 7 月 31 日往前 12 个月的销售汇总结果。

```
过去 12 个月销售汇总 3 = VAR lastMonth =EOMONTH ( MIN ( '当前日期'[当前日期] ), -1 )
RETURN CALCULATE ( [销售额 M], DATESINPERIOD ( '日期'[日期], lastMonth, -1, YEAR ) )
```

例 32 分析积压订单数量

订单积压分析是常见的业务分析场景，假设将订单日期落在本月之内和发货日期落在下月期初的订单或者发货日期字段为空的订单定义为当月积压订单，见图 2.31。本例将介绍非重复订单数量计算的方法，见图 2.32。本例的解题思路如下。

- 获取当前上下文日期的非重复订单数量。
- 通过时间智能函数选取当前上下文日期的下月月初日期。
- 通过时间智能函数获取同时订单日期落在本月之内和发货日期大于等于下月期初的订单或者发货日期字段为空的订单自动列为积压库存订单。

01 通过 DISTINCTCOUNT 函数创建非重复订单（如果要统计所有订单则可用 COUNTA 函数）。

```
非重复订单数量 = DISTINCTCOUNT('订单'[订单 ID])
```

订单ID	订单日期	发货日期	邮寄方式
CN-2015-2267443	2015年1月28日	2015年1月30日	一级
CN-2015-2267443	2015年1月28日	2015年1月30日	一级
US-2015-1951831	2015年1月28日	2015年2月2日	标准级
CN-2015-2706465	2015年1月28日	2015年1月28日	当日
US-2015-1255631	2015年1月31日	2015年2月4日	二级
US-2015-1255631	2015年1月31日	2015年2月4日	二级
US-2015-1255631	2015年1月31日	2015年2月4日	二级
CN-2015-2829745	2015年1月31日	2015年2月7日	标准级
CN-2015-2829745	2015年1月31日	2015年2月7日	标准级
US-2015-1255631	2015年1月31日	2015年2月4日	二级
US-2015-1255631	2015年1月31日	2015年2月4日	二级
CN-2015-2829745	2015年1月31日	2015年2月7日	标准级
US-2015-1951831	2015年1月31日	2015年2月6日	标准级
US-2015-1951831	2015年1月31日	2015年2月6日	标准级
US-2015-1255631	2015年1月31日	2015年2月4日	二级
US-2015-1255631	2015年1月31日	2015年2月4日	二级
US-2015-1255631	2015年1月31日	2015年2月4日	二级

图 2.31　2015 年 1 月底的积压订单

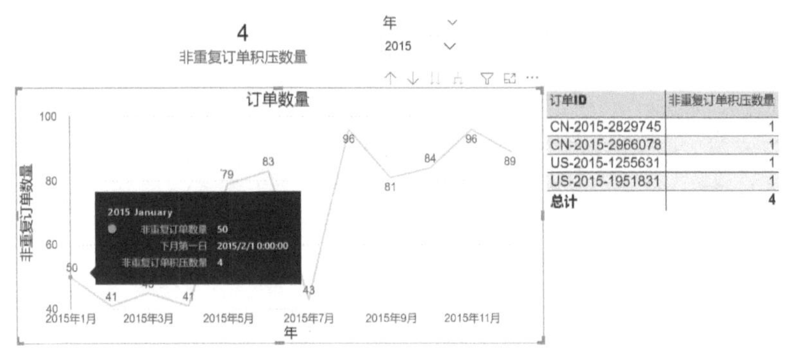

图 2.32　非重复订单计数结果

02 通过 LASTDATE 获取下月期初日期。

```
下月第一日 = LASTDATE('日期'[日期])+1
```

03 将上述公式进行如下整合，创建【非重复订单积压数量】度量，效果见图 2.32。当对日期下钻至周级别时，度量也将动态显示以周单位的非重复积压订单数量，见图 2.33。

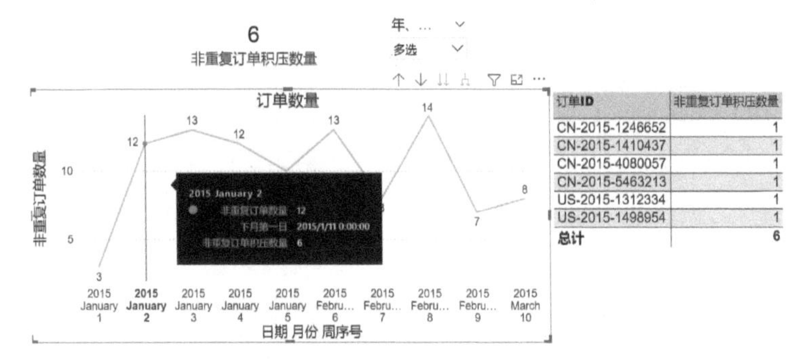

图 2.33　在日期轴下钻至周级别

```
非重复订单积压数量 = VAR firstDateofNextMonth = LASTDATE ( '日期'[日期] ) + 1
VAR historyBacklog =
    CALCULATE (  [非重复订单数量],
'订单'[发货日期] >= firstDateofNextMonth   ||'订单'[发货日期] = BLANK ())
RETURN historyBacklog
```

技巧 11　如何使用索引列辅助计算

问题：

- 什么是定制段日历表？
- 如何实现段日历制同比计算？
- 如何统计连续发生次数？

例 33　段日历的同比计算

在之前的案例中介绍了大量利用时间智能函数进行统计的方法，然而并非所有的场景都可以用时间智能函数。例如，许多快消企业使用定制日历表（段日历），而非默认自然日历。以本例中的 ADW 日历表为参照，见图 2. 34。该日历表将一年分为 13 个段，一个段为 28 日，全年天数为 13 ＊ 28 = 364 日，每隔 7 年出现额外一周。每个段所含的都是完整的四周范围（闰年除外）。对于快消行业，段对比方式更易于业绩对比管理，图 2. 35 为自然日历与段日历的差别对比。对于段日历表，无法直接使用 DAX 的时间智能函数，而需手动创建“同比”逻辑，见图 2. 36。本例的解题思路如下。

- 创建当前上下文日期的索引。
- 通过当前上下文日期的索引获取去年同期的索引。
- 通过去年同期索引得出同比值。
- 筛选要求的统计时间范围。

日期	年月	年	季度	月份数	周数	日数	ADW年	ADW季度	ADW段数	ADW周	ADW段中周索引	ADW 年段周	ADW年段	段初日期	ADW段索引	ADW周索引
2017年1月25日	201701	2017	1	1	4	25	2017	1	1	4	4	2017P01W4	2017P01	20170101	14	56
2017年1月26日	201701	2017	1	1	4	26	2017	1	1	4	4	2017P01W4	2017P01	20170101	14	56
2017年1月27日	201701	2017	1	1	4	27	2017	1	1	4	4	2017P01W4	2017P01	20170101	14	56
2017年1月28日	201701	2017	1	1	4	28	2017	1	1	4	4	2017P01W4	2017P01	20170101	14	56
2017年1月29日	201701	2017	1	1	5	29	2017	1	2	5	1	2017P02W1	2017P02	20170129	15	57
2017年1月30日	201701	2017	1	1	5	30	2017	1	2	5	1	2017P02W1	2017P02	20170129	15	57
2017年1月31日	201701	2017	1	1	5	31	2017	1	2	5	1	2017P02W1	2017P02	20170129	15	57

图 2. 34　段日历表示意图

年月	销售额
201701	¥178,402
201702	¥190,256
201703	¥208,974
201704	¥220,948
201705	¥399,633
201706	¥442,850
201707	¥224,137
201708	¥443,244
201709	¥463,353
201710	¥484,797
201711	¥526,725
201712	¥462,728
总计	¥4,246,047

ADW年段	销售额
2017P01	¥174,212
2017P02	¥164,594
2017P03	¥229,814
2017P04	¥148,636
2017P05	¥321,282
2017P06	¥349,354
2017P07	¥356,155
2017P08	¥283,005
2017P09	¥377,384
2017P10	¥455,395
2017P11	¥436,755
2017P12	¥511,179
2017P13	¥410,562
2018P01	¥27,718
总计	¥4,246,047

年
2017

图 2. 35　自然日历与段日历对比效果

```
1 自建ADW段索引 = RIGHT('ADW订制日期表'[ADW年],2) *13 + 'ADW订制日期表'[ADW段数]
```

ADW年段	销售额	自建ADW段索引	去年段同比销售 1
2016P01	¥163,363	209	
2016P02	¥121,619	210	
2016P03	¥183,150	211	
2016P04	¥129,136	212	
2016P05	¥255,759	213	
2016P06	¥361,348	214	
2016P07	¥257,216	215	
2016P08	¥305,793	216	
2016P09	¥285,117	217	
2016P10	¥365,094	218	
2016P11	¥300,195	219	
2016P12	¥398,552	220	
2016P13	¥316,465	221	
2017P01	¥174,212	222	¥163,363
2017P02	¥164,594	223	¥121,619
2017P03	¥229,814	224	¥183,150
总计	¥7,688,854		

年
多选

图 2. 36　自建段日历索引列

01 从解题思路上可知关键是索引信息，图 2.34 中的【ADW 段索引】列为企业日历自定义索引，用户直接引用便可。如果日历表中不含索引，则需要自建索引。本例采用已有的信息字段创建【自建 ADW 段索引】计算字段，见图 2.37。小提示：索引显示结果需设置为不汇总。

```
自建 ADW 段索引 = RIGHT('ADW 定制日期表'[ADW 年],2) * 13 +'ADW 定制日期表'[ADW 段数]
//自定义索引的逻辑为去【ADW 年】字段的后两位乘以 13 加上【ADW 段数】
```

02 创建求得滚动前 13 个段的同比日期度量。

```
ADW 去年同段索引 = MIN('ADW 定制日期表'[ADW 段索引]) -13
```

03 通过公式组合去年的同比值。注意 FILTER 函数中的 ALL 函数的使用技巧，见图 2.38。

ADW年段	销售额	自建ADW段索引
2016P01	¥163,363	209
2016P02	¥121,619	210
2016P03	¥183,150	211
2016P04	¥129,136	212
2016P05	¥255,759	213
2016P06	¥361,348	214
2016P07	¥257,216	215
2016P08	¥305,793	216
2016P09	¥285,117	217
2016P10	¥365,094	218
2016P11	¥300,195	219
2016P12	¥398,552	220
2016P13	¥316,465	221
2017P01	¥174,212	222
2017P02	¥164,594	223
2017P03	¥229,814	224
总计	¥7,688,854	

图 2.37 自建段日历索引效果图

ADW年段	销售额	去年段同比销售
2016P01	¥163,363	
2016P02	¥121,619	
2016P03	¥183,150	
2016P04	¥129,136	
2016P05	¥255,759	
2016P06	¥361,348	
2016P07	¥257,216	
2016P08	¥305,793	
2016P09	¥285,117	
2016P10	¥365,094	
2016P11	¥300,195	
2016P12	¥398,552	
2016P13	¥316,465	3,011,481
2017P01	¥174,212	¥163,363
2017P02	¥164,594	¥121,619
2017P03	¥229,814	¥183,150
总计	¥7,688,854	

图 2.38 段日历中同比计算结果

```
    去年段同比销售= VAR _periodMinus13 = MIN ( 'ADW 定制日期表'[ADW 段索引] )-13
VAR _result =
    CALCULATE (SUM ( '订单'[销售额] ),
        FILTER ( ALL ( 'ADW 定制日期表' ), 'ADW 定制日期表'[ADW 段索引] = _periodMinus13 ) )
RETURN _result
```

04 如果需要定义同比的起始日期，则在公式中添加判断条件，如从 2017 年开始。

```
    去年段同比销售 1 =
VAR _periodMinus13 =  MIN ( 'ADW 定制日期表'[ADW 段索引] )-13
VAR _result =  CALCULATE ( SUM ( '订单'[销售额] ),
  FILTER ( ALL ( 'ADW 定制日期表' ), 'ADW 定制日期表'[ADW 段索引] = _periodMinus13 ))
RETURN  IF ( MIN ( 'ADW 定制日期表'[ADW 年] ) >= 2017, _result )
```

例 34 统计连续发生的次数

至 2020 年 5 月 16 日这周为止，已经是纳斯达克 100 指数⊖连续第几周下跌了？这是一个关于统计连续发生次数的分析场景。这类分析用 DAX 实现有一定的难度，原因是对比在行与行之间的比较，而 DAX 更擅长于基于列的计算，本节内容将介绍如何统计连续发生次数。本例的解题思路如下。

⊖ 纳斯达克 100 指数的 ETF 代码为 QQQ，能找到最早的日期是 1999 年 3 月 10 日的记录，这部分数据包括了 2000 年网络泡沫数据。

- 为每周交易历史数据添加索引。
- 得出上周收盘价格的计算列。
- 得出计算本周与上周收盘差价，正数返回 1 或负数返回-1。
- 得出之前上涨次数的计算列。
- 得出本周连续下跌次数的计算列。

读者可能会问不是要统计连续下跌发生的次数吗？为什么第 4 步却要统计连续上涨的次数呢？这也是本例解题思路里最关键的一步。通过得出连续上涨的次数，有助于用户判断是否为连续下跌情况。通过实例的第 4 步可以让读者更清晰理解此逻辑。

01 通过 Power Query 导入历史数据，仅保留需要的列，并添加【索引】列，见图 2.39。

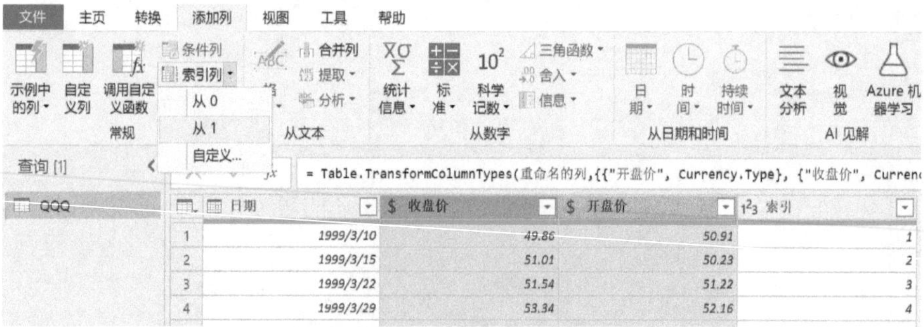

图 2.39 为历史数据添加索引

02 创建【上周收盘价】计算列，用于反映上一周的收盘价，见图 2.40。

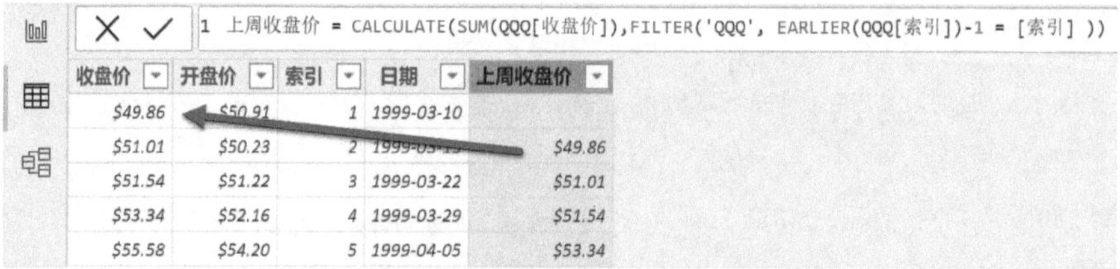

图 2.40 获取上一行记录中的收盘价

```
上周收盘价 = CALCULATE(SUM(QQQ[收盘价]),FILTER('QQQ', EARLIER(QQQ[索引])-1 = [索引]))
```

03 创建【上涨下跌】计算列，将本周收盘价减去上周收盘价，结果大于零则代表本周指数上涨，否则为下跌，见图 2.41。

图 2.41 添加股票上涨下跌的判断列

```
上涨下跌 = if([收盘价]-[上周收盘价]>0,1,-1)
```

04 创建【之前上升次数】计算列，用于统计之前上涨的周数。举例而言，当索引 6 与索引 7 行的【之前上升次数】值相同，说明索引 6 行必定为下跌状态，见图 2.42。

1 之前上升次数 = COUNTROWS(FILTER('QQQ',[索引]<EARLIER([索引]) && [上涨下跌]=1))

收盘价	开盘价	索引	日期	上周收盘价	上涨下跌	之前上升次数
$49.86	$50.91	1	1999-03-10		1	
$51.01	$50.23	2	1999-03-15	$49.86	1	1
$51.54	$51.22	3	1999-03-22	$51.01	1	2
$53.34	$52.16	4	1999-03-29	$51.54	1	3
$55.58	$54.20	5	1999-04-05	$53.34	1	4
$51.75	$54.27	6	1999-04-12	$55.58	-1	5
$55.08	$52.10	7	1999-04-19	$51.75	1	5
$53.50	$55.46	8	1999-04-26	$55.08	-1	6

图 2.42 添加关于之前上升次数的统计结果

```
之前上升次数 = COUNTROWS(FILTER('QQQ',[索引]<EARLIER([索引]) && [上涨下跌] = 1))
```

05 统计有多少连续下跌次数，统计的依据便是【之前上升次数】，见图 2.43。到此得出结论，至 2020 年 5 月 16 日当周为止，纳斯达克 100 指数已经连续下跌了 7 周。

1 连续下跌 = COUNTROWS(FILTER('QQQ', [上涨下跌]=-1 && [之前上升次数]=EARLIER(QQQ[之前上升次数])&& [索引]<=EARLIER([索引])))

收盘价	开盘价	索引	日期	上周收盘价	上涨下跌	之前上升次数	连续下跌
$313.25	$323.73	1208	2022-04-25	$325.40	-1	674	4
$309.25	$312.83	1209	2022-05-02	$313.25	-1	674	5
$301.94	$303.48	1210	2022-05-09	$309.25	-1	674	6
$288.68	$300.15	1211	2022-05-16	$301.94	-1	674	7
$309.10	$289.75	1212	2022-05-23	$288.68	1	674	7
$306.20	$309.07	1213	2022-05-31	$309.10	-1	675	1

图 2.43 得出至 2022 年 5 月 16 日当周的连续下跌次数

```
连续下跌= COUNTROWS(FILTER('QQQ', [上涨下跌]=-1 && [之前上升次数]=EARLIER(QQQ[之前上升次数])
&& [索引]<=EARLIER([索引])))
```

06 图 2.43 中的公式存在一些小瑕疵，它会将随后的上涨周数也显示为连续下跌，让人感到困惑。读者可以添加一个判断条件，优化结果见图 2.44。

收盘价	开盘价	索引	日期	上周收盘价	上涨下跌	之前上升次数	连续下跌
$313.25	$323.73	1208	2022-04-25	$325.40	-1	674	4
$309.25	$312.83	1209	2022-05-02	$313.25	-1	674	5
$301.94	$303.48	1210	2022-05-09	$309.25	-1	674	6
$288.68	$300.15	1211	2022-05-16	$301.94	-1	674	7
$309.10	$289.75	1212	2022-05-23	$288.68	1	674	
$306.20	$309.07	1213	2022-05-31	$309.10	-1	675	1

图 2.44 进一步完善公式的逻辑

```
连续下跌 = IF([上涨下跌] =-1, COUNTROWS(FILTER('QQQ', [上涨下跌]=-1 && [之前上升次数]=EARLIER
(QQQ[之前上升次数]) && [索引]<=EARLIER([索引]))))
```

07 通过可视化分析，进一步得出其余连续发生次数的时间信息，见图 2. 45。

连续下跌次数	次数
7	4
8	2
总计	6

连续下跌次数	日期	开盘价	收盘价
7	2001-03-05	$47.30	$44.91
7	2008-09-29	$40.09	$36.03
7	2011-06-13	$54.48	$53.57
7	2022-05-16	$300.15	$288.68
8	2001-03-12	$43.82	$40.93
8	2008-10-06	$35.11	$31.19

连续下跌
7 8

图 2. 45　通过可视化分析数据集中连续下跌 7 次或以上的历史数据

技巧 12　如何实现历史版本偏差分析

问题：

- 如何实现历史版本偏差分析？
- 什么是计算组？
- 如何利用计算组提升分析效率？

在图 2. 46 中包含了多个版本的需求预测，业务需要对比不同版本之间相同年月的需求预测差异，见图 2. 47。本节将介绍如何实现版本之间的对比差异计算。

产品名称	产品代码	年月	版本	需求预测
小黄人30克黑巧克力*6盒装（进口）	1001	202205	V202112	100778
小黄人30克黑巧克力*6盒装（进口）	1001	202206	V202112	100763
小黄人30克黑巧克力*6盒装（进口）	1001	202207	V202112	99502
小黄人30克黑巧克力*6盒装（进口）	1001	202208	V202112	100240
小黄人30克黑巧克力*6盒装（进口）	1001	202209	V202112	99582
小黄人30克黑巧克力*6盒装（进口）	1001	202210	V202112	99428
小黄人30克黑巧克力*6盒装（进口）	1001	202211	V202112	99702
小黑人30克黑巧克力*6盒装（进口）	1002	202101	V202101	100570
小黑人30克黑巧克力*6盒装（进口）	1002	202102	V202101	99944
小黑人30克黑巧克力*6盒装（进口）	1002	202103	V202101	99181
小黑人30克黑巧克力*6盒装（进口）	1002	202104	V202101	99923

图 2. 46　带有版本号的原始需求预测数据

产品名称	年月	需求预测 Ver1	需求预测 Ver2	版本对比差	版本对比%
小黑人30克黑巧克力*6盒装（进口）	202102	99,991		99,991	100.00%
小黑人30克黑巧克力*6盒装（进口）	202103	100,910	99,776	1,134	1.12%
小黑人30克黑巧克力*6盒装（进口）	202104	100,670	99,327	1,343	1.33%
小黑人30克黑巧克力*6盒装（进口）	202105	99,961	99,710	251	0.25%
小黑人30克黑巧克力*6盒装（进口）	202106	100,900	99,870	1,030	1.02%
小黑人30克黑巧克力*6盒装（进口）	202107	100,947	99,875	1,072	1.06%
小黑人30克黑巧克力*6盒装（进口）	202108	100,066	99,838	228	0.23%
小黑人30克黑巧克力*6盒装（进口）	202109	100,701	99,195	1,506	1.50%
小黑人30克黑巧克力*6盒装（进口）	202110	99,873	100,906	-1,033	-1.03%
小黑人30克黑巧克力*6盒装（进口）	202111	99,401	99,197	204	0.21%
小黑人30克黑巧克力*6盒装（进口）	202112	100,137	99,279	858	0.86%
小黑人30克黑巧克力*6盒装（进口）	202201	99,772	99,523	249	0.25%
总计		1,203,329	1,195,516	7,813	0.65%

版本 1
□ V202101
■ V202102
□ V202103
□ V202104

版本 2
□ V202101
□ V202102
■ V202103
□ V202104

产品名称
■ 小黑人30克黑巧克力*6盒装（进口）
□ 小黄人30克黑巧克力*6盒装（进口）
□ 小蓝人15克花生巧克力棒*20粒（代工）
□ 小蓝人15克葡萄干巧克力条*5条装

图 2. 47　完成分析的可视化数据报表

例 35　分析版本对比偏差

01 将数据读入模型中，并单击【新建表】选项，创建一张关于版本的维度表（此处命名为

Version 1)，见图 2.48。

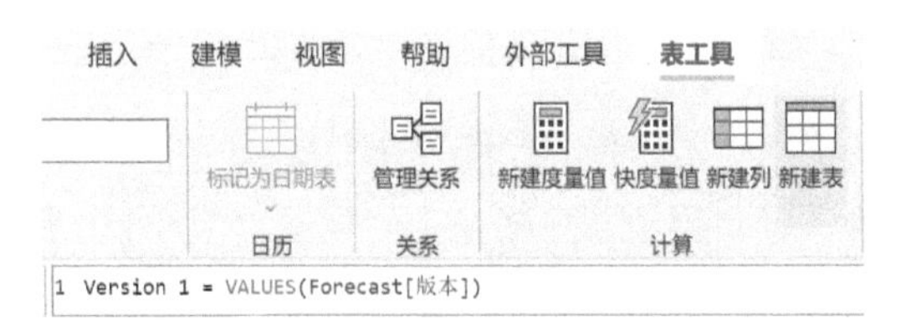

图 2.48 创建新建表

02 参照如下公式，创建关于产品名称、年月、Version 2 的新表。

```
产品名称 = VALUES('Forecast'[产品名称])
年月 = VALUES(Forecast[年月])
Version 2 = VALUES(Forecast[版本])
```

03 将维度表与事实表进行关联，【Version 2】只作为引用表存在，不用与事实表进行关联，见图 2.49。

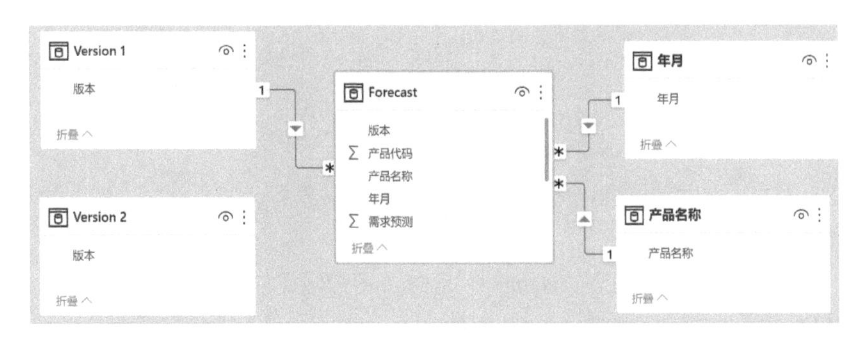

图 2.49 定义表与表之间的关系

04 单击【度量工具】-【新建度量值】选项，一次性创建 4 个新度量，见图 2.50。

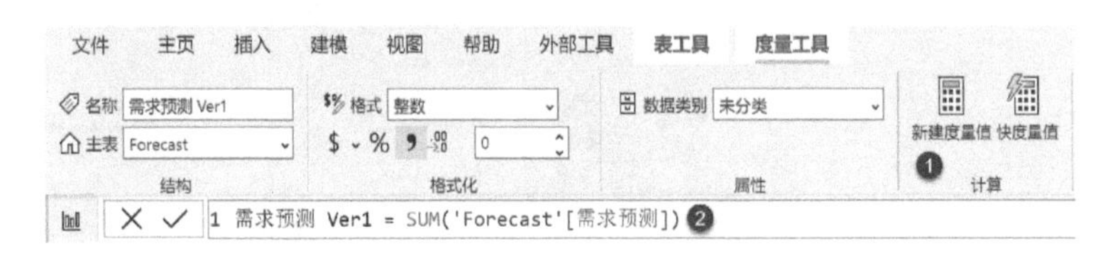

图 2.50 创建新度量

```
需求预测 Ver1 = SUM('Forecast'[需求预测])

需求预测 Ver2 = CALCULATE([需求预测 Ver1],TREATAS(VALUES('Version 2'[版本]),'Version 1'[版本]))
/* 在不影响上下文的情况下返回对比 Version 的值 */

版本对比差 = [需求预测 Ver1]-[需求预测 Ver2] //两个版本的差异对比

版本对比%= DIVIDE([版本对比差],[需求预测 Ver1]) //两个版本的差异百分比%
```

05 参照图 2. 51 设置版本对比效果，此时【Version 1】与【Version 2】中的值均一致，所以对比差异刚好为 0，验证 TREATAS 函数的有限性，最终结果如图 2. 47 所示。

产品名称	年月	需求预测 Ver1	需求预测 Ver2	版本对比差	版本对比%
小黑人30克黑巧克力*6盒装（进口）	202102	99,991	99,991	0	0.00%
小黑人30克黑巧克力*6盒装（进口）	202103	100,910	100,910	0	0.00%
小黑人30克黑巧克力*6盒装（进口）	202104	100,670	100,670	0	0.00%
小黑人30克黑巧克力*6盒装（进口）	202105	99,961	99,961	0	0.00%
小黑人30克黑巧克力*6盒装（进口）	202106	100,900	100,900	0	0.00%
小黑人30克黑巧克力*6盒装（进口）	202107	100,947	100,947	0	0.00%
小黑人30克黑巧克力*6盒装（进口）	202108	100,066	100,066	0	0.00%
小黑人30克黑巧克力*6盒装（进口）	202109	100,701	100,701	0	0.00%
小黑人30克黑巧克力*6盒装（进口）	202110	99,873	99,873	0	0.00%
小黑人30克黑巧克力*6盒装（进口）	202111	99,401	99,401	0	0.00%
小黑人30克黑巧克力*6盒装（进口）	202112	100,137	100,137	0	0.00%
小黑人30克黑巧克力*6盒装（进口）	202201	99,772	99,772	0	0.00%
总计		1,203,329	1,203,329	0	0.00%

版本 1
V202101
V202102
V202103
V202104

版本 2
V202101
V202102
V202103
V202104

产品名称
小黑人30克黑巧克力*6盒装（进口）
小黄人30克黑巧克力*6盒装（进口）
小蓝人15克花生巧克力棒*20粒（代工）
小蓝人15克葡萄干巧克力条*5条装

可视化
生成视觉对象
列
产品名称
年月
需求预测 Ver1
需求预测 Ver2
版本对比差
版本对比%
钻取
跨报表
保留所有筛选器

图 2. 51　相同版本之间的年月预测对比效果

例 36 使用计算组提升分析效率

计算组的作用在于创建一组度量，这样的好处是简化了度量的创建和管理，本例将介绍用计算组功能替代单个度量的过程。

01 创建计算组需要使用外部工具 Tabular Editor⊖，用户需提前安装。安装成功后，默认情况下可在【外部工具】选项卡单击该工具的图标启用该工具，见图 2. 52。

02 启动成功后，右键单击【Model】节点，选择【Create New】-【Calculation Group】选项，见图 2. 53。

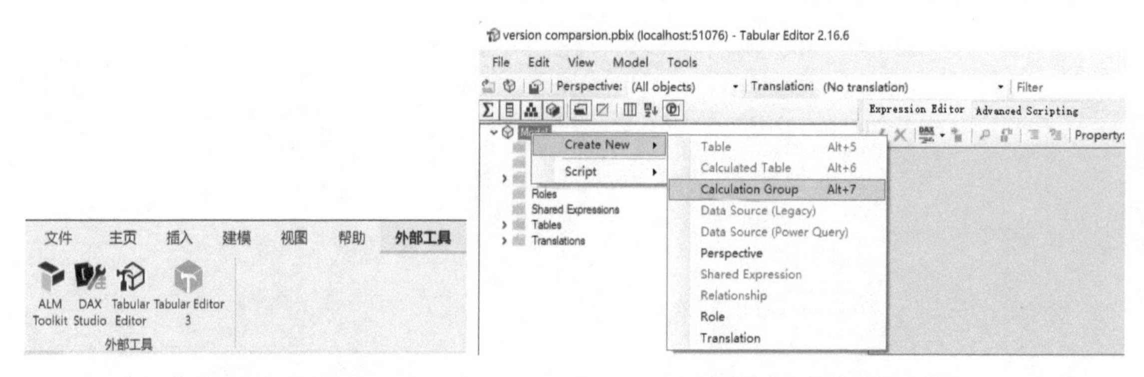

图 2. 52　启动外部工具 Tabular Editor

图 2. 53　选择创建新的计算组

⊖ Tabular Editor 为第三方插件，其中 Tabular Editor 为免费版本，Tabular Editor 3 为收费版本，两者选择其一即可，本示例使用的是 Tabular Editor 免费版本，目前 Tabular Editor 没有中文版本。

03 对创建的新计算组进行改名，见图 2.54。

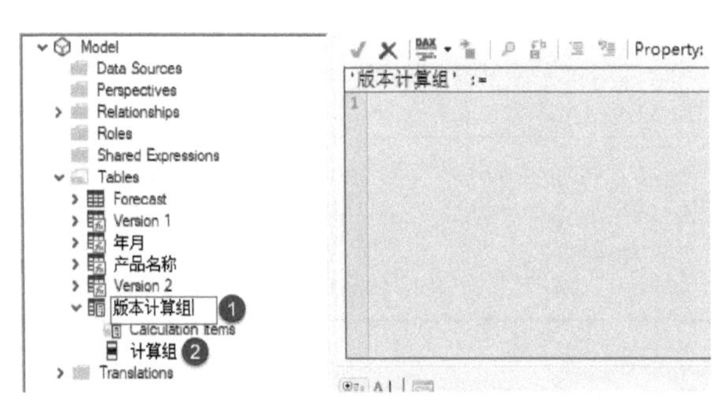

图 2.54 将计算组进行改名

04 选中【版本计算组】选项并单击鼠标右键，在弹出的快捷菜单中选择【Create New】-【Calculation Item】选项，见图 2.55。

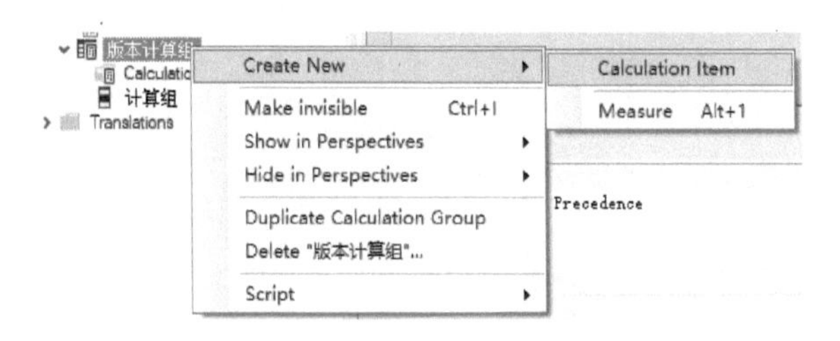

图 2.55 添加新的计算项目

05 将第一个【Calculation Item】命名为【Version 1】，并且输入公式，见图 2.56。

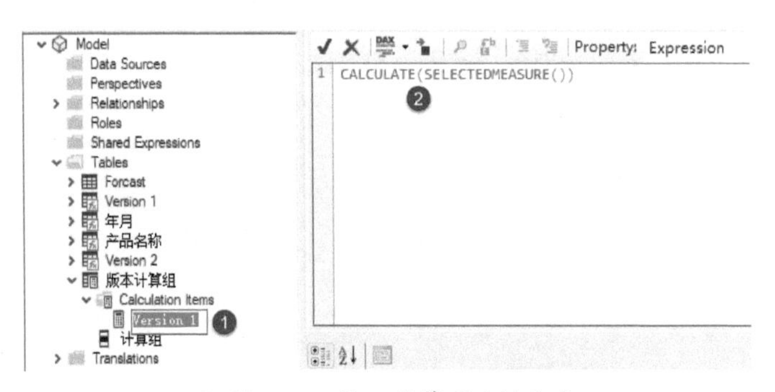

图 2.56 输入计算项目的公式

06 重复以上的操作并创建剩余的公式，见表 2.9。创建完成的最终效果见图 2.57。单击【Tabular Editor】菜单中的保存按钮。

表 2.9 完整的计算项目名称与度量公式

度量名称	度量公式
Version 1	CALCULATE (SELECTEDMEASURE())
Version 2	CALCULATE (SELECTEDMEASURE(), TREATAS (VALUES ('Version 2'[版本]), 'Version 1'[版本]))

（续）

度量名称	度量公式
版本对比之差	CALCULATE （SELECTEDMEASURE（ ））- CALCULATE （SELECTEDMEASURE（ ），TREATAS（VALUES（'Version 2'［版本］），'Version 1'［版本］））
版本对比%	var nominator = CALCULATE（SELECTEDMEASURE（））- CALCULATE（SELECTEDMEASURE（），TREATAS（VALUES（'Version 2'［版本］），'Version 1'［版本］）） var denominator = CALCULATE（SELECTEDMEASURE（）） return FORMAT（DIVIDE（nominator，denominator），" Percent"）

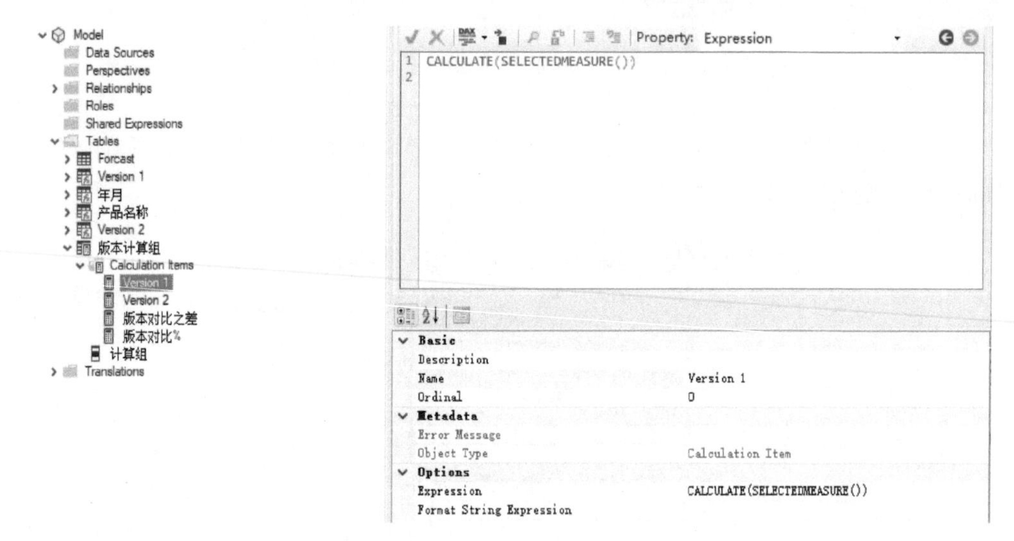

图 2.57　最终完成计算组示意图

07 返回到 Power BI Desktop 中并创建矩阵表，参照图 2.58 格式将计算组中的选项放入【列】栏，并观察其效果。通过计算组功能便一步到位地完成了所有度量。

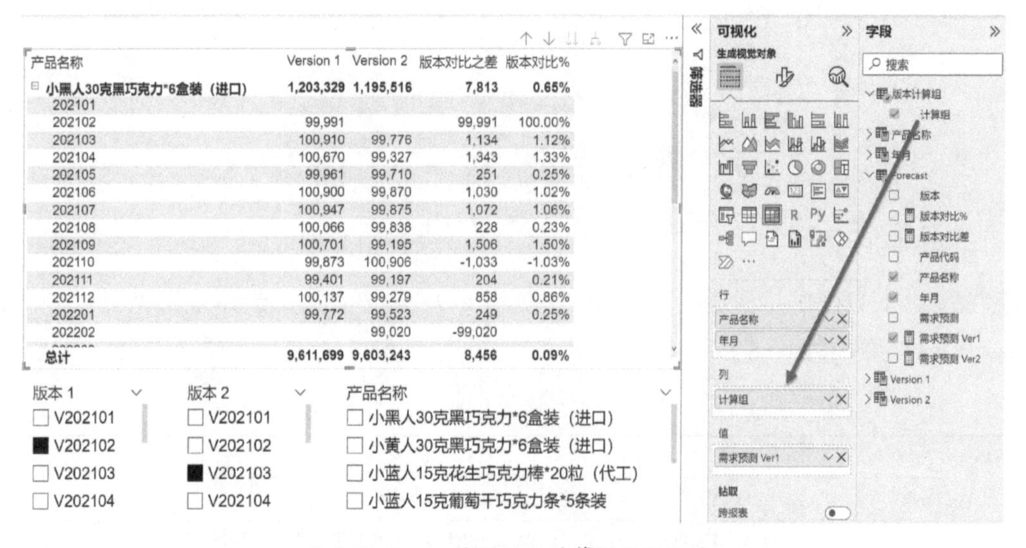

图 2.58　一次性添加计算组示例效果

技巧 13　如何统计未发生事件

问题：

- 如何统计未发生事件？
- 如何统计无销量产品？

例 37　显示无销量产品

图 2.59 中可以看到相关产品子类产品的销量额，Power BI 可视化默认隐藏空值聚合，所以图 2.59 不显示无销量的产品列表。但如果查询哪些产品是没有任何销量的呢？本例将介绍显示无销量产品信息，见图 2.60。

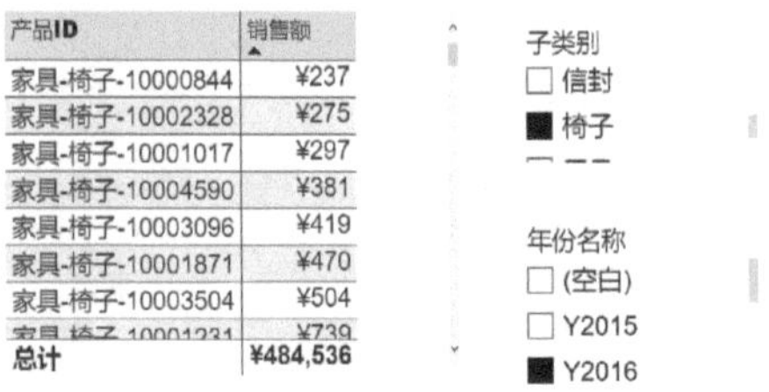

产品ID	销售额
家具-椅子-10000844	¥237
家具-椅子-10002328	¥275
家具-椅子-10001017	¥297
家具-椅子-10004590	¥381
家具-椅子-10003096	¥419
家具-椅子-10001871	¥470
家具-椅子-10003504	¥504
总计	¥484,536

子类别：信封、椅子；年份名称：(空白)、Y2015、Y2016

图 2.59　可视化默认隐藏销售额为 null 值记录

产品ID	销售额2
家具-椅子-10004024	¥0
家具-椅子-10004272	¥0
家具-椅子-10004355	¥0
家具-椅子-10004514	¥0
家具-椅子-10004742	¥0
家具-椅子-10000844	¥237
家具-椅子-10002328	¥275
总计	¥484,536

子类别：标签、电话；年份名称：Y2015、Y2016、Y2017

图 2.60　显示空值的产品名称

方法 1：通过使用 COALESCE 函数，当销售额为空值，函数将返回 0。

```
销售额 2 = COALESCE( SUM('订单'[销售额]),0)
```

方法 2：在原有的度量上面加上 0，这个操作使没有销量的产品以 0 的方式显示。

```
销售额 3 = SUM('订单'[销售额]) + 0
```

甚至可以通过摘要表显示所有分组依据后的销售额，其中包括空值销售额。单击【新建表】图标后输入如下公式，见图 2.61。

```
产品销售摘要 = SUMMARIZECOLUMNS('产品'[类别],'产品'[子类别],'产品'[产品 ID],'日期'[年份名称], "销售额",IGNORE([销售额]))
```

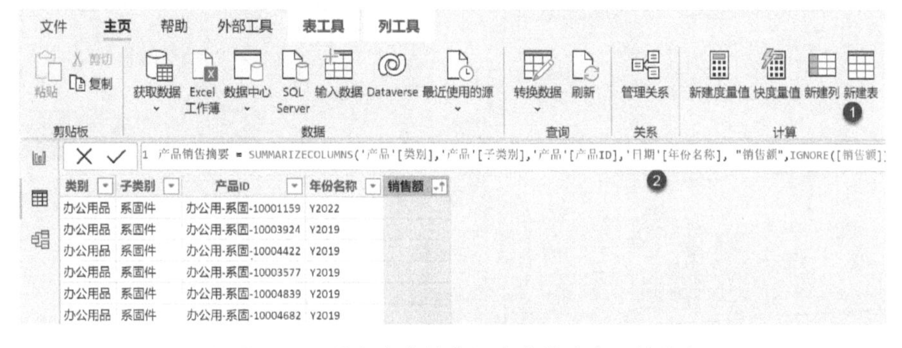

图 2.61　添加含有销售额为空值的产品摘要表

例 38 统计无销量产品计数

延续上一例中的分析，本例将统计无销量产品计数值，这里介绍两种方法。

方法 1：在上例新建表的基础上，通过 DISTINCTCOUNT 函数创建【无销量产品】，见图 2.62。

```
无销量产品 = CALCULATE( DISTINCTCOUNT('产品销售摘要'[产品 ID]),'产品销售摘要'[销售额]=BLANK())
```

方法 2：通过使用 ISEMPTY 函数统计没有销售额的产品，通过 ISEMPTY 和 RELATEDTABLE 的组合创建【无销量产品 2】，见图 2.63。

```
无销量产品 2 =  CALCULATE ( DISTINCTCOUNT ( '产品'[产品 ID] ),
FILTER ( VALUES ( '产品'[产品 ID] ), ISEMPTY ( RELATEDTABLE ( '订单' ) ) ))
```

28
无销量产品

产品ID	类别	年份名称	子类别	销售额
家具-椅子-10002556	家具	Y2015	椅子	365.65
家具-椅子-10002093	家具	Y2015	椅子	388.64
家具-椅子-10000879	家具	Y2015	椅子	421.40
家具-椅子-10000844	家具	Y2015	椅子	473.09
家具-椅子-10001017	家具	Y2015	椅子	495.60
家具-椅子-10002015	家具	Y2015	椅子	539.95
家具-椅子-10003573	家具	Y2015	椅子	560.78
家具-椅子-10001194	家具	Y2015	椅子	603.79
家具-椅子-10004514	家具	Y2015	椅子	627.23
家具-椅子-10002374	家具	Y2015	椅子	631.01
家具-椅子-10003142	家具	Y2015	椅子	643.44
总计				410,711.85

子类别
信封
椅子
用具

年份名称
(空白)
Y2015
Y2016

图 2.62　对摘要表中无销量产品的计数统计

118 非重复产品　90 有销量非重复产品　28 无销量产品2

子类别
系固件
信封
椅子
用具

年份名称
(空白)
Y2015
Y2016

图 2.63　通过 ISEMPTY 统计无销量产品的计数值

技巧 14　如何分析滚动历史与预测值

问题：

- 如何在 Power Query 中创建动态维度表？
- 如何创建动态历史销售额？
- 如何创建动态未来预测销售额？

所谓展示滚动历史与预测值是指在同一个可视化对象中，根据用户选择的版本日期参数，动态显示参数之前的历史数值和参数之后的预测数值。例如，在图 2.64 中选择了【2020 年 8 月】版本，可

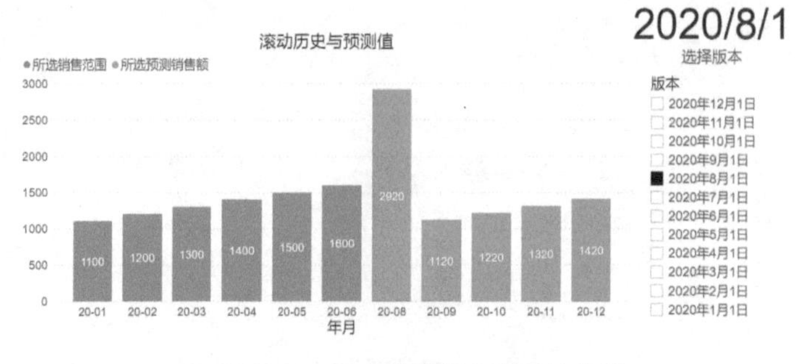

图 2.64　历史销售额和预测销售额

视化将动态显示该日期之前的历史销售额和该日期之后的预测销售额。本例解题的思路如下。

- 建立版本参数表。
- 嵌套选择参数度量，建立历史度量。
- 嵌套选择参数度量，建立预测度量。

例 39 创建引用参数表

01 在正式开始创建计算度量与可视化之前，需要将图 2.65 中的原始数据导入 Power BI。

年月	实际销售额
2020/01	1100
2020/02	1200
2020/03	1300
2020/04	1400
2020/05	1500
2020/06	1600

销售数据

版本	年月	预测销售额
2020-1	2020/01	1100
2020-1	2020/02	1200
2020-1	2020/03	1300
2020-1	2020/04	1400
2020-1	2020/05	1500
2020-1	2020/06	1600
2020-1	2020/07	1700

预测销售数据

图 2.65 销售数据和预测销售数据快照

02 创建一个单维度的参数表，用于控制显示滚动版本值。在 Power Query 界面下选中【销售预测】并单击鼠标右键，在弹出的快捷菜单中选择【复制】选项，将复制表命名为【预测版本参数】，见图 2.66。

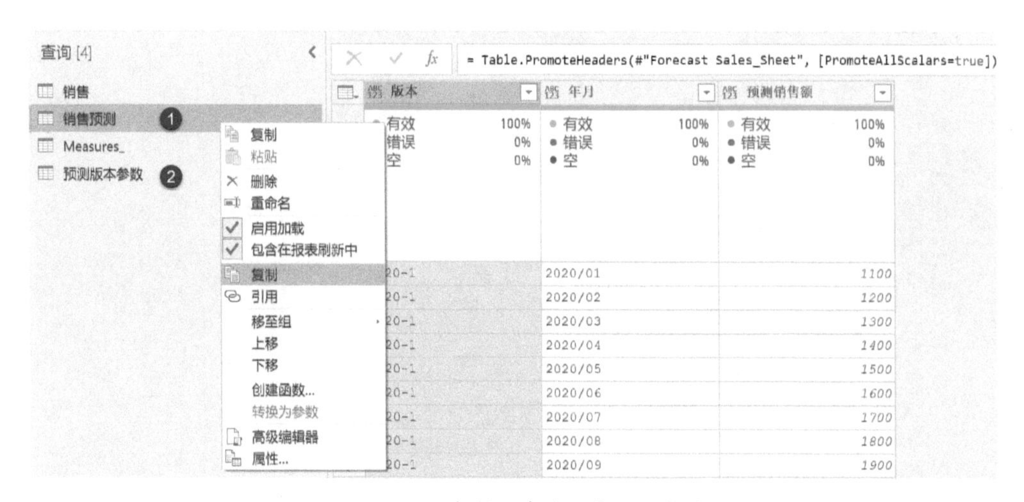

图 2.66 复制已有的销售预测查询

03 在【预测版本参数】中仅保留【版本】列，然后单击鼠标右键，在弹出的快捷菜单中选择【删除重复项】选项，见图 2.67。这样便创建了一张版本维度表。

04 返回 Power BI 界面，通过函数 CALENDAR 创建一张新日期表，见图 2.68。

05 参照图 2.69 建立数据模型，注意其中【预测版本参数】不与任何表发生连接关系。

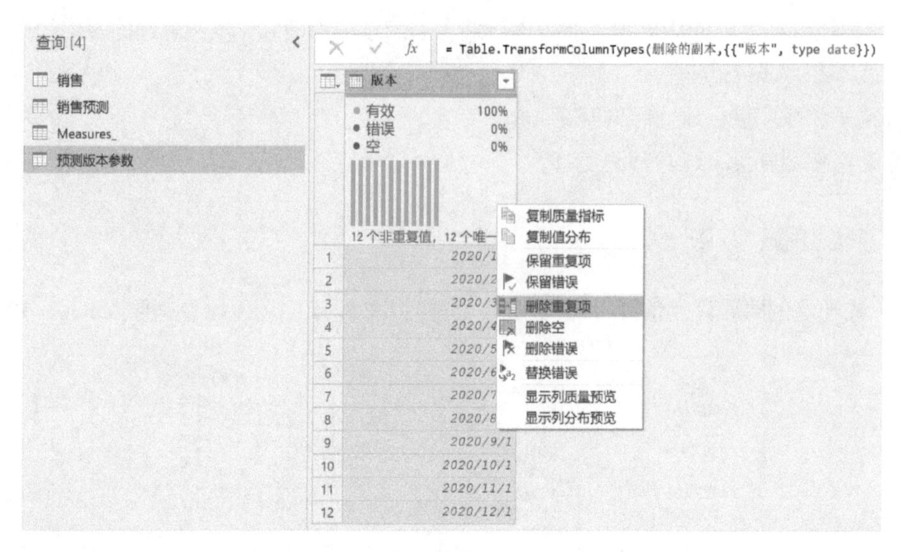

图 2.67 创建版本维度表

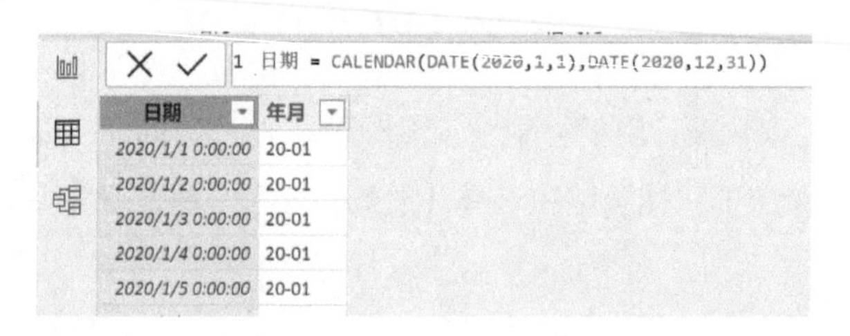

图 2.68 创建日期表

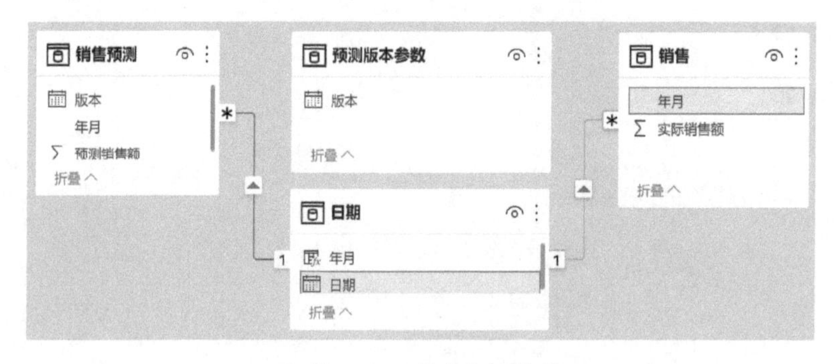

图 2.69 创建数据模型

06 创建【选择版本】用于返回所选的版本值。

```
选择版本 = SELECTEDVALUE('预测版本参数'[版本])
```

例 40 分析滚动历史和预期值

01 滚动历史值没有版本之分，相对简单。计算核心的判断逻辑是仅计算小于【选择版本】的对应历史值，结果见图 2.70。

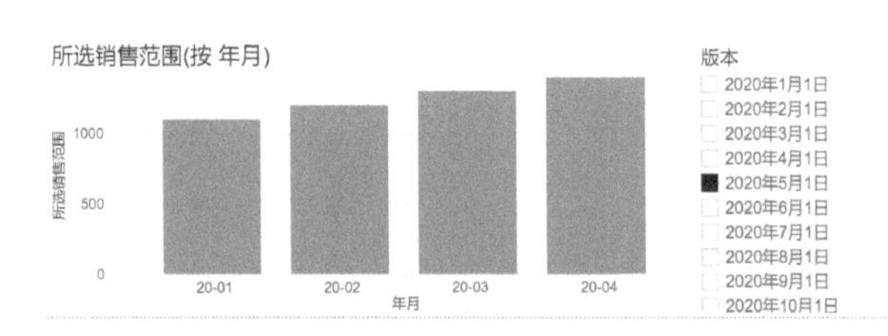

图 2.70 创建滚动历史销售额可视化

```
所选销售范围 =
IF ( HASONEVALUE ( '预测版本参数'[ 版本 ] ),
    CALCULATE ( [实际销售额], FILTER ( '日期', MAX ( '日期'[ 日期] ) < [ 选择版本] ) ),
    [实际销售额])
/* IF 在没有选择任何参数值的时候,默认显示所有的历史销售数据。如果选择了 N 月份,就仅显示 N 月份之前的历
史数值* /
```

02 创建所选预测销售额度量，滚动预测值有版本之分，计算核心的判断逻辑是仅返回【选择版本】对应预测值，结果见图 2.71。

```
所选预测销售额 =
IF (HASONEVALUE ( '预测版本参数'[ 版本 ] ),
    CALCULATE ( [销售预测额], FILTER ( '销售预测', '销售预测'[ 版本] = [ 选择版本] ) ),
    CALCULATE ([ 销售预测额],
        FILTER ('销售预测',
            '销售预测'[ 年月 ]= DATE ( YEAR ( TODAY () ), MONTH ( TODAY () ) + 1, 1 ) ) ) )
//当没有选择版本时,自动判断当下月份,因此显示当下版本的滚动预测
```

03 选择堆积柱状图对象并参照图 2.72 设置可视化对象，结果见图 2.64。

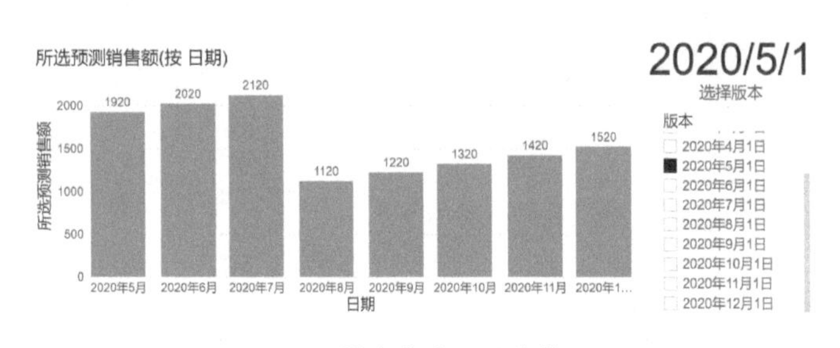

图 2.71 创建滚动预测销售额可视化

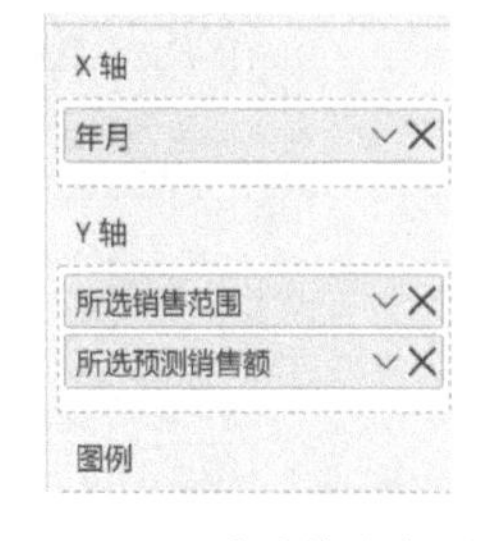

图 2.72 设置堆积柱状图

技巧 15 如何实现累计计算

问题：

- 如何计算期初库存？
- 如何计算库存结存？
- 如何对商品进行 ABC 分类？

累计计算发生在随着时间推移不断积累的数值计算，累计计算基于迭代方式完成，需要与日期字段配合使用，本节分别介绍期末库存结存与 ABC 分类分析两个累计计算方法。

例 41 分析期末库存结存

图 2.73 为仓库入库与出库的示例数据，库存结存的计算方法有如下两种。

- 结存 1 = 当月期初库存+当月入库-当月出库。
- 结存 2 = 之前入库总和-之前出库总和。

结存 1 方法是通过 SUMX 函数、FILTER 函数和 ALL 函数的组合，先获取小于当前日期和库存日期的日期表，再将之前的入库数和出库数相减，这便得到了期初库存。

日期	产品名称	入库	出库
2022/1/31	小黄人30克黑巧克力*6盒装（进口）	100	50
2022/1/31	小绿人20克薄荷糖*20片装	200	100
2022/1/31	小绿人10克薄荷糖*5片装	300	200
2022/2/28	小黄人30克黑巧克力*6盒装（进口）	200	50
2022/2/28	小绿人20克薄荷糖*20片装	300	100
2022/2/28	小绿人10克薄荷糖*5片装	300	200
2022/3/31	小黄人30克黑巧克力*6盒装（进口）	200	50
2022/3/31	小绿人20克薄荷糖*20片装	300	100
2022/3/31	小绿人10克薄荷糖*5片装	100	200
2022/4/30	小黄人30克黑巧克力*6盒装（进口）	100	100
2022/4/30	小绿人20克薄荷糖*20片装	200	200
2022/4/30	小绿人10克薄荷糖*5片装	100	50
2022/5/31	小黄人30克黑巧克力*6盒装（进口）	200	100
2022/5/31	小绿人20克薄荷糖*20片装	200	200
2022/5/31	小绿人10克薄荷糖*5片装	200	200

图 2.73 示例库存数据

```
期初库存 = SUMX(FILTER(ALL('库存'[日期]),'库存'[日期] < MIN('库存'[日期])),[入库数]-[出库数])
```

图 2.74 验证了该库存刚好是上一期的累计至今的库存差值。

日期	产品名称	入库数	出库数	期初库存
2022年1月31日	小绿人10克薄荷糖*5片装	300	200	
2022年2月28日	小绿人10克薄荷糖*5片装	300	200	100
2022年3月31日	小绿人10克薄荷糖*5片装	100	200	200
2022年4月30日	小绿人10克薄荷糖*5片装	100	50	100
2022年5月31日	小绿人10克薄荷糖*5片装	200	200	150
总计		1000	850	

产品名称
- ■ 小绿人10克薄荷糖*5片装
- □ 小绿人20克薄荷糖*20片装
- □ 小黄人30克黑巧克力*6盒装（进口）

图 2.74 展示期初库存可视化效果

根据公式再与本期的入库数和出库数进行加减运算，便得到了本期对应值，见图 2.75。

日期	产品名称	入库数	出库数	期初库存	结存1
2022年1月31日	小绿人10克薄荷糖*5片装	300	200		100
2022年2月28日	小绿人10克薄荷糖*5片装	300	200	100	200
2022年3月31日	小绿人10克薄荷糖*5片装	100	200	200	100
2022年4月30日	小绿人10克薄荷糖*5片装	100	50	100	150
2022年5月31日	小绿人10克薄荷糖*5片装	200	200	150	150
总计		1000	850		150

产品名称
- ■ 小绿人10克薄荷糖*5片装
- □ 小绿人20克薄荷糖*20片装
- □ 小黄人30克黑巧克力*6盒装（进口）

图 2.75 方法 1 的库存结存计算结果可视化

```
结存 1 = [期初库存]+[入库数]-[出库数]
```

结存 2 方法相对更加简单，不考虑当前库存，而直接计算入库总数和出库总数的差异，最后获得相同的结果，见图 2.76。

日期	产品名称	入库数	出库数	期初库存	结存1	结存2
2022年1月31日	小绿人10克薄荷糖*5片装	300	200		100	100
2022年2月28日	小绿人10克薄荷糖*5片装	300	200	100	200	200
2022年3月31日	小绿人10克薄荷糖*5片装	100	200	200	100	100
2022年4月30日	小绿人10克薄荷糖*5片装	100	50	100	150	150
2022年5月31日	小绿人10克薄荷糖*5片装	200	200	150	150	150
总计		1000	850		150	150

产品名称
- ■ 小绿人10克薄荷糖*5片装
- □ 小绿人20克薄荷糖*20片装
- □ 小黄人30克黑巧克力*6盒装（进口）

图 2.76 方法 2 的库存结存计算结果可视化

```
结存 2 = SUMX(FILTER(ALL('库存'[日期]),'库存'[日期] <= Max('库存'[日期])),[入库数]-[出库数])
```

 创建 ABC 分类分析

ABC 分类是另一种常用的累计分析场景，其原理是对金额进行降序排序，再分析占比分类。如占比前 60%的对象归为 A 类，60%与 90%之间的对象归为 B 类，剩余的对象归为 C 类，结果见图 2. 77。

产品子类名称	销售额	累计销售额	销售占比%	ABC分类1
Projectors & Screens	$2,338,161	$2,338,161	32.30%	A
Laptops	$1,986,100	$4,324,261	59.74%	A
Desktops	$1,061,179	$5,385,440	74.40%	B
Monitors	$577,298	$5,962,738	82.37%	B
Printers, Scanners & Fax	$538,576	$6,501,314	89.81%	B
Computers Accessories	$368,733	$6,870,047	94.90%	C
Download Games	$302,501	$7,172,548	99.08%	C
Boxed Games	$66,379	$7,238,927	100.00%	C
总计	$7,238,927			

图 2. 77　对累计销售占比进行 ABC 分类

01 创建一个用于计算累计销售额的度量，其核心逻辑是对分组依据表中的大于当前销售额的数值进行累加，见图 2. 78。

产品子类名称	销售额	累计销售额
Washers & Dryers	$3,006,239	$3,006,239
Projectors & Screens	$2,338,161	$5,344,400
Laptops	$1,986,100	$7,330,500
Refrigerators	$1,740,169	$9,070,669
Lamps	$1,217,313	$10,287,983
Desktops	$1,061,179	$11,349,162
Water Heaters	$979,664	$12,328,825
Coffee Machines	$930,087	$13,258,912
Microwaves	$715,089	$13,974,001
Air Conditioners	$686,617	$14,660,618
Monitors	$577,298	$15,237,916
Printers, Scanners & Fax	$538,576	$15,776,492
Computers Accessories	$368,733	$16,145,225
Download Games	$302,501	$16,447,726
Fans	$139,474	$16,587,200
Boxed Games	$66,379	$16,653,579
总计	$16,653,579	

产品种类名称
- ☐ Audio
- ☐ Cameras and camcorders
- ☐ Cell phones
- ■ Computers
- ■ Games and Toys
- ■ Home Appliances
- ☐ Music, Movies and Audio Books
- ☐ TV and Video

图 2. 78　累计销售额的可视化效果图

```
累计销售额 =VAR _table =
    ADDCOLUMNS ( ALL ( '销售'[产品子类名称] ), "SalesBySubCategory", [销售额] )
VAR _sales = [销售额]
VAR result =
    SUMX ( FILTER ( _table, [SalesBySubCategory] >= _sales ), [SalesBySubCategory] )
RETURN Result
```

02 创建【销售占比%】计算度量，其核心逻辑是将累计销售额与总体销售额进行对比，见图 2. 79。

```
销售占比%= var _nominator = [销售额](ALLSELECTED('销售'[产品子类名称]))
return  DIVIDE([累计销售额],_nominator)
```

产品子类名称	销售额	累计销售额	销售占比%
Projectors & Screens	$2,338,161	$2,338,161	32.30%
Laptops	$1,986,100	$4,324,261	59.74%
Desktops	$1,061,179	$5,385,440	74.40%
Monitors	$577,298	$5,962,738	82.37%
Printers, Scanners & Fax	$538,576	$6,501,314	89.81%
Computers Accessories	$368,733	$6,870,047	94.90%
Download Games	$302,501	$7,172,548	99.08%
Boxed Games	$66,379	$7,238,927	100.00%
总计	**$7,238,927**		

产品种类名称
- ☐ Audio
- ☐ Cameras and camcorders
- ☐ Cell phones
- ■ Computers
- ■ Games and Toys
- ☐ Home Appliances
- ☐ Music, Movies and Audio Books
- ☐ TV and Video

图 2.79 显示累计销售额在总销售额中的销售占比

03 通过以下度量公式来去判断商品的分类。

```
ABC 分类 1 =
IF (
    HASONEVALUE ( '销售'[产品子类名称] ),
    SWITCH ( TRUE (), [销售占比%] <= 0.7, "A", [销售占比%] <= 0.9, "B", "C" )
)
```

也许读者会问：如果分类标准发生变化，应该怎么调整呢？解决方法之一是创建一张参数表并引用参数值，见图 2.80。

创建动态 ABC 分类度量的核心是通过分类表中的高低与销售占比中的值进行直接的对比，从而返回分类表中的分类，最终结果见图 2.81。

分类	低	高
A	0	0.6
B	0.6	0.8
C	0.8	1

图 2.80 添加产品分类表

产品子类名称	销售额	累计销售额	销售占比%	ABC分类1	ABC分类2
Projectors & Screens	$2,338,161	$2,338,161	32.30%	A	A
Laptops	$1,986,100	$4,324,261	59.74%	A	A
Desktops	$1,061,179	$5,385,440	74.40%	B	B
Monitors	$577,298	$5,962,738	82.37%	B	C
Printers, Scanners & Fax	$538,576	$6,501,314	89.81%	B	C
Computers Accessories	$368,733	$6,870,047	94.90%	C	C
Download Games	$302,501	$7,172,548	99.08%	C	C
Boxed Games	$66,379	$7,238,927	100.00%	C	C
总计	**$7,238,927**				

图 2.81 通过动态 ABC 分类的结果对比效果

```
ABC 分类 2 =
CALCULATE (
    VALUES ( '分类表'[分类] ),
    FILTER ( '分类表', [低] < [销售占比%] && [高] >= [销售占比%] )
)
```

技巧 16 如何建立动态维度表

- 如何建立基于一张事实表的单字段维度表？
- 如何建立基于一张事实表的多字段维度表？
- 如何建立基于多张事实表的多字段维度表？

图 2.82 为一张产品名称销售表，其中包含了产品名称等多个与产品主题相关的字段。在本身不提

供产品主数据表的情况下，参照最佳实践应该建立对应的产品维度表，创建星型模型，本节将介绍 3 种常用的建立动态维度表的方法。

数量	产品名称	颜色名称	生产商	日期	品牌名称	产品子类名称	产品种类名称	含税单价
1	Contoso Touch Stylus Pen E150 Black	Black	Contoso, Ltd	2007/6/24 0:00:00	Contoso	Cell phones Accessories	Cell phones	$10
1	Contoso Touch Stylus Pen E150 Black	Black	Contoso, Ltd	2007/6/24 0:00:00	Contoso	Cell phones Accessories	Cell phones	$10
1	Contoso Touch Stylus Pen E150 Black	Black	Contoso, Ltd	2007/6/24 0:00:00	Contoso	Cell phones Accessories	Cell phones	$10
1	Contoso Touch Stylus Pen E150 Black	Black	Contoso, Ltd	2007/6/24 0:00:00	Contoso	Cell phones Accessories	Cell phones	$10
1	Contoso Touch Stylus Pen E150 Black	Black	Contoso, Ltd	2007/6/24 0:00:00	Contoso	Cell phones Accessories	Cell phones	$10
1	Contoso Touch Stylus Pen E150 Black	Black	Contoso, Ltd	2007/6/24 0:00:00	Contoso	Cell phones Accessories	Cell phones	$10
1	Contoso Touch Stylus Pen E150 Black	Black	Contoso, Ltd	2007/6/24 0:00:00	Contoso	Cell phones Accessories	Cell phones	$10
1	Contoso Touch Stylus Pen E150 Black	Black	Contoso, Ltd	2007/6/24 0:00:00	Contoso	Cell phones Accessories	Cell phones	$10

图 2.82 含有产品主题的事实表

创建单列动态维度表

01 单击【表工具】-【新建表】图标创建新表，见图 2.83。

02 输入 VALUES 公式，系统将返回没有重复列的产品名字表，见图 2.84。

图 2.83 创建新建表

图 2.84 用 VALUES 创建维度表

```
产品名称 = VALUES('销售'[产品名称])
```

03 在数据视图下将新表与销售表进行关联，见图 2.85。这样便可以对事实表进行维度筛选了。

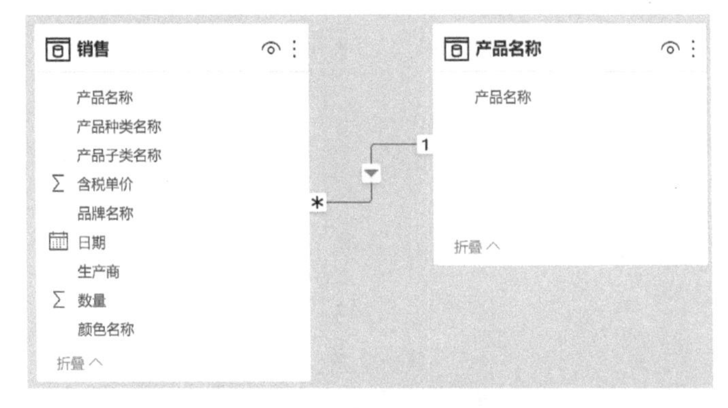

图 2.85 关联维度表与事实表

例 44 创建多列动态维度表

VALUES 函数虽然功能非常强大，但其只可以返回具体一列，当需要创建多列维度表的情景时便不适用。如本例中要创建一张带有【产品名称】【产品子类名称】和【产品种类名称】的维度表。

01 使用 ALL 函数创建该维度表，见图 2.86。

1 产品 = ALL('销售'[产品名称],'销售'[产品子类名称],'销售'[产品种类名称])

产品名称	产品子类名称	产品种类名称
Litware Chandelier M8015 Black	Lamps	Home Appliances
Adventure Works Floor Lamp M2150 Black	Lamps	Home Appliances
WWI Desk Lamp E130 Black	Lamps	Home Appliances
Proseware Wall Lamp E0315 Black	Lamps	Home Appliances
Litware Wall Lamp E2015 Black	Lamps	Home Appliances
Adventure Works Floor Lamp X1150 Black	Lamps	Home Appliances
Proseware Chandelier M0815 Black	Lamps	Home Appliances

图 2.86 用 ALL 函数创建维度表

```
产品 = ALL('销售'[产品名称],'销售'[产品子类名称],'销售'[产品种类名称])
```

02 将新表与事实表关联，见图 2.87。这样便可以对事实表进行多字段筛选了。

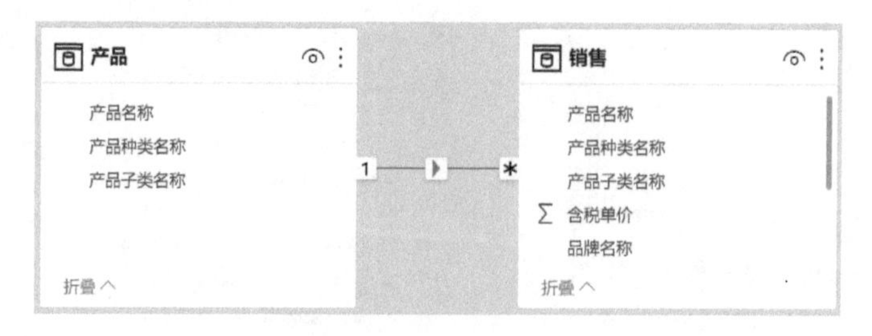

图 2.87 建立维度表与事实表之间的关联

例 45 创建复杂多列动态维度表

下面是一个稍微复杂的场景，图 2.88 中有两张事实表，都含有产品主题字段。单独基于任何一张

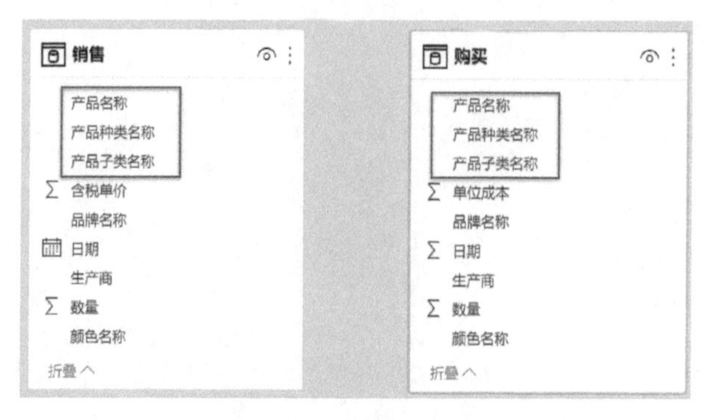

图 2.88 包含销售数据和购买数据两张事实表的数据模型

表建立产品维度表，都可能产生不完整数据。这种情况中，需要分别建立两张产品维度表，再将它们进行合并和去重。

01 通过以下公式一步到位完成维度表的创建。

```
全产品表 =
DISTINCT (  // DISTINCT 函数 1 用于去重
    UNION (  //UNION 函数用于合并两张 ALL 表
        ALL ( '销售'[产品名称], '销售'[产品子类名称], '销售'[产品种类名称] ),
        ALL ( '购买'[产品名称], '购买'[产品子类名称], '购买'[产品种类名称] )
    )
)
```

02 将新表与事实表关联，见图 2.89。这样便可对事实表进行交叉筛选，见图 2.90。

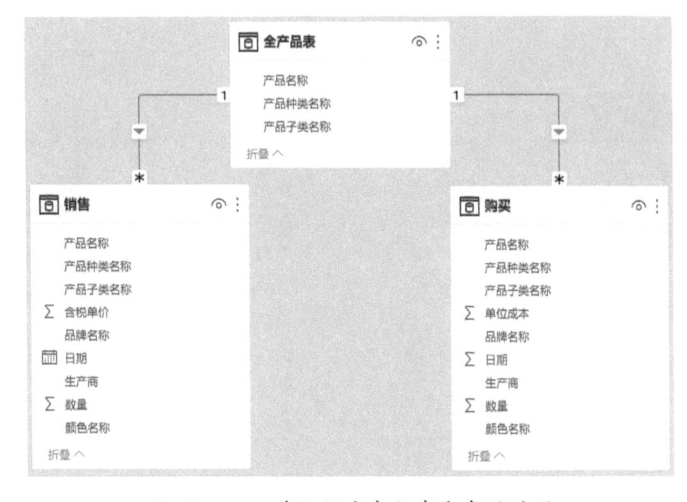

图 2.89 建立维度表与事实表的关联

产品名称	买入	卖出
Adventure Works CRT15 E101 Black	$30	$90
Adventure Works CRT15 E101 White	$30	$90
Adventure Works CRT17 E105 Black	$30	$59
Adventure Works CRT17 E105 White	$30	$59
Adventure Works CRT19 E10 Black	$23	$69
Adventure Works CRT19 E10 White	$23	$69
Adventure Works Desktop PC1.60 ED160 Black	$138	$270
Adventure Works Desktop PC1.60 ED160 Brown	$138	$270
Adventure Works Desktop PC1.60 ED160 Silver	$138	$270
Adventure Works Desktop PC1.60 ED160 White	$138	$270
Adventure Works Desktop PC1.80 ED180 Black	$188	$369
Adventure Works Desktop PC1.80 ED180 Brown	$188	$369
总计	**$131**	**$282**

产品种类名称、产品子类名称
- ☐ Audio
- ☐ Cameras and camcorders
- ☐ Cell phones
- ■ Computers
  - ■ Computers Accessories
  - ■ Desktops
  - ■ Laptops
  - ■ Monitors
  - ■ Printers, Scanners & Fax
  - ■ Projectors & Screens

图 2.90 通过共同维度对事实数据进行查询

技巧 17 如何实现度量和字段动态筛选

问题：

- 如何实现度量筛选？
- 如何实现动态字段筛选？

参数字段是微软在 2022 年末推出的新功能，该功能允许用户对度量或字段动态筛选可视化报表，本节将介绍有关参数字段方面的知识。

例 46 通过参数字段实现动态度量

图 2.91 为动态度量筛选可视化示例，用户在右方单选任意度量，左方图形数据会发生相应变化。在以往版本中，Power BI 不支持度量作为筛选器直接使用，为实现这一功能，“传统”的做法是创建一张度量手工表，在通过判断关系实现字段筛选到度量筛选的逻辑关系转换，整个过程较为复杂烦琐。而通过参数字段功能可以轻易实现动态度量功能。

01 打开示例文件，单击【建模】-【新建参数】-【字段】选项，见图 2.92。

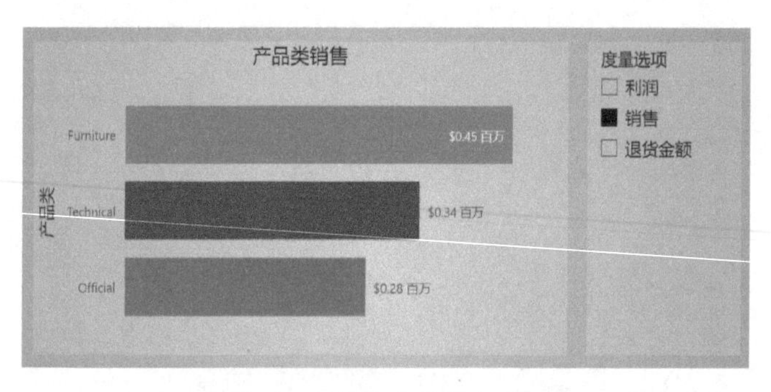

图 2.91 动态度量筛选效果图

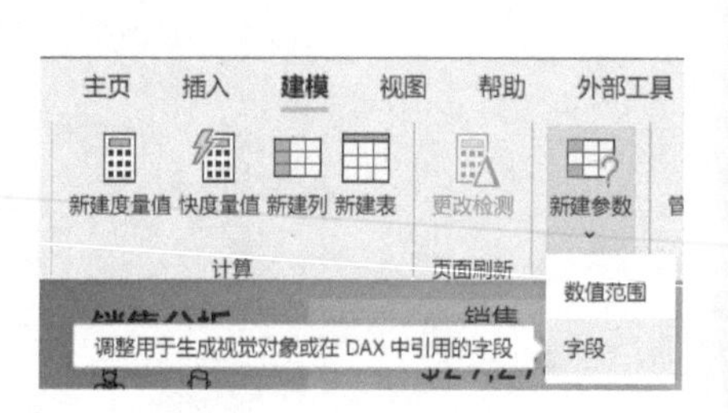

图 2.92 创建新建参数字段

02 在【参数】对话框的【名称】文本框中填写名称并勾选相应度量，单击【创建】按钮，见图 2.93。

图 2.93 在【参数】对话框中选择相应的度量值

03 完成后，Power BI 将自动生成参数筛选器，将生成的【度量选项】表放入可视化对象的【X 轴】栏中，见图 2.94。

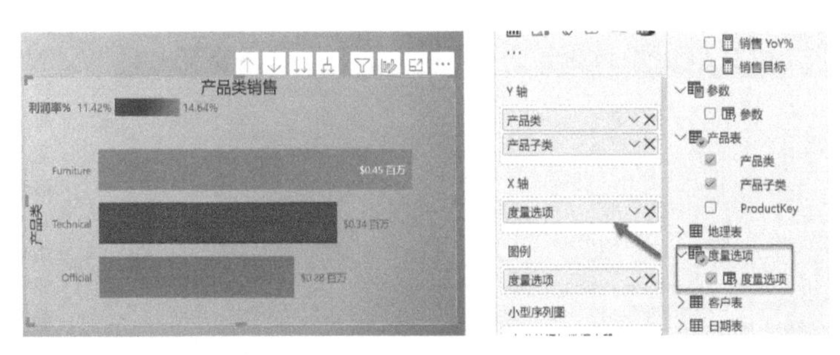

图 2.94 在【X 轴】栏中放入【度量选项】

04 创建一个度量筛选切片器，尝试对可视化对象进行筛选，结果见图 2.91。在数据视图中可进一步查看参数字段生成的原理，见图 2.95。

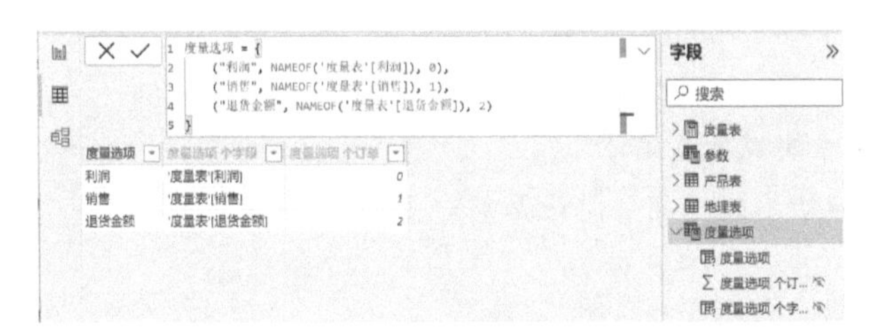

图 2.95 参数表的 DAX 公式

例 47 通过参数字段实现动态字段

关于显示动态字段功能的实现方法也是类似的，具体操作步骤如下。

01 创建参数字段，在【参数】对话框中选择销售表格中的相应字段，见图 2.96。

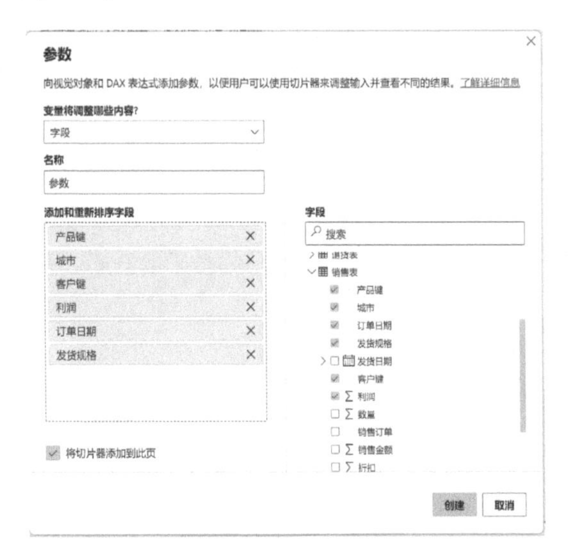

图 2.96 在【参数】对话框中选择相应的度量值

02 通过动态字段筛选表格中的内容，见图 2. 97。通过参数度量，用户能实现更加动态化的数据筛选功能。

销售金额	订单日期	发货规格	客户键	利润	城市	销售订单	数量	折扣
$17	2013年4月12日	Level Two	Francis-10720	($11)	Boulogne-sur-Mer	CN-2013-2747579	1	0.40
$24	2014年5月9日	Standard	Erica-15220	($67)	Drancy	US-2014-1715632	1	0.80
$36	2014年2月20日	Standard	Carson-21415	($1)	Boulogne-sur-Mer	US-2014-4420382	1	0.40
$37	2013年7月3日	Standard	Abby-17260	$6	Roissy en Brie	US-2013-4774798	1	0.40
$38	2013年8月6日	Standard	Jeremy-19870	$16	Orleans	CN-2013-3867173	1	0.00
$40	2011年5月3日	Standard	Louis-12325	$0	Paris	CN-2011-1246652	1	0.00
$42	2012年4月20日	Level One	Nathan-10465	($141)	Pantin	US-2012-4080057	2	0.80
$42	2014年7月10日	Standard	Jacqueline-15025	$10	Paris	CN-2014-2595550	2	0.00
$45	2012年8月24日	Standard	Carla-13630	($112)	Lille	CN-2012-5740094	4	0.80
$46	2013年11月19日	Standard	Miranda-19420	$19	Verrieres Le Buisson	CN-2013-1510100	1	0.00
$47	2013年8月6日	Standard	Jeremy-19870	($21)	Paris	CN-2013-3867173	2	0.40
$47	2012年1月8日	Level One	Alfredo-11815	$1	Paris	US-2012-1154983	2	0.00
$49	2012年9月25日	Level One	Clinton-16855	($106)	Roncq	CN-2012-2693856	2	0.80
$56	2011年5月29日	Level Three	Nathan-10945	$7	Saint Ouen	CN-2011-5763224	3	0.40
$57	2013年8月16日	Level One	Blake-12940	$25	Chatou	CN-2013-2831197	2	0.00

参数
- 订单日期
- 发货规格
- 客户键
- 城市
- 利润
- 销售订单
- 数量
- 销售金额
- 折扣

图 2. 97 通过动态字段筛选表格中的内容

技巧 18 如何实现窗体计算

问题：

- 如何在 Power BI 中实现行窗体计算？
- 如何用 OFFSET 函数实现时间智能计算？

窗体计算是非常典型的业务分析场景，图 2. 98 为在 Excel 中经典的行计算示例，可以很轻易在 Excel 中实现当前行与引用行之间的计算，但同样的计算功能在 Power BI 中实现并不轻易，原因是 Power BI 是基于列计算的应用，并不擅长行间的计算。目前微软在 Power BI 中推出了 OFFSET 公式，其使用方式与 Excel OFFSET 相类似，本例将介绍 Power BI OFFSET 函数的计算示例。

D4 =B4-OFFSET(B4,-1,0)

	A	B	C	D
1	月份	销售金额	本月与上月偏差	Offset 本月与上月偏差
2	1月	151		
3	2月	183	'=B3-B2	=B3-OFFSET(B3,-1,0)
4	3月	148	-35	-35
5	4月	177	29	29
6	5月	165	-12	-12
7	6月	141	-24	-24
8	7月	189	48	48
9	8月	200	11	11
10	9月	147	-53	-53
11	10月	158	11	11
12	11月	148	-10	-10
13	12月	195	47	47

图 2. 98 在 Excel 中实现 OFFSET 的同类型计算示例

例 48 通过 OFFSET 引用实现窗体偏差分析

01 从示例文件中读取【招聘信息】工作表，见图 2. 99。

值得一提的是，该工作表包含了【排序】字段，目的是确保 Power BI 以正确的顺序排序行信息，避免出现图 2. 100 中的问题。

招聘阶段	人数	排序
浏览线上招聘广告	1000	1
投简历	800	2
面试	600	3
正式录取	400	4
接受录取	200	5

图 2. 99 读取含有排序字段的 Excel 数据

招聘阶段	人数 的总和
接受录取	200
浏览线上招聘广告	1000
面试	600
投简历	800
正式录取	400
总计	3000

图 2. 100 没有排序导致的错误顺序

02 参照图 1.123 新建度量，由于在写作本书时该度量仍为预览功能，并不提供智能输入提示，见图 2.101。

```
1 上阶段人数 = CALCULATE(SUM('招聘统计'[人数]),OFFSET(-1,ALLSELECTED('招聘统计'),ORDERBY('招聘统计'[排序],ASC)))
```

招聘阶段	人数	排序
浏览线上招聘广告	1000	1
投简历	800	2
面试	600	3
正式录取	400	4
接受录取	200	5

图 2.101 添加 OFFSET 函数公式

```
上阶段人数 = CALCULATE(SUM('招聘统计'[人数]),OFFSET(-1,ALLSELECTED('招聘统计'),ORDERBY('招聘统计'[排序],ASC)))
```

03 创建完成后，参照图 2.102 测试度量的计算结果。

04 完成窗体之间的偏差计算，见图 2.103。

招聘阶段	人数 的总和	上阶段人数
浏览线上招聘广告	1000	
投简历	800	1000
面试	600	800
正式录取	400	600
接受录取	200	400
总计	**3000**	**2800**

图 2.102 显示 OFFSET 函数引用上一行的计算结果

```
1 据上阶段减少人数 = IF(not ISBLANK([上阶段人数]) , [上阶段人数]-SUM('招聘统计'[人数]))
```

招聘阶段	人数 的总和	上阶段人数	据上阶段减少人数
浏览线上招聘广告	1000		
投简历	800	1000	200
面试	600	800	200
正式录取	400	600	200
接受录取	200	400	200
总计	**3000**	**2800**	**-200**

图 2.103 最终的计算结果

例 49 通过 OFFSET 引用实现窗体环比分析

除了文本计算，OFFSET 函数能否完成日期的同比环比计算呢？本例将介绍用 OFFSET 函数进行环比计算的示例。

01 从示例文件中读取【销售年季】工作表，见图 2.104。

02 输入以下公式，参照图 2.105 创建可视化并观察其中的结果环比计算结果。

年份	销售金额	季度
2020	¥151	1季度
2020	¥183	2季度
2020	¥148	3季度
2020	¥177	4季度
2021	¥165	1季度
2021	¥141	2季度
2021	¥189	3季度
2021	¥200	4季度
2022	¥147	1季度
2022	¥158	2季度
2022	¥148	3季度
2022	¥195	4季度

图 2.104 包含年份和季度的销售金额

季度	销售金额 的总和	上季度销售
1季度	¥463	
2季度	¥482	¥463
3季度	¥485	¥482
4季度	¥572	¥485
总计	**¥2,002**	**¥1,430**

图 2.105 显示上季度环比的效果

```
上季度销售 = CALCULATE(SUM('销售年季'[销售金额]),OFFSET(-1, ALLSELECTED('销售年季'[季度]),
ORDERBY('销售年季'[季度],ASC)))
```

03 值得注意的是，如果出现多字段计算情景，则必须引用 OFFSET 中的窗体设置，例如在图 2.106 中，原有的 OFFSET 函数无法实现跨年份的环比引用。

04 作为解决方法，需要调整引用的窗体参数，见图 2.107

年份	销售金额 的总和	上季度销售
⊟ 2020	¥659	¥482
1季度	¥151	
2季度	¥183	¥151
3季度	¥148	¥183
4季度	¥177	¥148
⊟ 2021	¥695	¥495
1季度	¥165	
2季度	¥141	¥165
3季度	¥189	¥141
4季度	¥200	¥189
⊟ 2022	¥648	¥453
1季度	¥147	
2季度	¥158	¥147
3季度	¥148	¥158
4季度	¥195	¥148
总计	¥2,002	¥1,430

图 2.106 带有时间层级的上季度环比效果

年份	销售金额 的总和	上季度销售2
⊟ 2020	¥659	¥453
1季度	¥151	
2季度	¥183	¥165
3季度	¥148	¥141
4季度	¥177	¥189
⊟ 2021	¥695	¥659
1季度	¥165	¥151
2季度	¥141	¥183
3季度	¥189	¥148
4季度	¥200	¥177
⊞ 2022	¥648	¥695
Total	¥2,002	¥1,807

图 2.107 调整窗体参数后的计算效果

```
上季度销售 2 = CALCULATE(SUM('销售年季'[销售金额]),OFFSET(-1, ALLSELECTED('销售年季'[年份],'销售
年季'[季度]),ORDERBY('销售年季'[季度],ASC))) //新的区间为年份字段与季度字段的组合
```

05 如果读者觉得多字段设置过于复杂，也可以创建新的年季度字段，并参照图 2.108 设置可视化效果，此方法也可以解决多字段窗体引用的问题。

年季度	销售金额 的总和	上季度销售2
2020-1季度	¥151	
2020-2季度	¥183	¥151
2020-3季度	¥148	¥183
2020-4季度	¥177	¥148
2021-1季度	¥165	¥177
2021-2季度	¥141	¥165
2021-3季度	¥189	¥141
2021-4季度	¥200	¥189
2022-1季度	¥147	¥200
2022-2季度	¥158	¥147
2022-3季度	¥148	¥158
2022-4季度	¥195	¥148
总计	¥2,002	¥1,807

图 2.108 使用新的计算公式的计算结果

```
上季度销售 2 = CALCULATE(SUM('销售年季'[销售金额]),OFFSET(-1, ALLSELECTED('销售年季'[年季度]),OR-
DERBY('销售年季'[年季度],ASC)))
```

技巧 19 如何快速生成 DAX 公式

- 什么是快速度量？
- 如何在 Power BI 中套用模板生成 DAX 公式？
- 如何在 Power BI 中通过自然语言描述生成公式？

快速度量是 Power BI 为用户提供的一个快速生成度量公式的功能，见图 2.109。我们可以简单理解为快速度量提供一些常用的 DAX 分析模板，用户通过填写参数，便可快速生成 DAX 公式，此功能

对提高用户编写 DAX 公式的效率有一定帮助。2022 年末，Power BI 更是推出了通过自然语言描述直接生成 DAX 公式的快速度量，本节将介绍使用快速度量方面的相关知识。

图 2.109 Power BI Desktop 菜单中的快速度量功能

例 50 通过模板快速生成 DAX 公式

01 单击【快度量值（快速度量）】按钮，在快速度量面板中切换至【计算】选项卡，在模板下拉框中选择所需的计算模板，并填入所需的参数，单击【添加】按钮，见图 2.110。

```
每个 SubCategory 的 Profit 的平均值 =
AVERAGEX(
    KEEPFILTERS(VALUES('DimProduct'[SubCategory])),
    CALCULATE([Profit])
)//通过快速度量模板生成的度量公式
```

02 将度量公式放入可视化对象中并查看结果，快速度量生成的平均值为每个产品子类利润总和的平均值，即使没有使用产品子类维度的情况下，快速度量公式也能正确显示分析结果，见图 2.111。

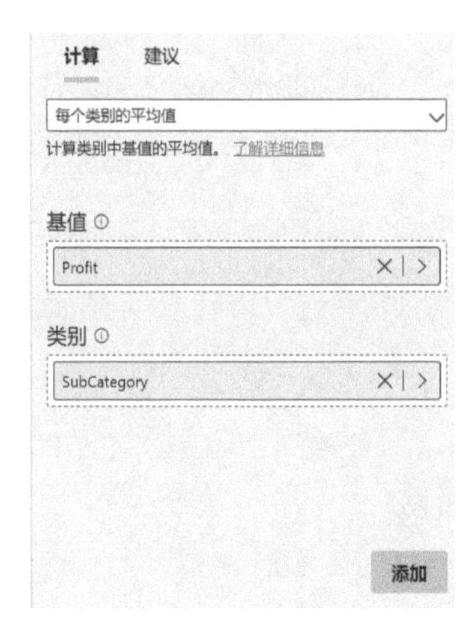

图 2.110 选择【计算】选项卡在下拉框中选中所需的计算模板

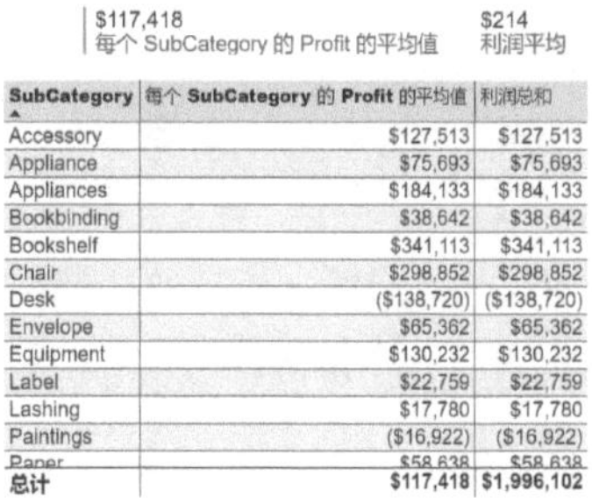

$117,418
每个 SubCategory 的 Profit 的平均值
$214
利润平均

SubCategory	每个 SubCategory 的 Profit 的平均值	利润总和
Accessory	$127,513	$127,513
Appliance	$75,693	$75,693
Appliances	$184,133	$184,133
Bookbinding	$38,642	$38,642
Bookshelf	$341,113	$341,113
Chair	$298,852	$298,852
Desk	($138,720)	($138,720)
Envelope	$65,362	$65,362
Equipment	$130,232	$130,232
Label	$22,759	$22,759
Lashing	$17,780	$17,780
Paintings	($16,922)	($16,922)
Paper	$58,638	$58,638
总计	$117,418	$1,996,102

图 2.111 快速度量生成的 DAX 公式显示效果

03 尝试使用【与已筛选值的差异】模板，分析所有产品种类与某一指定产品种类的差异值，见图 2.112。与此类似，使用【与已筛选值的差异%】生成快速度量，图 2.113 为生成快速度量的分析结果。

04 除了一些基础的度量模板，快速度量还包含一些特色度量模板，例如星级评分模板，该度量可将指定度量和阈值转换为形状图案表达方式，见图 2.114 和图 2.115。

图 2.112 生成已筛选值的差异

Category	利润总和	与 Technical 的 Profit 差异	与 Technical 的 Profit % 差异
Furniture	$576,939	($135,425)	-19.01%
Official	$706,799	($5,565)	-0.78%
Technical	$712,364	$0	0.00%
总计	$1,996,102	$1,283,738	180.21%

图 2.113 快速度量生成的 DAX 公式显示效果

Country	SubCategory	Profit%	Profit% 星级评分
United Kingdom	Desk	-51.21%	★☆☆☆☆
Germany	Desk	-42.71%	★☆☆☆☆
Canada	Desk	-25.19%	★★☆☆☆
France	Desk	-17.04%	★★☆☆☆
United Kingdom	Paintings	-14.38%	★★☆☆☆
Germany	Paintings	-13.96%	★★☆☆☆
United States	Desk	-13.72%	★★☆☆☆
Australia	Paintings	-13.07%	★★☆☆☆
Australia	Desk	-12.79%	★★☆☆☆
United States	Paintings	-9.88%	★★☆☆☆
France	Paintings	-5.42%	★★☆☆☆
United Kingdom	Chair	2.60%	★★★☆☆
总计		13.34%	★★★☆☆

图 2.114 使用快速度量中的星级评分模板

图 2.115 使用星级评分度量公式的效果

例 51 通过自然语言快速生成 DAX 公式

在正式启用使用该功能之前，管理员需要在 Power BI Service 管理门户中开启【允许快速度量建议】和【允许用户数据离开其地理位置】两项功能，见图 2.116。

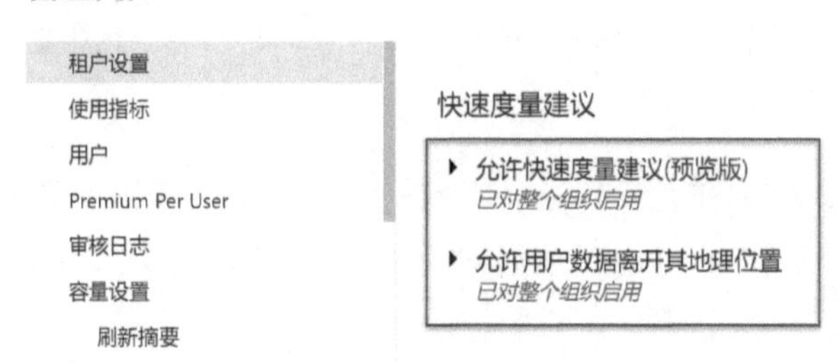

图 2.116 在 Power BI Service 管理门户中开启相关功能

01 在快速度量面板中切换至【建议】选项卡，见图 2.117。

02 输入第一段自然语言语句，单击【生成】按钮，查看自动生成每个国家的平均销售额，见图 2.118。自然语言会理解 avg 为 average 的缩写。

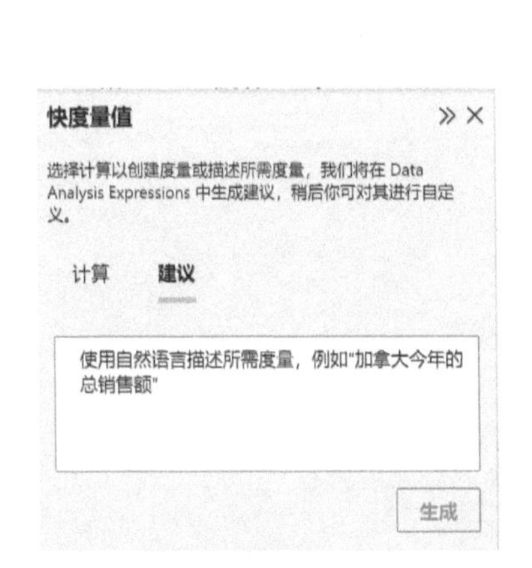

快度量值
选择计算以创建度量或描述所需度量，我们将在 Data Analysis Expressions 中生成建议，稍后你可对其进行自定义。
计算
建议
使用自然语言描述所需度量，例如"加拿大今年的总销售额"
生成

图 2.117　切换至【建议】选项卡

avg sales per country
生成
建议度量
Average sales per country
预览值
$2,686,258
DAX
Measure =
AVERAGEX(
KEEPFILTERS(
VALUES('DimGeography'[Country])
),
CALCULATE('_Measure'[Sales])
)
显示更少
添加

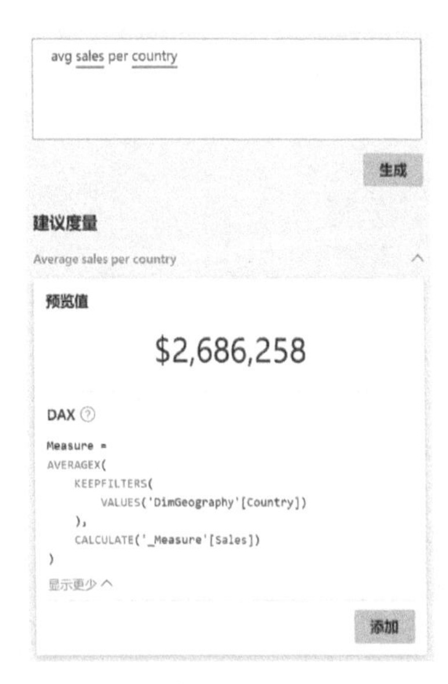

图 2.118　输入自然语言并生成建议度量

03 尝试其他的输入方式，输入“Sales for last month”生成销售环比公式，见图 2.119。

04 输入“top 3 countries based on profit%”生成利润率排名前三的国家名称字符串公式，见图 2.120。

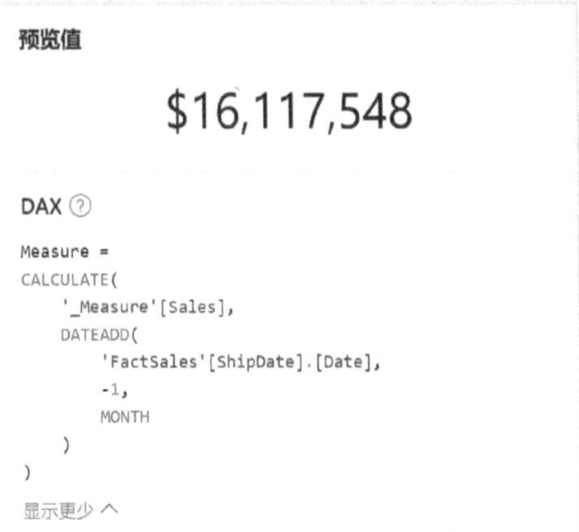

预览值
$16,117,548
DAX
Measure =
CALCULATE(
'_Measure'[Sales],
DATEADD(
'FactSales'[ShipDate].[Date],
-1,
MONTH
)
)
显示更少

图 2.119　自然语言生成的环比销售金额

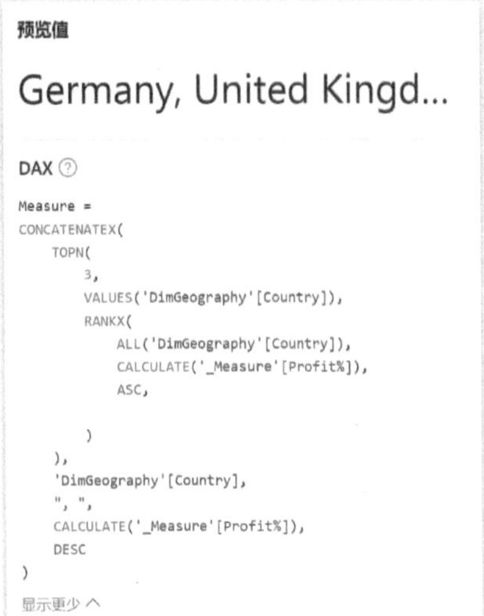

预览值
Germany, United Kingd...
DAX
Measure =
CONCATENATEX(
TOPN(
3,
VALUES('DimGeography'[Country]),
RANKX(
ALL('DimGeography'[Country]),
CALCULATE('_Measure'[Profit%]),
ASC,
)
),
'DimGeography'[Country],
", ",
CALCULATE('_Measure'[Profit%]),
DESC
)
显示更少

图 2.120　自然语言生成的利润率排名前三的国家名称

05 输入“28d rolling avg sales”生成 28 日滚动平均利润额公式，见图 2.121。自然语言会理解 28d 为 28 Days 的缩写。

图 2.121　自然语言生成的 28 日滚动平均利润额

当然自然语言也不是万能的，对于复杂的自然语言，快速度量是爱莫能助的。如输入“total profit for top 3 countries based on sales”（销售额排名前 3 国家的利润总和），快速度量会提示无法返回分析结果，见图 2.122。虽然快速度量并不完美，也不能完全替代手工输入 DAX 工作，但快速度量的确能给用户提供一定程度上的便利，这是一种效率上的提升，用户仍然需要有能力去识别和校验 DAX 语言的正确性，因此读者要清楚 DAX 建模知识的重要性。

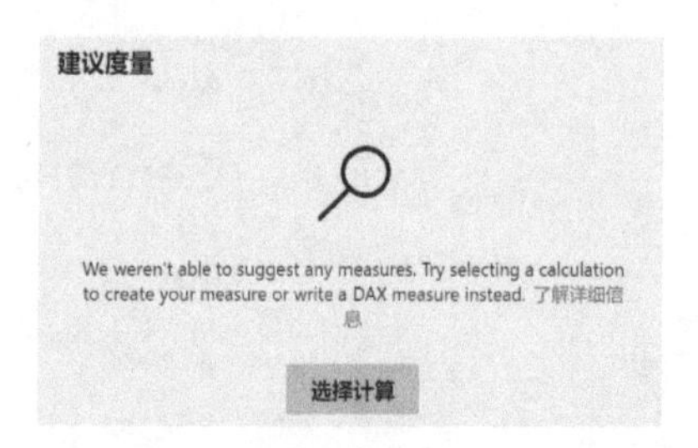

图 2.122　快速度量无法理解过于复杂的自然语言

第 3 章

「可视化应用——一图胜千言」

在实际工作中，既不能强调可视化设计的唯一性，也不能完全忽视可视化设计的必要性。所谓可视化分析，说白了就是既要好看，也要有趣。回到正题，如果说数据是对现实世界的抽象，那么可视化对象便是对数据的抽象。数据可视化是一种非常强有力的“看图说明”方式，分析者根据不同的分析目的，采用不同的可视化对象，与受众产生共鸣。

按开发商分类，Power BI 可视化（视觉）对象可被分为两大类：第一类是微软自身开发的可视化对象，也称为原生可视化对象；第二类是第三方可视化对象，本篇会重点介绍一部分有代表性的第三方可视化对象和部分原生可视化功能。目前大部分第三方可视化对象没有汉化菜单，为行文方便，在示例中将使用中文翻译介绍。

导入第三方可视化对象的方法非常简单，在 Power BI Desktop 中单击 ··· 图标，选择【获取更多视觉对象】选项，在弹出框中通过关键字搜索相关的对象名称，双击对象便可导入，见图 3.1 和图 3.2。注意，一部分第三方可视化对象是收费的，通常在 Power BI Desktop 中可以免费使用，但发布到云端后需要付费使用，或者有一定试用期。

图 3.1　在可视化栏单击获取更多视觉对象

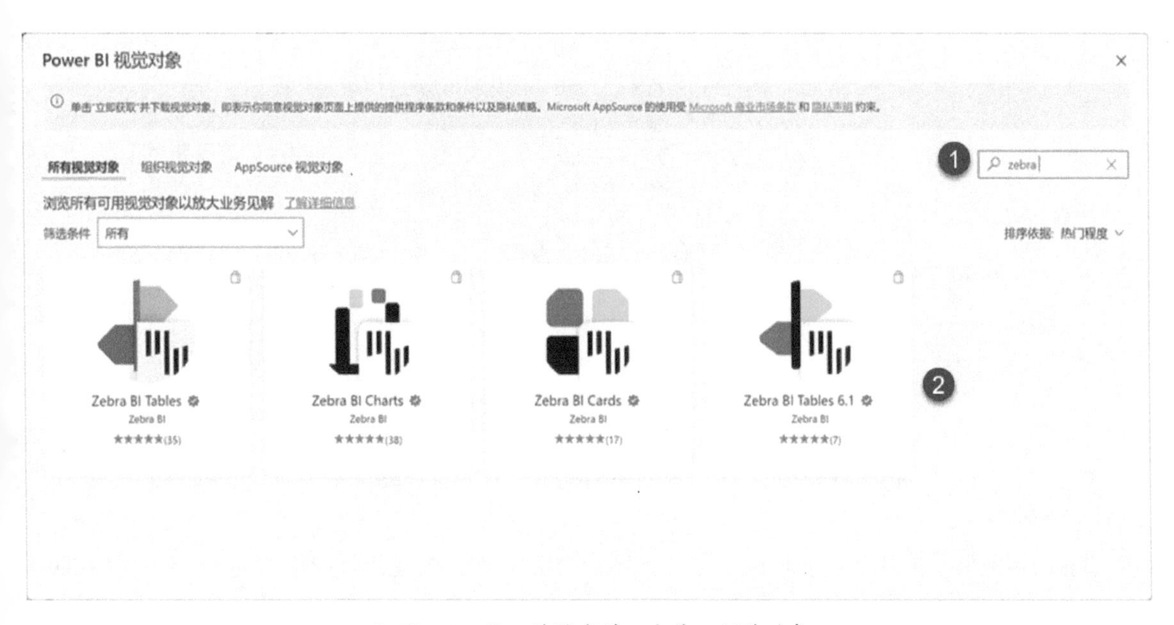

图 3.2　输入关键字并双击导入视觉对象

本篇伊始，将按类介绍可视化对象个体，还将介绍整体提升报表效果作为本篇结尾总结。

技巧 20　如何提升对比效果

问题：

- 如何突显与基准对比的偏差？
- 如何突显两个个体之间的对比效果？
- 如何突显当期与同比值、计划值与预测值之间的对比？
- 如何快速对比偏差值与偏差率？

对比可以发生在个体与个体或整体之间，柱状图、条状图、饼图、甜圈图和树图等都是常用于对比分析的可视化应用，本例将介绍关于对比可视化应用的相关知识。

例 52　通过对比图突显基准对比偏差

比起经典的折线图，对比图（Comparison Chart）的优点在于更突出基准对比效果。在本例中，值是欧洲 GDP，而对比对象是世界 GDP（基准），用阴影显示面积，图例则为欧洲国家名称，用线图表示，默认设置下，Y 轴为双刻度设置，见图 3.3。

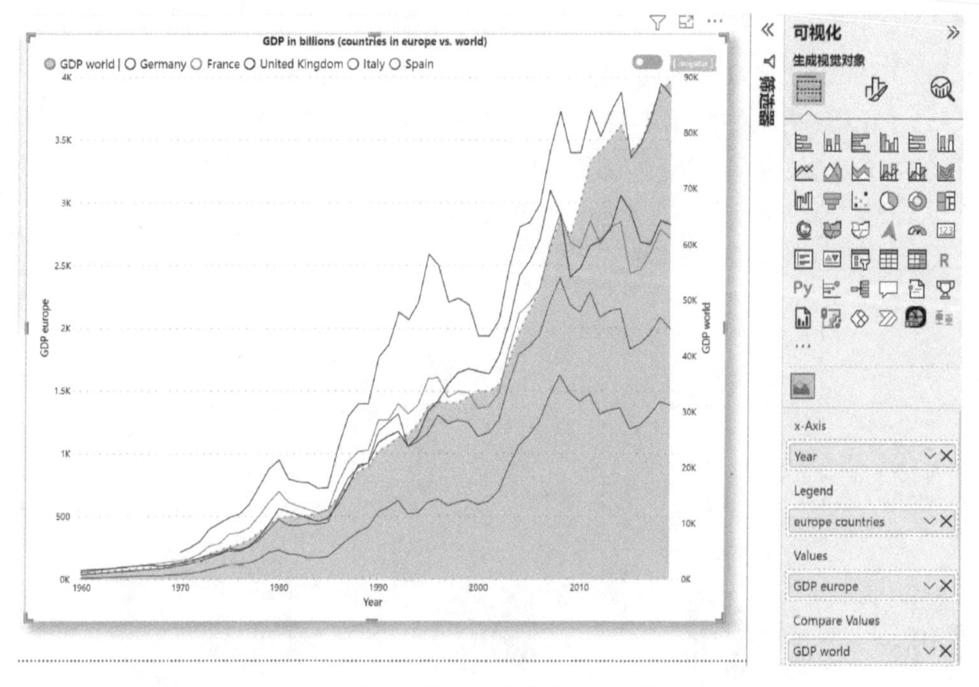

图 3.3　双 Y 轴刻度世界 GDP 与部分欧洲国家 GDP 对比效果

单击右上方的【Toggle aggregation Over groups】按钮，可视化将忽略图例设置，直接显示无图例聚合效果，见图 3.4。

有读者可能马上看出这里的问题，图中的线图大于面积图，但是欧洲 GDP 肯定是小于世界 GDP 的，因此双 Y 轴刻度效果有误导的嫌疑。该图提供手动调节设置 Y 轴选项，在属性栏【Left Y-Axis】选项中可设置左 Y 轴的起点和终点，调整完后的效果会更加清晰，见图 3.5。

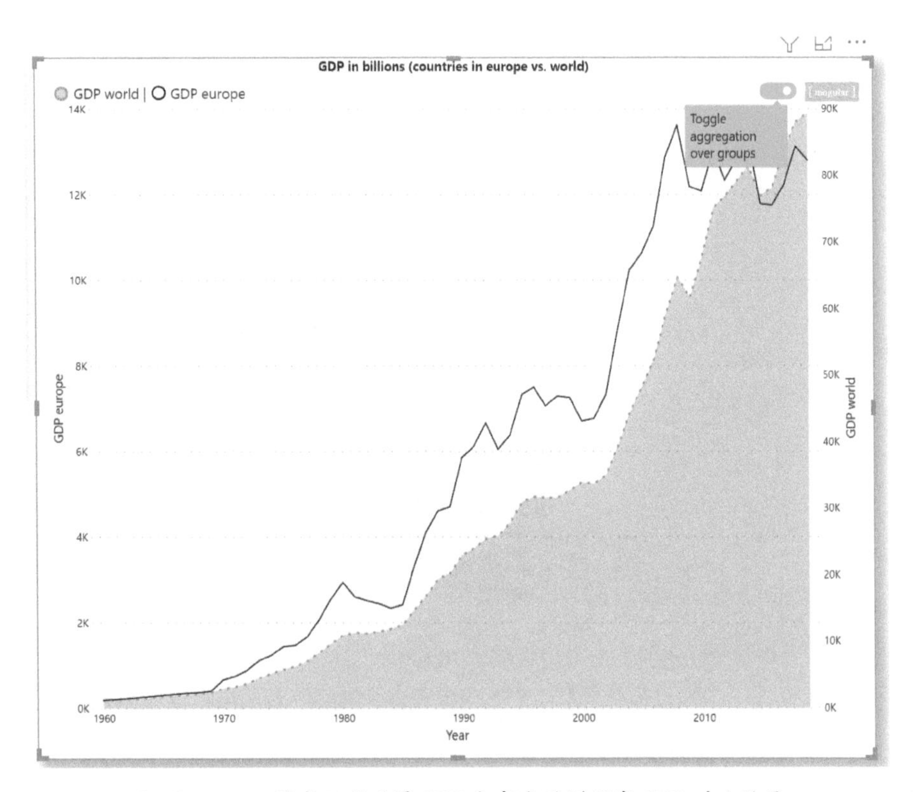

图 3.4 双刻度 Y 轴世界 GDP 与部分欧洲国家 GDP 对比效果

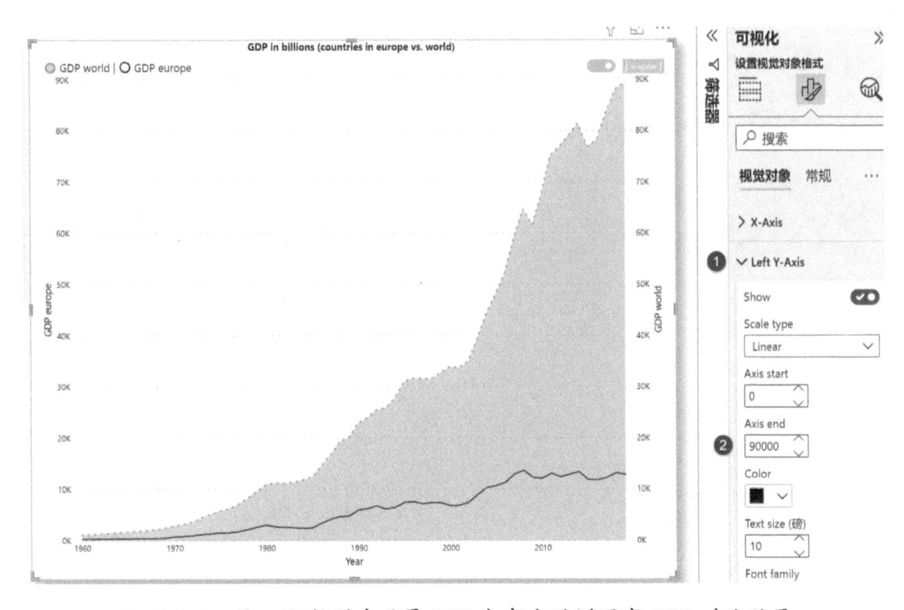

图 3.5 统一 Y 轴刻度世界 GDP 与部分欧洲国家 GDP 对比效果

但是统一 Y 轴刻度也会带来新的问题，例如当单个国家 GDP 与世界 GDP 对比，由于单个国家 GDP 值过小，因此对比的效果不理想，见图 3.6。对于差异过大的情景，可采用百分比变化对比替代数值对比，对比效果会更好。

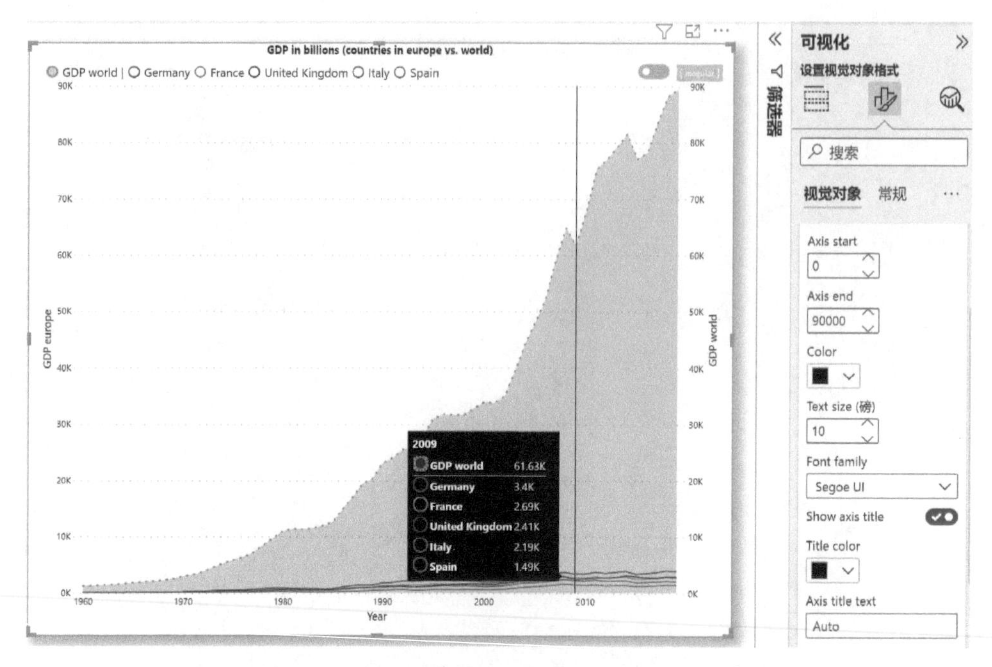

图 3.6 统一 Y 轴刻度的世界 GDP 与部分欧洲国家 GDP 对比效果

例 53 通过 Nova 哑铃条状图突显两个时间点的对比

Nova 哑铃条状图（Dumbell Barchart）是 Nova Silva 公司开发的一系列可视化图形之一，该图用于同一对象不同时间段的偏差对比，图 3.7 为对比 1 季度与 2 季度产品种类销售值变化偏差的对比效果。

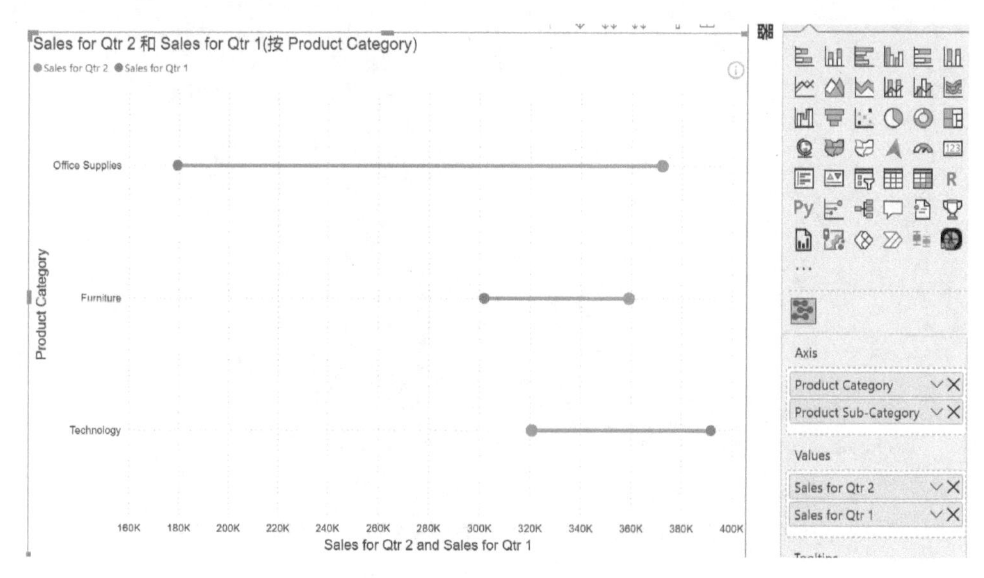

图 3.7 使用哑铃条状图分析产品种类在不同季度的销售偏差结果

哑铃条状图支持维度下钻功能，可对【Axis】栏中字段进行下钻分析，见图 3.8。

同时也可使用切片器与可视化配合使用，更加细化分析可视化效果，见图 3.9。

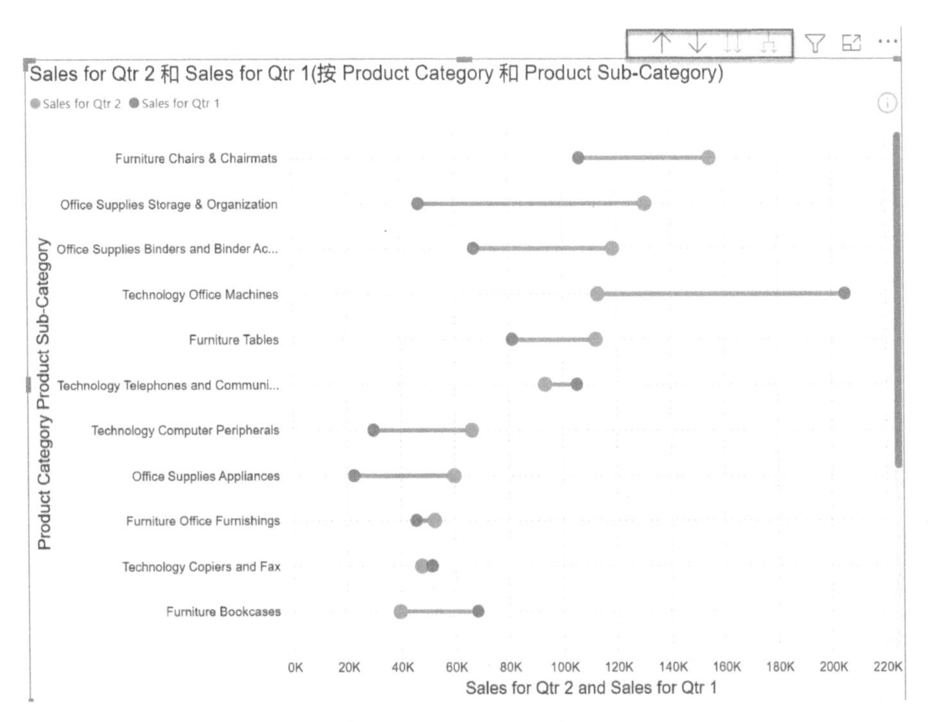

图 3.8　哑铃条状图可视化下钻至产品子类级别效果

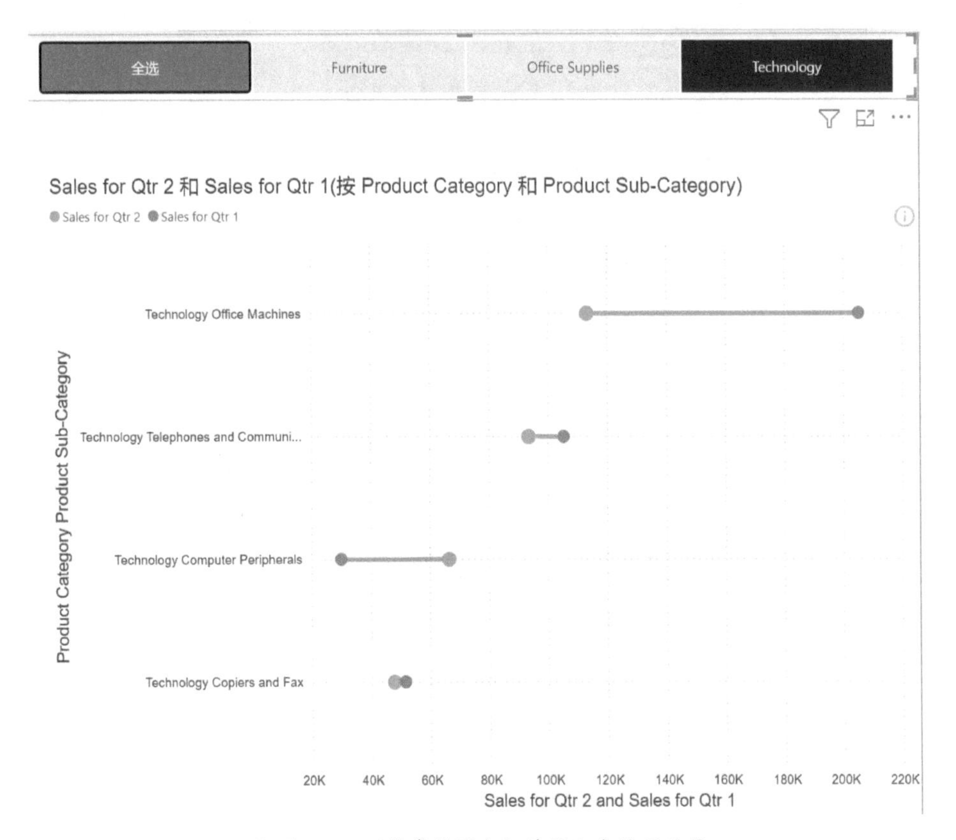

图 3.9　哑铃条状图与切片器配合使用效果

例 54 通过 Nova 口红条状图突显同期与本期的对比

Nova 口红条状图（Lipstick BarChart）更侧重于两种度量之间的差异，例如对比去年同期与当年的销售偏差值，见图 3.10。

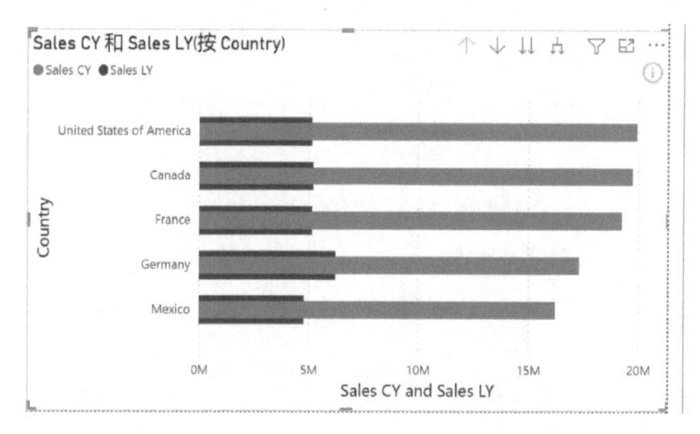

图 3.10　去年和当年的销售对比效果

该可视化支持内置填充设置，可调整条状之间的空间大小，见图 3.11。

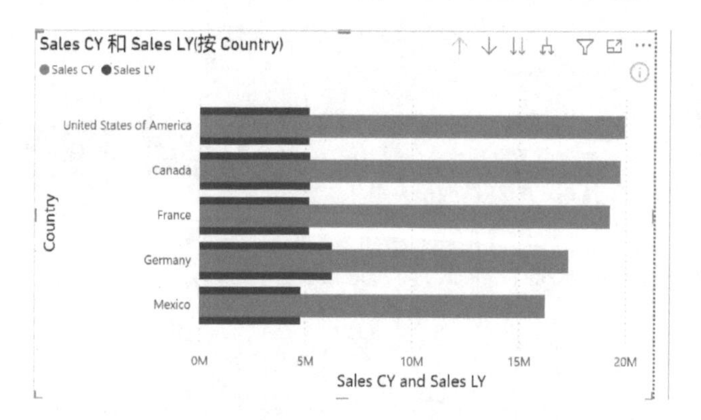

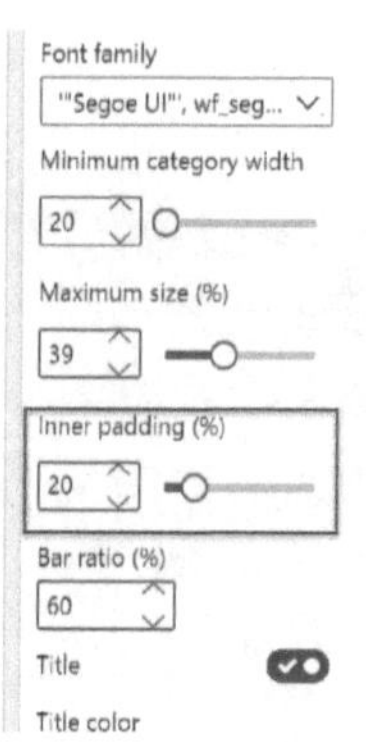

图 3.11　调整内部填充的百分比

除此之外，该可视化还支持内置条形宽度的占比比例，见图 3.12。

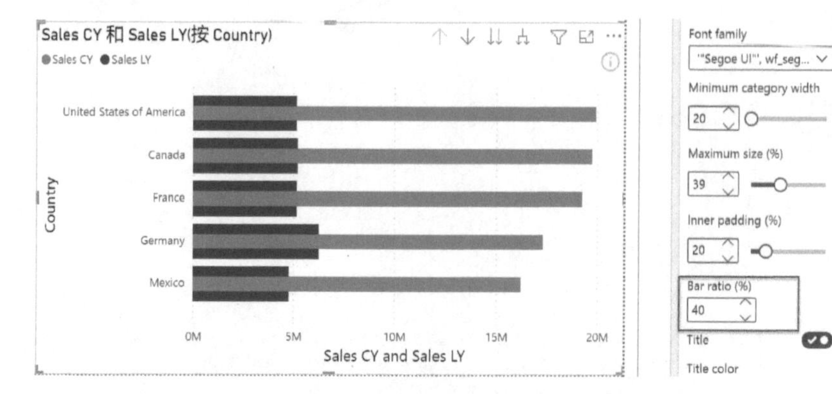

图 3.12　调整内部条形的宽度与外部条形的宽度比率

例 55 通过 3AG 相对偏差条状图分析当期、同期、计划与预测偏差

3AG 相对偏差条状图（BarChart with relative variance）是一款包含偏差计算的，用于当期、同期、计划与预测数据偏差的可视化图。其格式设计灵感来源于国际商业沟通标准[⊖]，这款可视化非常适合比较当期与计划、当期与去年同期、预测与计划和预测与去年同期的偏差分析，见图 3. 13。

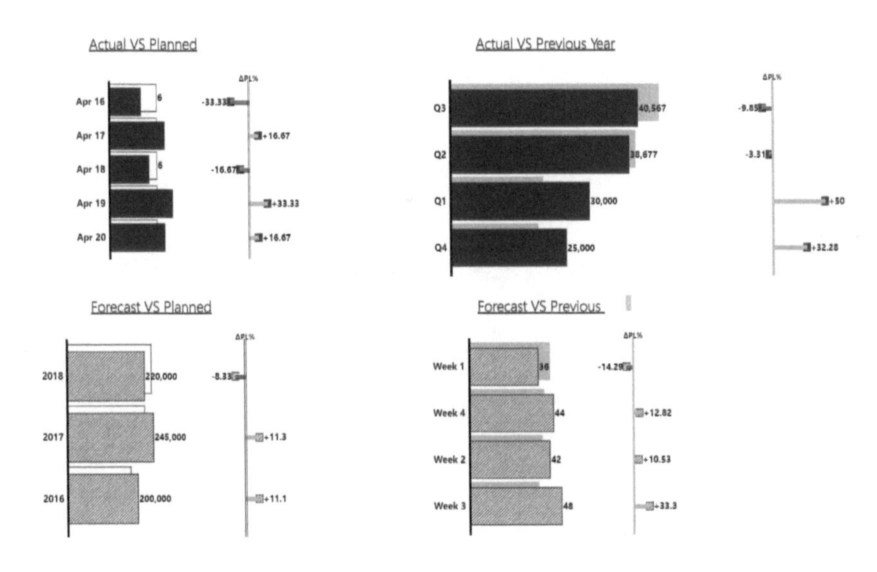

图 3. 13 3AG 相对偏差条状图各种对比偏差效果图

图 3. 14 为当期与计划的对比偏差分析，默认设置下，空白条状部分代表计划值，实体深色部分代表当期值。

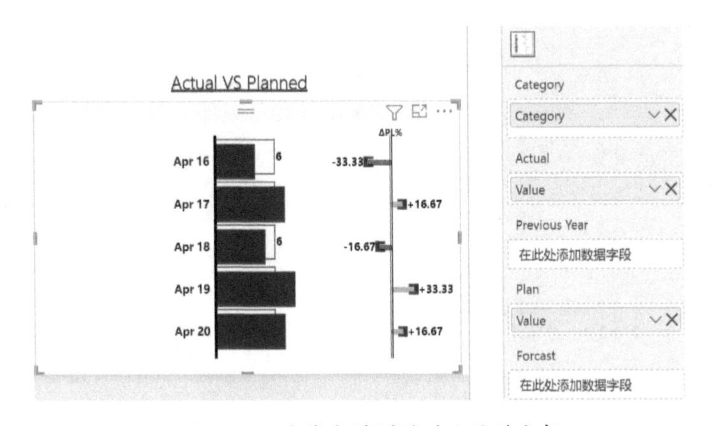

图 3. 14 当期与计划的对比偏差分析

图 3. 15 为当期与去年同期的对比偏差分析，默认设置下，阴影部分代表去年同期值，实体深色部分代表当期值。

⊖ 国际商业沟通标准（International Business Communication Standards，简称 IBCS），是一系列商业通信设计实用建议。在大多数情况下，IBCS 用于如何正确应用图表和表格的概念、感知和语义设计。

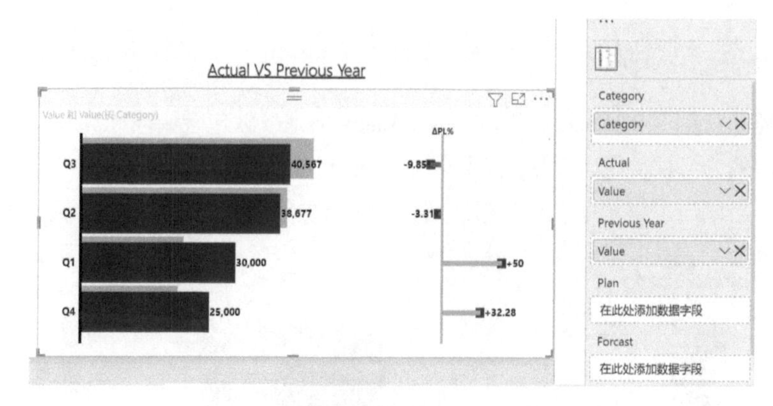

图 3.15　当期与去年同期的对比偏差分析

图 3.16 为计划和预测的对比偏差分析效果图，默认设置下，空白部分代表预测值，而斜线体部分代表计划值。

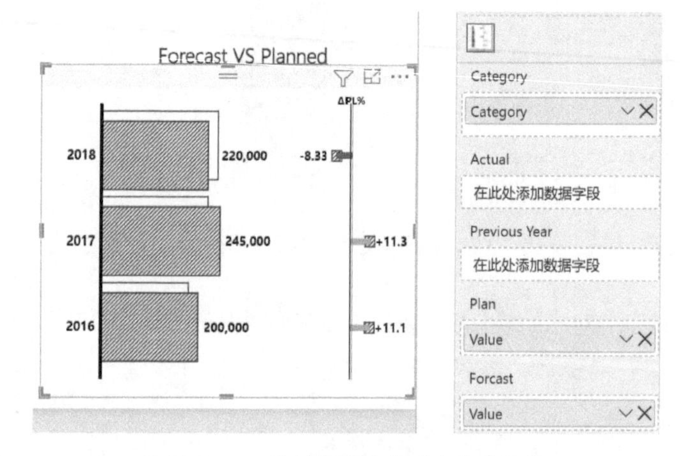

图 3.16　计划和预测的对比偏差分析

图 3.17 为计划和预测的对比偏差分析效果图，默认设置下，阴影部分代表预测值，而斜线体部分代表去年同期值。

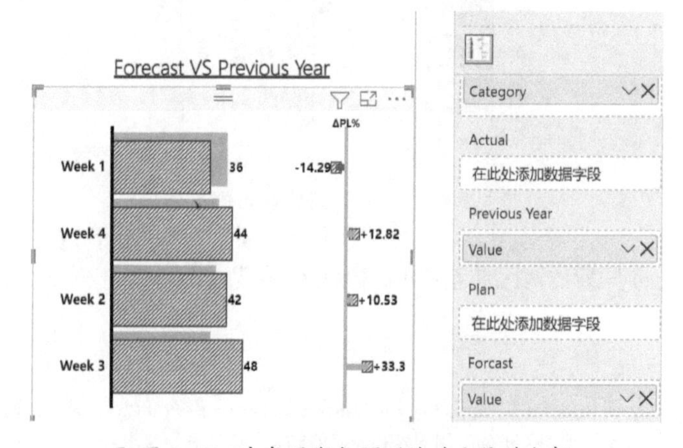

图 3.17　去年同期与预测的对比偏差分析

从上面 4 幅图的效果，读者不难发现其中的规律，显示值优先排序分别是当期、同期、计划、预测，刚好与可视化属性顺序相一致。另外，该图支持各种详细可视化设置，见图 3.18。虽然 3AG 相对偏差条状图是一款非常优秀的对比图，但也有一定的缺陷，例如该图无法直接显示图例，这便让人感到一定困惑。

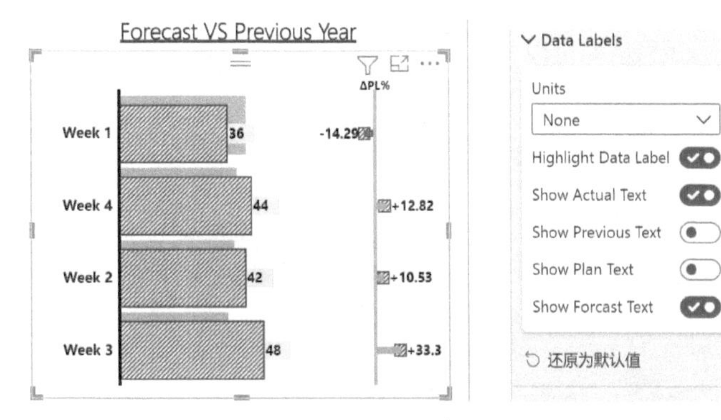

图 3.18 设置可视化对象的各项属性值

例 56 用 Zebra BI 表自动生成偏差和偏差率

Zebra BI 表（Table）是 Zebra BI 公司开发的一系列可视化图形之一，Zebra BI 表是一款优秀的多功能组合型报表，本节将介绍 Zebra BI 表的对比功能。图 3.19 为 Zebra BI 表对比当期值与前期值的效果图，其中 AC 代表 Actual，PY 代表 Previous Year，ΔPY 代表 AC－PY，ΔPY%代表（AC－PY）/AC%，后两者为自动生成计算，为用户提供便利。

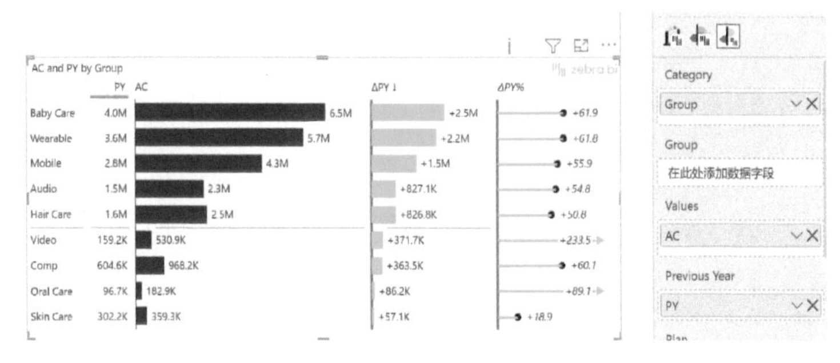

图 3.19 默认显示的对比偏差和偏差比率

该可视化支持对任何字段切换图形或者切换为文字，并且进行更多格式设置，见图 3.20。

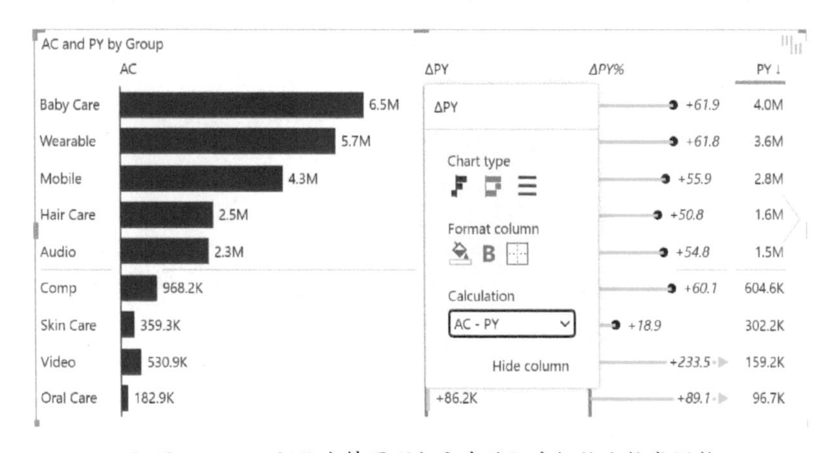

图 3.20 可视化支持图形与文字的任意切换和格式调整

图表支持通过拖拽字段列调整字段列的位置，用户单击图表右方的箭头，可实现可视化表与纯数值表之间的切换，见图 3. 21 和图 3. 22。

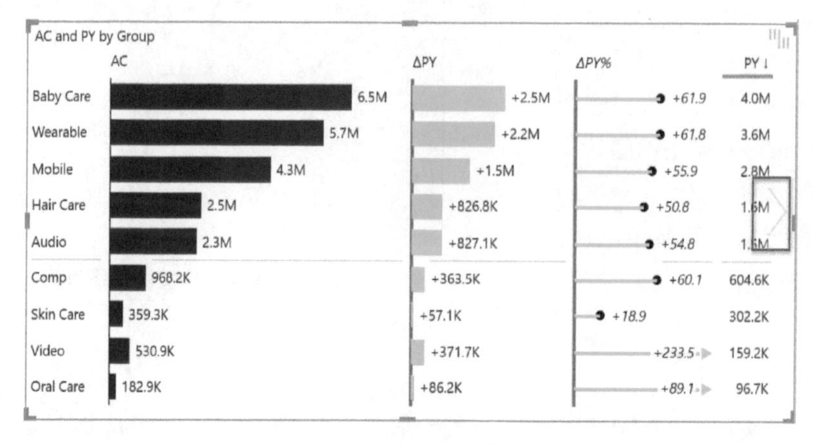

图 3. 21　通过拖拽字段列调整字段列的位置

AC and PY by Group

	PY ↓	AC	ΔPY	ΔPY%
Baby Care	4.0M	6.5M	+2.5M	+61.9
Wearable	3.6M	5.7M	+2.2M	+61.8
Mobile	2.8M	4.3M	+1.5M	+55.9
Hair Care	1.6M	2.5M	+826.8K	+50.8
Audio	1.5M	2.3M	+827.1K	+54.8
Comp	604.6K	968.2K	+363.5K	+60.1
Skin Care	302.2K	359.3K	+57.1K	+18.9
Video	159.2K	530.9K	+371.7K	+233.5
Oral Care	96.7K	182.9K	+86.2K	+89.1

图 3. 22　单击右箭头可实现可视化表与纯数值表之间的切换

图表支持高级分组功能，通过 TOP N 操作，用户可显示前 N 名和剩余部分，见图 3. 23 和图 3. 24。

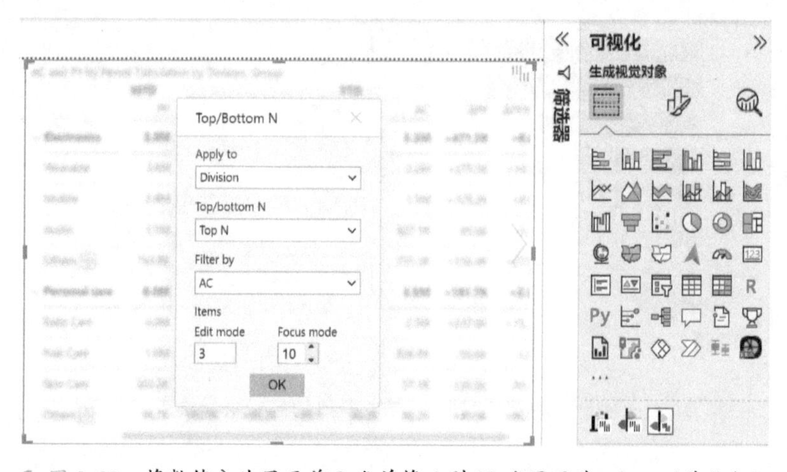

图 3. 23　将数值分为显示前 3 名并将 4 到 10 名显示为 others（其他组）

AC and PY by Period Calculation by Division, Group

	MTD				YTD			
	PY	AC	ΔPY	ΔPY%	PY	AC	ΔPY	ΔPY%
Electronics	**8.6M**	**13.9M**	**+5.3M**	***+61.7***	**4.8M**	**5.3M**	**+471.5K**	***+9.8***
Wearable	3.6M	5.7M	+2.2M	*+61.8*	1.9M	2.2M	+275.5K	*+14.3*
Mobile	2.8M	4.3M	+1.5M	*+55.9*	1.4M	1.5M	+125.2K	*+8.8*
Audio	1.5M	2.3M	+827.1K	*+54.8*	912.8K	827.1K	-85.6K	*-9.4*
Others	763.8K	1.5M	+735.3K	*+96.3*	578.8K	735.3K	+156.4K	*+27.0*

图3.24 显示前3名，4到10名显示为Others

在Zebra BI表6.0版本中可视化支持所有下钻功能，媲美原生可视化对象功能，见图3.25。

AC, PY, PL by Period Calculation by Division, Group

	MTD							YTD						
	PY	AC	PL	ΔPY	ΔPY%	ΔPL	ΔPL%	PY	AC	PL	ΔPY	ΔPY%	ΔPL	ΔPL%
Personal care	**6.0M**	**9.5M**	**9.4M**	**+3.5M**	***+57.2***	**+140.1K**	***+1.5***	**3.3M**	**3.5M**	**3.5M**	**+191.7K**	***+5.9***	**-25.2K**	***-0.7***
Baby Care	4.0M	6.5M	6.5M	+2.5M	*+61.9*	+5.5K	*+0.1*	2.2M	2.5M	2.6M	+337.9K	*+15.7*	-143.0K	*-5.4*
Hair Care	1.6M	2.5M	2.3M	+826.8K	*+50.8*	+141.4K	*+6.1*	877.4K	826.8K	732.0K	-50.6K	*-5.8*	+94.7K	*+12.9*
Skin Care	302.2K	359.3K	379.9K	+57.1K	*+18.9*	-20.6K	*-5.4*	192.6K	57.1K	48.0K	-135.5K	*-70.4*	+9.0K	*+18.8*
Oral Care	96.7K	182.9K	169.1K	+86.2K	*+89.1*	+13.8K	*+8.2*	46.2K	86.2K	72.1K	+40.0K	*+86.5*	+14.1K	*+19.5*

图3.25 Zebra BI表6.0支持下钻功能

另外，图表所有状态均支持书签功能，用户可先为图表层级设置书签，再通过单击【按钮】-【导航器】-【书签导航器】选项，添加动态书签导航功能。通过导航按钮可以直接控制层级切换，见图3.26和图3.27。

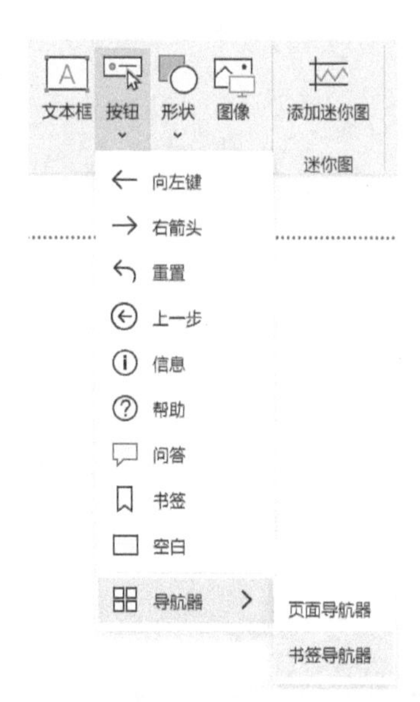

图3.26 为图表书签状态创建书签导航器

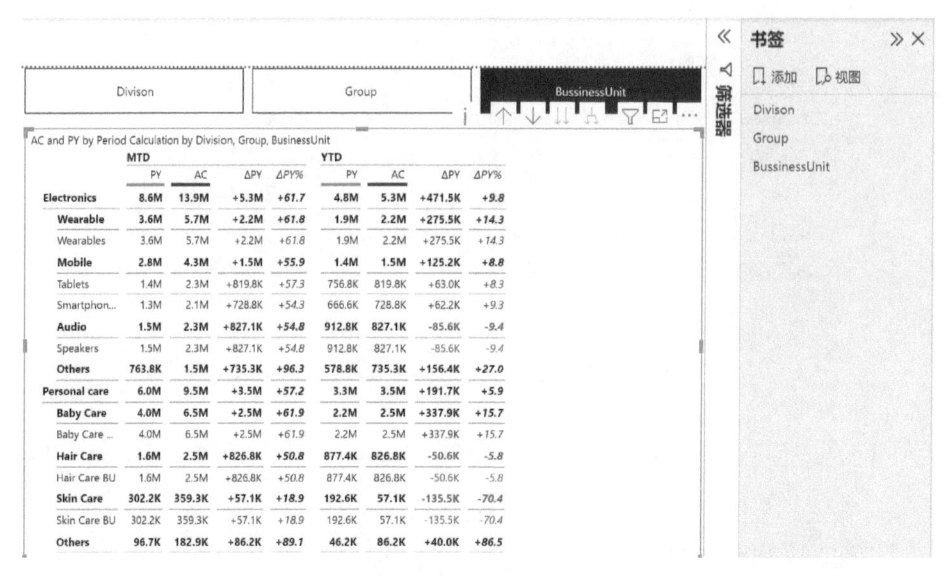

AC and PY by Period Calculation by Division, Group, BusinessUnit

	MTD				YTD			
	PY	AC	ΔPY	ΔPY%	PY	AC	ΔPY	ΔPY%
Electronics	**8.6M**	**13.9M**	**+5.3M**	***+61.7***	**4.8M**	**5.3M**	**+471.5K**	***+9.8***
Wearable	**3.6M**	**5.7M**	**+2.2M**	***+61.8***	**1.9M**	**2.2M**	**+275.5K**	***+14.3***
Wearables	3.6M	5.7M	+2.2M	*+61.8*	1.9M	2.2M	+275.5K	*+14.3*
Mobile	**2.8M**	**4.3M**	**+1.5M**	***+55.9***	**1.4M**	**1.5M**	**+125.2K**	***+8.8***
Tablets	1.4M	2.3M	+819.8K	*+57.3*	756.8K	819.8K	+63.0K	*+8.3*
Smartphon...	1.3M	2.1M	+728.8K	*+54.3*	666.6K	728.8K	+62.2K	*+9.3*
Audio	**1.5M**	**2.3M**	**+827.1K**	***+54.8***	**912.8K**	**827.1K**	**-85.6K**	***-9.4***
Speakers	1.5M	2.3M	+827.1K	*+54.8*	912.8K	827.1K	-85.6K	*-9.4*
Others	**763.8K**	**1.5M**	**+735.3K**	***+96.3***	**578.8K**	**735.3K**	**+156.4K**	***+27.0***
Personal care	**6.0M**	**9.5M**	**+3.5M**	***+57.2***	**3.3M**	**3.5M**	**+191.7K**	***+5.9***
Baby Care	**4.0M**	**6.5M**	**+2.5M**	***+61.9***	**2.2M**	**2.5M**	**+337.9K**	***+15.7***
Baby Care ...	4.0M	6.5M	+2.5M	*+61.9*	2.2M	2.5M	+337.9K	*+15.7*
Hair Care	**1.6M**	**2.5M**	**+826.8K**	***+50.8***	**877.4K**	**826.8K**	**-50.6K**	***-5.8***
Hair Care BU	1.6M	2.5M	+826.8K	*+50.8*	877.4K	826.8K	-50.6K	*-5.8*
Skin Care	**302.2K**	**359.3K**	**+57.1K**	***+18.9***	**192.6K**	**57.1K**	**-135.5K**	***-70.4***
Skin Care BU	302.2K	359.3K	+57.1K	*+18.9*	192.6K	57.1K	-135.5K	*-70.4*
Others	**96.7K**	**182.9K**	**+86.2K**	***+89.1***	**46.2K**	**86.2K**	**+40.0K**	***+86.5***

图 3.27　通过书签导航器切换图表层级信息

技巧 21　如何趋势可视化效果

问题：

- 如何启动查找异常值功能？
- 如何突显个体之间的趋势变化？
- 如何突显个体趋势变化？
- 如何启动迷你趋势辅助图？

一谈到趋势分析就不可避免地涉及时间，几乎所有的趋势都与时间因素有关，折线图、区域图、功能图、异常功能图和迷你图等都是常用于趋势分析的可视化应用，本例将介绍关于趋势可视化应用的相关知识。

例 57　启用原生查找异常值功能

异常值查找功能是 Power BI 中的众多 AI 功能之一，异常功能会以无代码的方式对提供的数据点进行回归分析并侦测出其中的异常数据点和可能的解释。

01 图 3.28 为代表利润率变化的折线图，单击选中该图。

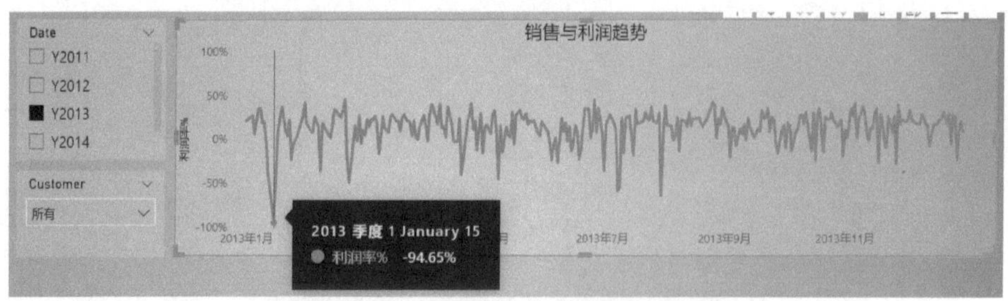

图 3.28　代表利润率变化的折线图

02 在菜单中单击【数据/钻取】-【查找异常】图标，见图3.29。

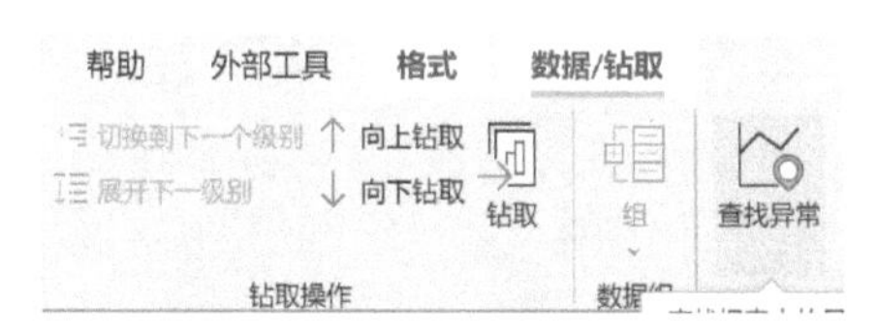

图3.29 在菜单中启用查找异常功能

03 观察折线图中出现的异常数据点，选择任一异常数据点，见图3.30。

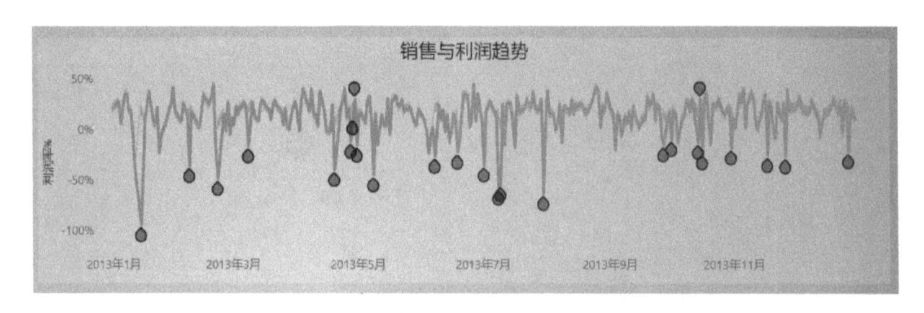

图3.30 折线图中显示异常数据点

04 异常面板中将会显示造成异常的“可能的解释”和概率，见图3.31。

05 切换至【分析】面板可在【查找异常】属性中设置敏感度，优化模型灵敏度，在【解释依据】栏添加相关维度，在【异常】属性中设置异常数据点的样式，见图3.32。

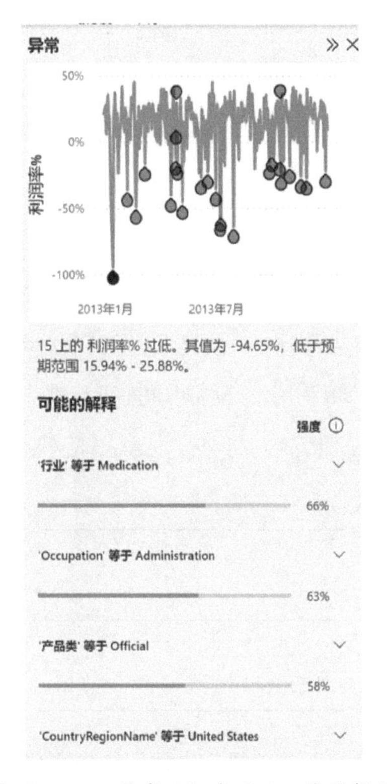

图3.31 异常面板中显示可能的解释

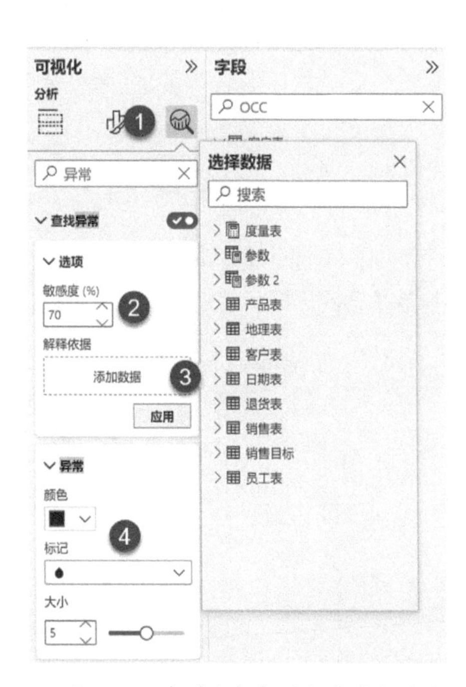

图3.32 在【分析】面板中进行设置

为【解释依据】栏添加相关字段并单击【应用】按钮，此时【异常】面板只显示与该字段相关的可能的解释，单击【添加到报表】链接，将解释添加到报表中，见图 3.33 和图 3.34。

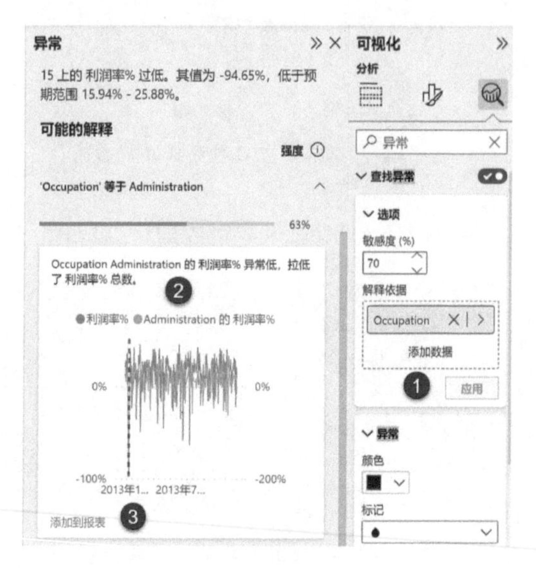

图 3.33　根据解释依据字段相关生成可能的解释

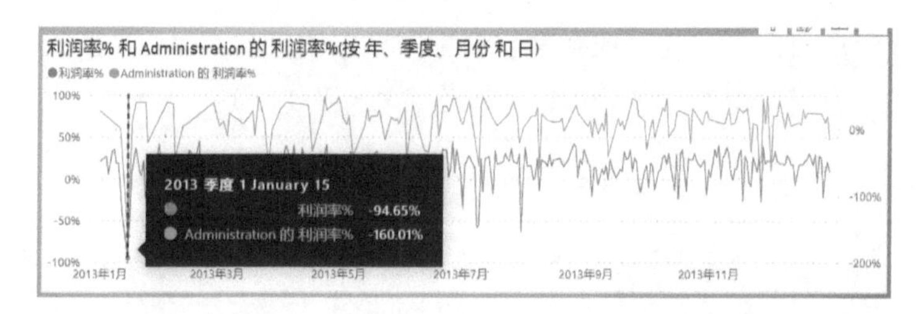

图 3.34　将解释可视化添加到 Power BI 报表中

例 58　用 Nova 循环图显示同期历史变化趋势

Nova 循环图（Cycle Plot Chart）可帮助用户可视化季节性数据中的趋势。它具有普通折线图的优势，不会掩盖重要的周期性模式。图 3.35 为本例文件数据，将利用循环图对其进行可视化分析。

Area (km2)	Decade	Date	Year	Month	Month Number	Month Short
14862000	1980	1980年1月1日	1980	January	01	Jan
14910000	1980	1981年1月1日	1981	January	01	Jan
15177000	1980	1982年1月1日	1982	January	01	Jan
14942000	1980	1983年1月1日	1983	January	01	Jan
14473000	1980	1984年1月1日	1984	January	01	Jan
14725000	1980	1985年1月1日	1985	January	01	Jan
14890000	1980	1986年1月1日	1986	January	01	Jan

图 3.35　不同时期冰川面积的记录数据

在图 3.36 中用季度作为循环参数，用年作为循环中的轴，观察单季度中的年趋势变化。也可以将年和季度对调，观察年份中季度趋势的变化，循环图的优势在于期灵活性，并提供了平均值和中位值两种统计方法。

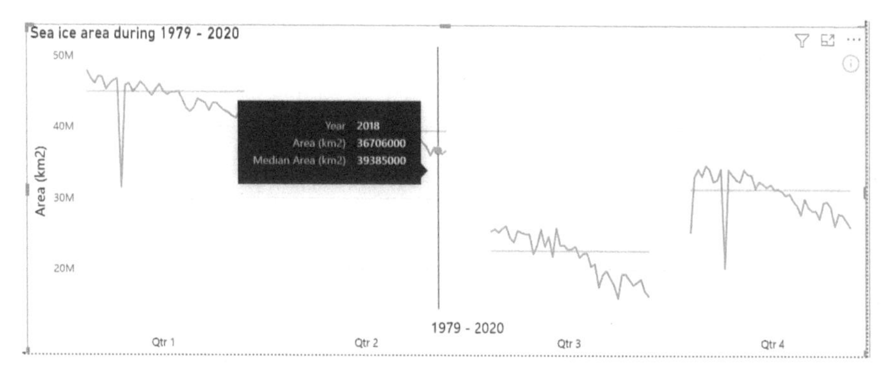

图 3.36 每个季度下不同年份的趋势变化

另外，循环图支持更多细化的设置调整，如数据点的形状、颜色、大小和粗细等，见图 3.37。

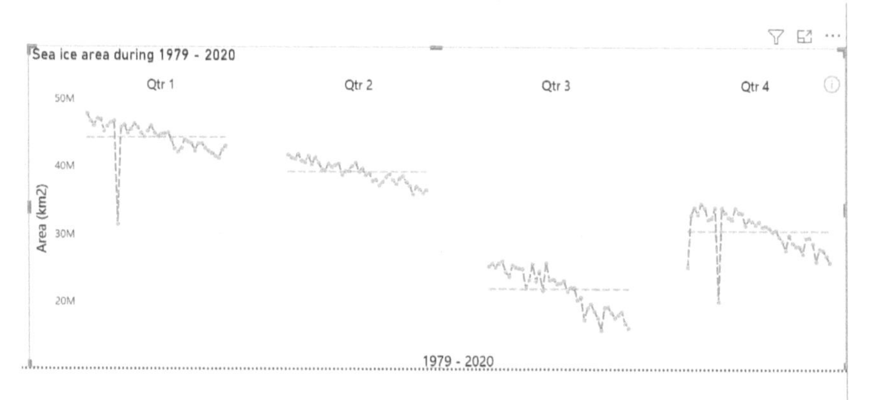

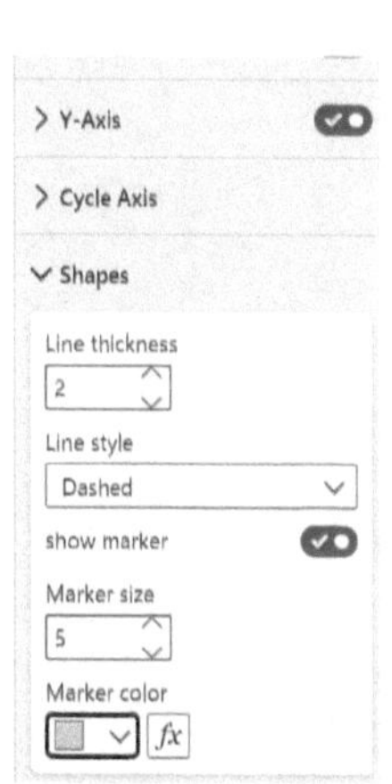

图 3.37 调整趋势线的设置

例 59 启用小型序列图突显个体趋势

小型序列图是 Power BI 原生的可视化功能，其功能是将不同个体独立为小型的序列图以提供更加清晰的观察样本。

01 参照图 3.38 示例创建折线图，图中的折线代表板块中不同公司股价变化。

02 选中折线图，在【小型序列图】栏中添加【企业代码】字段，之后设置布局参数，此处设置为 3 行 1 列布局，见图 3.39 和图 3.40。

值得一提的是，小型序列图 Y 轴尺度设置是统一的，无法为每个个体设置不同刻度起始点，见图 3.41。因此对于差异较大的数值如 200 和 20，如果采用该图仍然会存在趋势效果不明显的问题，希望微软在未来中版本提供更多自定义选项。

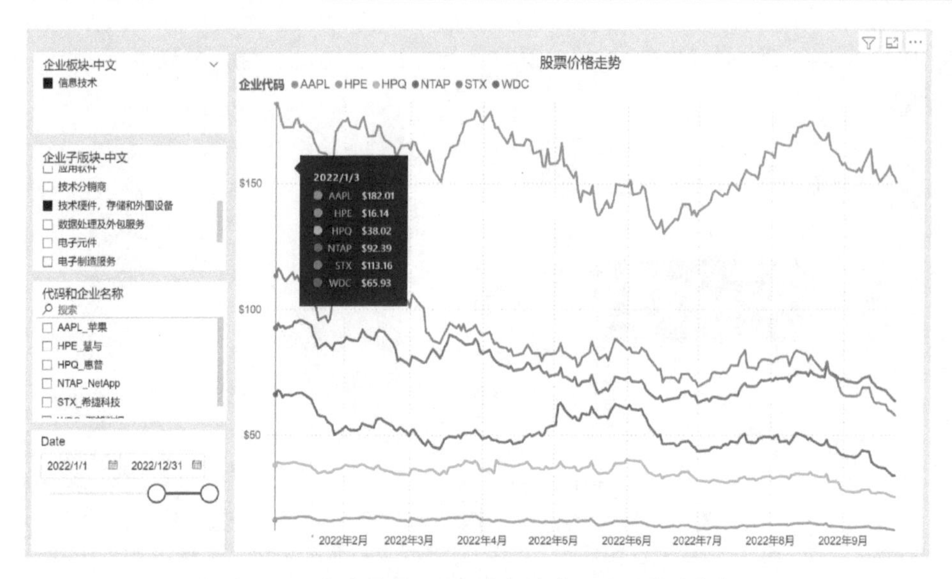

图 3.38　折线图显示同一个板块中不同公司股价变化

图 3.39　启动小型序列图

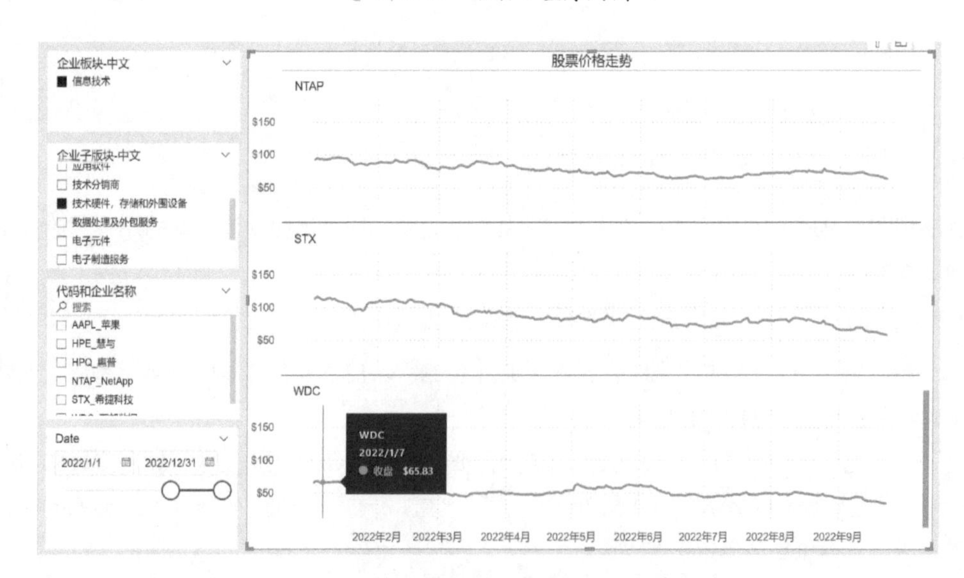

图 3.40　以独立个体形式显示的小型序列图

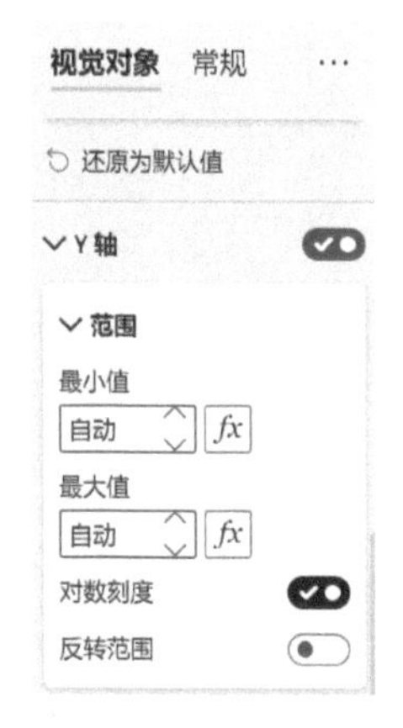

图 3.41 调整折线图的 Y 轴范围值

例 60 启用原生迷你图显示辅助趋势

相信部分用户在 Excel 中有使用迷你图的体验，如今也可在 Power BI 中用迷你图了。迷你图是一种非常有效地展示趋势变化的辅助图，通常在表或矩阵图中使用，帮助用户更清晰查看趋势变化。

01 参考图 3.42 示例设置表效果。

02 选中表，单击具体度量旁边下拉箭头 ∨ 图标，选择【添加迷你图】选项，见图 3.43。

企业代码	收盘的平均值	交易量的平均值
ADBE	$422.64	3,511,692.72
ADSK	$206.99	1,734,346.40
ANSS	$280.79	520,574.68
CDNS	$158.34	1,710,526.39
CRM	$186.66	7,230,808.73
CTXS	$101.04	1,658,585.97
INTU	$449.88	1,819,154.85
NLOK	$25.13	5,961,907.18
ORCL	$75.82	8,337,721.22
PAYC	$323.60	445,606.90
PTC	$111.47	755,521.30
SNPS	$317.18	1,007,008.84
TYL	$394.10	229,728.33
总计	**$234.90**	**2,686,398.73**

图 3.42 普通表展示数据效果

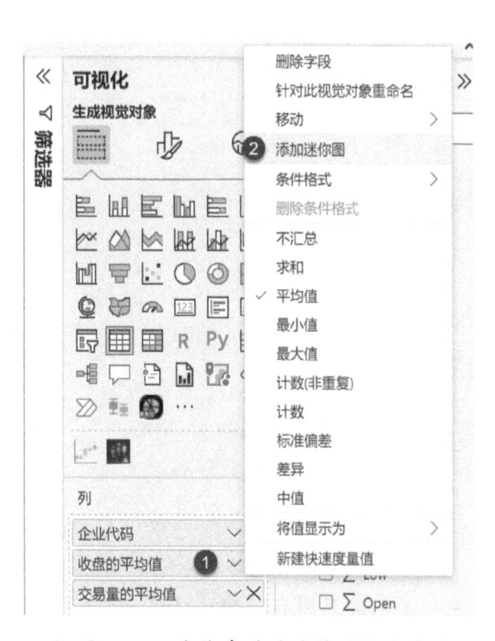

图 3.43 为收盘的平均值添加迷你图

在对话框中分别填写添加【Y 轴】【摘要】【X 轴】的参数值，单击【创建】按钮，见图 3.44。图 3.45 为完成后迷你图效果。

图 3.44 迷你图设置框

代码和企业名称
搜索
ADBE_Adobe
ADSK_欧特克
ANSS_安斯科技
CDNS_卡得斯设计
CRM_Salesforce
Date
2022/1/10 2022/9/30

企业代码	收盘的平均值	Close 的平均值(按 Date)	交易量的平均值	Volume 的平均值(按 Date)
ADBE	$422.64		3,511,692.72	
ADSK	$206.99		1,734,346.40	
ANSS	$280.79		520,574.68	
CDNS	$158.34		1,710,526.39	
CRM	$186.66		7,230,808.73	
CTXS	$101.04		1,658,585.97	
INTU	$449.88		1,819,154.85	
NLOK	$25.13		5,961,907.18	
ORCL	$75.82		8,337,721.22	
PAYC	$323.60		445,606.90	
PTC	$111.47		755,521.30	
SNPS	$317.18		1,007,008.84	
TYL	$394.10		229,728.33	
总计	$234.90		2,686,398.73	

图 3.45 添加迷你图效果图

03 选中该表，在【视觉对象】-【迷你图】面板中可调整具体迷你图的【图表类型】【数据颜色】和【显示这些标记】功能等，见图 3.46。

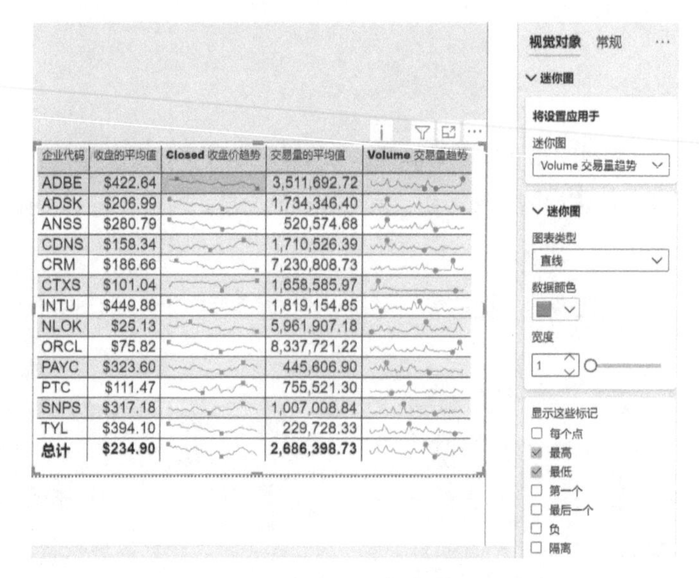

企业代码	收盘的平均值	Closed 收盘价趋势	交易量的平均值	Volume 交易量趋势
ADBE	$422.64		3,511,692.72	
ADSK	$206.99		1,734,346.40	
ANSS	$280.79		520,574.68	
CDNS	$158.34		1,710,526.39	
CRM	$186.66		7,230,808.73	
CTXS	$101.04		1,658,585.97	
INTU	$449.88		1,819,154.85	
NLOK	$25.13		5,961,907.18	
ORCL	$75.82		8,337,721.22	
PAYC	$323.60		445,606.90	
PTC	$111.47		755,521.30	
SNPS	$317.18		1,007,008.84	
TYL	$394.10		229,728.33	
总计	$234.90		2,686,398.73	

图 3.46 在迷你图中设置具体格式

技巧 22 如何提升分布效果

问题：

- 如何快速生成 TOP N 分布？
- 如何突显个体在整体中的分布？
- 如何高效突显多值数据分布？
- 如何突显财务报表中的分布状况？
- 如何突显财务表中的特殊科目关系？

分布分析是通常涉及对空间位移的描述与设置，分布强调突显位置元素，散点图、四分卫图和百分位条状堆积图等都是常用于展示分布分析的可视化应用，本例将介绍关于分布可视化应用的相关知识。

例61 用 Zoom Charts 甜圈图突显个体与整体对比

Zoom Charts 甜圈图（Donut Chart）是 Zoom Charts 公司开发的一系列可视化图形之一，相比原生甜圈图，Zoom Charts 甜圈图提供更多格式、筛选功能方面的高级功能。图 3. 47 为默认的 Zoom Charts 甜圈图的设置效果，整体效果更有立体感，留意面积边缘的白框，代表字段包含下钻层级信息。

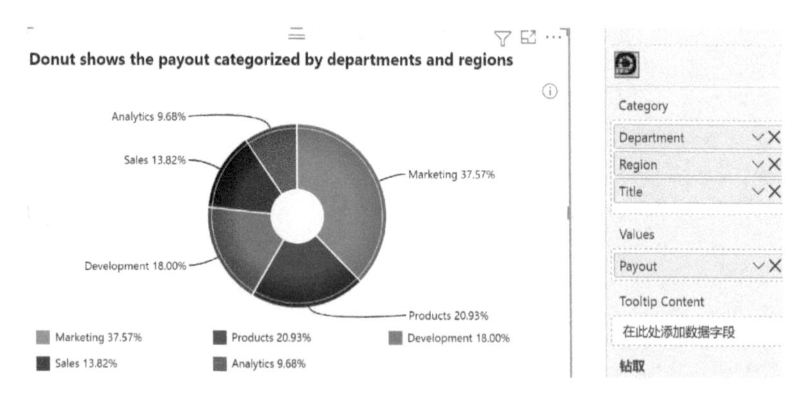

图 3. 47　甜圈图默认可视化设置效果

单击任意面积块，对数值进行下钻，见图 3. 48。

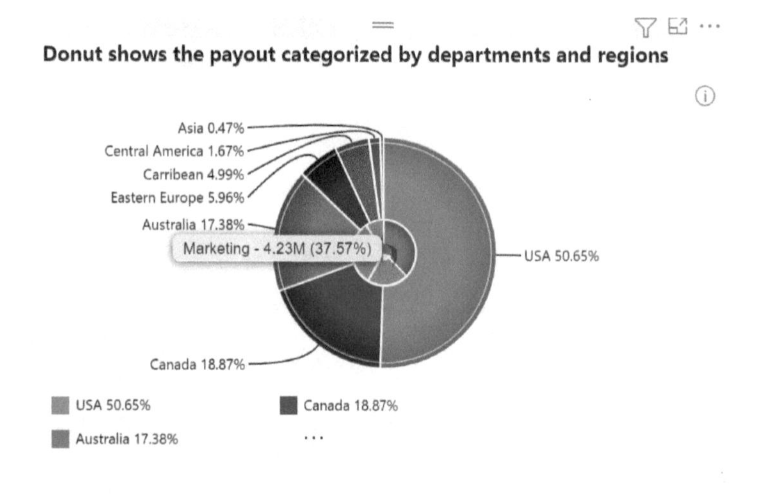

图 3. 48　对面积部分下钻操作效果图

当下钻至最底层字段，圈核心处将出现返回箭头，提供一键返回到最高层级的功能，见图 3. 49。

Zoom Charts 甜圈图支持 TOP N 设置，可设置仅显示排名靠前的项目，将排名靠后的项目归为其他类，见图 3. 50。

Zoom Charts 甜圈图还支持码表图、饼图和多种 3D 可视化效果，见图 3. 51。

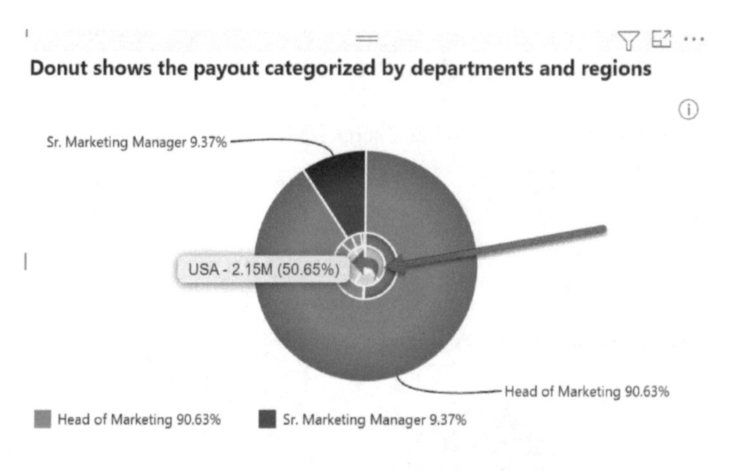

图 3.49 单击中间箭头进行上钻操作

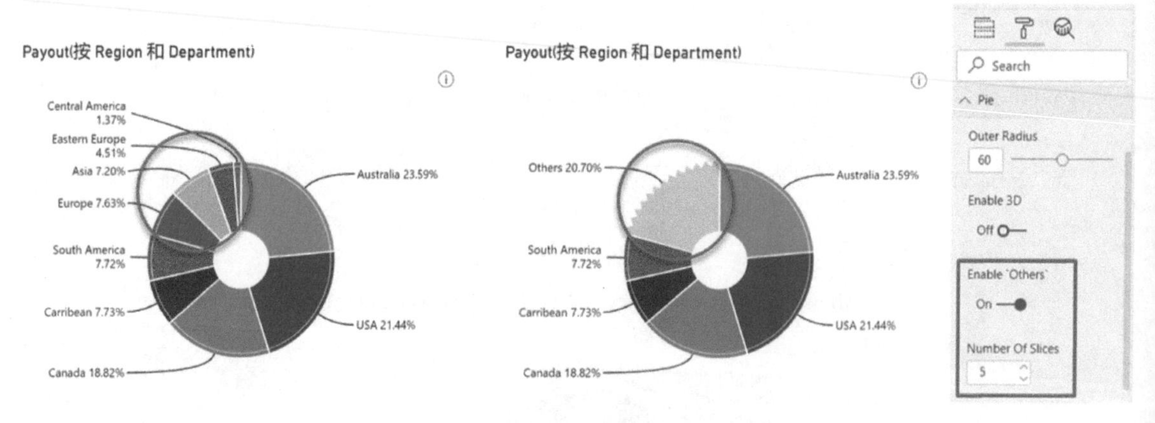

图 3.50 设置 TOP N 对比效果

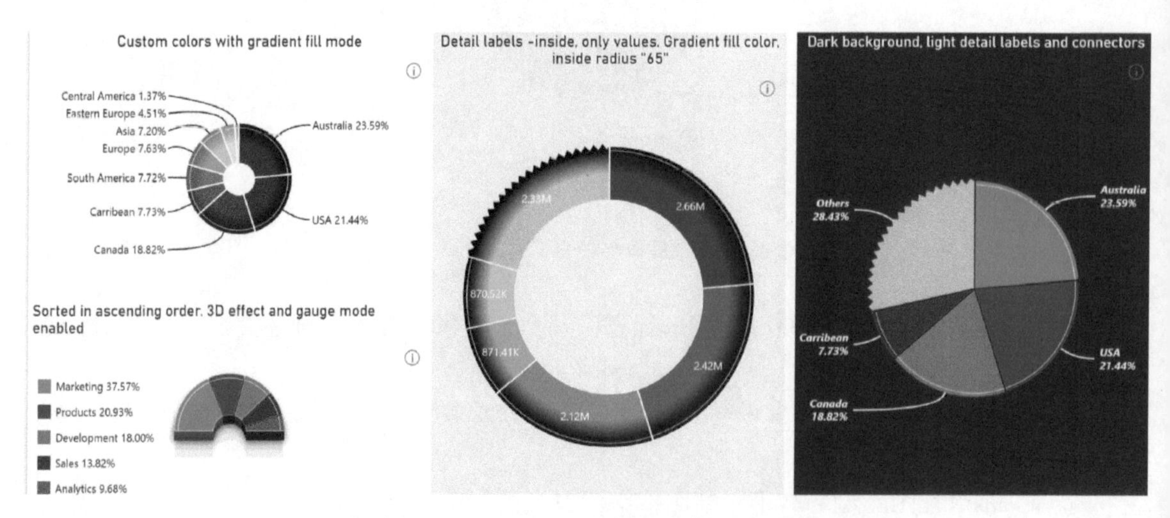

图 3.51 Zoom Charts 甜圈图更多可视化效果

例 62 用 Nova 带状图高效突显数据分布

Nova 带状图（Strip Plot）可以显示大量观察结果，而不用汇总数据，是直方图的替代品，见图 3.52 和图 3.53。

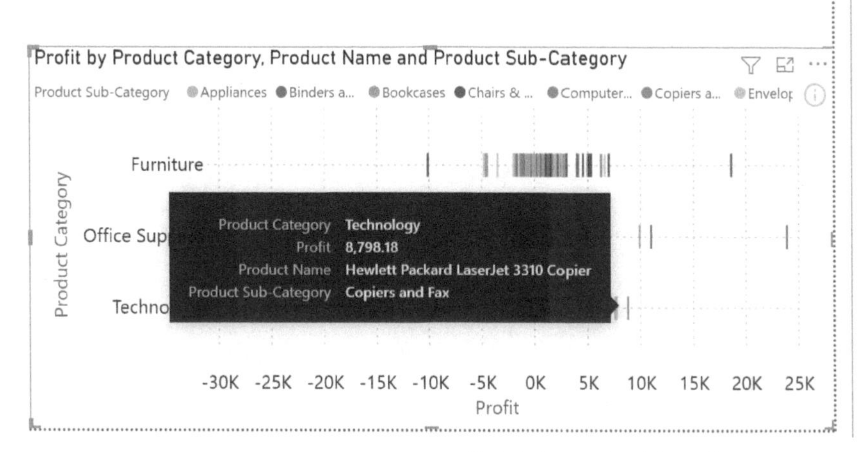

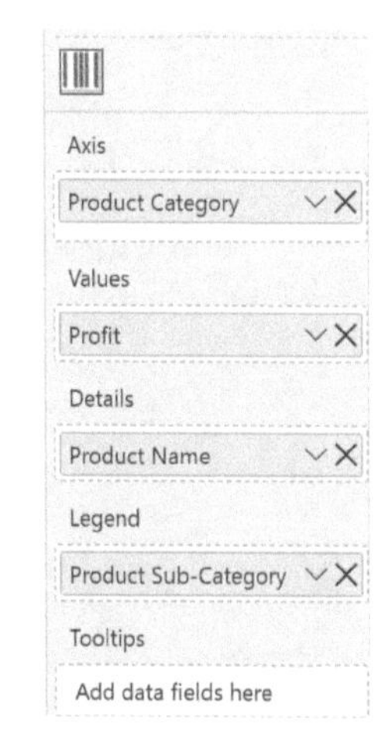

图 3.52 带状图展示不汇总数据的效果图

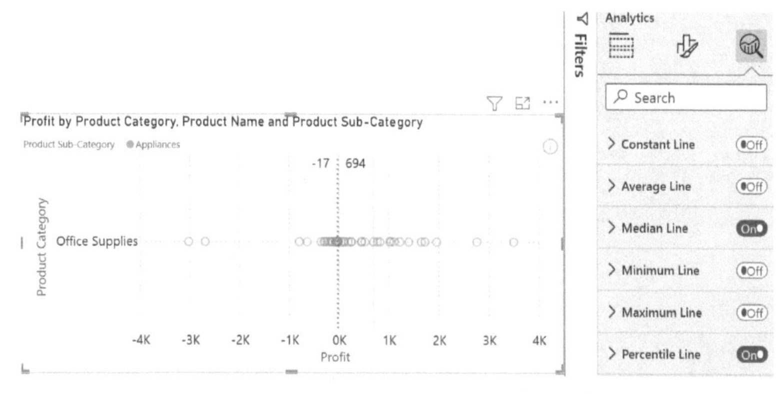

图 3.53 为带状图添加分析性

例 63 用 Zebra BI 表显示财务报表

在某种程度上，人们认为财务报表也是一种瀑布分布类型图表，其中的科目金额是瀑布的变化增长，但有别于普通的瀑布可视化，财务报表中的一些科目为负数，另一些科目为父级科目，普通瀑布可视化无法支持这些特殊设置，但 Zebra BI 表可以专门解决此类问题。

01 图 3.54 为财务利润数据，首先，用【按列排序】功能对【Account group】【Account】分别进行自定义排序。

02 参照图 3.55 设置可视化设置，留意 AC 字段旁的箭头，代表默认情景下对 AC 排序为降序设置，并非以科目顺序排序，持续单击该图标，直至箭头消失，代表以自定义排序显示科目，图 3.56 为完成后的效果图。

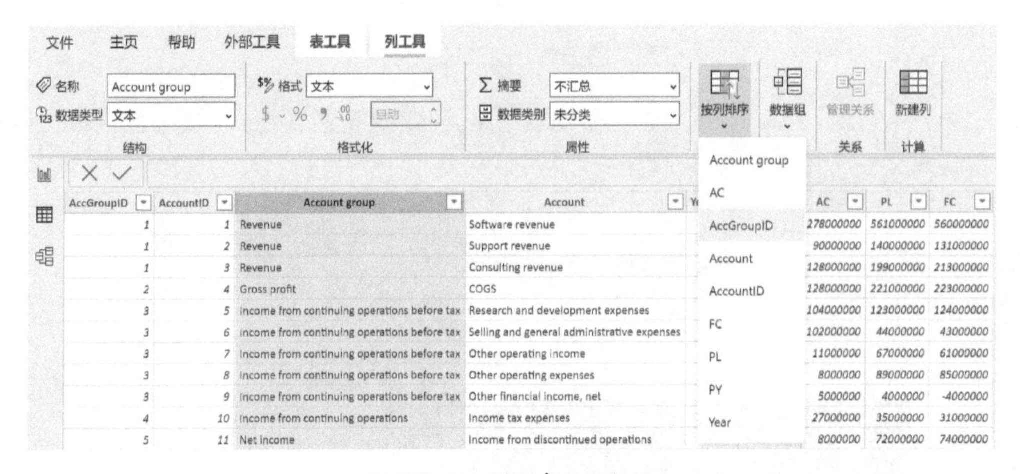

图 3.54 利润表示例数据

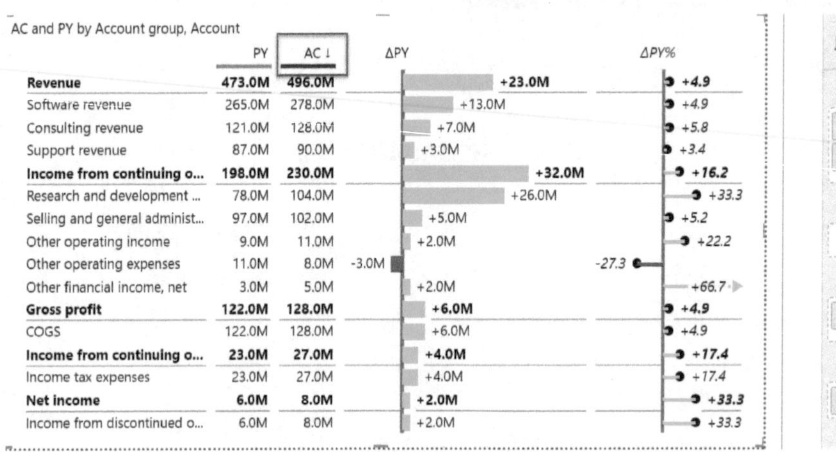

图 3.55 默认设置下按降序排序 AC 数值可视化效果

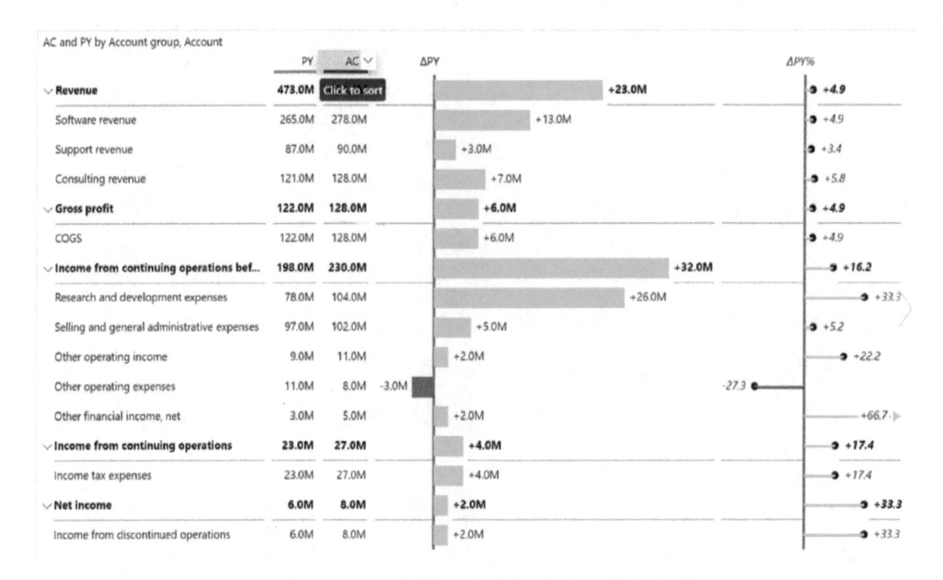

图 3.56 以自定义方式排序的可视化效果

03 单击 ΔPY 偏差字段，将条状图案切换为瀑布图案，见图 3. 57。

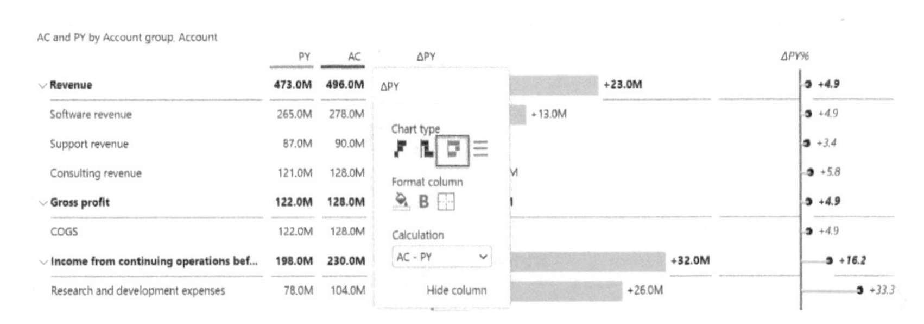

图 3. 57　将 ΔPY 字段偏差转换为瀑布可视化

04 【Revenue】科目为父级科目，用鼠标右键单击该科目并设置其为【Result】（显示为结果），见图 3. 58。

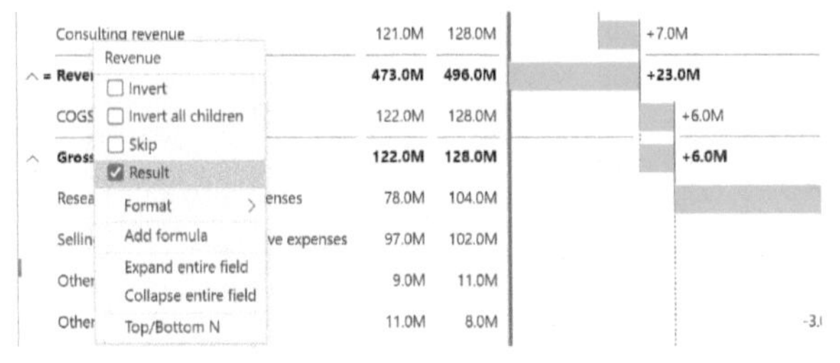

图 3. 58　将【Revenue】转为结果显示

05 【COGS】（销货成本）科为花费科目，应为负数，用鼠标右键单击该科目并选择设置其为【Invert】（显示为倒置），留意瀑布条形转为负数，见图 3. 59。

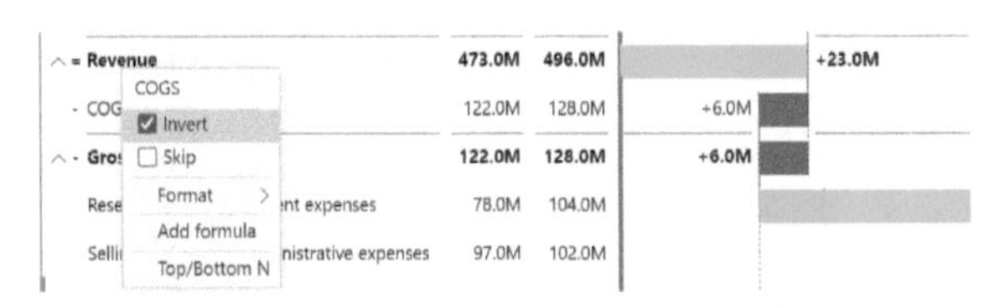

图 3. 59　将【COGS】科目转为倒置设置

重复以上操作，继续对所有科目进行正确类别设置直至完成所有设置，见图 3. 60。以上便是创建

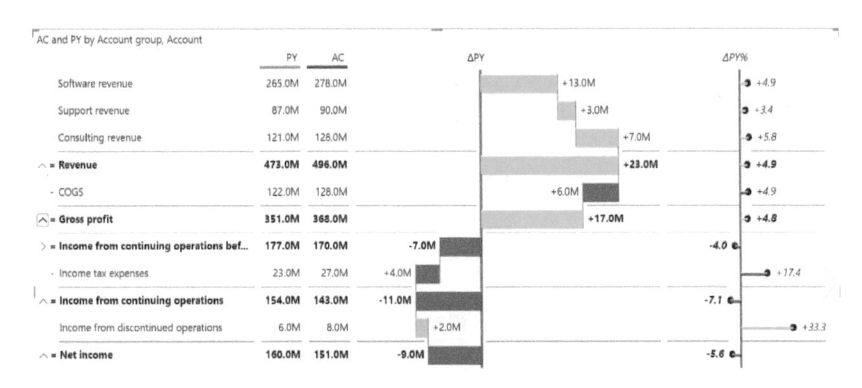

图 3. 60　全部科目设置完成后的效果图

利润表的基本设置。

除了创建利润表、Zebra BI 表还支持用于资产负债表和现金流量表的制作，见图 3. 61 和图 3. 62。

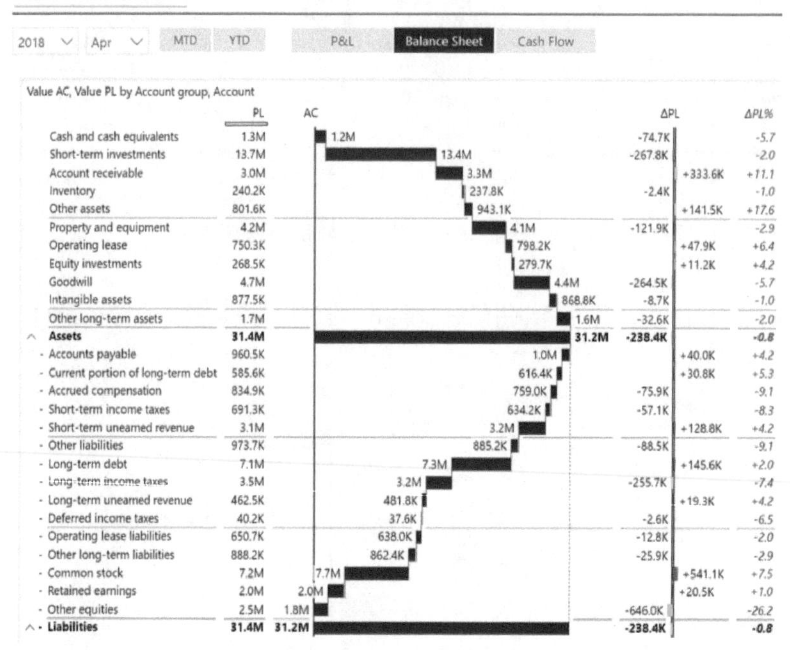

Balance Sheet

2018 | Apr | MTD | YTD | P&L | Balance Sheet | Cash Flow

Value AC, Value PL by Account group, Account

	PL	AC	ΔPL	ΔPL%
Cash and cash equivalents	1.3M	1.2M	-74.7K	-5.7
Short-term investments	13.7M	13.4M	-267.8K	-2.0
Account receivable	3.0M	3.3M	+333.6K	+11.1
Inventory	240.2K	237.8K	-2.4K	-1.0
Other assets	801.6K	943.1K	+141.5K	+17.6
Property and equipment	4.2M	4.1M	-121.9K	-2.9
Operating lease	750.3K	798.2K	+47.9K	+6.4
Equity investments	268.5K	279.7K	+11.2K	+4.2
Goodwill	4.7M	4.4M	-264.5K	-5.7
Intangible assets	877.5K	868.8K	-8.7K	-1.0
Other long-term assets	1.7M	1.6M	-32.6K	-2.0
^ **Assets**	**31.4M**	**31.2M**	**-238.4K**	**-0.8**
- Accounts payable	960.5K	1.0M	+40.0K	+4.2
- Current portion of long-term debt	585.6K	616.4K	+30.8K	+5.3
- Accrued compensation	834.9K	759.0K	-75.9K	-9.1
- Short-term income taxes	691.3K	634.2K	-57.1K	-8.3
- Short-term unearned revenue	3.1M	3.2M	+128.8K	+4.2
- Other liabilities	973.7K	885.2K	-88.5K	-9.1
- Long-term debt	7.1M	7.3M	+145.6K	+2.0
- Long-term income taxes	3.5M	3.2M	-255.7K	-7.4
- Long-term unearned revenue	462.5K	481.8K	+19.3K	+4.2
- Deferred income taxes	40.2K	37.6K	-2.6K	-6.5
- Operating lease liabilities	650.7K	638.0K	-12.8K	-2.0
- Other long-term liabilities	888.2K	862.4K	-25.9K	-2.9
- Common stock	7.2M	7.7M	+541.1K	+7.5
- Retained earnings	2.0M	2.0M	+20.5K	+1.0
- Other equities	2.5M	1.8M	-646.0K	-26.2
^ - **Liabilities**	**31.4M**	**31.2M**	**-238.4K**	**-0.8**

图 3. 61　用 Zebra BI 表显示资产负债表 the 效果

Cash Flow Statement

2018 | Apr | MTD | YTD | P&L | Balance Sheet | Cash Flow

Value AC, Value PL by Account group, Account

	PL	AC	ΔPL	ΔPL%
Net income FCF	10.7M	5.8M	-4.9M	-46.0
Depreciation, amortization, and other	3.3M	3.1M	-185.2K	-5.7
Stock-based compensation expense	1.1M	1.2M	+117.8K	+11.1
Investments and derivatives	-262.2K	-259.7K	+2.6K	+1.0
Deferred income tax	-6.0M	-5.8M	+232.3K	+3.8
Accounts receivable	-8.7M	-8.5M	+170.6K	+2.0
Inventories	-109.4K	-114.0K	-4.6K	-4.2
Other current assets	-692.3K	-678.8K	+13.6K	+2.0
Other long term assets	-655.6K	-662.2K	-6.6K	-1.0
Accounts payables	1.7M	1.6M	-32.5K	-2.0
Unearned revenue	9.8M	9.4M	-377.5K	-3.8
Income taxes	4.3M	4.4M	+177.3K	+4.2
Other current liabilities	2.5M	2.5M	-49.7K	-2.0
Other long term liabilities	225.0K	242.0K	+16.9K	+7.5
^ **CF from Operations**	**17.1M**	**12.2M**	**-4.9M**	**-28.4**
Repayments of short-term debt	-325.9K	-296.2K	+29.6K	+9.1
Proceeds from issuance of debt	414.6K	376.9K	-37.7K	-9.1
Repayments of debt	-1.1M	-1.2M	-34.5K	-3.1
Common stock issued	305.2K	308.3K	+3.1K	+1.0
Common stock repurchased	-4.4M	-4.2M	+169.4K	+3.8
Common stock cash dividends paid	-3.8M	-3.7M	+110.9K	+2.9
Other, net	229.4K	191.2K	-38.2K	-16.7
^ **CF from Financing**	**-8.7M**	**-8.5M**	**+202.5K**	**+2.3**
Additions to property and equipment	-3.7M	-4.0M	-280.8K	-7.5
Acquisition	-286.9K	-278.5K	+8.4K	+2.9
Purchases of investments	-13.9M	-4.8M	+9.1M	+65.7
Maturities of investments	5.2M	5.4M	+107.1K	+2.0
Sales of investments	7.3M	7.4M	+73.6K	+1.0
Securities lending payable	-4.3M	-3.9M	+353.8K	+8.3
^ **CF from Investing**	**-9.6M**	**-259.4K**	**+9.4M**	**+97.3**
Net cash flow	**-1.2M**	**3.5M**	**+4.7M**	**+379.9**
Cash BOP	**9.0M**	**126.7M**	**+117.6M**	**+1,300.6**
Cash EOP	**7.8M**	**130.1M**	**+122.3M**	**+1,568.3**

图 3. 62　用 Zebra BI 表显示现金流量表 the 效果图

例 64 用 Zebra BI 图显示财务报表

有别于 Zebra BI 表，Zebra BI 图（Zebra BI Chart）主要以图形化的方式展示数据之间的关系。本例仍然以利润表数据为示例介绍 Zebra BI 图的相关知识。

01 参照图 3.63，以单个科目组（Account Group）筛选方式设置 Zebra BI 图，图形的主要默认显示方式为瀑布图。

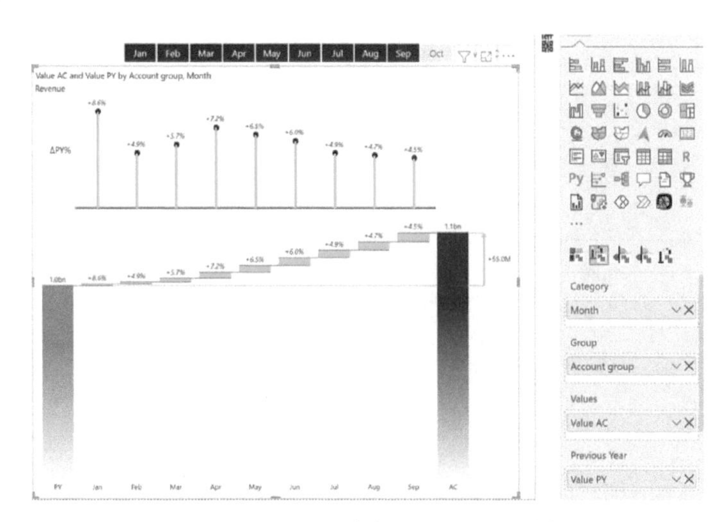

图 3.63 初始设置的基本 Z 版 BI 图的瀑布效果图

02 单击图形右方的箭头，可实现不同图形之间的切换，如将瀑布图切换为柱状图或面积图等，见图 3.64 和图 3.65。

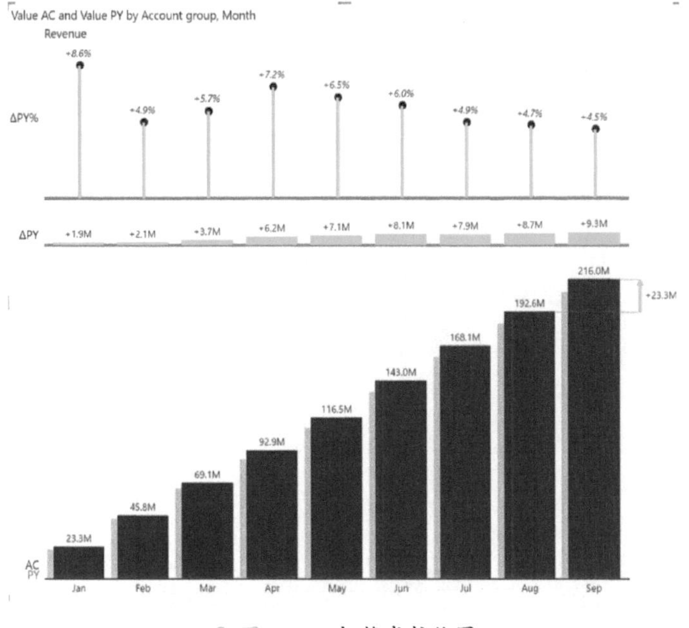

图 3.64 切换成柱状图

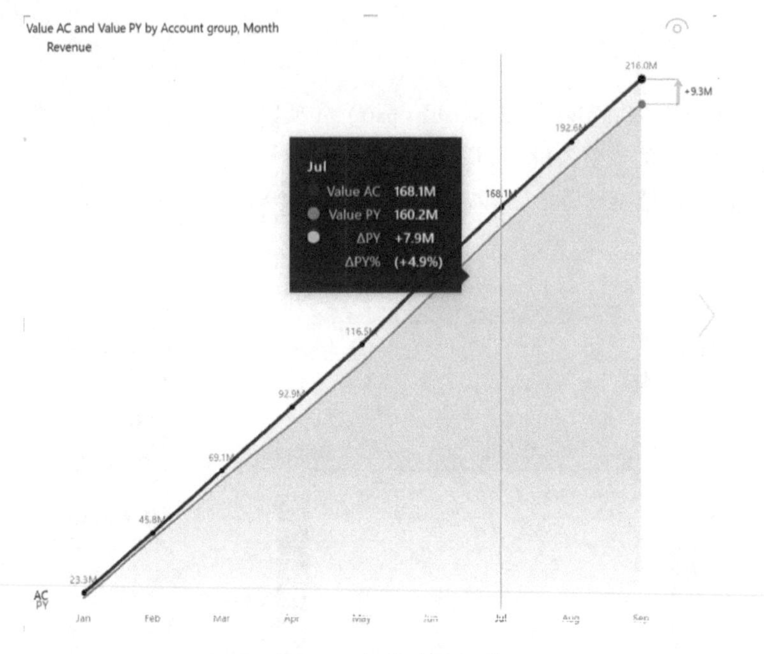

图 3.65 切换为面积图

03 清除科目组筛选，在可视化中同时显示多个科目的趋势变化，则可以对其中的数据点变化一目了然，见图 3.66。单击上方转换图形图标可切换至堆积柱状图模式和面积图模式等，见图 3.67 和图 3.68。

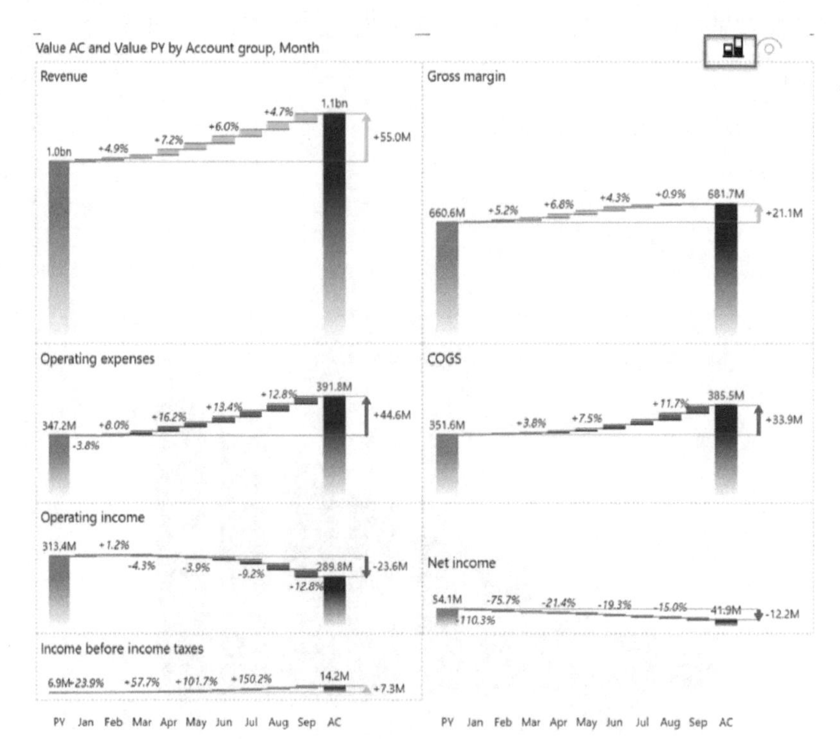

图 3.66 同时显示多个科目的可视化效果图

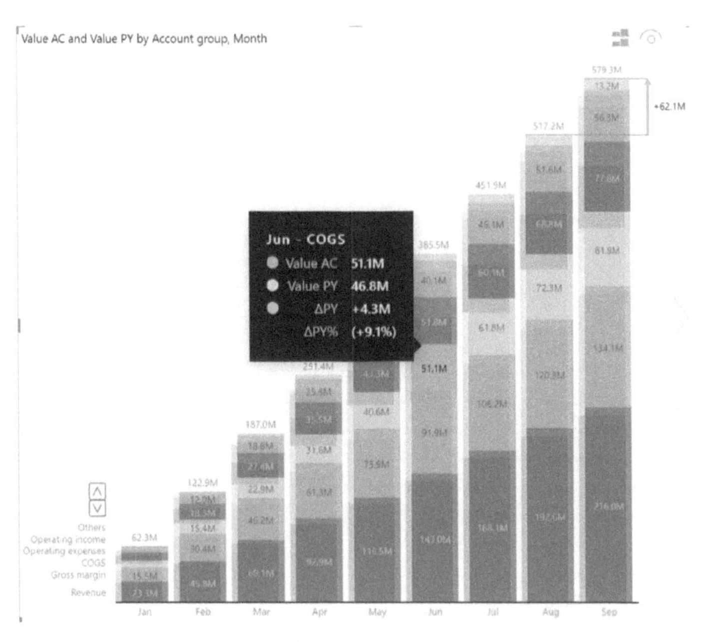

图 3.67 将瀑布模式切换为堆积柱状图模式

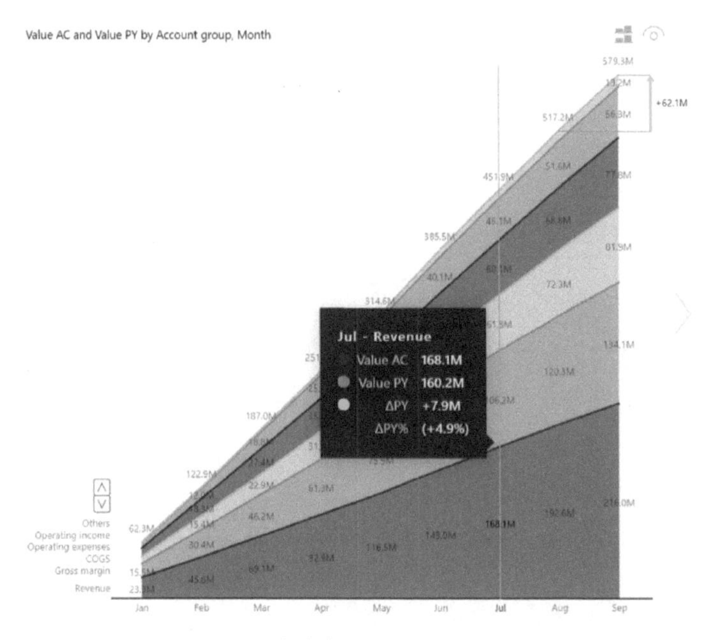

图 3.68 将瀑布模式切换为面积图模式

技巧 23 如何提升排序可视化效果

问题：

- 如何突显接近数值之间的差异？
- 如何高效突显数个度量值排序？

排序分析通常涉及个体及个体的顺序比较与排列，柱状图、条状图等都是常用于对比分析的可视化应用，本例将介绍关于排序可视化方面的相关知识。

例 65 用 Nova 棒棒糖条状图提升排序

Nova 棒棒糖条状图（Lolipop Barchart）是一款设计简单有趣的条状图，棒棒糖条形图在条形末端加入形状节点，以增强用户对节点之间偏差的对比，比如图 3.69 中的 1.39M、1.37M 和 1.33M 的三个形状节点加深突出了个体之间的差异。

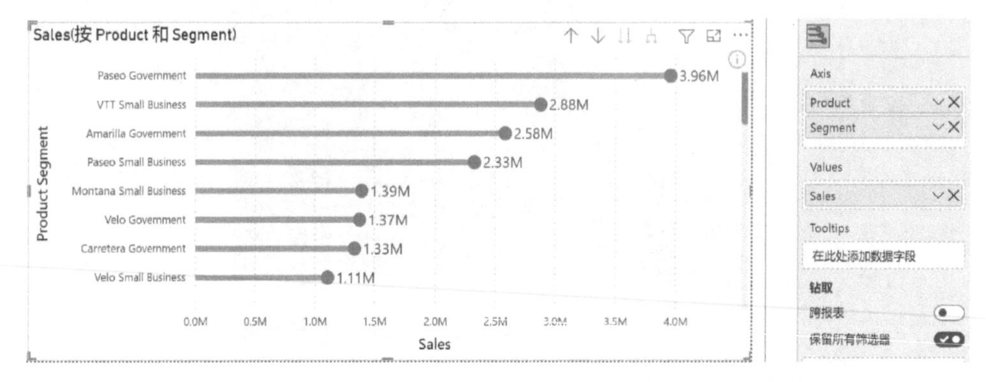

图 3.69 用末端图标突显排序偏差

棒棒糖条状图支持数种不同节点形状和大小的选择，同时也支持对线条跨度的设置，见图 3.70。

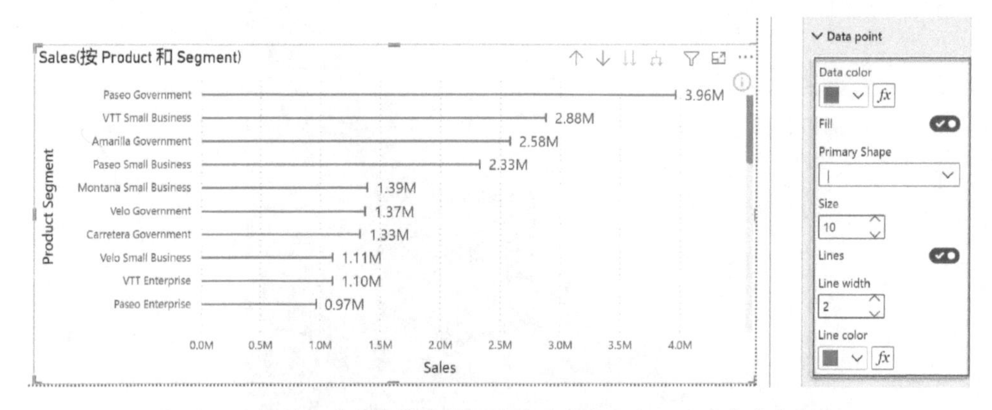

图 3.70 详细设置棒棒糖条状图的形状和大小以及线宽度和颜色

例 66 用 Nova 合并条形图呈现多个数值的排序

合并条形图（Merged Bar Chart）可以一次支持最多 6 个度量值的横向展示，同时纵向对单个度量值排序，形成类似矩阵排序的合并图，适用于多度量排序场景。图 3.71 为包含数个数值字段的示例数据，下面基于示例数据介绍合并条形图的用法。

参照图 3.72 设置可视化图形的轴和值，可视化一次性同时展示 6 个数值的排序结果。

合并条形图可支持设置具体数值的颜色，见图 3.73。

Overall rank	Country or region	Score	GDP per capita	Social support	Healthy life expectancy	Freedom to make life choices	Generosity	Perceptions of corruption
1	Finland	7769	1340	1587	986	596	153	393
2	Denmark	7600	1383	1573	996	592	252	410
3	Norway	7554	1488	1582	1028	603	271	341
4	Iceland	7494	1380	1624	1026	591	354	118
5	Netherlands	7488	1396	1522	999	557	322	298
6	Switzerland	7480	1452	1526	1052	572	263	343
7	Sweden	7343	1387	1487	1009	574	267	373
8	New Zealand	7307	1303	1557	1026	585	330	380
9	Canada	7278	1365	1505	1039	584	285	308
10	Austria	7246	1376	1475	1016	532	244	226

图 3.71 包含多列数值的示例文件

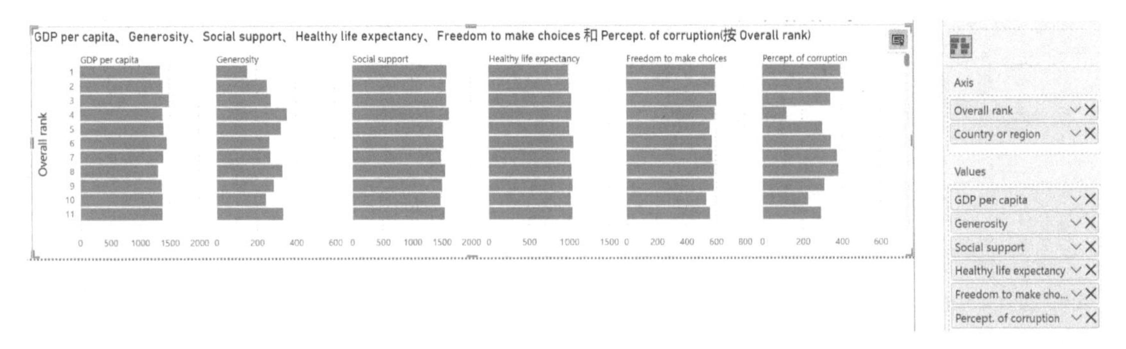

图 3.72 同时对 6 个度量进行排序

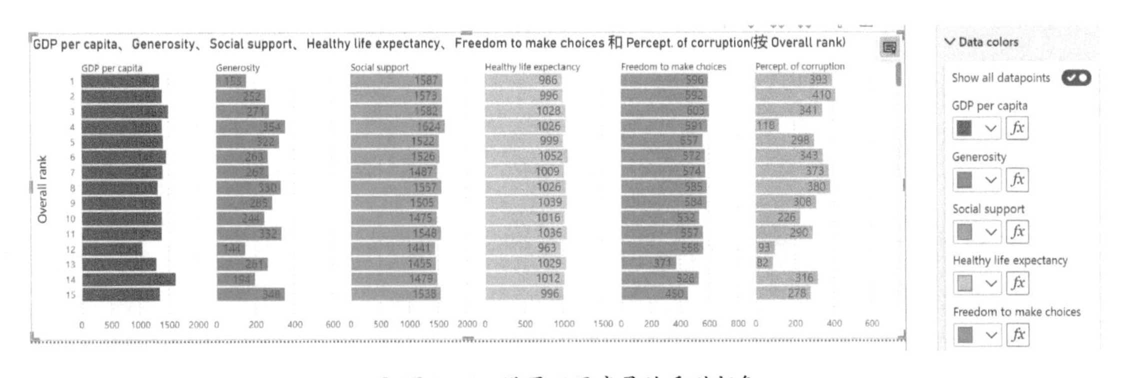

图 3.73 设置不同度量的系列颜色

合并条形图支持下钻，同时也支持针对相关的数值进行特定排序，见图 3.74。

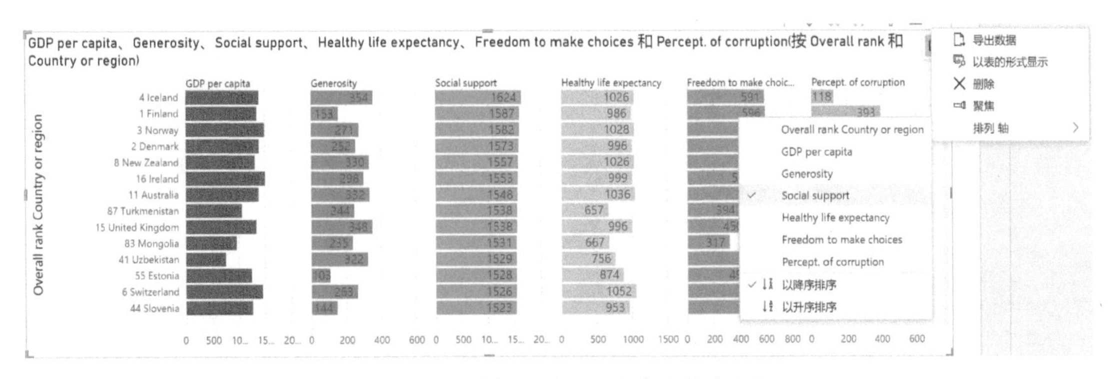

图 3.74 选择依据不同的度量排序依据

技巧 24　如何提升相关性可视化效果

问题：

- 如何突显节点个体之间的相关性？
- 如何突显节点个体之间流向？
- 如何使用图像代表节点？
- 如何使用水平、垂直或节点布局形式？
- 如何在节点中提供 URL 站点？

相关性分析通常涉及描述个体之间的相关性描述，虽然相关性分析的使用频率不如前面介绍的其他分析类型高，但也是重要的分析方法之一，社交图、图形图等都是常用于相关性分析的可视化对象，本例将介绍关于相关性分析应用的相关知识。

例 67　用 Zoom Charts 网络图突显节点关系

Zoom Charts 网络图（Network Chart）是 Zoom Charts 公司开发的一系列可视化图形之一，相比原生网络图，Zoom Charts 网络图提供更多格式、筛选功能方面的高级功能。

图 3.75 为默认的 Zoom Charts 网络图的设置效果，整体效果更有立体感，图下方有缩放、重置、锁定和返回上一步等多种功能。

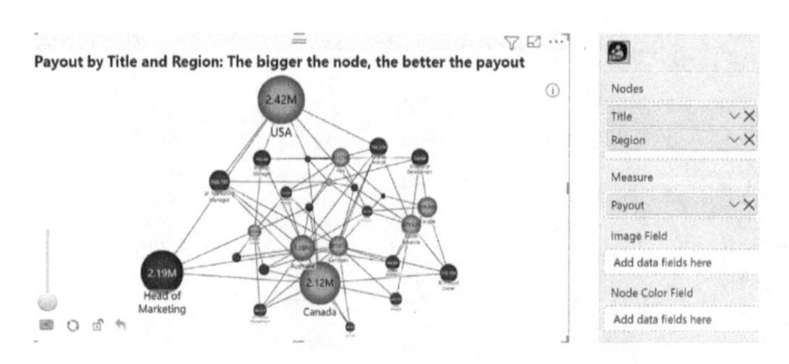

图 3.75　Zoom Charts 网络图默认可视化设置效果

设置 Zoom Charts 网络图流向符号可以更清晰地标示流向，用户还可以拖动节点改变节点的默认位置，见图 3.76。

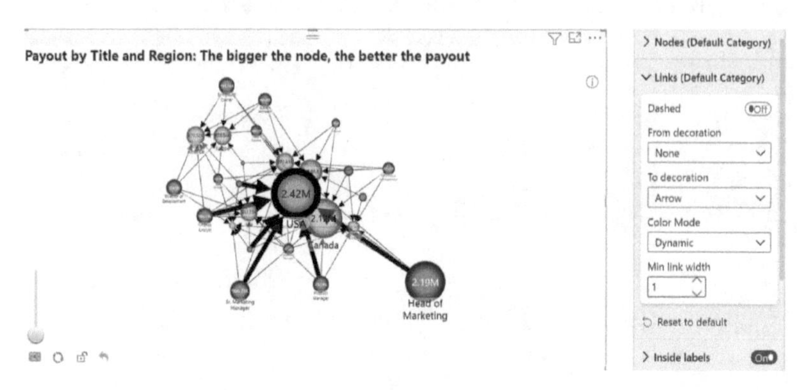

图 3.76　设置流向符号

用鼠标右键单击任意节点，可对节点进行隐藏或者折叠操作，区别在于隐藏只隐藏自身节点，折叠则会将相关节点一并隐藏，见图3.77。

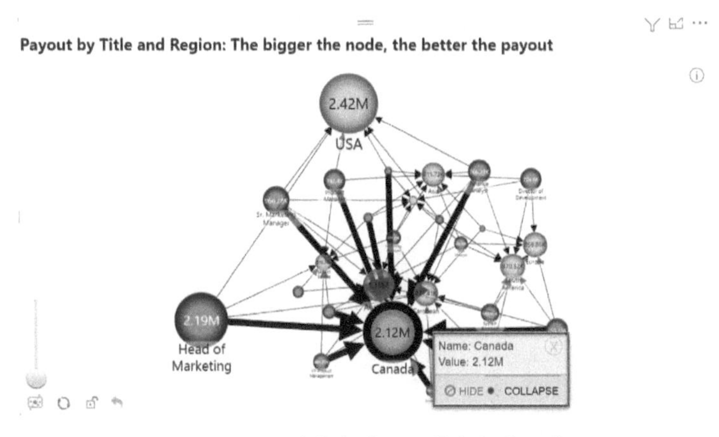

图3.77 对节点进行隐藏或折叠操作

Zoom Charts网络图支持设置节点的最大和最小半径，见图3.78。

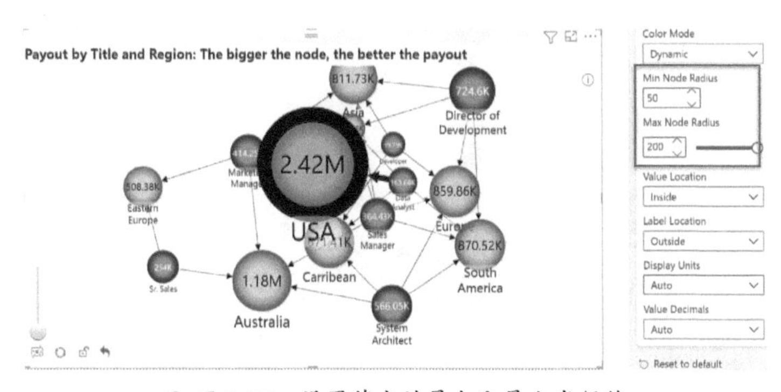

图3.78 设置节点的最大和最小半径值

除此之外，Zoom Charts网络图还支持调整不同层级节点的形状，节点的相对大小值，以及将节点设置为图标等功能，见图3.79。

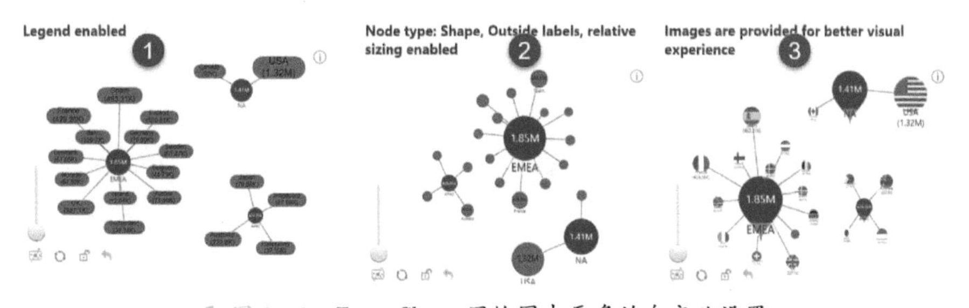

图3.79 Zoom Charts网络图中更多的自定义设置

例68 用Zoom Charts图形图突显相关信息

Zoom Charts图形图（Graph Chart）是Zoom Charts公司开发的一系列可视化图形之一，用于突显数据节点之间的关系，读者可能会问图形图和网络图有什么不同吗？下面以一个简单的示例数据说明，图 3. 80 为两行节点数据，包含源、目标和数值信息。图 3. 81 分别呈现两者的区别，左侧网络图突显单行记录自身关系，右侧图形图突显节点之间的共性关系。图形图与网络图有许多相似之处，此处仅介绍图形图的额外特色功能。

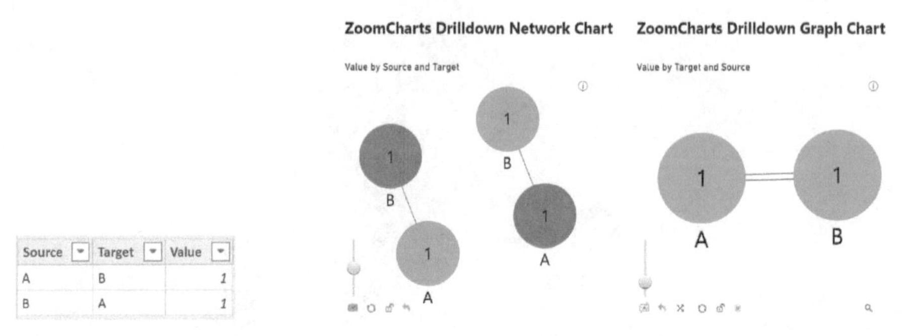

Source	Target	Value
A	B	1
B	A	1

图 3. 80　A 和 B 两个个体之间的关系　　图 3. 81　左侧网络图与右侧图形图之间的区别

图 3. 82 为默认 Zoom Charts 图形图的设置效果，图下方有缩放、重置、锁定和返回上一步等多种功能。

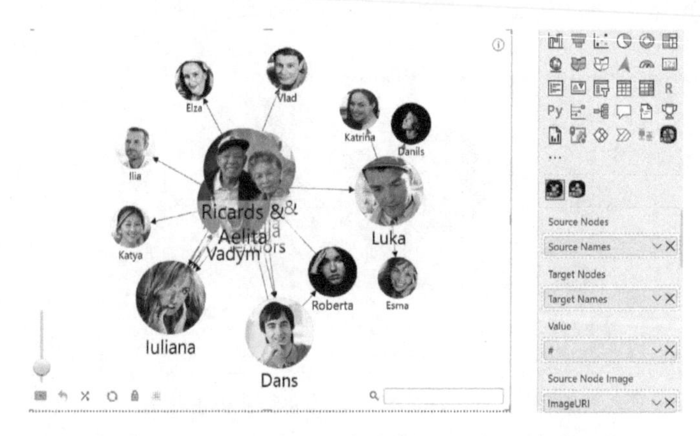

图 3. 82　Zoom Charts 图形图默认可视化设置效果

Zoom Charts 图形图支持对节点信息的查找，查找方式分为精确搜索和模糊搜索两种，显示的相关查找结果和与相关节点见图 3. 83。

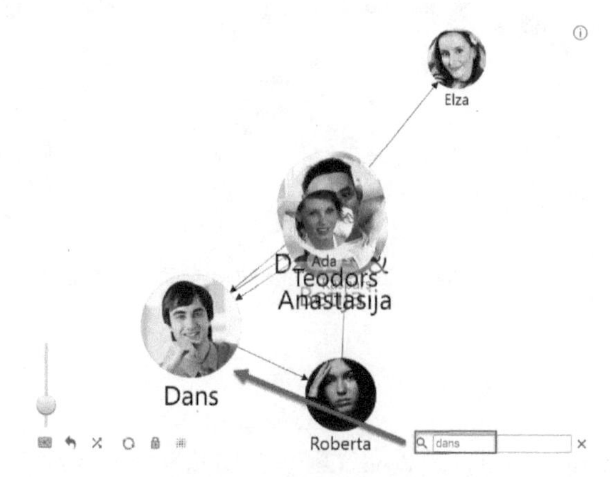

图 3. 83　Zoom Charts 图形图支持对节点信息的查找

Zoom Charts 图形图也支持设置链接和节点信息，包括 URL 链接信息，为用户快速查找所对应节点站点提供了便利，见图 3.84。

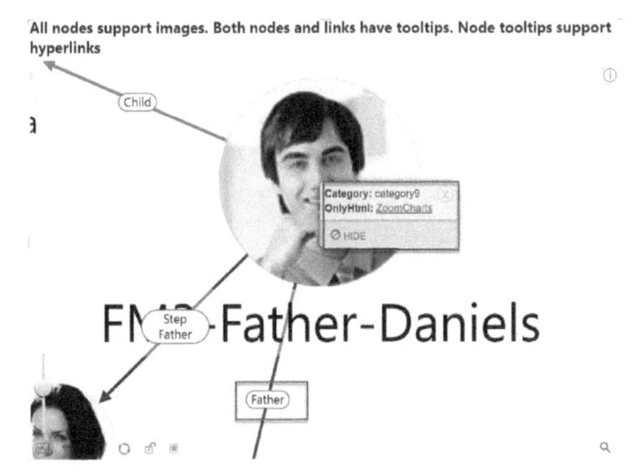

图 3.84　Zoom Charts 图形图也支持设置链接和节点信息

在聚焦模式下，Zoom Charts 图形图支持初始层级设置，图 3.85 左侧图形默认显示根节点和下一级子节点，右侧图形默认只显示根节点。

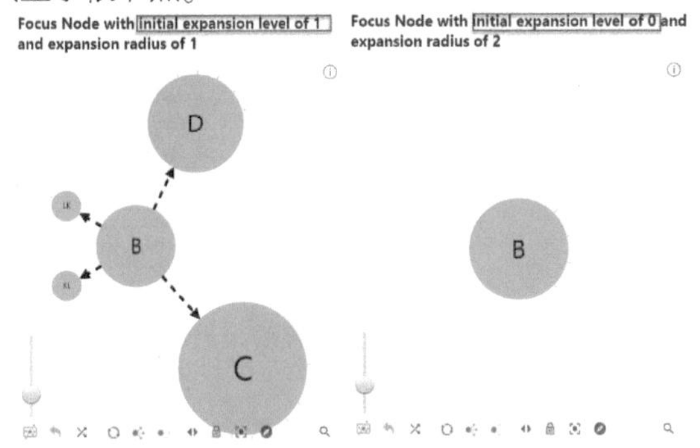

图 3.85　设置 Zoom Charts 图形图中的关键模式默认显示节点

除此之外，Zoom Charts 图形图还支持垂直、水平和圆形图等多种布局格式，见图 3.86。

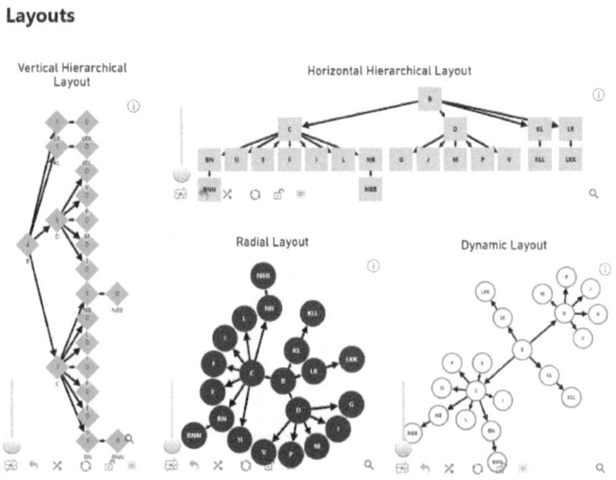

图 3.86　Zoom Charts 图形图支持多种布局格式

技巧 25 提升管理类型效果

问题：

- 如何一体化显示当期值、同期值、对比、趋势迷你图和重要信号？
- 如何突显项目里程碑的状态？
- 如何高效显示记分卡和趋势？
- 如何对 KPI 进行分组管理？

管理型分析可视化通常会涉及 KPI 状态、变化偏差和趋势方面的内容，卡片图、KPI 和多行卡都是常用于管理型分析的可视化对象，本例将介绍关于管理型分析可视化方面的相关知识。

例 69 用 Nova 智能 KPI 列表呈现统一管理信息效果

智能 KPI 列表（SMART KPI List）用于创建 KPI 管理的统一概览，以便用户在一个可视化对象中浏览多个重要对比偏差、信号和字段信息。该可视化对象类似于表，每列都可以打开或关闭，或更改列的顺序以满足个性化需要。图 3.87 为包含日期、信号、上下边际值、目标值与实际值等字段的示例数据，下面基于示例数据介绍智能 KPI 列表的用法。

Business Line	Department	Year	Month	Amount	Target	Date	Signal	LowerLimit	UpperLimit
Commercial Trading	New business	2019	1	131	100	2019年1月1日	0	90	110
Commercial Trading	New business	2019	2	141	100	2019年2月1日	0	90	110
Commercial Trading	New business	2019	3	150	100	2019年3月1日	1	90	110
Commercial Trading	New business	2019	4	145	100	2019年4月1日	0	90	110
Commercial Trading	New business	2019	5	141	100	2019年5月1日	0	90	110
Commercial Trading	New business	2019	6	149	100	2019年6月1日	0	90	110
Commercial Trading	New business	2019	7	147.96	100	2019年7月1日	0	90	110

图 3.87 包含关键字段的示例数据表

图 3.88 为智能 KPI 列表的默认设置呈现效果，其中蓝色条代最新日期相关实际值，垂直黑线代表最新日期相关目标值，迷你折线图代表实际历史趋势，！符列代表信号，提醒用户关注一些主要的行。

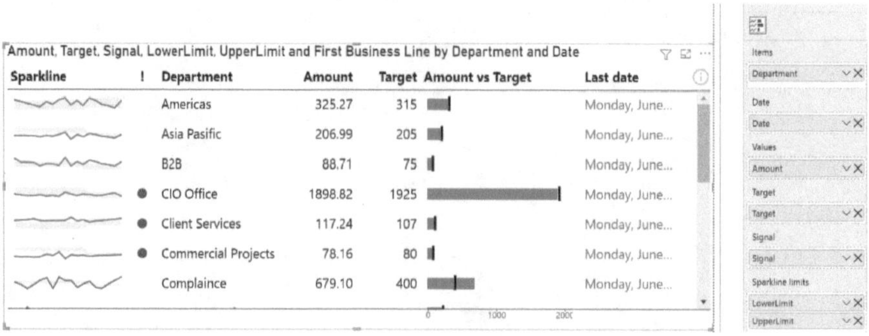

图 3.88 智能 KPI 图默认展示效果

可以通过【ORDER】字段中的值，设置字段的排列顺序，见图 3.89。

另外，智能 KPI 列表支持设置条行图的宽度和添加额外字段，见图 3.90。

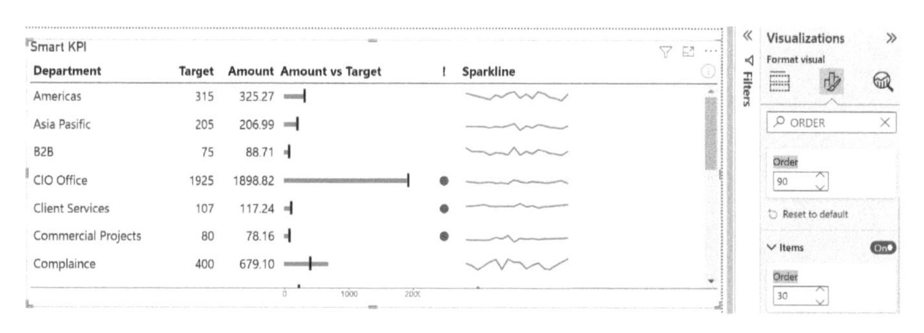

Department	Target	Amount	Amount vs Target	!	Sparkline
Americas	315	325.27			
Asia Pasific	205	206.99			
B2B	75	88.71			
CIO Office	1925	1898.82		●	
Client Services	107	117.24		●	
Commercial Projects	80	78.16		●	
Complaince	400	679.10			

图 3.89　通过【ORDER】值设置字段的排列顺序

Department	Target	Amount	Amount vs Target	!	Sparkline	First Business Line
Americas	315	325.27				Wholesale
Asia Pasific	205	206.99				Wholesale
B2B	75	88.71				Wholesale
CIO Office	1925	1898.82		●		Innovation & Technology
Client Services	107	117.24		●		Commercial Trading
Commercial Projects	80	78.16		●		Commercial Trading
Complaince	400	679.10				Legal
Consumer sales	225	230.10				Retail

图 3.90　智能 KPI 列表支持设置条行图的宽度和添加额外字段

例 70　用 Nova 里程碑趋势分析图

中大型项目中都有数个里程碑阶段，里程碑的日期可能按时、提前或推迟。Nova 里程碑趋势图（Milestone Trend Analysis）用于提供整体里程碑的进行状态，并帮助项目经理清楚地了解这些变化，以及背后的原因。图 3.91 为包含项目里程碑的示例数据。

Milestone	Report date	Milestone date	Comment	MilestoneOrder
Design Approval	15-3月-21	15-3月-21		2
Design Approval	01-1月-21	26-2月-21		2
Design Approval	01-3月-21	15-3月-21		2
Vendor contracts closed	01-2月-21	05-3月-21		3
Vendor contracts closed	22-3月-21	22-3月-21		3
Vendor contracts closed	01-3月-21	01-4月-21	Previous phases had a delay which impacted the Vendor contracts	3
Vendor contracts closed	01-1月-21	05-3月-21		3
Development completed	01-8月-21	09-8月-21		4
Development completed	01-5月-21	07-6月-21		4
Development completed	01-7月-21	29-7月-21		4
Development completed	01-6月-21	07-7月-21		4
Development completed	01-2月-21	07-7月-21		4
Development completed	01-3月-21	07-6月-21	Change in development approach will shorten our development phase	4

图 3.91　项目管理里程碑示例数据

图 3.92 为 Nova 里程碑趋势分析图的默认显示效果，可视化对象的 X 轴为报告日期，Y 轴为实际里程碑日期，节点为具体的里程碑发生时间点。将光标放置到里程碑点上，可查看具体的里程碑信息和额外注释，见图 3.93 和图 3.94。

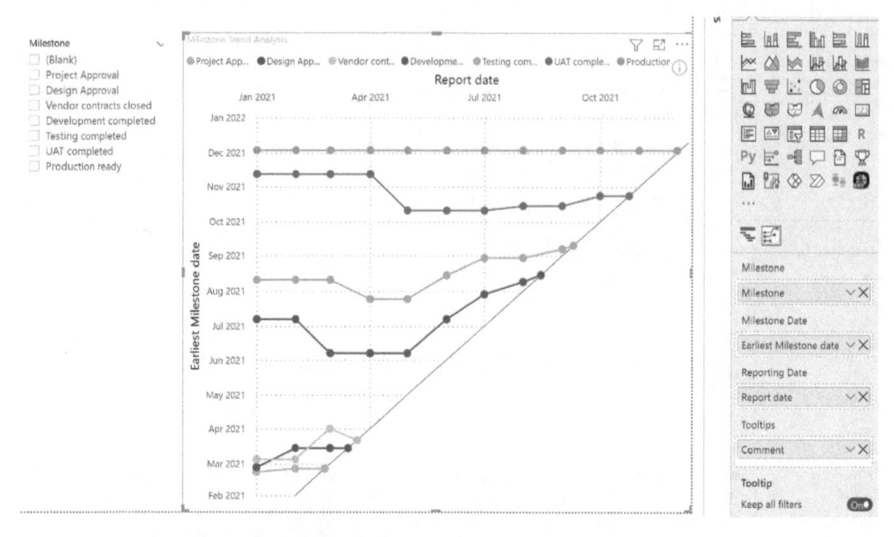

图 3.92　矩阵形式呈现里程碑点与报告日期之间的关系

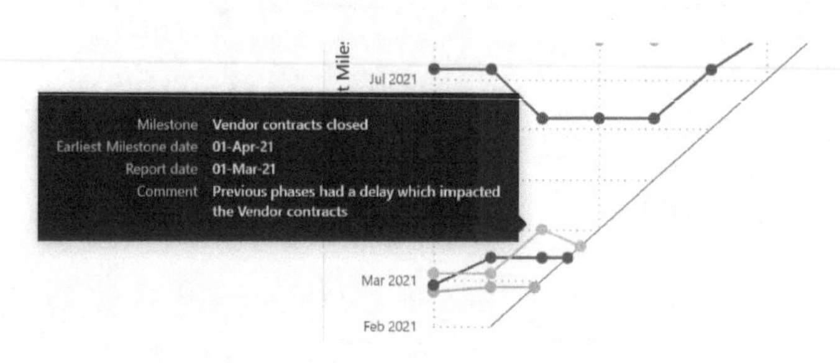

图 3.93　里程碑数据点显示具体延迟的理由

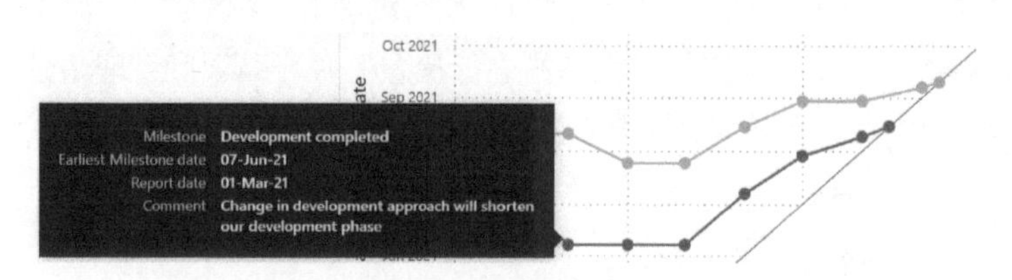

图 3.94　里程碑数据点显示具体提前的理由

另外，Nova 里程碑趋势分析图支持设置线图的形状、宽度及大小，见图 3.95。

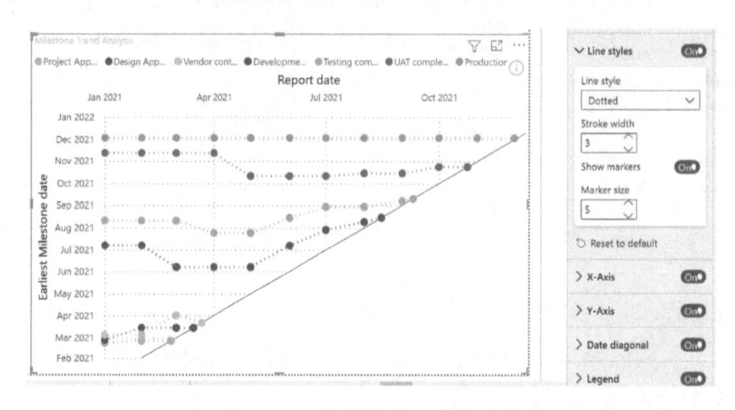

图 3.95　设置形状、宽度及大小

例71 用 Zebra BI 记分卡分析图

Zebra BI 记分卡（Scorecard）分析图（以下简称记分卡）是一款综合多功能 KPI 管理可视化图，本列将介绍记分卡的主要知识和特色。

图 3.96 为记分卡的初始效果图，其中【Category（trend）】栏用于显示趋势、【Groups（KPIs）】栏用于显示 KPI 类别、【Values】栏用于显示当期值、【Previous Year】栏用于显示去年同期值。

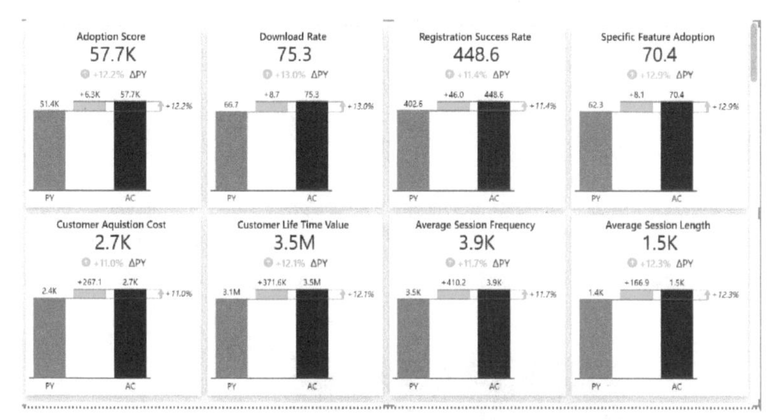

图 3.96 记分卡的初始效果图

记分卡支持位置切换，拖动任意卡片可实现卡片之间的位置互换，见图 3.97。

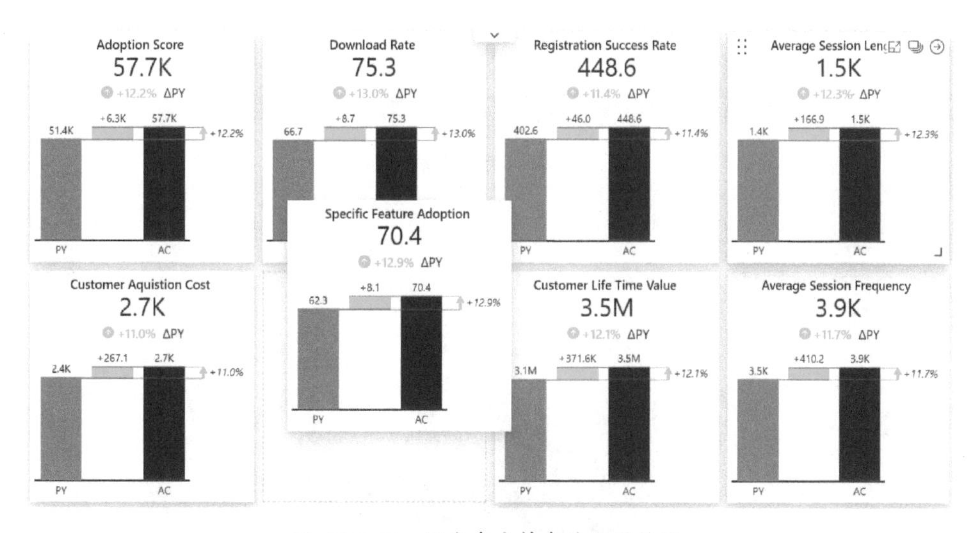

图 3.97 记分卡支持卡片位置转换

在记分卡中添加时间轴，以趋势图的方式对比 KPI，单击图中箭头，可进行多种图形的切换，见图 3.98。

开启注释功能后将在可视化数据点上显示具体注释描述，见图 3.99。

单击卡片右上角的聚焦图标进入聚焦模型，并可调整显示格式设置，例如将费用 KPI 设置为倒置显示，见图 3.100。

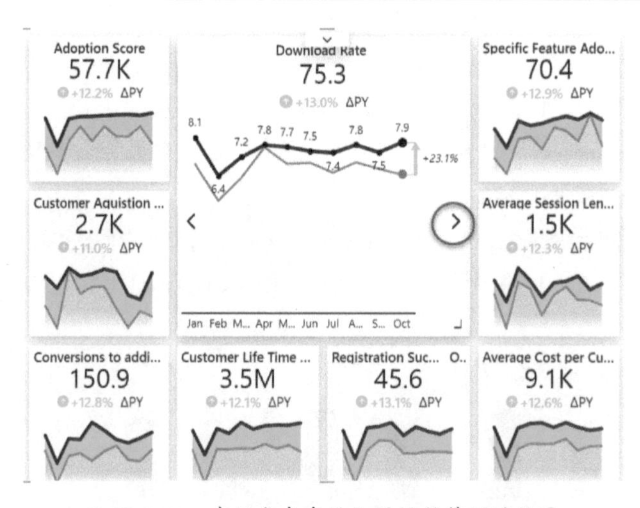

图 3.98 在记分卡中添加时间趋势后的效果

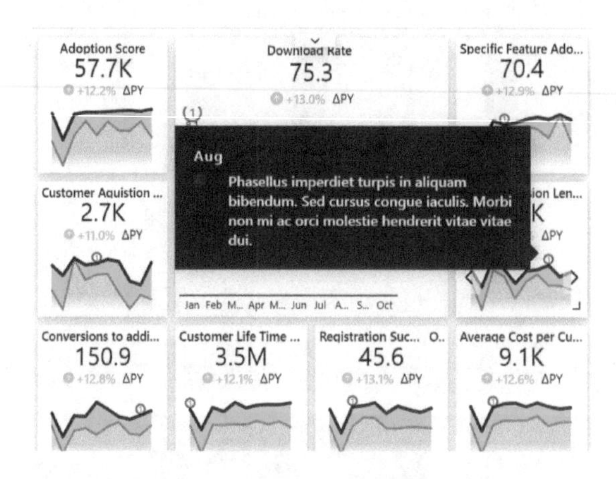

图 3.99 开启记分卡的注释功能

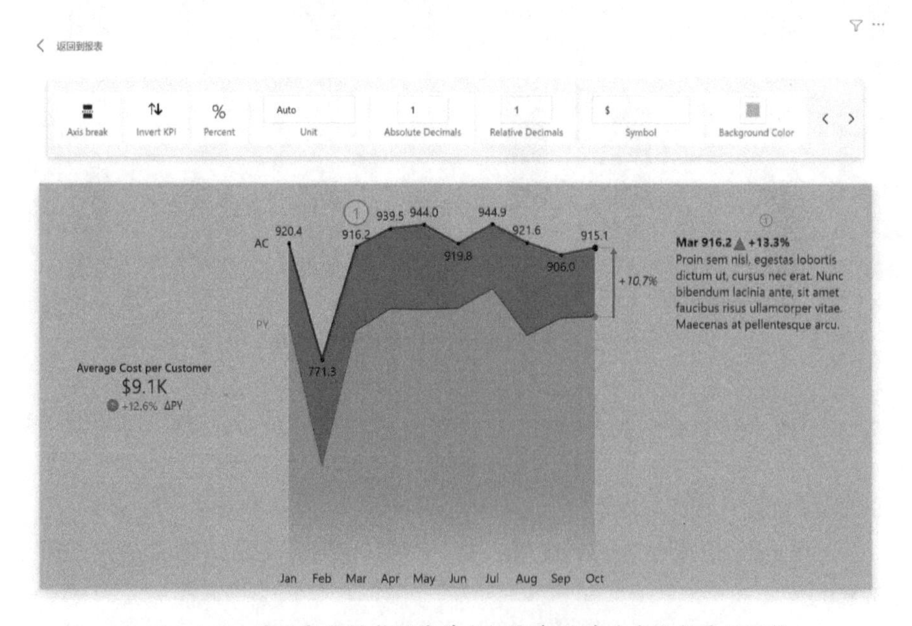

图 3.100 使用聚焦模式浏览单个积分卡图并对其格式进行调整

记分卡支持钻取功能，用户通过记分卡钻取可查看更加细节的数据，见图 3. 101。

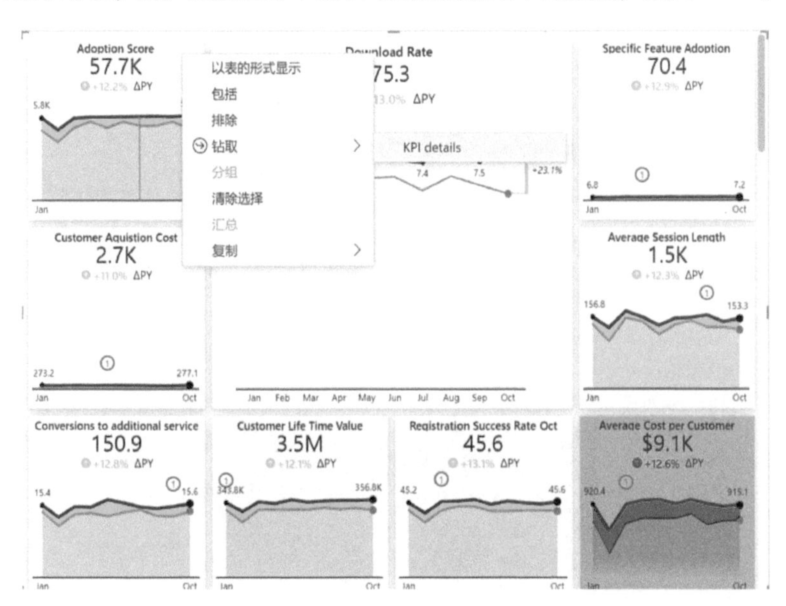

图 3. 101 记分卡支持钻取功能

单击积分卡右上角额分组图标，可对卡片个体进行颜色分组。单击组图标，可迅速返回组成员区域，方便用户管理多卡片 KPI，见图 3. 102。

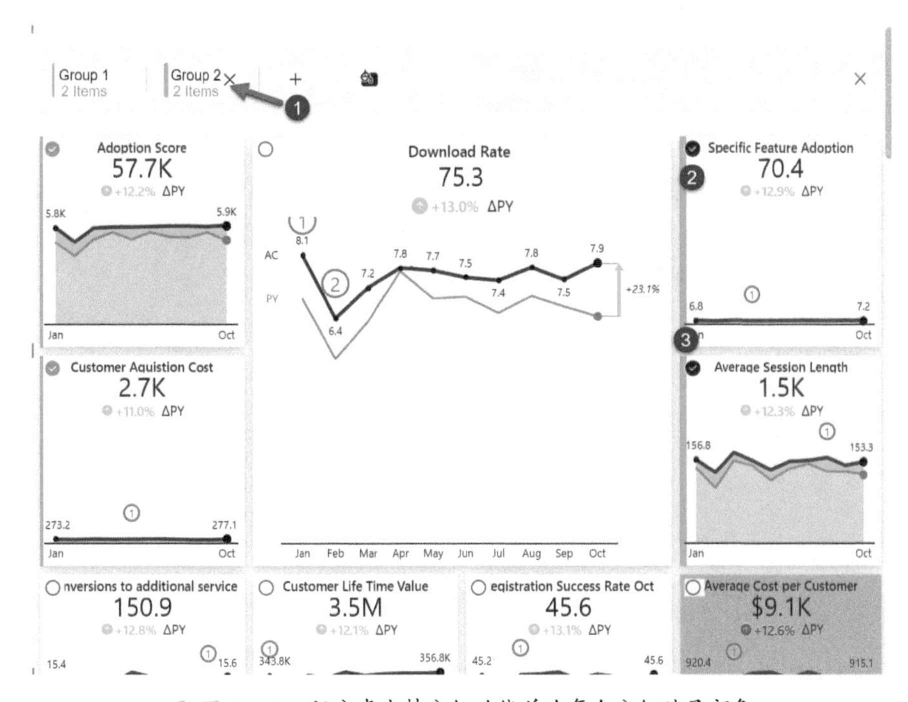

图 3. 102 记分卡支持分组功能并为每个分组赋予颜色

单击记分卡正上方选项，可添加整体布局效果，如将磁贴效果切换为行效果，见图 3. 103 和图 3. 104。

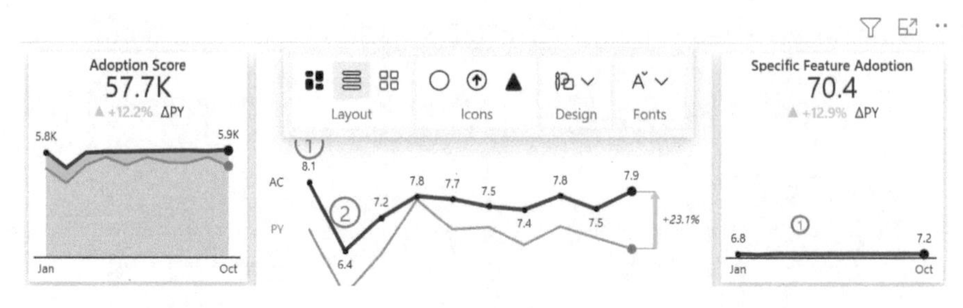

图 3.103　记分卡支持切换布局效果

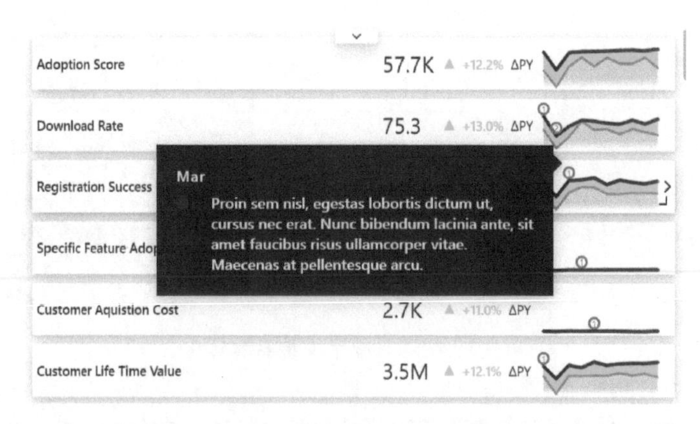

图 3.104　将卡片风格切换至行效果

如果用户不需要可视化图形，可关闭【Suppress chart】选项，屏蔽图效果，仅显示数值内容。拖动卡片右下角，可缩放卡片大小，见图 3.105。

图 3.105　记分卡支持关闭图形选项和支持大小调整

技巧 26　其他提升可视化效果

问题：

- 如何用 HTML 格式图像可视化效果？
- 如何实现可视化钻取功能
- 如何实现跨表可视化钻取功能？
- 如何启用个性化视觉对象功能？

其他类可视化分析是指一些非常规的可视化应用，它们属于通用型可视化，适合与其他常规可视化对象配合使用。HTML 查看器、报表钻取和个性化视觉设置都属于这类可视化应用的范畴，本例将介绍关于其他类可视化分析方面的相关知识。

例 72 用防护 HTML 查看器呈现 HTML 内容

防护 HTML 查看器（Shielded HTML Viewer，简称查看器）用于展示 HTML 格式内容，为可视化添加更多有价值描述。查看器允许用户通过添加额外的上下文来丰富数据，如评论和反馈。这些内容将被存储为 HTML 格式的文本，允许用户还可以对内容应用各种格式（如粗体、斜体、列表和表格等）。另外，查看器只处理和呈现在允许列表中指定的 HTML 标记和属性，这是为了减轻潜在的安全风险（例如内联脚本），任何未在允许列表中指定的标签或属性都将被忽略。此外，2.0 版还包括对 SVG 标记的支持、对图像数据 URL 的支持以及对使用 NAV 标记向当前报告添加导航的支持。

图 3.106 为包含 HTML 样式的示例数据，将其放入查看器中观察效果。

Topic	HTML Viewer Example Data
1. Introduction	<p>This visual is powered by <b><span style="color:#26A2E3;">Nova Silva</span></b></p> <p>Enjoy this visual! For more info
2. Text Options	<h1><strong>Examples of supported text formatting options</h1> <p>All of the usual HTML5 text formatting options are
4. Blocked Tags	<h1>Blocked tags</h1> Not all tags are allowed to be used, these tags will be blocked. If a blocked tag is used, the contents is n
3. Tables	<head> Comments on item ID: 12918 </head> <body> <table border="0" cellpadding="0" cellspacing="0" style="border-collaps

图 3.106 包含 HTML 样式的示例数据

可视化内容显示字段中 HTML 样式定义，见图 3.107。

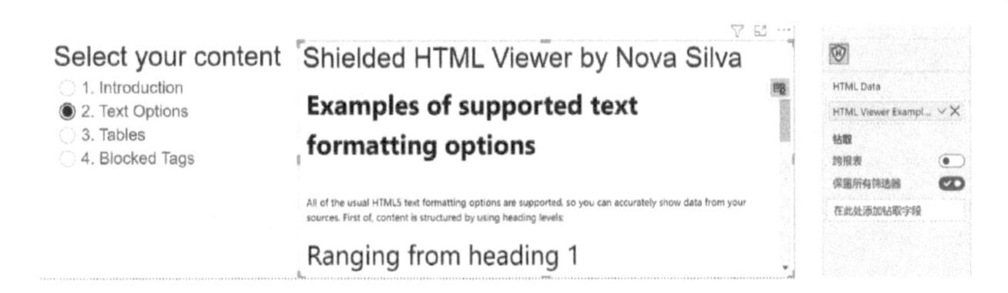

图 3.107 在 Power BI 报表中显示 HTML 内容的效果

查看器支持 HTML-5 格式，包括菜单功能，见图 3.108。

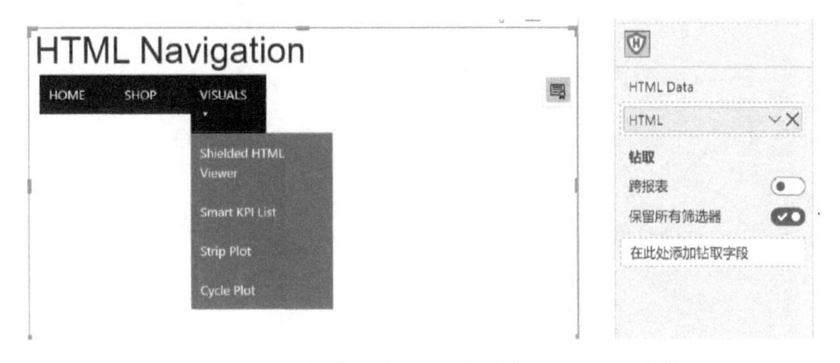

图 3.108 查看器支持包含菜单的 HTML 功能

查看器也支持 SVG 格式文件，见图 3.109。

图 3.109　查看器支持 SVG 格式文件

查看器还可以设置工具提示内容，当光标停留在可视化对象上方，查看器会根据上下文筛选显示相关的 HTML 格式内容，见图 3.110。

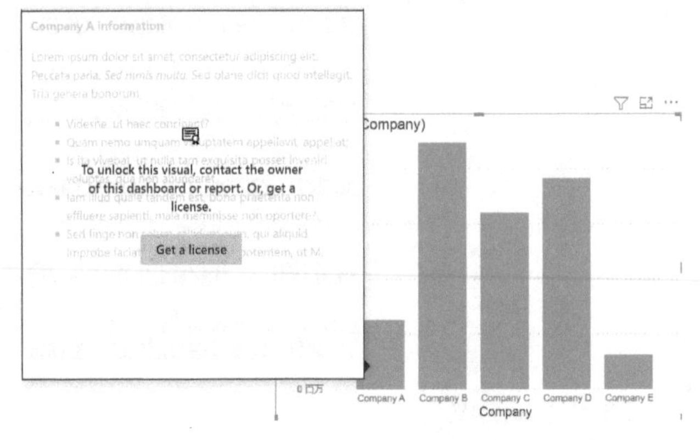

图 3.110　使用查看器作为报表提示工具效果图

例 73　设置报表多层级钻取功能

在本例中包含一个三层级别的报表示例，下面将分别设置两层报表钻取设置。

01 打开示例文件【销售分析 3 层级】，在【2. 销售订单级别】页中选中其中的表格，在钻取功能区放置【国家】字段，见图 3.111。完成后，便可通过【1. 主页】的甜圈图包含【国家】字段，

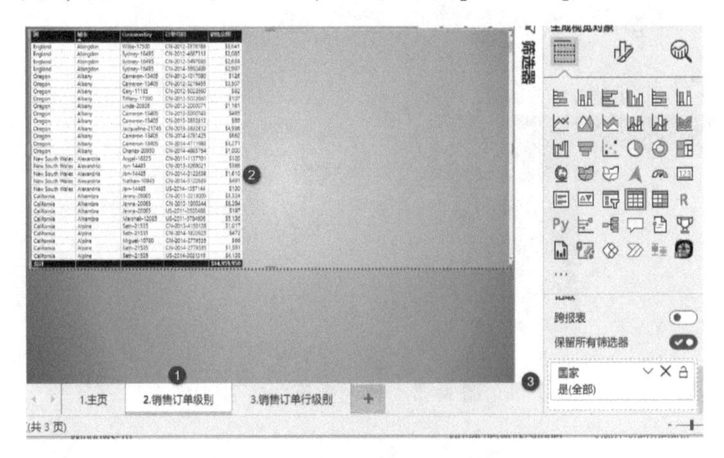

图 3.111　在报表中设置钻取字段

实现对【2. 销售订单级别】的钻取。

02 与此类似，切换至【3. 销售订单行级别】页后选中表格，在钻取功能区放置【订单号码】字段，见图 3.112。

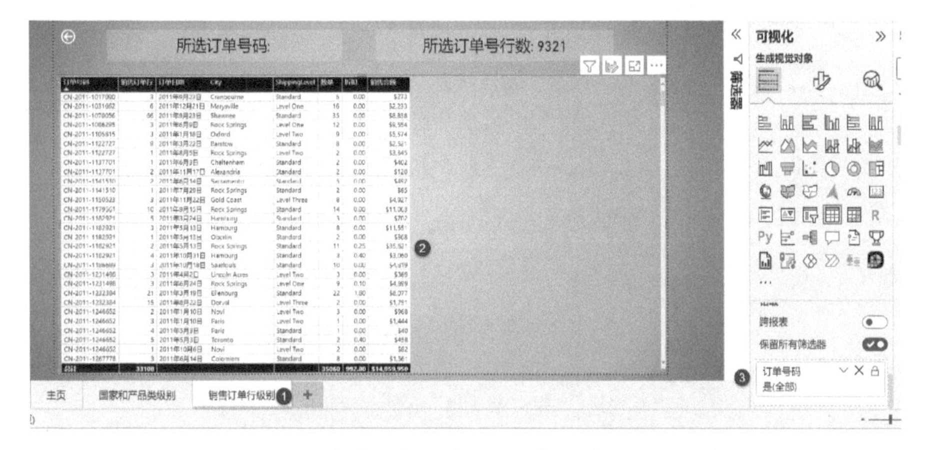

图 3.112 在【销售订单行级别】页中设置钻取字段

03 完成后，返回到主页的甜甜圈图形中，选中任意国家，在右键菜单中选择钻取功能，见图 3.113。图 3.114 为钻取跳转的筛选结果。

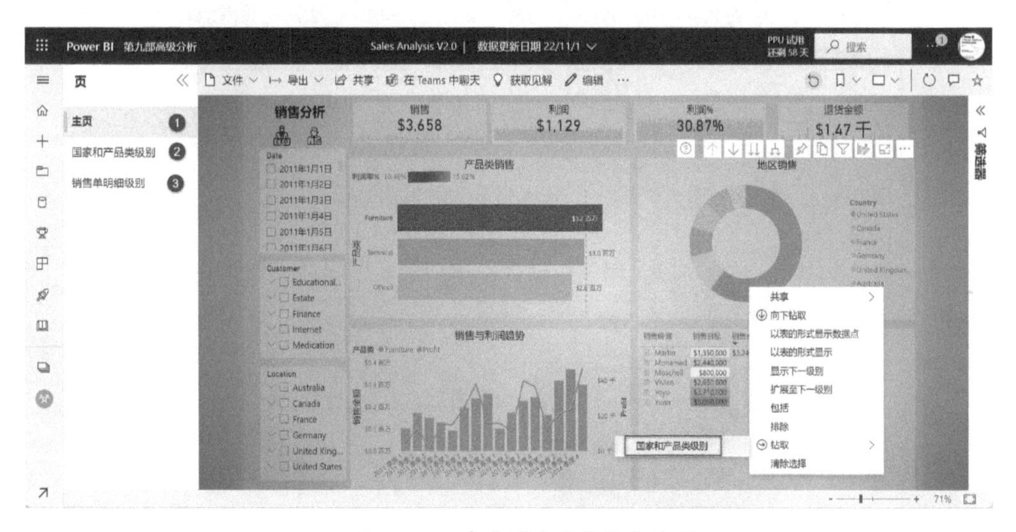

图 3.113 在主页中选择钻取选项

页

1.主页

2.销售订单级别

3.销售订单行级别

所选国家: United States　　所选产品类: Furniture

洲	城市	CustomerKey	订单号码	销售金额
Oregon	Albany	Linda-20935	CN-2013-2000071	$1,161
Oregon	Albany	Cameron-13405	CN-2013-3832812	$89
Oregon	Albany	Jacqueline-21745	CN-2013-3832812	$4,936
Oregon	Albany	Charles-20950	CN-2014-4985754	$1,000
California	Alhambra	Jenna-20065	CN-2013-1900344	$5,606

图 3.114 通过钻取实现跳转至目标表的效果

04 在【2. 销售订单级别】页中选中任意订单，在右键菜单中选择【钻取】-【3. 销售订单行级别】选项，见图 3. 115。

洲	城市	CustomerKey	订单号码	销售金额
England	Abingdon	Willie-17500	CN-2012-3378788	$3,641
England	Abingdon	Sydney-16495	CN-2012-4687313	$2,085
England	Abingdon	Sydney-16495	CN-2012-5497693	
England	Abingdon	Sydney-16495	CN-2014-5592498	
Oregon	Albany	Cameron-13405	CN-2012-1017090	
Oregon	Albany	Cameron-13405	CN-2012-3216455	
Oregon	Albany	Gary-11185	CN-2012-5022660	
Oregon	Albany	Tiffany-17590	CN-2012-5022660	
Oregon	Albany	Linda-20935	CN-2013-2000071	
Oregon	Albany	Cameron-13405	CN-2013-3200743	
Oregon	Albany	Cameron-13405	CN-2013-3832812	
Oregon	Albany	Jacqueline-21745	CN-2013-3832812	
Oregon	Albany	Cameron-13405	CN-2014-3781425	

以表的形式显示
包括
排除
钻取 > 3.销售订单行级别
分组
汇总
复制

图 3. 115　实现第二层的钻取功能

05 图 3. 116 为钻取到第 3 层【销售订单行级别】页的效果图。

所选订单号码: CN-2012-5497693

订单号码	销售订单行	订单日期	City	ShippingLevel	数量	折扣	销售金额
CN-2012-5497693	6	2012年11月5日	Abingdon	Standard	6	0.00	$2,638
总计	6				6	0.00	$2,638

图 3. 116　钻取到第 3 层的效果图

06 值得一提的是，对于一些手触大屏显示场景，用户可能不方便对可视化表格进行单击鼠标右键的钻取操作，这种情况下可以尝试添加按钮，并对按钮进行钻取设置，见图 3. 117。

图 3. 117　插入按钮并设置操作类型为钻取

例 74 设置跨报表钻取功能

以上示例是关于在同报表中实现不同页面之前的钻取设置，现在假设另外一种场景，假设销售订单行级别数据过于庞大，导致影响查询速度。我们可将销售数据聚合到销售订单级别，将其定义为 A 表，而将销售行级别数据单独定义为 B 表。此时可以将 A、B 表设为跨表查询关系，仅当需要的时候，才通过 A 表对 B 表进行钻取查询，本例将介绍跨报表钻取的设置。

01 打开示例中的【销售分析 A】表，选择【文件】【选项和设置】选项，在弹出的【选项】对话框的【报表设置】选项区中勾选【跨报表钻取】选项，见图 3.118。

图 3.118 打开允许报表中的视觉对象使用其他报表中的钻取目标选项

02 打开示例中的销售 B 表，同样开启图 3.118 的设置，参照图 3.119 开启【跨报表】功能。

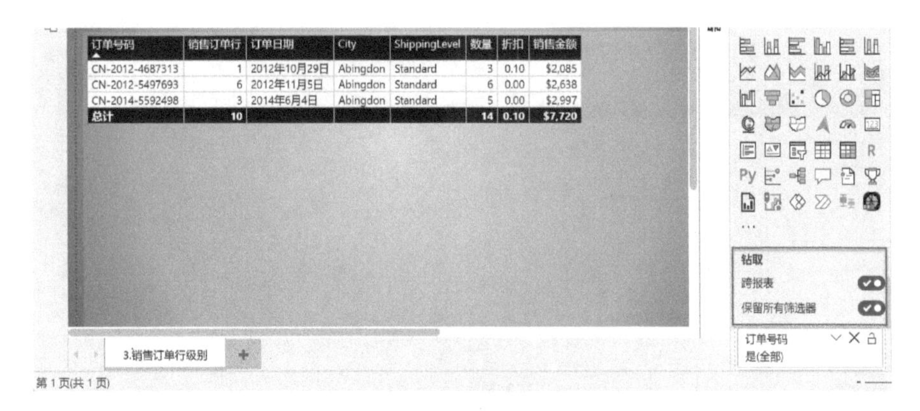

订单号码	销售订单行	订单日期	City	ShippingLevel	数量	折扣	销售金额
CN-2012-4687313	1	2012年10月29日	Abingdon	Standard	3	0.10	$2,085
CN-2012-5497693	6	2012年11月5日	Abingdon	Standard	6	0.00	$2,638
CN-2014-5592498	3	2014年6月4日	Abingdon	Standard	5	0.00	$2,997
总计	10				14	0.10	$7,720

图 3.119 开启【跨报表】功能

03 将 A、B 表分别发布至 Power BI Service 同一工作区中，并分别单击【设置】命令，开启【跨报表钻取】选项，见图 3.120。

图 3.120　在 Power BI Service 中打开【跨报表钻取】选项

04 在报表 A 的【2. 销售订单级别】页中选中任意行记录，在右键菜单中选择对报表 B 的钻取操作，见图 3.121。

图 3.121　选择报表 A 对报表 B 跨表钻取操作

05 钻取操作完成后，可见分析结果处于报表 B 中，见图 3.122。

图 3.122　跨表钻取效果

值得一提的是，还需要设置 B 报表的返回按钮，将其设置类型为【Web URL】，地址为 A 报表的 Power BI URL 地址，见图 3.123。

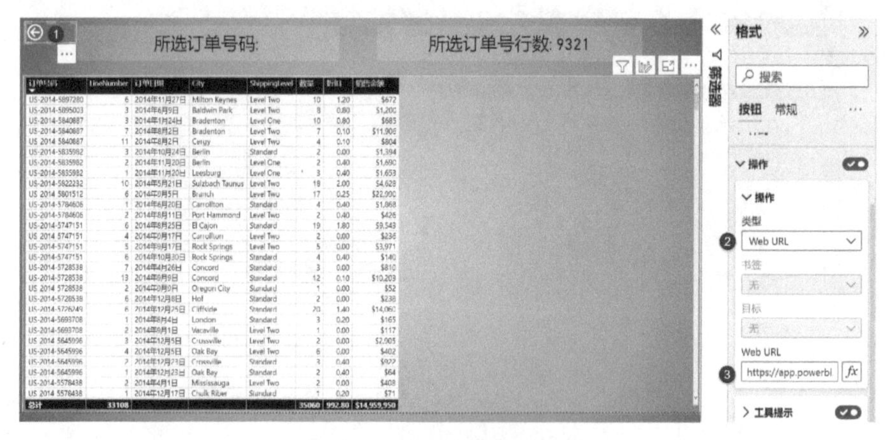

图 3.123　设置返回按钮

例 75 启用个性化视觉对象功能

个性化视觉（可视化）功能是 Power BI 原生视图功能，其主要作用在于对同一份报表中格式化图形进行自定义设置，而不影响默认报表设置，下面通过具体例子了解该功能的知识。

01 在报表设置中开启【个性化视觉对象】功能，见图 3. 124。

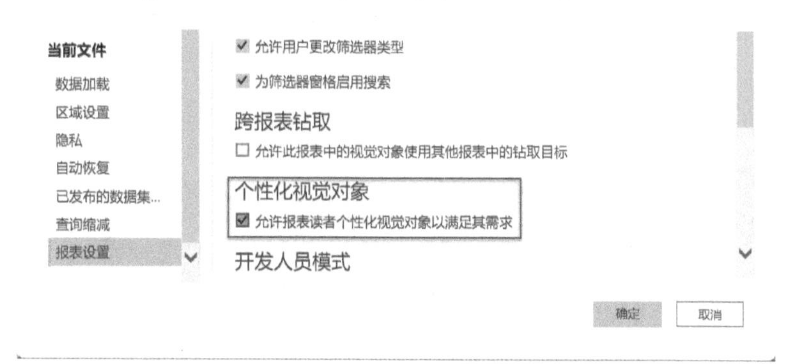

图 3. 124 在报表设置中开启【个性化视觉对象】功能

02 返回报表界面，观察此时的个性化视觉图标的变化，见图 3. 125。

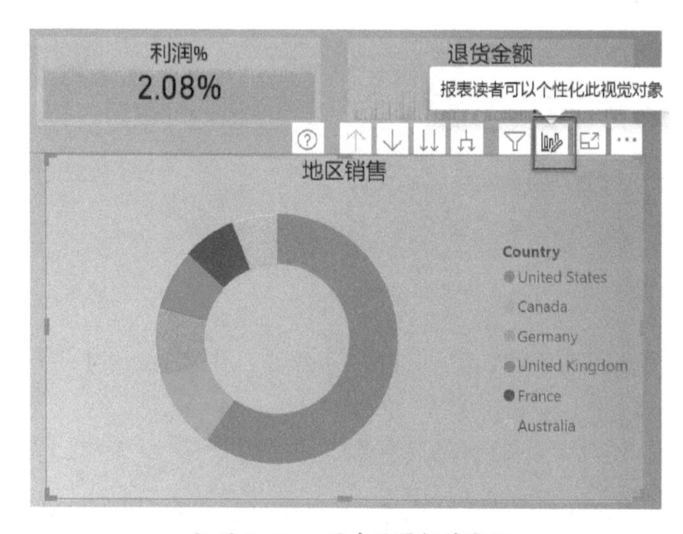

图 3. 125 开启后图标的变化

03 将报表发布至 Power BI Service 中，在报表设置菜单中开启【个性化设置视觉对象】功能，见图 3. 126。

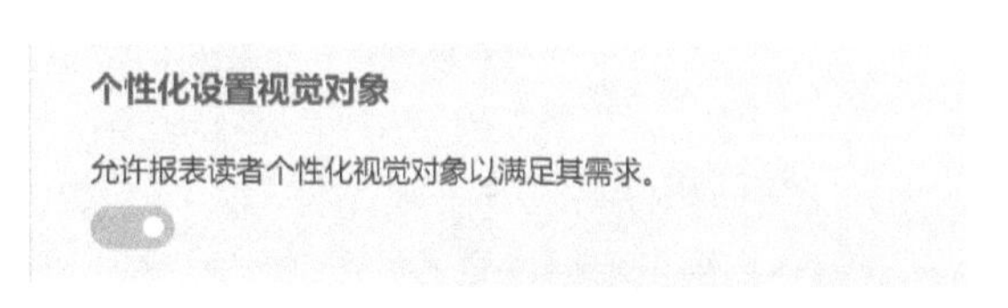

图 3. 126 开启【个性化设置视觉对象】功能

04 在 Power BI Service 报表中单击个性视觉图标，并尝试修改可视化类型、类别和详细信息等参数，见图 3.127。

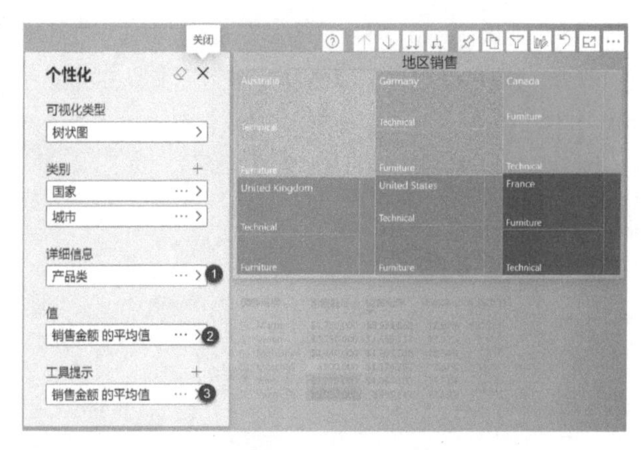

图 3.127　单击对可视化对象进行个性化设置

05 可视化修改完成后，在菜单栏单击书签图标可添加个人书签，见图 3.128。

06 创建完个人书签后单击【保存】按钮，见图 3.129。到此完成了个性化视觉的设置。

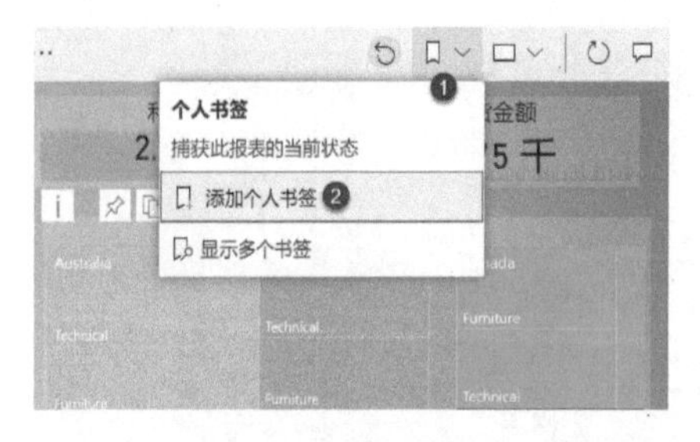

图 3.128　将设置结果设置为书签

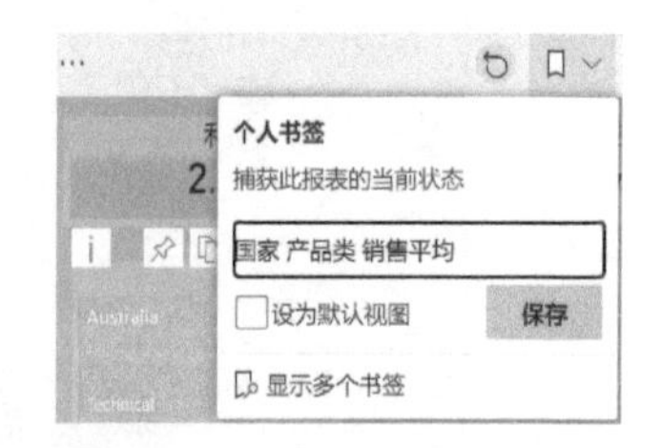

图 3.129　创建书签并保存书签

07 若要恢复默认报表可视化设置，单击【恢复】按钮，并在弹出的【还原为默认值】对话框中单击【重置】按钮确认恢复至报表默认布局，见图 3.130。

图 3.130　恢复还原报表默认格式化设置

技巧 27　如何有效生成美观报表

问题：

- 如何突显报表视觉整齐一致性？
- 如何突显报表视觉空间感？
- 如何突显报表视觉现代立体感？
- 如何自定义背景画布并形成强烈对比效果？
- 如何有效利用空间设置隐藏菜单？

到此为止，本篇都是围绕关于可视化对象个体设置或者独立功能方面的知识介绍，而可视化分析其实是一项系统工程，当读者了解完可视化设置的技巧后，就开始要注重整体报表设计的效果了。如果将可视化个体比喻成一颗颗美丽光洁的珍珠，那报表整体设计就是一条将零散珍珠串成美轮美奂的项链。图 3.131 为设计美化前的报表效果，以下将通过多个环节将其转换为图 3.132 中的报表效果。

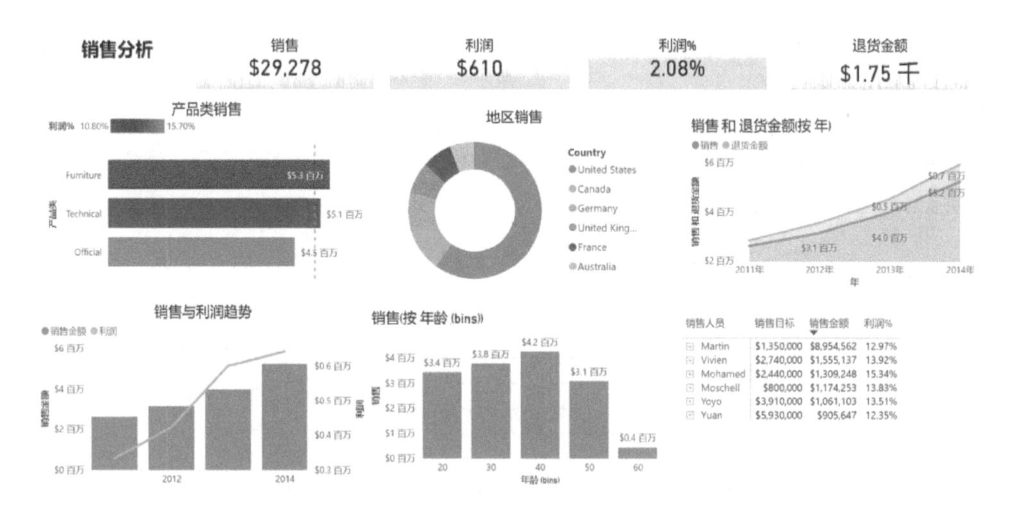

图 3.131　未经美化的 Power BI 报表

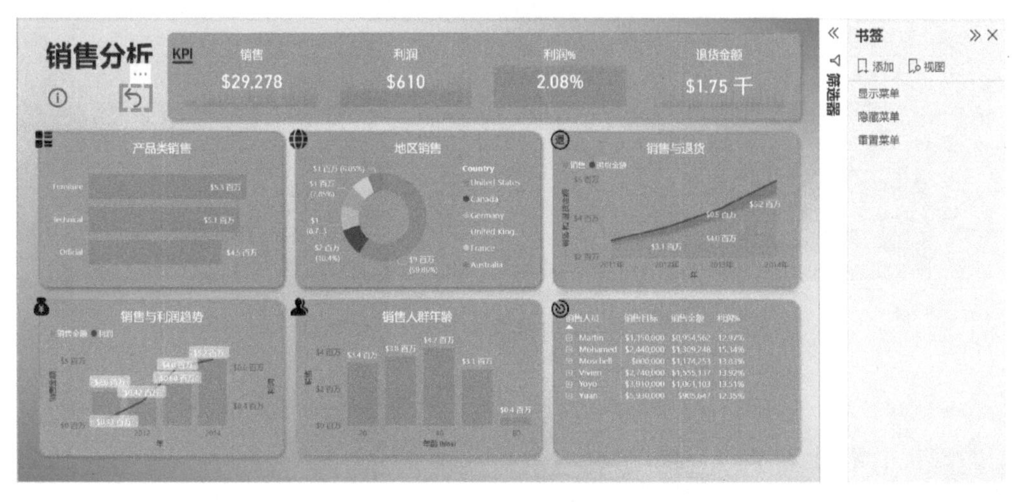

图 3.132　经过整体美化后的报表效果

例 76 创造整齐一致性效果

报表美化的第一步是设置整齐划一的可视化对齐效果，因此需要统一同类可视化对象的大小，对齐位移。

01 选中图 3.131 报表空白处，在【画布背景】界面中选择任意颜色，设置【透明度】为 20%，见图 3.133。

图 3.134 为设置背景色后的效果图，背景色清晰化了可视化对象的边界，有利于我们进一步对齐可视化。

图 3.133 设置报表画布背景颜色

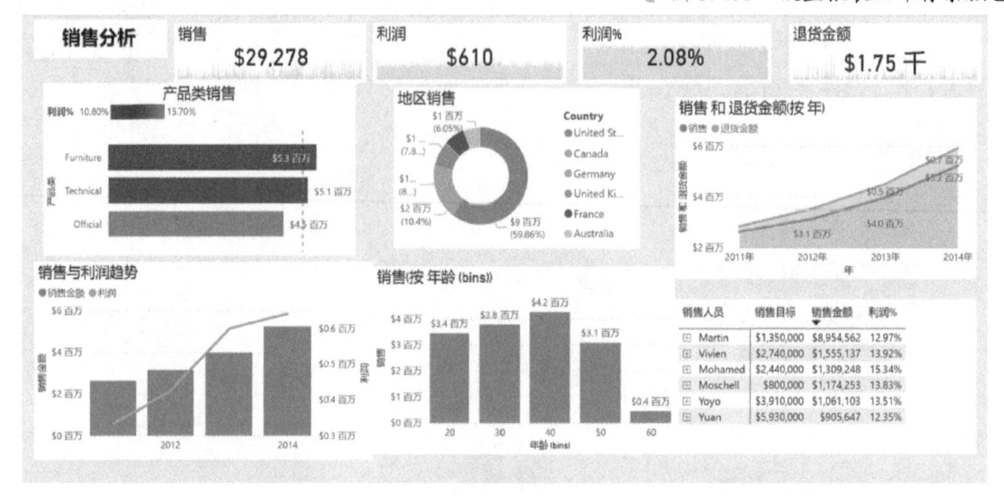

图 3.134 使用背景色后的报表效果图

02 当前的 Power BI 报表默认页面【宽度】【高度】为 1280×720 像素，结合报表中的可视化，笔者预先计算了可视化的大小与位置参数，见图 3.135。

名称	空间	可视化1	空间2	可视化2	空间3	可视化3	空间4
宽度	45	370	40	370	40	370	45
水平位置	140	415	455	825	865	1235	1280

Power BI整体宽度
1280

名称	高度	垂直位置
空间	50	140
可视化1	100	150
空间	40	190
可视化2	220	410
空间	40	450
可视化3	220	670
空间	50	720

Power BI整体高度	720

图 3.135 Power BI 报表版面大小与位置参数

03 举例而言，对于左侧的可视化对象，可将其大小设置为【高度】为 220、【宽度】为 370，【水平】为 865、【垂直】为 190，见图 3.136。

04 另外，也同时设置一致的标题大小与水平对齐方式，见图 3.137。

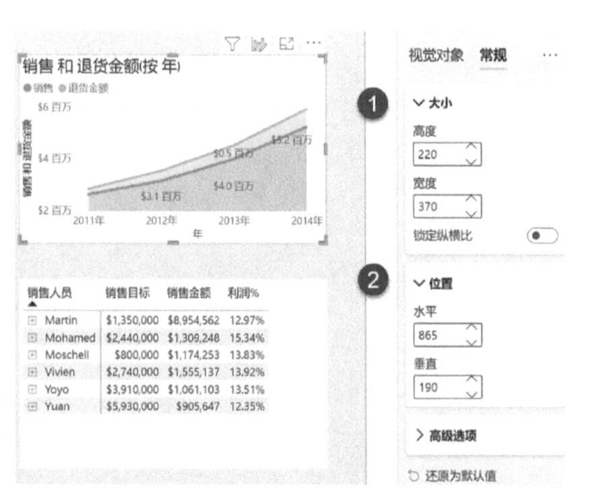

图 3.136 设置可视化对象的大小与位置参数

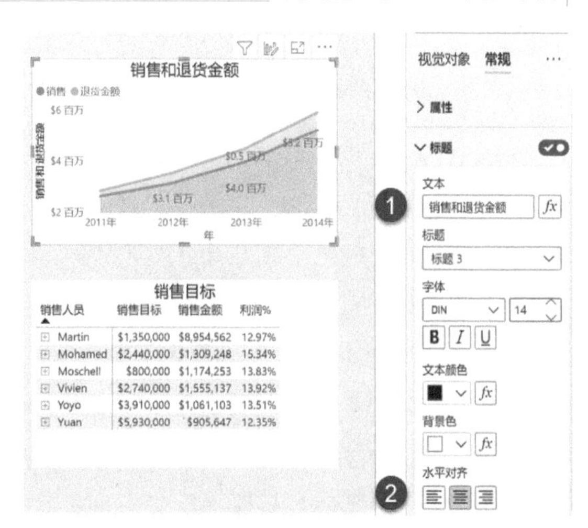

图 3.137 设置可视化对象中的文本标题与水平对齐方式

05 如果要为每一个独立可视化对象设置统一的大小，可多选可视化对象并用【对齐】功能，确保独立可视化对象的大小、位置与设计要求的一致性，见图 3.138。

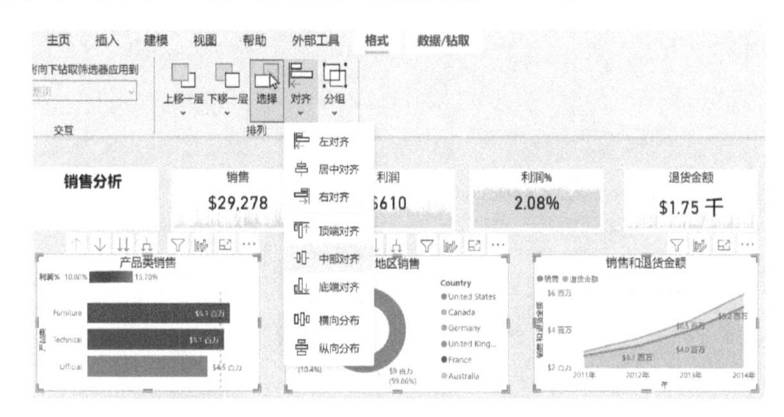

图 3.138 对齐可视化对象的位移

图 3.139 为对齐完成的报表视图效果，通过对齐优化，报表给受众一种整齐的感觉。

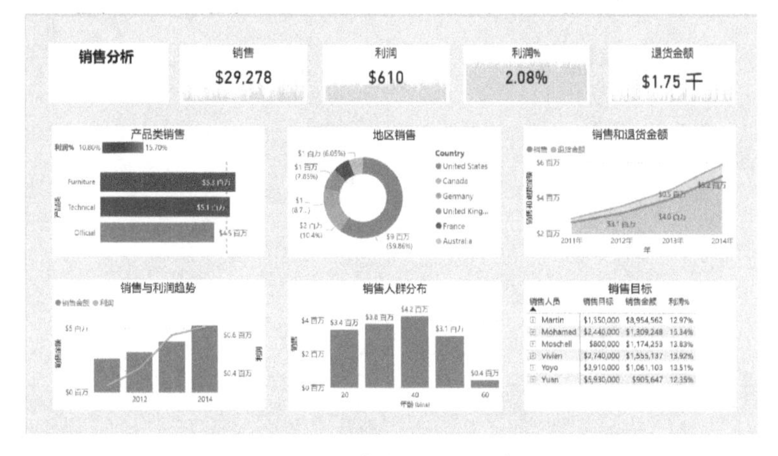

图 3.139 对齐完成后的报表效果图

例 77 创造空间感视图效果

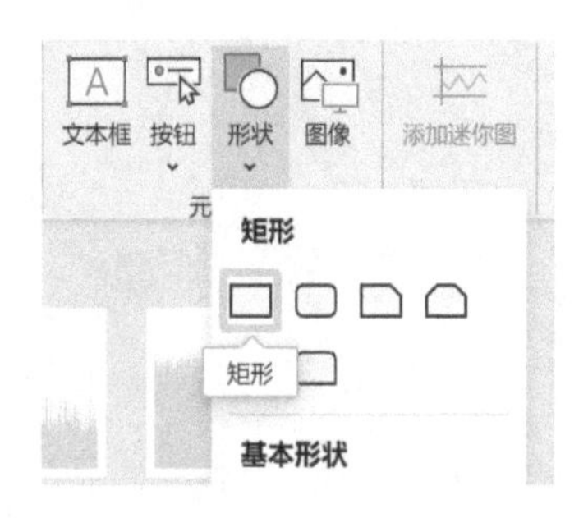

图 3.140　在 Power BI 报表中插入矩形形状

本例将继续优化，读者可能注意到图 3.139 可视化对象内容几乎是紧贴着边界，给人一种压迫感。因此，在本节将适度增加可视化对象四周的“空间感”，方法是通过创建白色矩形，用于衬托可视化对象。

01 在菜单中插入矩形，见图 3.140。

02 设置矩阵的【高度】【宽度】为 240、390，恰好比可视化对象大 20 个像素，然后通过选择栏，将其置于可视化层级之下，见图 3.141。

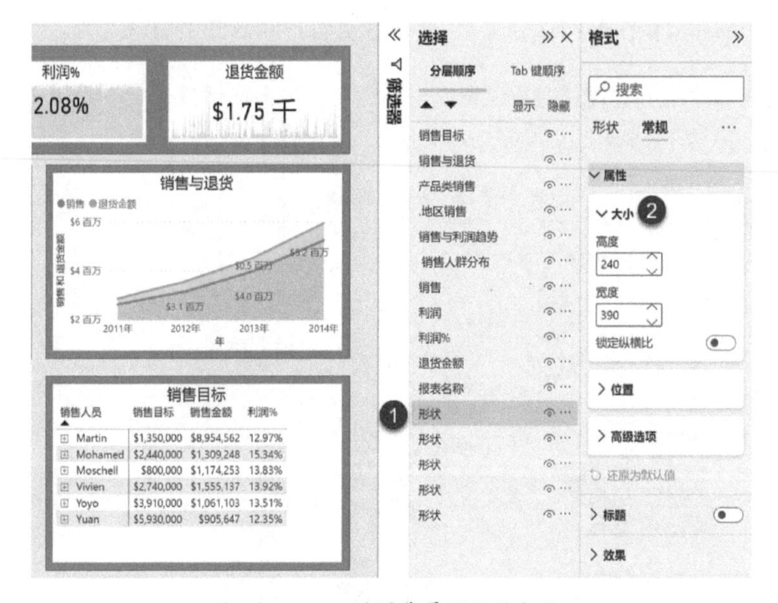

图 3.141　设置背景形状的大小

03 设置矩阵填充【颜色】为白色，【透明度】为 0，之后关闭边框，见图 3.142。

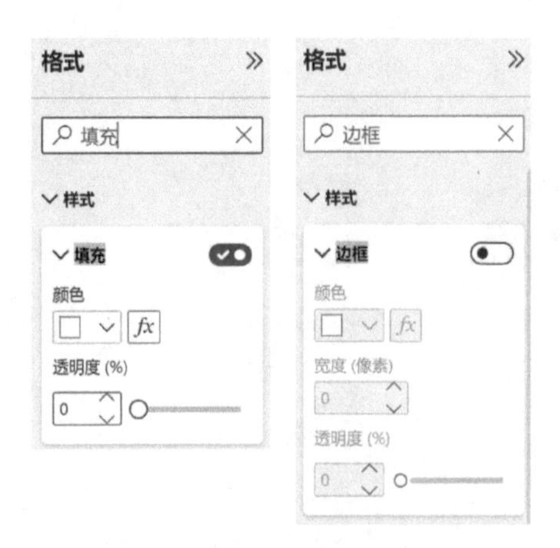

图 3.142　设置填充颜色并关闭边框

04 设置报表名称的矩阵背景为透明，为 KPI 可视化对象设置统一白色背景，见图 3.143。

图 3.143 设置报表名称矩阵和 KPI 可视化的背景

05 图 3.144 为延伸背景空间完成后的报表效果图，可见空间感增强了。

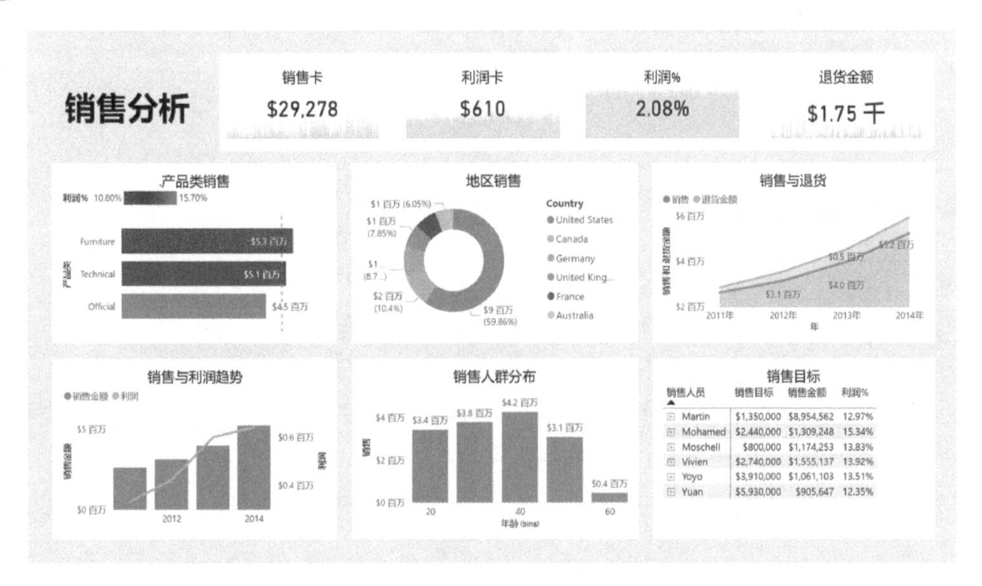

图 3.144 增强空间感后的报表效果图

例 78 创建现代与立体风格

可适当将报表的边缘设置为圆角，同时为可视化对象设置阴影，使报表更具现代风格和立体感。

01 选中之前创建的矩形图案，在可视化对象的【视觉对象边框】或【形状】属性中设置 15%的圆角参数，见图 3.145。

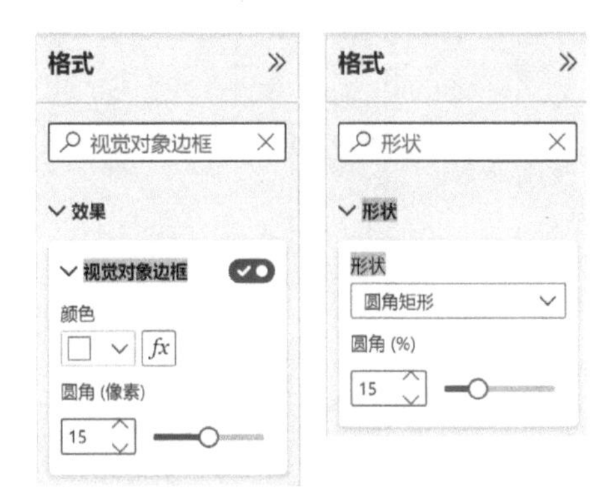

图 3.145 设置视觉对象边框和形状

02 参照图 3. 145，调整所有相关矩形形状。图 3. 146 为圆角矩形的设置效果图，接下来为矩形设置阴影效果。

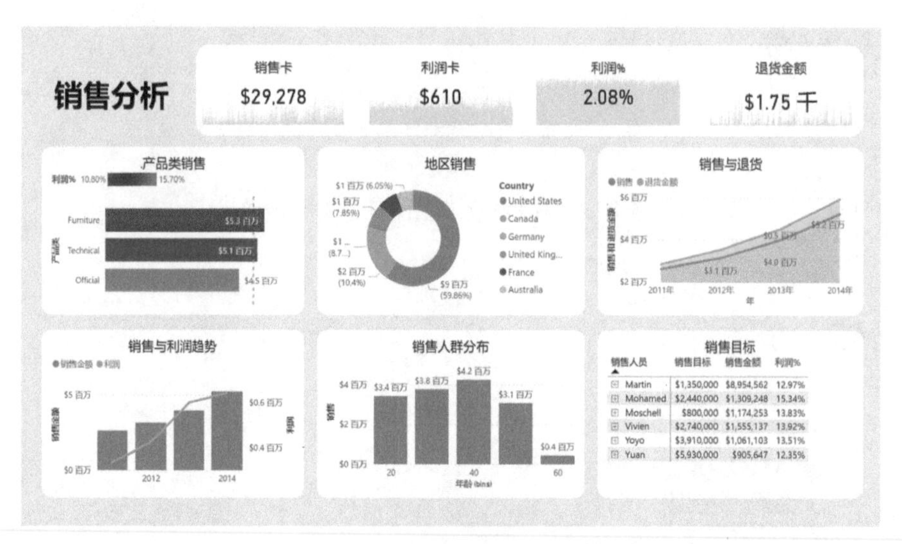

图 3. 146 报表边框圆角设置效果

03 选中矩形形状，调整【阴影】属性的颜色，设置【位置】为【自定义】，【透明度】为 80，见图 3. 147。

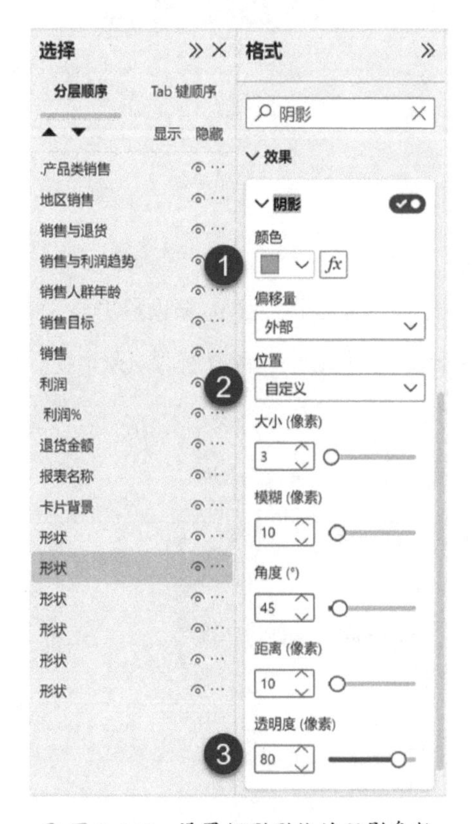

图 3. 147 设置矩形形状的阴影参数

图 3. 148 为 3 种不同的阴影设置效果，中间的可视化对象为图 3. 147 中的设置效果。读者可根据自身喜好调整具体设置参数。

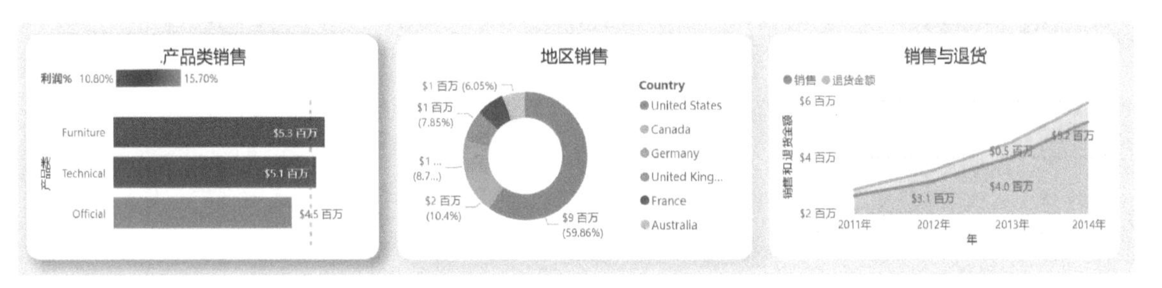

图 3. 148　不同阴影的对比图

04 参照图 3. 148，为所有相关矩形形状设置阴影。图 3. 149 为阴影矩形的设置效果图。

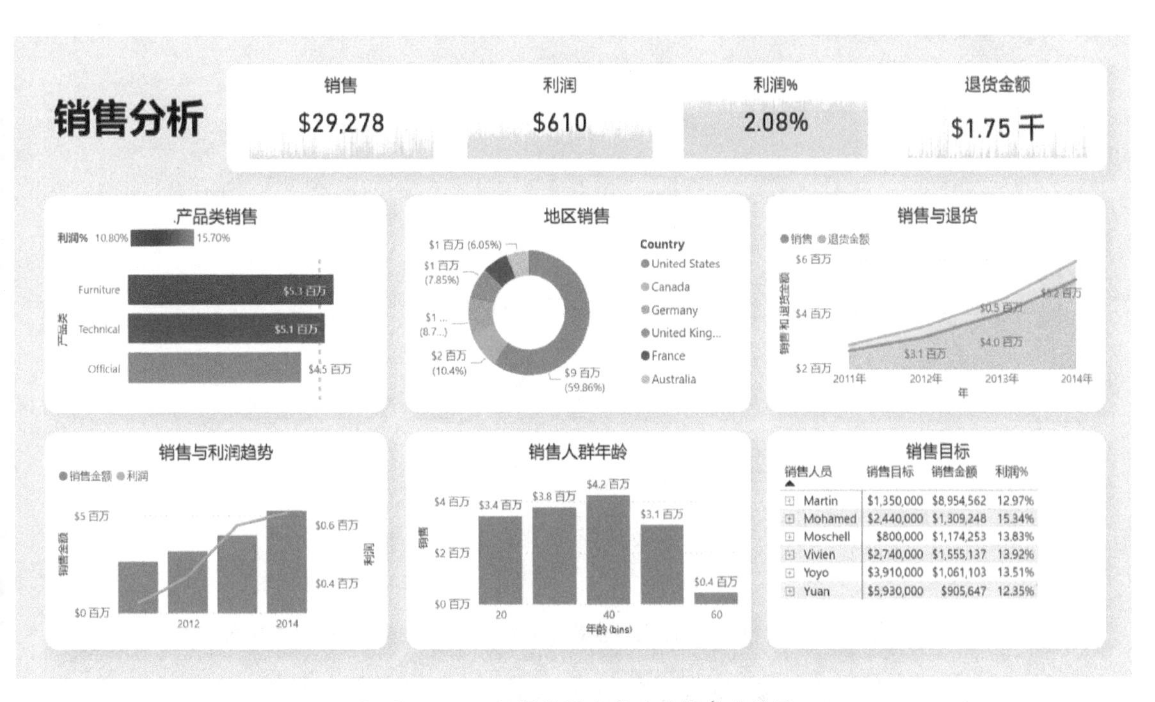

图 3. 149　阴影设置完成后的报表效果图

例 79　设置自定义背景画布

到目前为止，报表可视化已经有明显提升，在本例中将为报表设置背景画布，进一步提升报表的视觉效果。

01 将报表内容截图并将其粘贴至 PowerPoint 中，见图 3. 150。

02 在 PowerPoint 中选择插入圆角矩形形状，见图 3. 151。

03 将圆角矩形形状覆盖背景中的可视化图表，用户可在其上的黄点调整圆角角度，见图 3. 152。

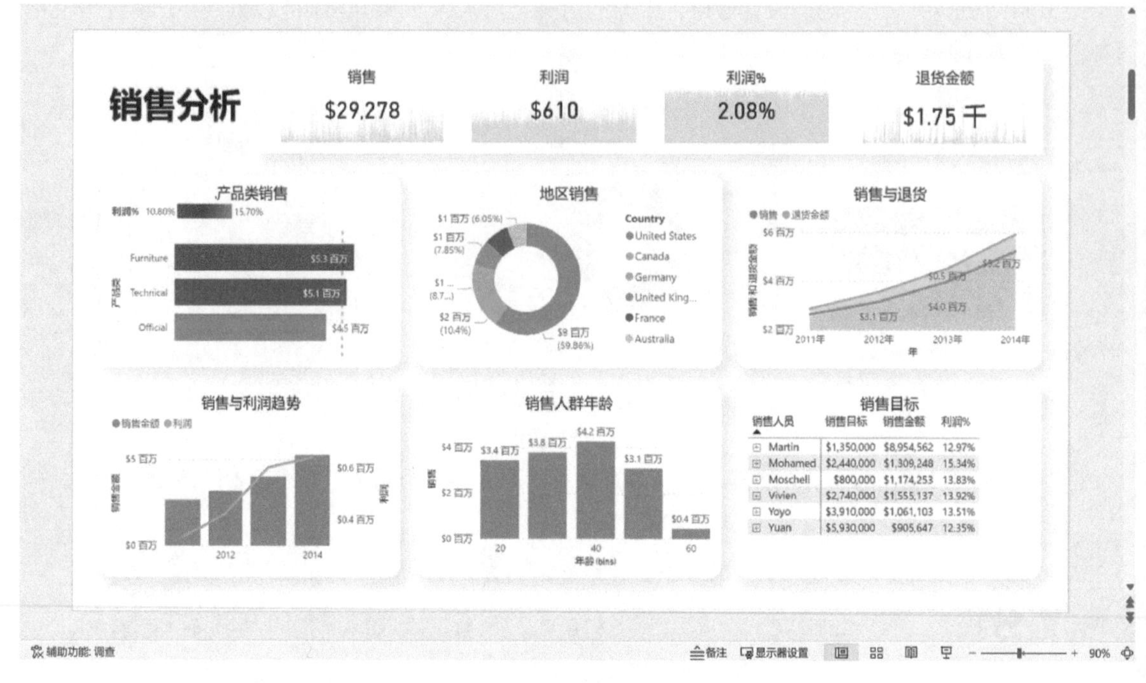

图 3.150　将 Power BI 报表截图放入 PowerPoint 中

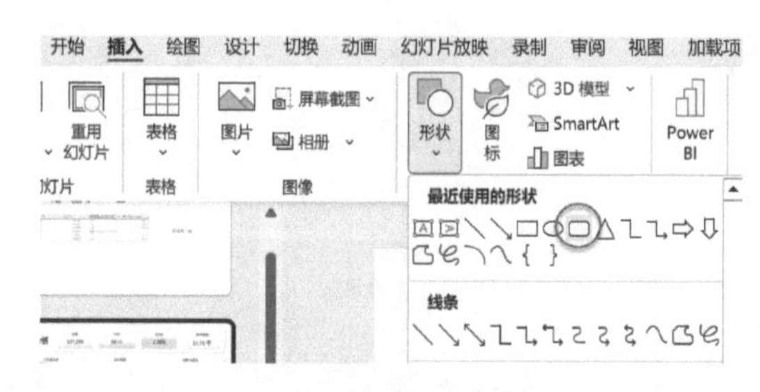

图 3.151　在 PowerPoint 中选择插入圆角矩形形状

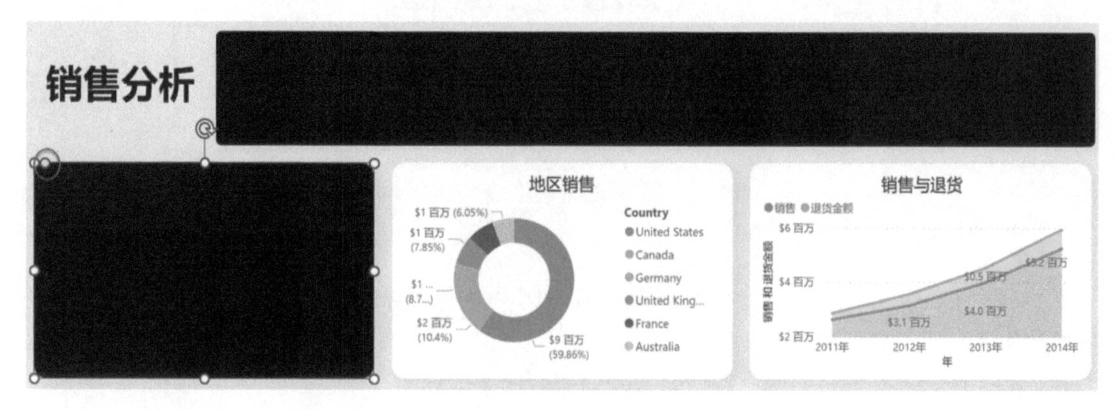

图 3.152　覆盖背景

04 重复以上的操作覆盖每一个可视化报表，用户可设置个性化风格，见图 3.153。

图 3. 153　覆盖每一个可视化报表

05 开启【选择窗格】功能，为背景图添加主题颜色，见图 3. 154。

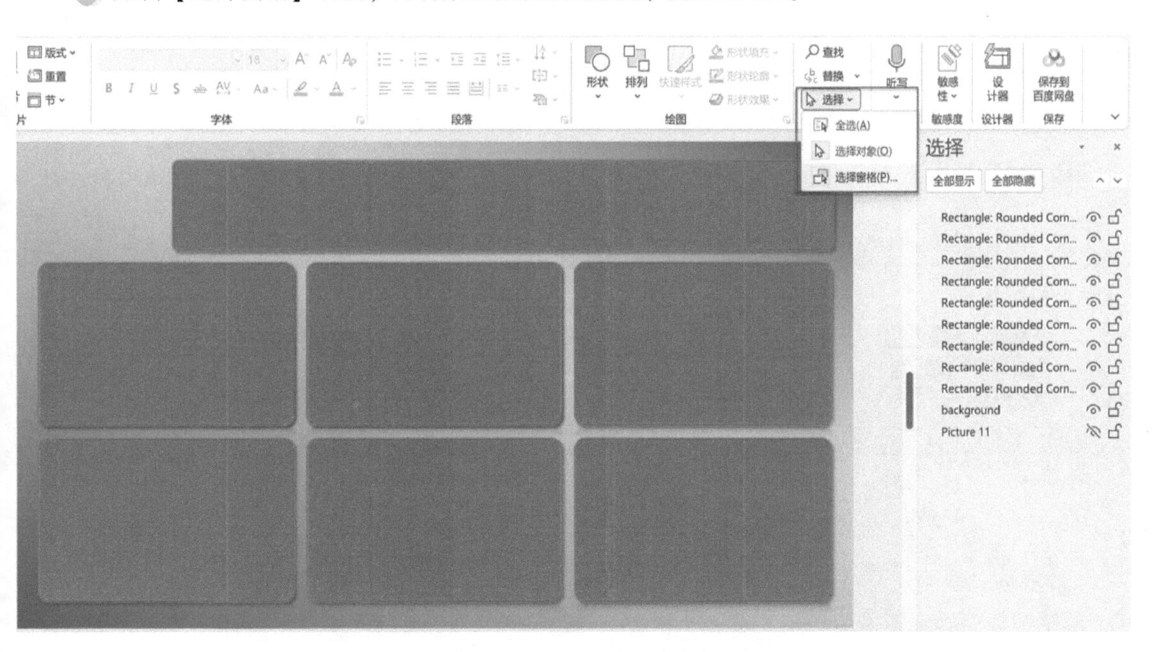

图 3. 154　为背景图添加主题颜色

06 将调试完成的页面另存为可缩放矢量图格式，见图 3. 155。

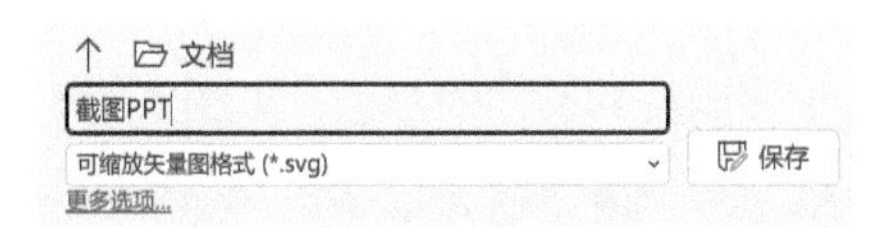

图 3. 155　将背景保存为可缩放矢量图格式

07 返回到 Power BI 报表中，参照图 3.156 在页面画布背景中插入矢量图并调整相关参数，使其达到最优效果。

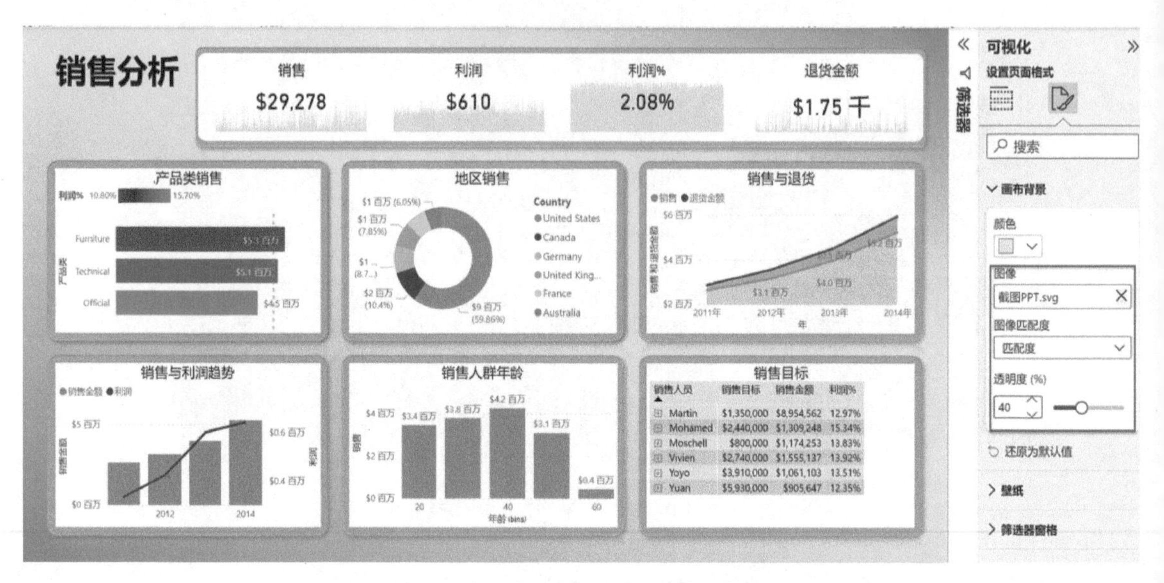

图 3.156　在 PowerPoint 中引用矢量图

08 在选择栏中隐藏之前所创建的形状，见图 3.157。

图 3.157　隐藏形状

09 关闭可视化报表的背景颜色并调整其文字为白色，见图 3.158。

10 重复以上操作统一报表风格，便完成了自定义背景的设置。同时如果想增加更多可视化元素可在报表中通过【图像】功能添加相应图标使报表显得更加生动，见图 3.159。

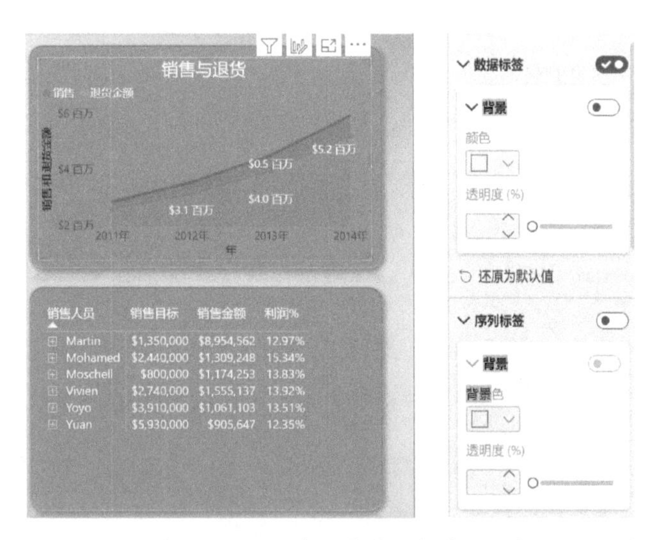

图3.158　关闭可视化报表的背景颜色并调整其文字为白色

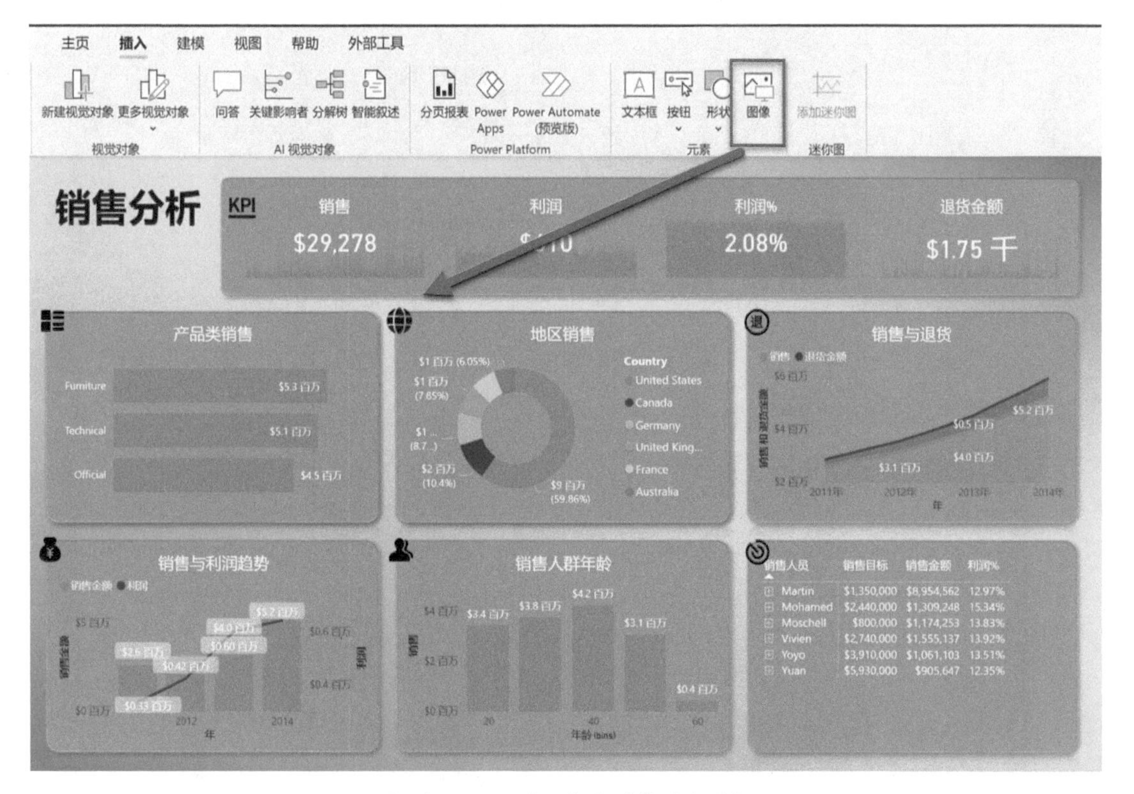

图3.159　为可视化对象添加图标

例80　设置隐藏切片器菜单效果

经过以上步骤已经基本完成了报表可视化效果优化，但如果要在上面添加额外的切片器功能，报表已经没有足够的空间了。这个时候可以利用隐藏菜单方法为报表添加额外切片器菜单，增强报表筛选效果。所谓隐藏菜单是指设置菜单显示隐藏开关，可以随时切换菜单状态，而不遮挡报表可视化内容，本例将介绍隐藏菜单方面的知识。

01 在报表中直接插入两个矩形形状，作为背景色和隐藏菜单，见图 3.160。

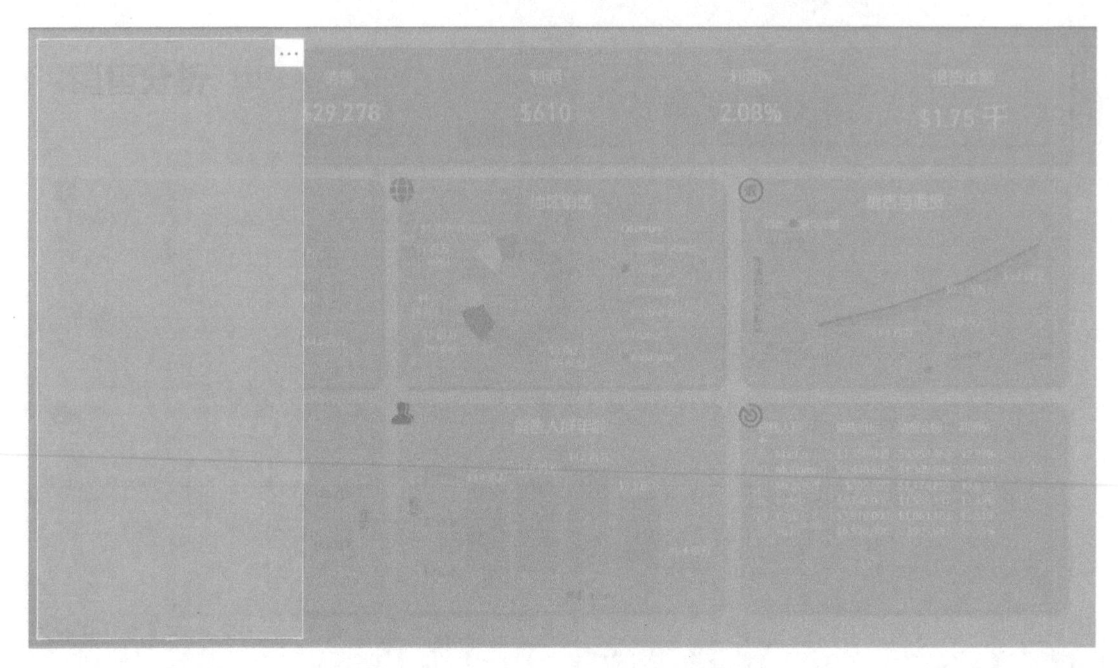

图 3.160 为报表添加两个矩形形状

02 在隐藏菜单矩形内添加所需的切片器、文本框和返回按钮，见图 3.161。

03 多选隐藏菜单矩形和其包含的所有可视化对象，在右键菜单中选择【分组】-【分组】选项，将其命名为【筛选菜单】，见图 3.162。

图 3.161 在菜单矩形框中设置切片器、文本框和返回按钮

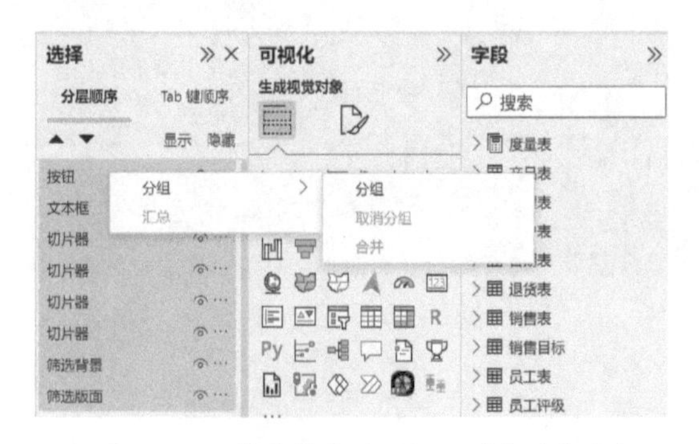

图 3.162 将菜单中的可视化对象进行分组

04 单击【书签】图标，分别创建两个书签作为显示菜单和隐藏菜单，见图 3.163。

05 隐藏【筛选菜单】组中的对象（关闭眼睛图标），单击书签【隐藏菜单】旁的 ··· 菜单，取消勾选默认的【数据】选项，之后选择【更新】选项，见图 3.164。

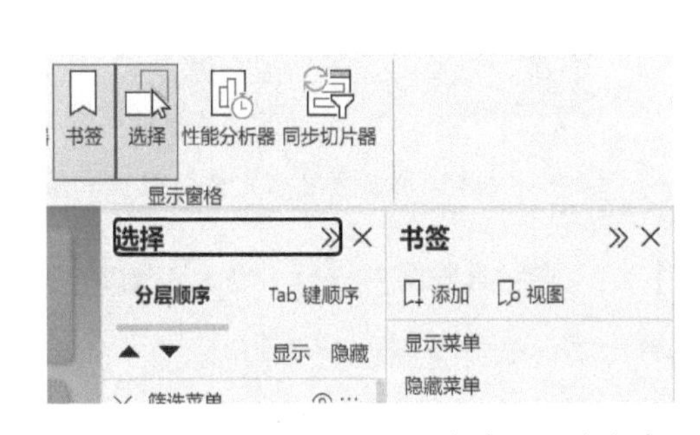

图 3.163 添加书签显示菜单和隐藏菜单

图 3.164 选择隐藏可视化对象并进行更新

06 显示【筛选菜单】组中的对象，单击书签【显示菜单】旁的 ··· 菜单，勾选【数据】选项，之后选择【更新】选项，见图 3.165。

07 选中隐藏按钮，在【操作】中设置【类型】为【书签】，【书签】为【隐藏菜单】，见图 3.166。

图 3.165 选择显示可视化对象并进行更新

图 3.166 绑定按钮与菜单

08 在报表名称下方添加两个菜单按钮，它们的作用分别为显示菜单和重置菜单，见图 3.167。

09 选中显示菜单按钮，显示菜单书签进行绑定，在【操作】中设置【类型】为【书签】，【书签】为【隐藏菜单】，见图 3.168。

10 单击显示菜单，此时会发现隐藏菜单按钮和重置菜单按钮仍然留在界面上，这是因为还没有将其隐藏，见图 3.169。

图 3.167 在报表名称下方添加个两个可视化按钮

图 3.168　绑定按钮与显示菜单　　图 3.169　界面中显示冗余按钮

⑪ 将对应的重置按钮和隐藏按钮放入【筛选菜单】组，再将其隐藏并进行更新，见图 3.170。

⑫ 添加一个【重置菜单】书签，将全部切片器内容全选，再参考图 3.171 进行更新（保持【数据】为勾选状态），见图 3.34。

图 3.170　隐藏重置按钮与隐藏按钮后，进行更新　　图 3.171　更新重置菜单

最终完成结果为：单击显示菜单按钮则可显示隐藏菜单，单击隐藏菜单按钮则可隐藏菜单，单击重置菜单按钮则可将切片器恢复至全部。

第 4 章

「数据发布与共享——强大的数据分享发布平台」

数据分析提供商业洞察力，数据发布与共享提升协同效率，将正确的数据，在正确的时间，以正确的方式，推送给正确的受众，驱动正确的决策和行动，将数据的价值发挥到极致。如何高效发布与共享数据内容，使数据价值发挥最大效益是平台管理者的责任。Power BI Service 是 Power BI 的 SaaS 平台，集成了大量高级的数据分享功能，例如分享数据流、数据集、数据市场，创建和管理指标、管道，创建多语言和视角功能等，为数据共享提供强大的基础平台，本章主要介绍 Power BI Service 中的以上功能特色与亮点。注意，用户需要拥有 Power BI Pro 或者 Power BI Premium Per User 许可来完成本章中的示例实践。

技巧 28　如何创建中心化数据内容

问题：

- 如何共享数据处理结果？
- 如何共享数据集？
- 如何共享数据市场？

借助 Power BI Service 平台，用户可发布与分享数据流、数据集和数据市场 3 种形式的数据内容，高效地实现数据内容共享。本例将介绍数据流、数据集和数据市场的创建与分享。首先，简要说明它们各自的特点。数据流相当于云端 Power Query，将 Power Query 数据处理功能移至线上，用户可在线直接创建 Power Query，而不用依赖于任何单一的 Excel 或 Power BI 文件。数据集相当于云端数据模型（模型、度量和计算列的集合），用户可直接连接数据集并在已经搭建好的模型基础上进行数据分析。数据市场相当于数据流与数据集的集合，用户可以在数据市场中创建数据流和数据集，并且创建视图和 SQL 查询。它们皆可用于跨报表的分享，但又有本质的区别，本例将介绍其具体实现方法，见图 4.1。

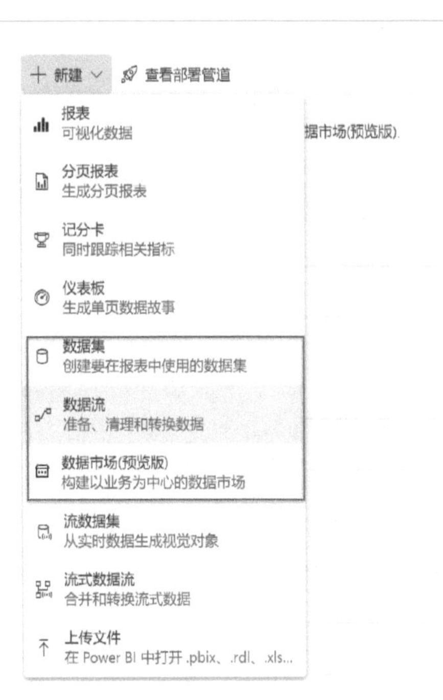

图 4.1　在 Power BI Service 工作区创建数据集、数据流和数据市场

创建与共享数据流

01 在图 4.1 的菜单中选择【数据流】选项，在图 4.2 的【开始创建数据流】界面中选择【添加新表】选项。

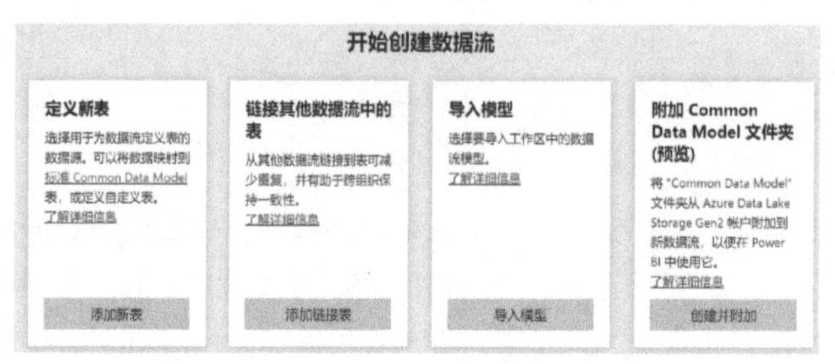

图 4.2 选择【添加新表】选项

02 在【选择数据源】界面中选择【空白查询】选项，见图 4.3。

图 4.3 选择【空白查询】选项

03 将示例文件 M 代码粘贴进空白查询中，见图 4.4。单击【下一步】按钮，进入 Power Query 界面，见图 4.5。

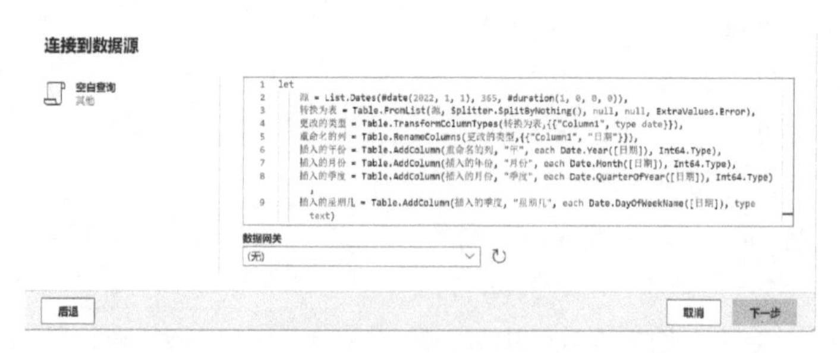

图 4.4 将示例 M 代码粘贴到空白查询中

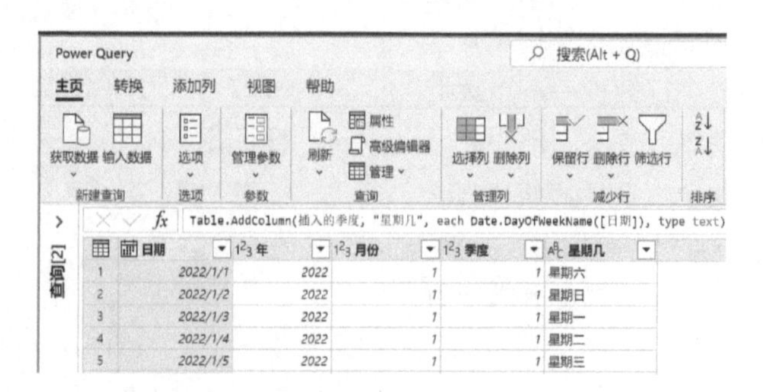

图 4.5 数据流中的 Power Query 界面

04 在 Power Query 界面中选择输入数据并将示例文件中的中国假日粘贴入表中，之后单击【确定】按钮，见图 4.6。

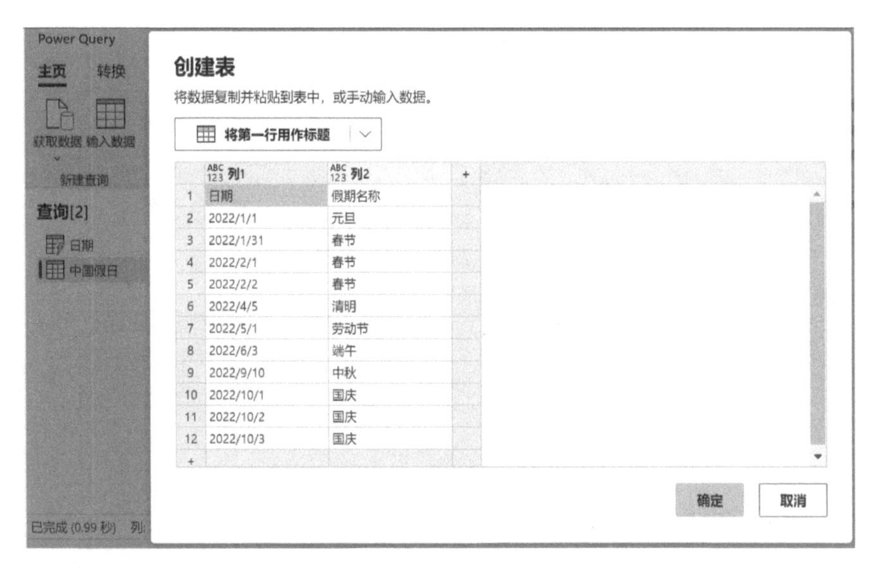

图 4.6 粘贴中国假日

05 用鼠标右键单击【中国假日】表，勾选【启用加载】选项，见图 4.7。

06 在【合并】对话框中将日期表和中国假日表的左侧行连接合并，单击【确定】按钮，见图 4.8。

图 4.7 勾选【启动加载】选项

图 4.8 将两表的左侧行进行连接合并

07 图 4.9 为合并后的效果图，单击【保存并关闭】按钮，退出 Power Query 设置界面。

08 为新数据流命名和填写说明，单击【保存】按钮，见图 4.10。

09 启动 Power BI Desktop，选择【获取数据】-【Power BI 数据流】选项，见图 4.11。

图 4.9 合并完成的效果

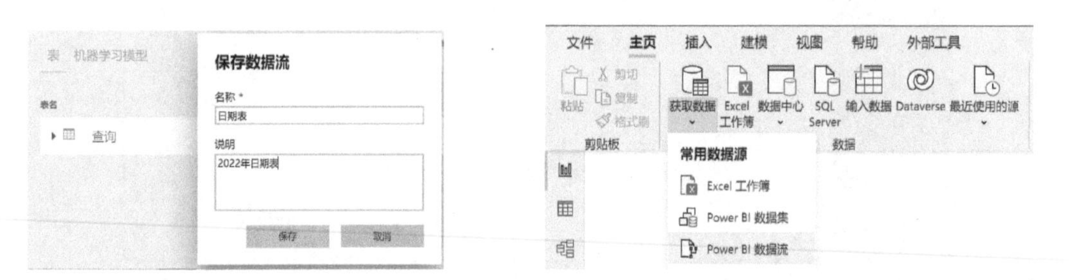

图 4.10 保存数据流

图 4.11 选择【获取数据】-【Power BI 数据流】选项

10 在【导航器】对话框中选择对应的数据流对象，单击【转换数据】按钮，见图 4.12。

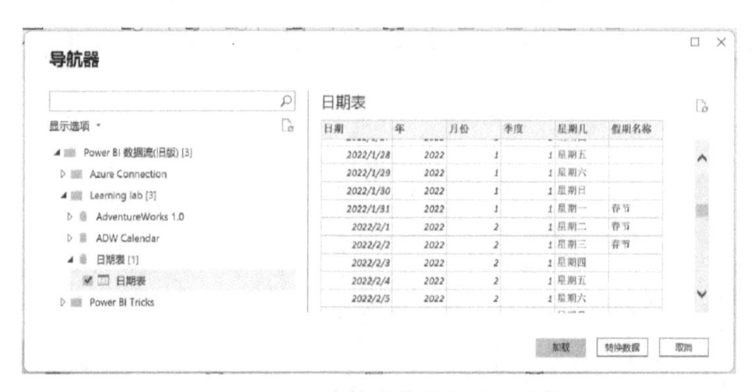

图 4.12 选择对应的数据流对象

图 4.13 为获取完成的数据流结果，所有数据处理步骤都已经在云端平台完成，用户只需要在本地

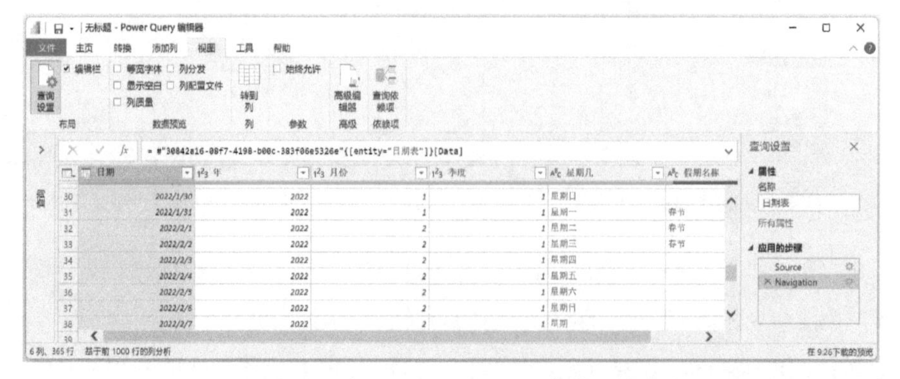

图 4.13 在 Power BI Desktop 中引用数据流

端使用处理完成的数据即可。

除了在 Power BI Desktop 中应用数据流，用户也可以在新建的数据流中引用已经创建的数据流，见图 4.14。

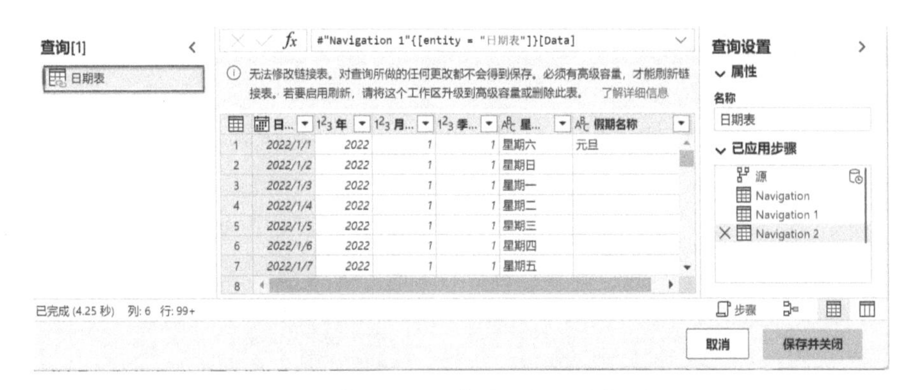

图 4.14 在新数据流中引用先前创建的数据流

例 82 创建与共享数据集

所有发布到云端的报表都包含两个内容：数据集和报表，见图 4.15。本例将介绍读取云端发布的数据集。

所有 内容 数据集 + 数据流 数据市场(预览版)

名称	类型	所有者
Sales Analysis v1 SQL CN	报表	The9thBook
Sales Analysis v1 SQL CN	数据集	The9thBook

图 4.15 在 Power BI Search 中浏览数据集

01 在 Power BI Desktop 端选择【获取数据】-【Power BI 数据集】选项，在弹出的【数据中心】对话框中选择对应的数据集，单击【连接】按钮，见图 4.16。

图 4.16 选择对应的数据集

02 观察连接完成后的默认模型，注意在默认情况下，数据集连接模式为【实时连接】模式，此模式下用户无法使用数据视图，见图 4.17 和图 4.18。用户可选择从默认连接模式由实时模式切换为 DirectQuery（直连）模式。

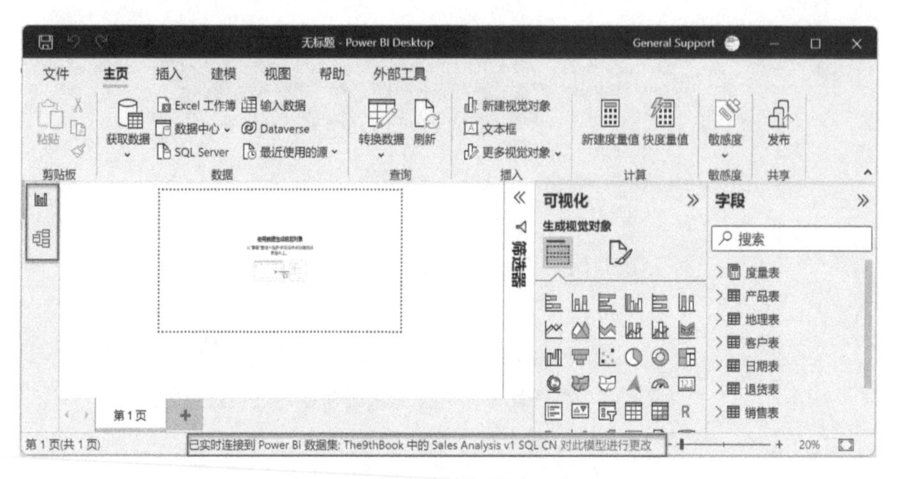

图 4.17 数据集默认为【实时连接】模式

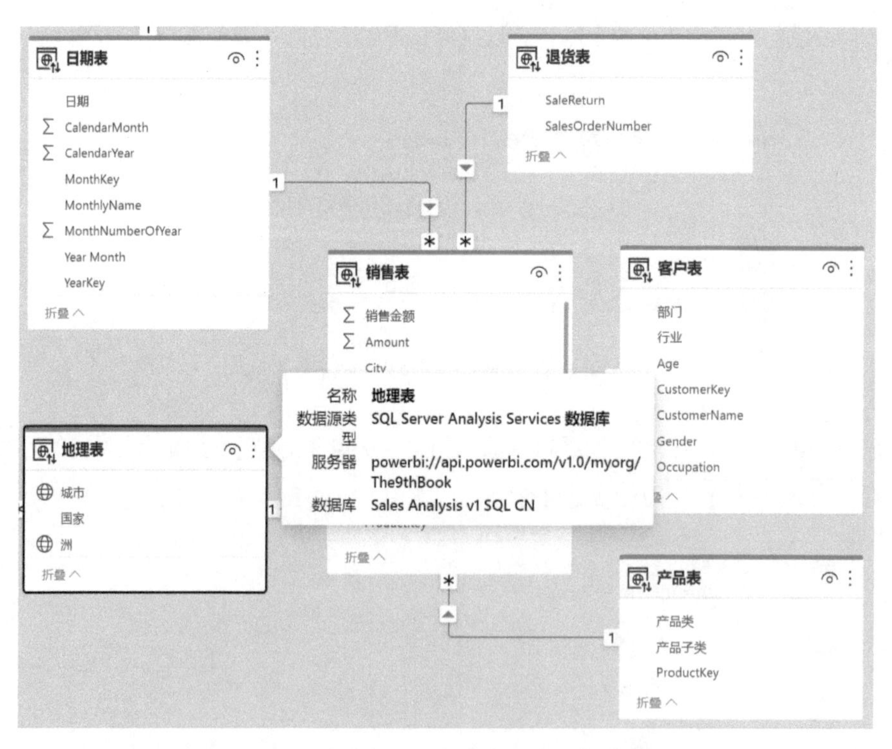

图 4.18 关系视图下的【实时连接】数据模型

03 单击图 4.17 下方的【对此模型进行更改】选项，将其连接切换为直连模式。在弹出的【需要 DirectQuery 连接】对话框中单击【添加本地模型】按钮，见图 4.19。切换完成后，连接（存储）模式变为【DirectQuery】，见图 4.20。

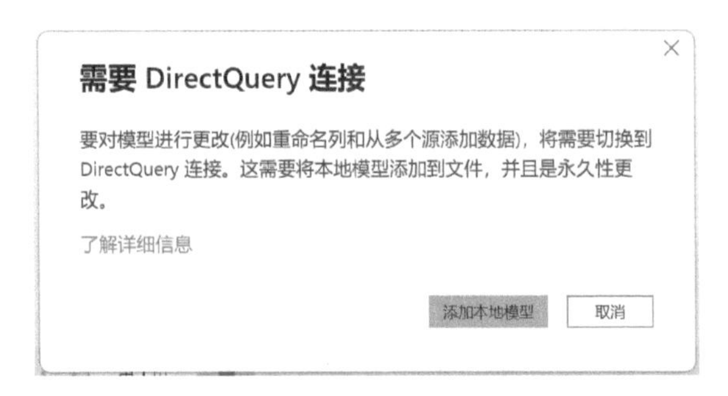

图 4.19 将默认实时连接切换为直连模式

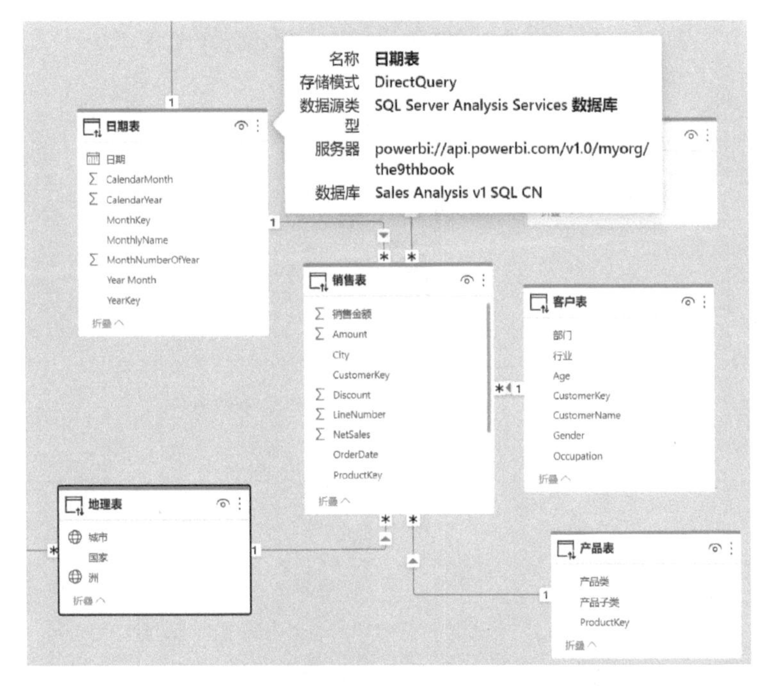

图 4.20 切换为直连模式后的数据源类型存储模式

例 83 创建与共享数据市场

数据市场是微软 2022 年推出的新功能，其相当于数据流和数据集的集合体。值得一提的是，至本书写完为止，数据市场暂时只是预览功能，还不支持中文表格和中文标题，因此本例的介绍文件为英文数据库。

1. 创建数据流和数据集

01 在图 4.1 中选择【数据市场】选项，在【开始生成数据市场】界面中选择数据源，本例将使用 SQL Server 数据源，见图 4.21。

02 在【连接设置】界面中分别填写服务器名称和数据库名称，见图 4.22。

03 在【选择数据】界面的【显示选项】中勾选需要的数据表，单击【转换数据】按钮，见图 4.23。

图 4.21　选择【从 SQL Server 导入数据】选项

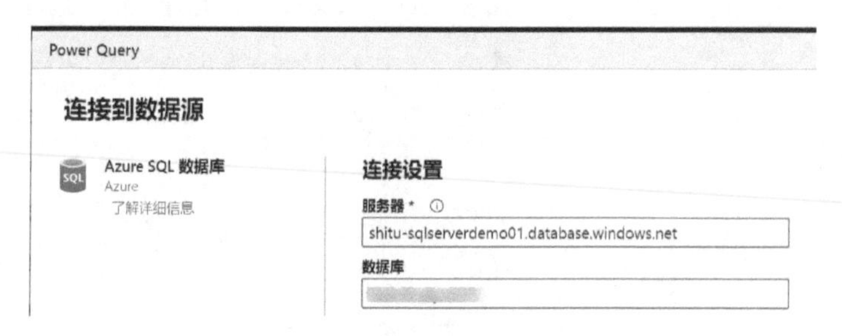

图 4.22　填入数据的服务器和数据库名称

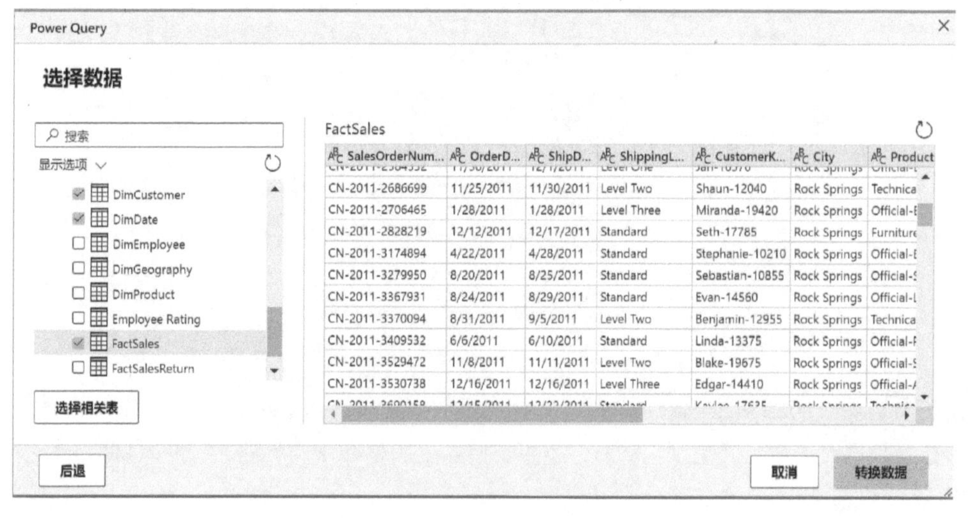

图 4.23　勾选相应的表格

04 进入 Power Query 界面，用户可在此处建立计算字段，然后单击【保存】按钮，见图 4.24。

05 待加载完成后，用户在数据集市场界面中可修改内容名称、创建度量、管理角色和新建报告，见图 4.25。

06 在模型视图下用户可选择建立表之间的关系，见图 4.26 和图 4.27。

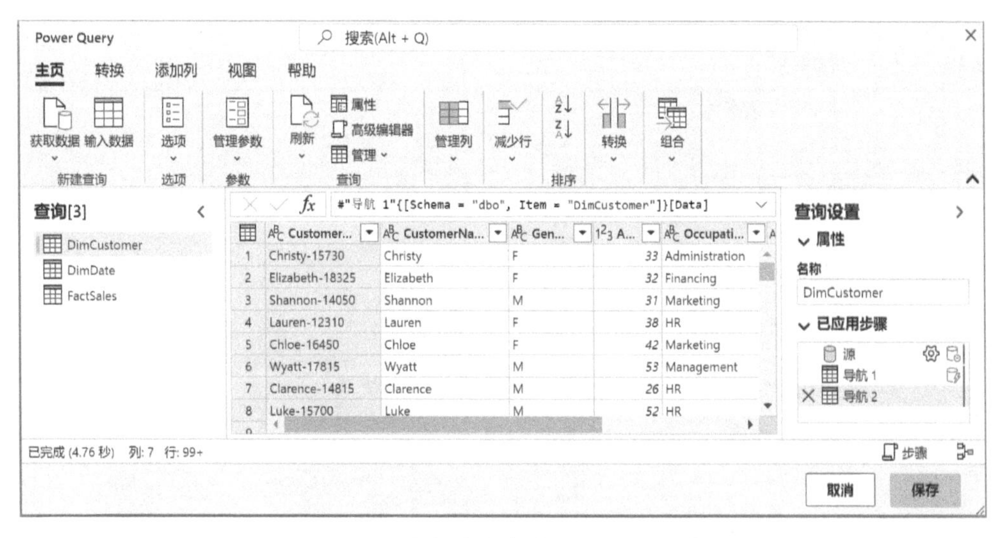

图 4.24 数据市场中的 Power Query 界面

图 4.25 为数据集市场命名和创建度量

图 4.26 数据市场中的关系视图

用户不用保存数据市场，创建完成的数据模型将以数据集的形式存储在工作区中，其与数据市场的连接关系为直连，见图 4.28。

07 在 Power BI Desktop 中选择【数据中心】-【数据市场】选项，见图 4.29。

图 4.27　建立表之间的关联关系

图 4.28　数据市场将产生数据集和数据市场两个对象

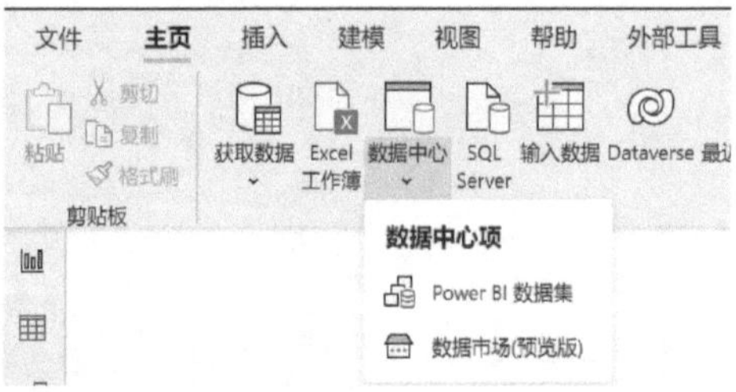

图 4.29　在 Power BI 中读取数据市场

08 在【数据中心】对话框中选择对应的数据市场，单击【连接】按钮，见图 4.30。

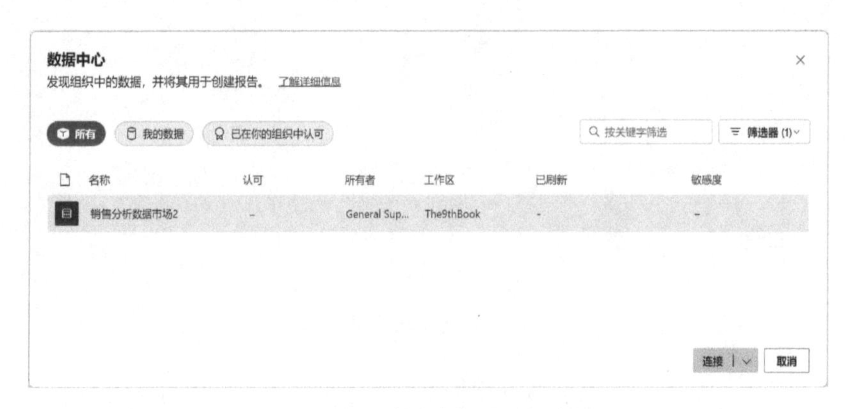

图 4.30　连接选择的数据市场

09 选择需要的数据表，效果与使用数据集类似，见图 4.31。

图 4.31 选择数据市场中的报表内容

2. 在线查询

除了创建数据流和数据集，数据市场支持用户创建在线查询，见图 4.32，为用户提供更为灵活的分析功能，尤其对于大规模数据查询，在线查询有更多资源优势。

01 选择【新建视觉对象查询】选项，再将表拖入视图画布中，见图 4.33。

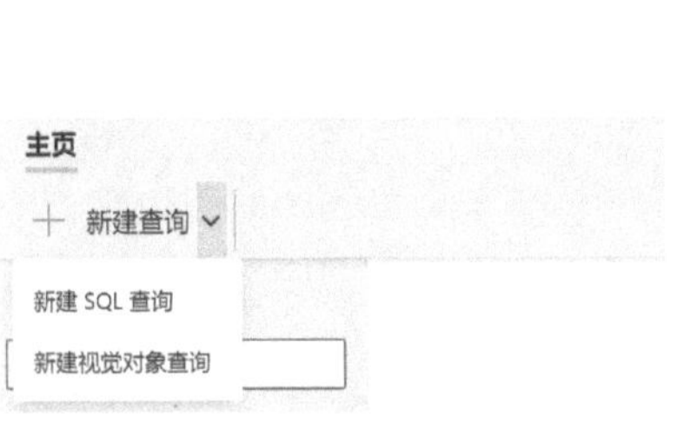

图 4.32 数据市场支持视觉对象查询和 SQL 查询两种方式

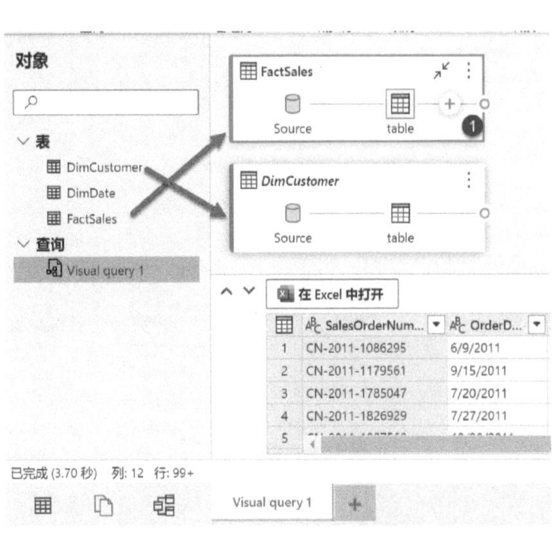

图 4.33 通过视图方式建立查询

02 将两表进行左侧联接合并操作，见图 4.34。

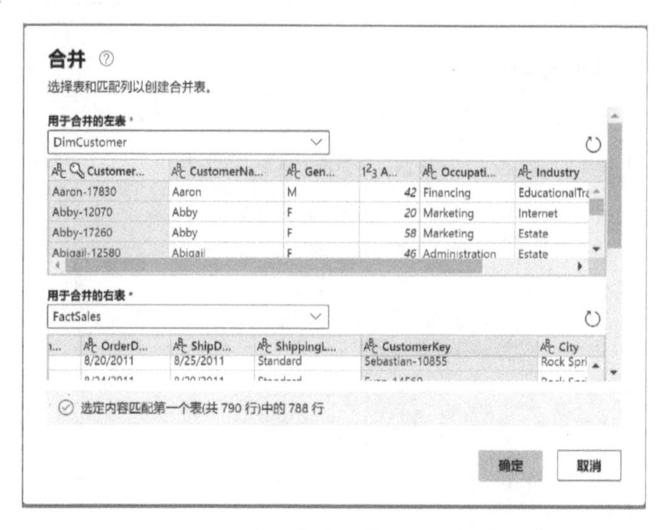

图 4.34 对两表进行左侧联接合并操作

03 图 4.35 为合并结果，单击合并表列对 Table 进行展开操作，见图 4.35。

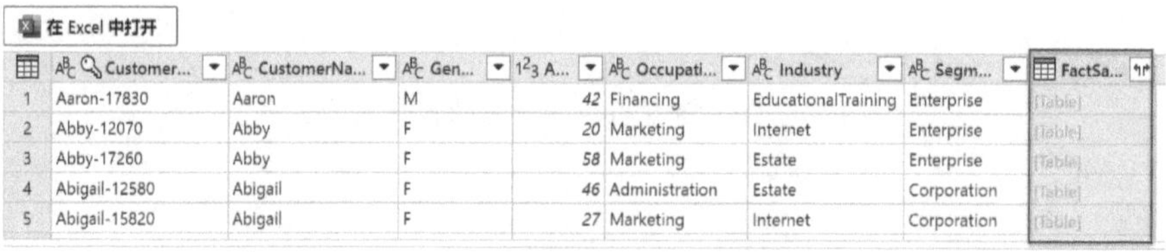

在 Excel 中打开

	Customer...	CustomerNa...	Gen...	A...	Occupati...	Industry	Segm...	FactSa...
1	Aaron-17830	Aaron	M	42	Financing	EducationalTraining	Enterprise	[Table]
2	Abby-12070	Abby	F	20	Marketing	Internet	Enterprise	[Table]
3	Abby-17260	Abby	F	58	Marketing	Estate	Enterprise	[Table]
4	Abigail-12580	Abigail	F	46	Administration	Estate	Corporation	[Table]
5	Abigail-15820	Abigail	F	27	Marketing	Internet	Corporation	[Table]

图 4.35 合并后的视图效果

04 对结果进行【分组依据】查询操作，单击【确定】按钮，见图 4.36。

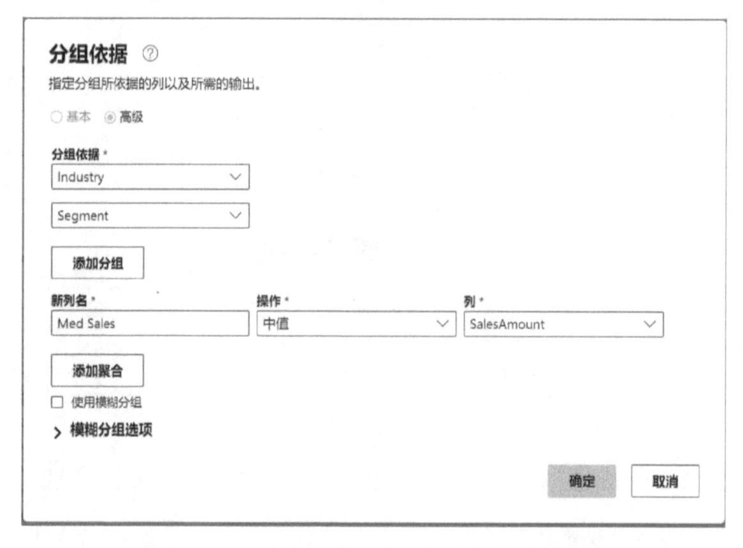

图 4.36 对结果进行【分组依据】查询操作

05 对金额进行降序排序，得到最终的分组查询结果，单击【在 Excel 中打开】选项可将表数据以 Excel 格式导出，见图 4.37。

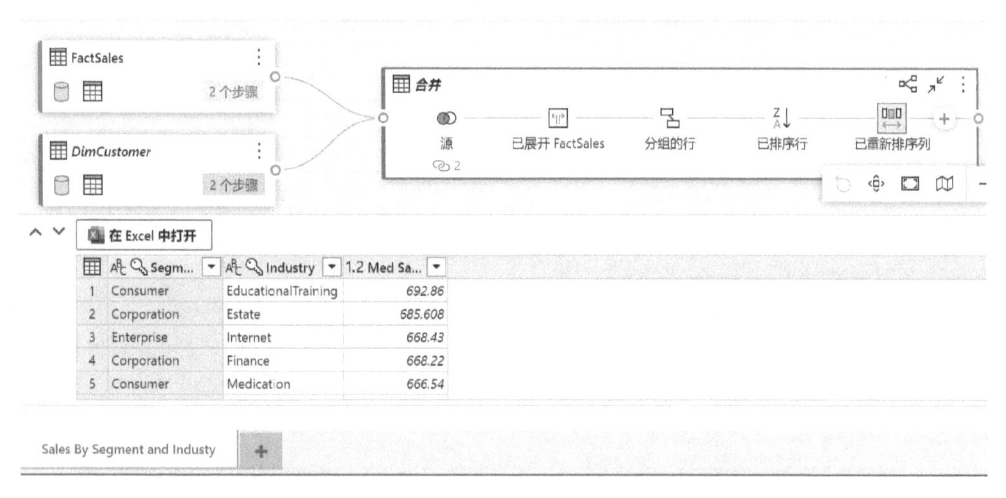

图 4.37 最终的图形化查询效果图

06 数据市场也支持 SQL 查询，选择【新建 SQL 查询】选项，在新建查询中填入 SQL 语句，单击【Run】按钮，见图 4.38。

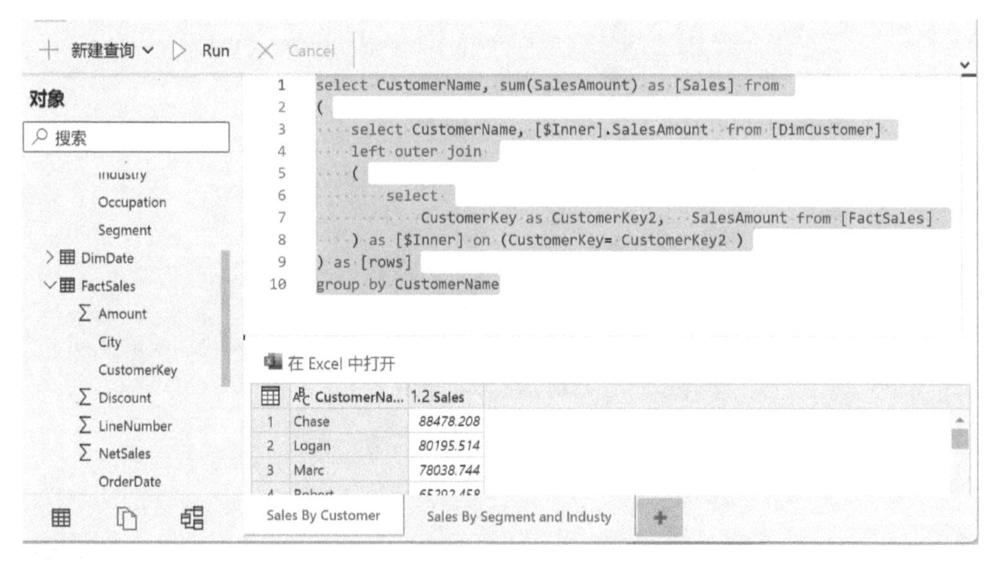

图 4.38 使用 SQL 查询的效果图

3. 外部查询

除了在 Power BI Service 界面中使用查询功能，数据市场也支持外部工具查询功能，以下将介绍通过 SSMS 工具（SQL 服务管理器）对数据市场进行查询分析。

01 在数据市场的设置菜单中复制连接字符串，见图 4.39。

02 登录 SSMS（SQL 服务器管理），选择服务器类型为【Database Engine】，将连接字符串粘贴到服务器名称中，并选择相应的认证方式登录，见图 4. 40。

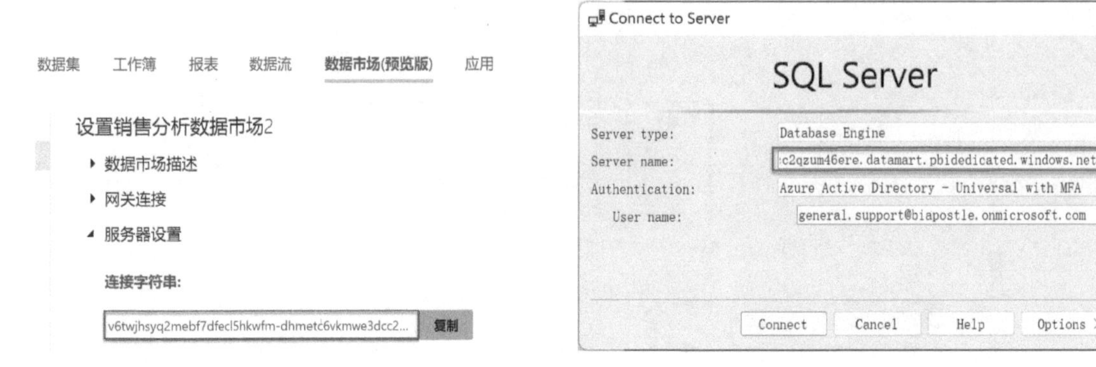

图 4. 39 复制连接字符串

图 4. 40 在 SSMS 中登录连接数据集市场

03 当登录成功后，用户可在数据库中进行 SQL 查询，获得数据查询结果，见图 4. 41。

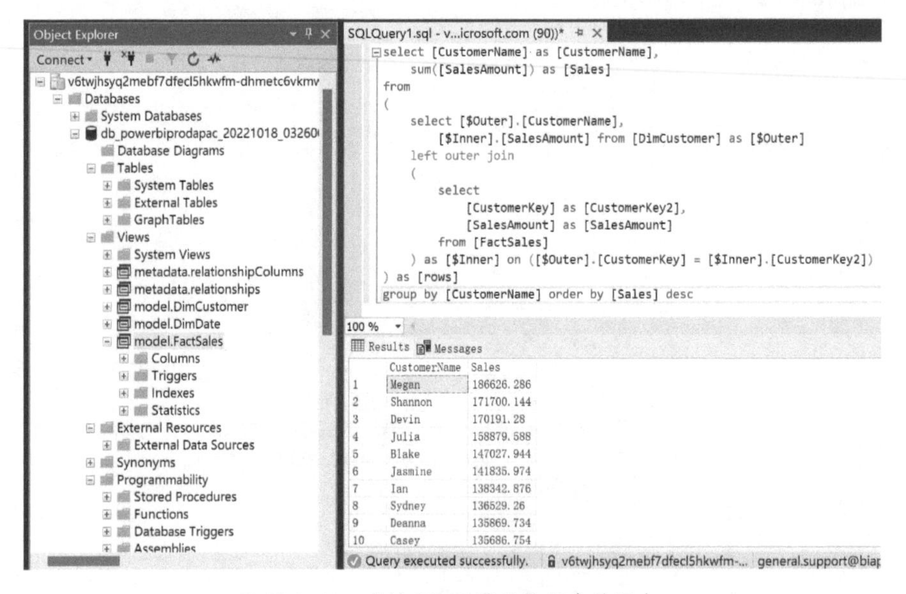

图 4. 41 通过 SSMS 界面执行查询语句

技巧 29 如何设置指标

问题：

- 如何手动设置指标？
- 如何动态设置指标？
- 如何设置子指标？
- 如何在报表中嵌入指标？

指标（Metrics）是一种数据驱动型协作方式，用于跟踪关键业务指标。用户可在 Power BI Service 中创建记分卡（Scorecard），并在其中生成、追踪和管理所定义指标。用户可以选择手动创建指标，也可以将指标动态绑定报表内容，还可以将指标直接嵌入 Power BI Service 报表中，图 4. 42 为 Power BI

Service 提供的记分卡和指标模板样例，本例将介绍关于指标功能的创建和设置。

图 4.42　Power BI Service 提供的记分卡示例样本

例 84　设置静态指标

01 在【新建】菜单中选择【记分卡】选项，见图 4.43。

图 4.43　在工作区中创建记分卡

02 在【静态记分卡】界面中选择【新建】-【新指标】选项，并手动设置【当前值】【最终目标】【开始日期】和【截止日期】等字段，单击【保存】按钮，见图 4.44。

图 4.44　新建指标并手动输入对应的数值

03 在新创建的指标名称的菜单中选择【请参阅详细信息】选项，见图 4.45。

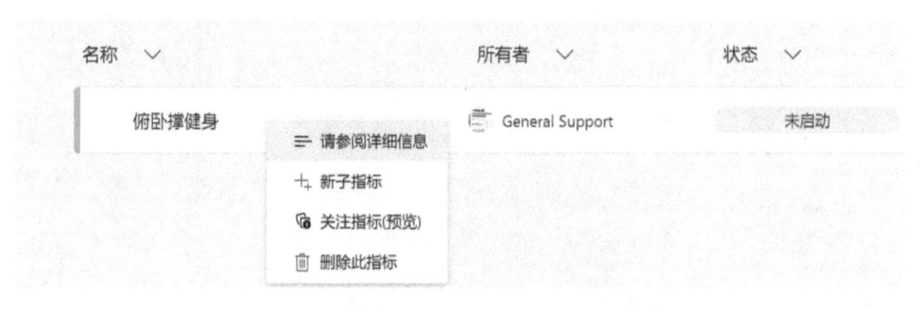

图 4.45 选择【请参阅详细信息】选项

04 在弹出的对话框中可见目前所输入的时间点，单击【新建签入】按钮添加更多的时间点，见图 4.46。

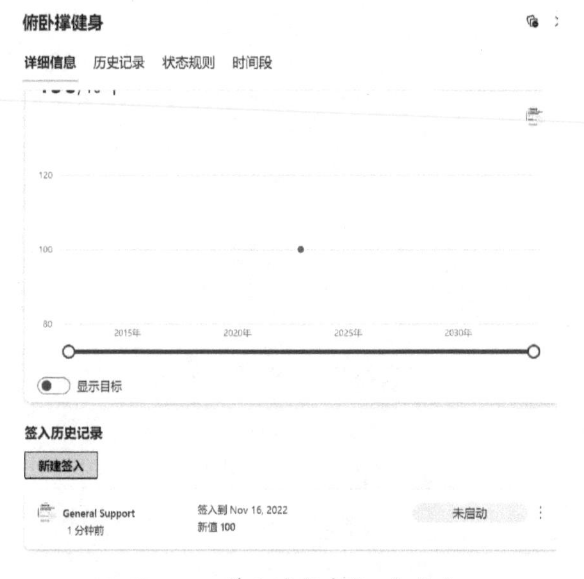

图 4.46 单击【新建签入】按钮

05 在弹出的对话框中输入具体的日期和数值并可在下面的注释文本框中填写备注信息，可使用 @ 符号通知其他人，被通知者将会在 Teams 通知中自动收到注释内容，单击【保存】按钮，见图 4.47 和图 4.48。

图 4.47 输入新的数据点并且可以进行注释

图 4.48 在 Teams 通知中自动收到记分卡中的通知信息

06 图 4.49 为输入新建签入完成后的效果图，到此便完成了手动方式的指标创建。

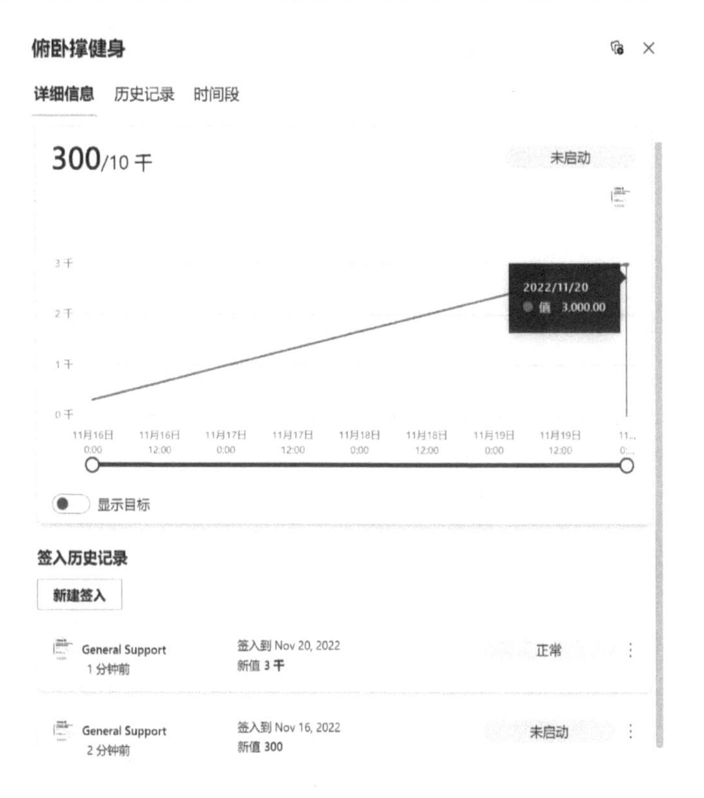

图 4.49 产生的可视化线图

07 留意图 4.48 中右上方的状态为手动设置，也可以通过设置规则的方式来自动规定指标状态。退出图 4.48 的对话框，重复图 4.45 的操作，在【状态规则】选项卡中单击【新规则】按钮，设置具体的判断条件后单击【保存】按钮，见图 4.50。

08 保存完成后，留意【详细信息】选项卡中自动更新为【存在风险】状态，也可勾选【显示目标】复选框，对比目标与实际值的偏差，见图 4.51。

09 单击【历史记录】选项卡，可查看签入历史记录，见图 4.52。

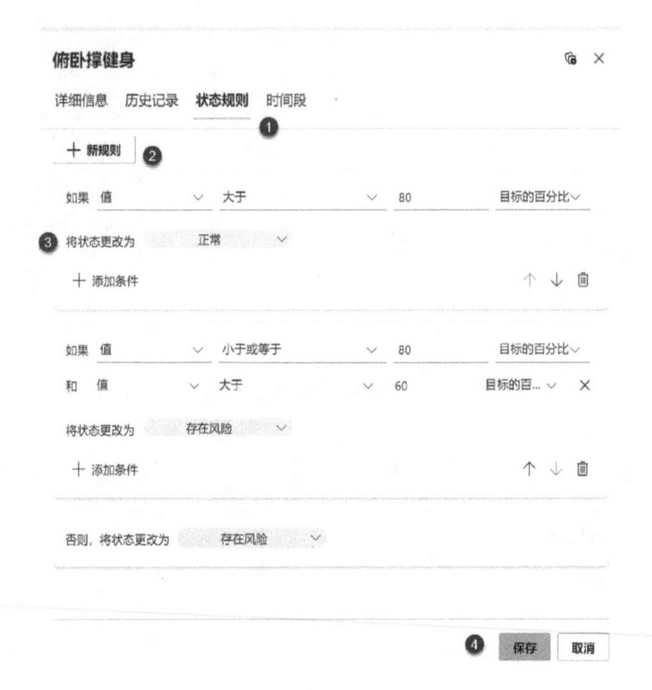

图 4.50 为指标创建新规则

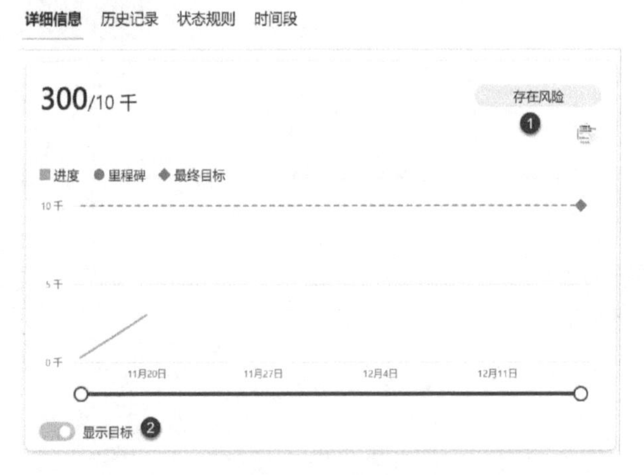

图 4.51 详细信息将根据状态规则自动调整

详细信息 历史记录 状态规则 时间段

跟踪最近对签入所做的更改。

签入日期	值	状态	更改者	上次修改时间
Dec 16, 2022	—	—	General Su...	17 分钟前
Nov 20, 2022	3 千	正常	General Su...	9 分钟前
Nov 16, 2022	300	未启动	General Su...	11 分钟前

图 4.52 在【历史记录】选项卡中查看签入记录

例 85 设置动态指标

以上例子中通过手动输入方式设置指标，本例中将当前值、目标值与报表可视化动态绑定，这样做的好处是当报表内容发生变更时，指标值也动态发生变更。

01 打开示例文件，并将示例文件上传至 Power BI Service 中，见图 4.53。

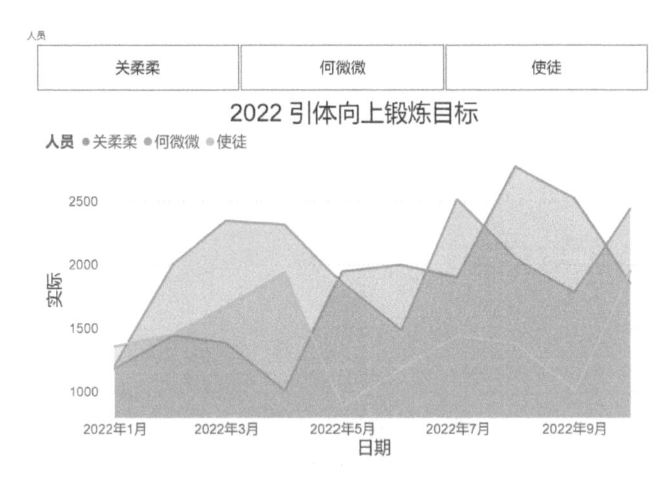

图 4.53 在 Power BI Desktop 中创建的报表

02 参照前例做法创建新的记分卡和指标，在【当前值】选项区中选择【连接到数据】选项，见图 4.54。

图 4.54 选择【连接到数据】选项

03 在【报选择报表或应用】对话框中选择发布的报表，见图 4.55。

选择报表或应用
最近 收藏夹 与我共享 应用 所有报表
搜索
报表名称 上次访问时间 所有者 工作区
Goals设置目标 3 小时前 The9thBook The9thBook

图 4.55 选择所对应的 Power BI 报表

04 在【选择要连接到此指标的数据点】对话框中用光标框住所需要的数据点（所有人的末端数据点），在【度量值】栏选择【实际】值，单击【连接】按钮，见图 4.56。

05 对于目标值的设置，采取类似的操作，只是设置【度量值】为【目标】，见图 4.57。

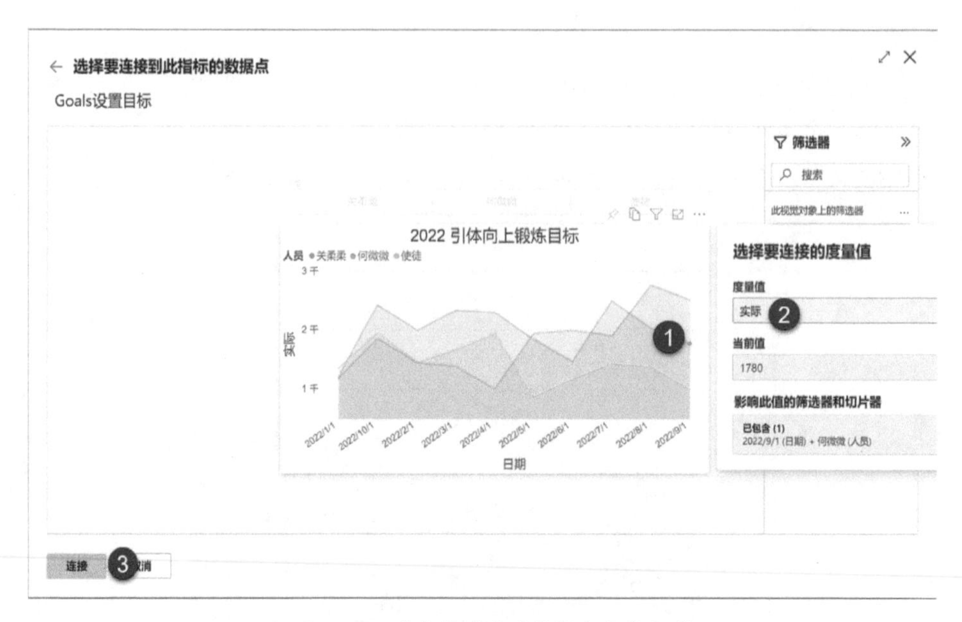

图 4.56　选中所对应的数据点和实际值

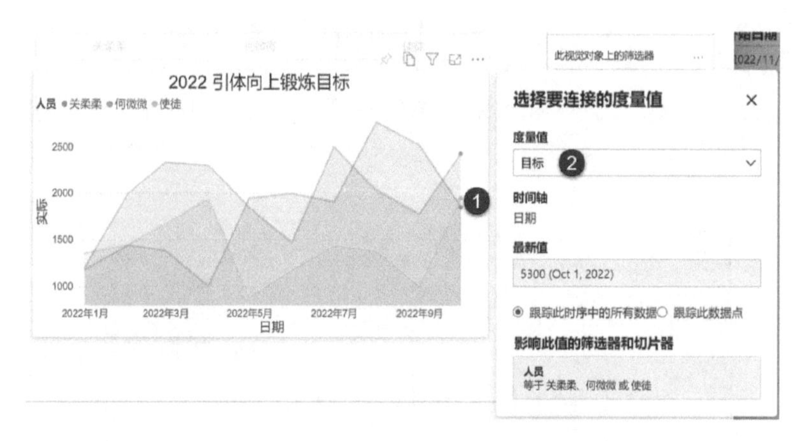

图 4.57　选中所对应的数据点和目标值

06 继续完成剩余的参数的设置，单击【保存】按钮，指标将动态显示实际进度，见图 4.58。

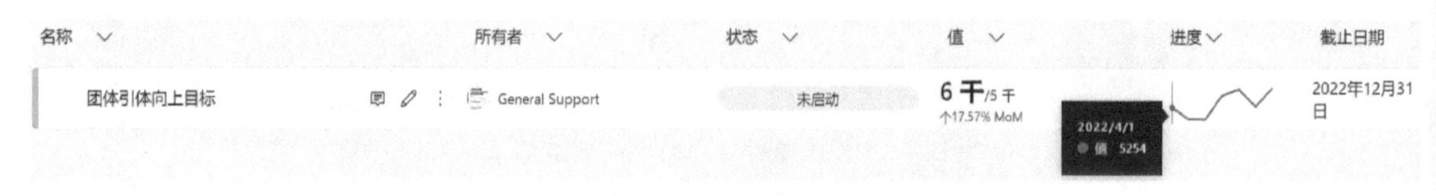

图 4.58　创建完成后自动形成的进度条

值得一提的是，选择的可视化对象必须包含日期维度，同时可视化必须是线图、面积图等显示趋势的图形。如果选择的是表格可视化，指标则不会显示进度条。

例 86 添加子指标

除了设置单一的指标，还可以为指标设置子指标，从而更加细化管理内容。

01 在上例创建的指标菜单中选择【新子指标】选项，见图 4.59。

名称
团体引体向上目标
请参阅详细信息
新子指标
关注指标(预览)
删除此指标

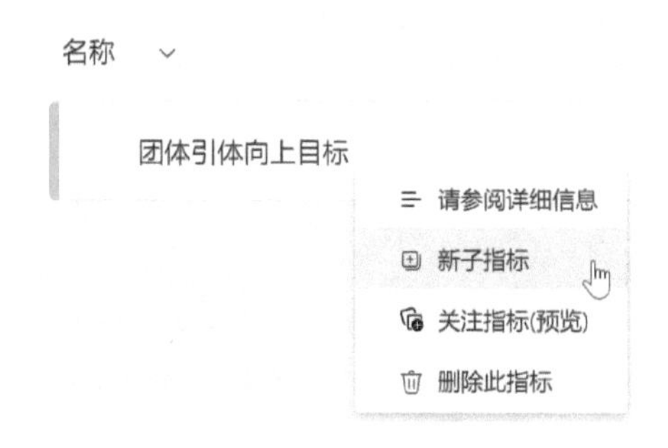

图 4.59 在目标菜单中选择【新子指标】选项

02 在设置【当前值】和【最终目标】栏时，只选择对应的单人数据点（可用筛选器协助），见图 4.60。

2022 引体向上锻炼目标
人员 使徒
2000
1800
1600
1400
1200
1000
800
2022年1月
2022年3月
2022年5月
2022年7月
2022年9月
日期
2022年10月1日
使徒 1950
目标 1500
此视觉对象上的筛选器
选择要连接的度量值
度量值
实际
时间轴
日期
最新值
1950 (Oct 1, 2022)
跟踪此时序中的所有数据
跟踪此数据点
影响此值的筛选器和切片器
人员
等于 使徒

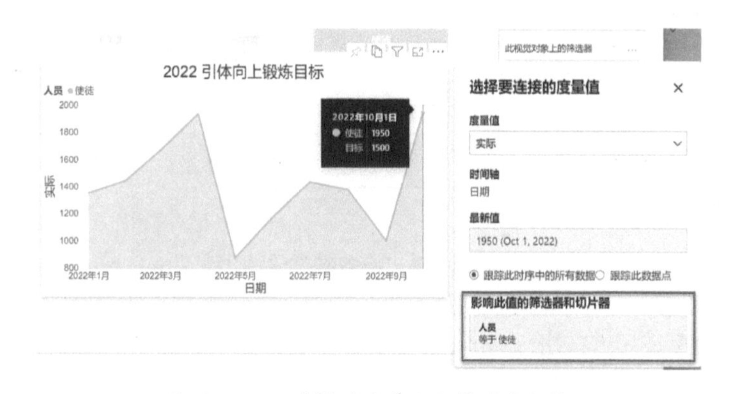

图 4.60 选择对应单个人员的实际值

03 完成单人设置后，重复上述步骤的操作，直至将所有个体指标设置完成，见图 4.61。到此便为总指标设置了子指标。

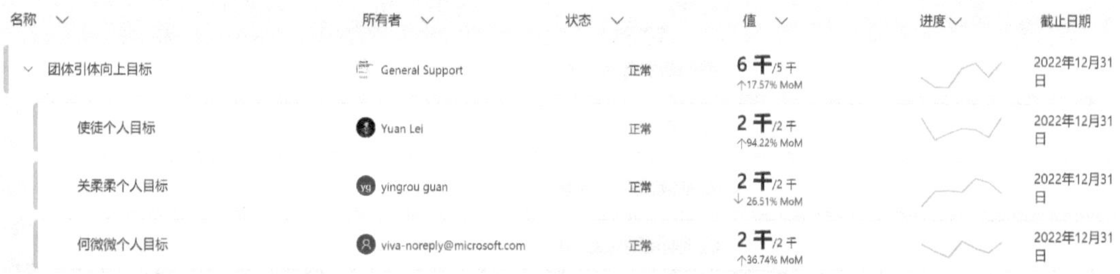

名称
所有者
状态
值
进度
截止日期
团体引体向上目标
General Support
正常
6 千/5 千
↑17.57% MoM
2022年12月31日
使徒个人目标
Yuan Lei
正常
2 千/2 千
↑94.22% MoM
2022年12月31日
关柔柔个人目标
yingrou guan
正常
2 千/2 千
↓26.51% MoM
2022年12月31日
何微微个人目标
viva-noreply@microsoft.com
正常
2 千/2 千
↑36.74% MoM
2022年12月31日

图 4.61 设置完所有人员的效果图

例 87 在报表中设置指标可视化对象

Power BI Service 支持将指标可视化嵌入报表中，本例将介绍其相关的操作。

01 打开相关的 Power BI Service 报表，在可视化栏中选择指标可视化对象，将其放入画布中，然后单击可视化对象中的【添加指标】按钮，见图 4.62。

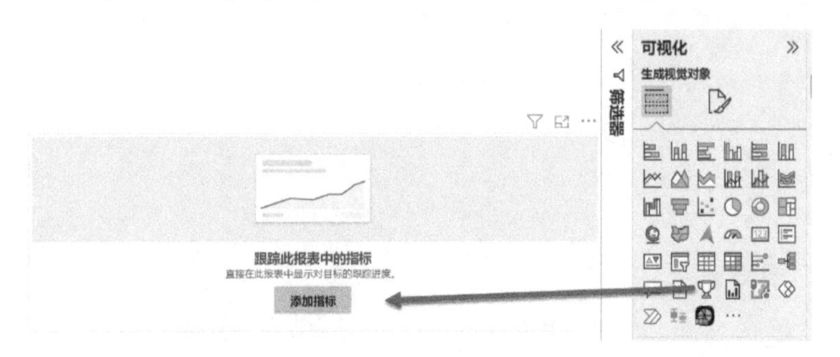

图 4.62 在 Power BI Service 报表中添加指标可视化对象

02 在导航对话框中双击选择相关的记分卡，见图 4.63。

从现有记分卡之一中进行选择

然后查找(或添加)要在此报表中显示的指标。

最近 收藏夹 与我共享 所有记分卡 搜索 + 新建记分卡

名称		所有者	打开时间:	认可
动态积分卡记分卡	★	General Support	3 分钟前	—
静态记分卡		The9thBook	2 小时前	—

图 4.63 选中添加对应的记分卡

03 选中相关指标旁的单选按钮，单击【添加到报表】按钮，见图 4.64。

名称	所有者	状态	值	进度	截止日期
团体引体向上目标	General Support	正常	6 千/5 千 ↑17.57% MoM		2022年12月 日
使徒个人目标	Yuan Lei	正常	2 千/2 千 ↑94.22% MoM		2022年12月 日
关柔柔个人目标	yingrou guan	正常	2 千/2 千 ↓26.51% MoM		2022年12月 日
何微微个人目标	viva-noreply@microsoft.com	正常	2 千/2 千 ↑36.74% MoM		2022年12月 日

添加到报表 取消

图 4.64 选择具体的记分卡

04 注意，每个指标可视化对象只对应一个具体的指标，因此如果要嵌入多个指标，则需要重复以上操作，直至完成所有指标的嵌入，见图 4.65。

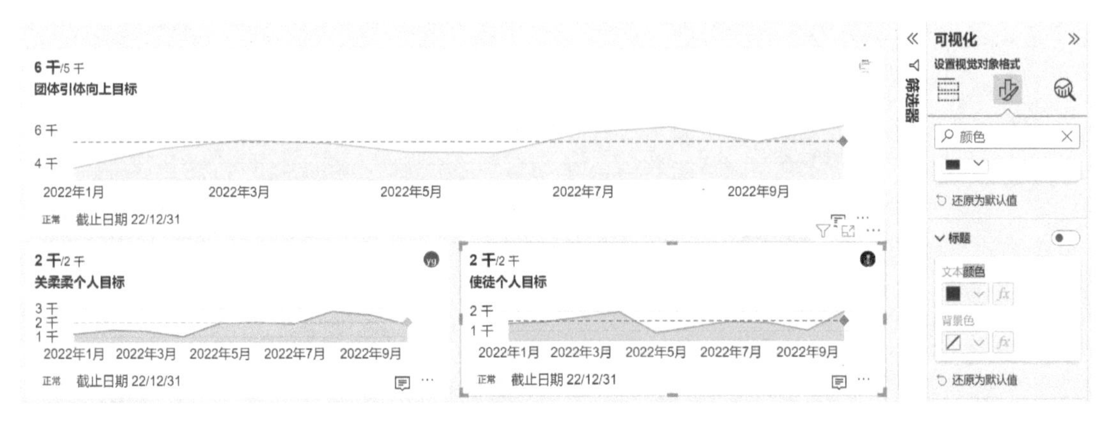

图 4.65 分别添加完成多个指标后的效果图

技巧 30 如何创建管理开发、测试和生成版本

问题：

- 如何同步开发、测试与生产系统的内容？
- 如何分别设置不同环境下的集成数据？

在企业应用环境解决方案中，开发环境通常包含开发、测试和生产 3 个独立的环境，根据不同的开发需求开发者会将数据内容在 3 个系统中进行传送或同步。本例将介绍通过部署管道实现环境部署的相关方法。

例 88 创建部署管道

01 在指定的工作区内单击【创建部署管道】按钮，见图 4.66。

02 在【创建部署管道】对话框中命名管道名称，单击【创建】按钮，见图 4.67。

图 4.66 在指定工作区单击【创建部署管道】按钮

图 4.67 在【创建部署管道】对话框中填入管道名称

03 在【将工作区分配到部署阶段】对话框中将本工作区分配到【开发】环境，单击【分配】按

钮，见图 4.68。

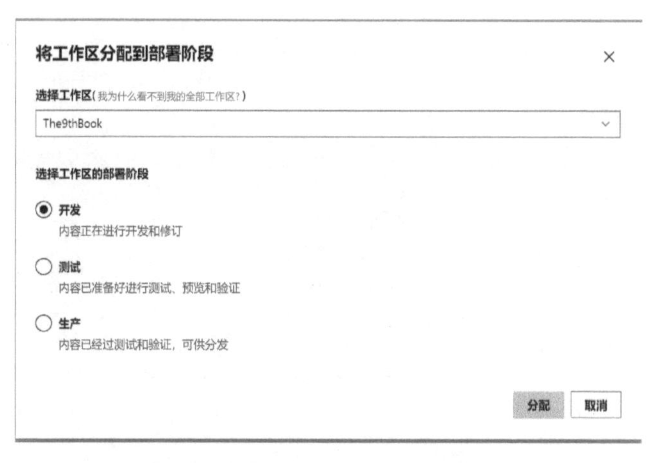

图 4.68　选择工作区的部署阶段

04 此时管道中会呈现【开发】【测试】【生产】3 个容器，单击开发容器中的【部署】按钮，将内容同步至测试环境的容器中，见图 4.69。

图 4.69　从【开发】容器部署到测试容器

05 稍等片刻，直至工作区出现 ✔ 图标，表示同步完成，见图 4.70。

图 4.70　同步后的【测试】容器状态

06 与此类似，将【测试】容器中的内容同步到【生产】容器中，保持 3 个环境中的内容一致，见图 4.71。

图 4.71 3 个环境内容同步的效果图

07 完成同步后可见自动生成的新工作区，见图 4.72。

图 4.72 在 Power BI Service 中新增的工作区

08 在开发环境中尝试修改内容，保存报表成功后返回管道中，见图 4.73。

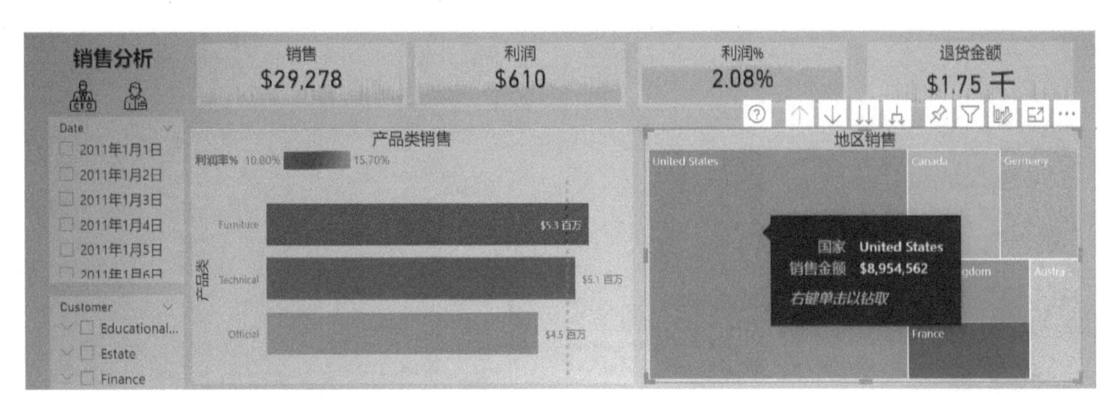

图 4.73 修改开发环境中报表的内容

09 返回管道界面，此时容器连接处会出现一个 ⊗ 图标，代表两容器内容并未完全同步。单击【比较】字段，在容器下方将显示相关选项，选中相关的选项，单击【部署】按钮将其再次同步，见图 4.74。

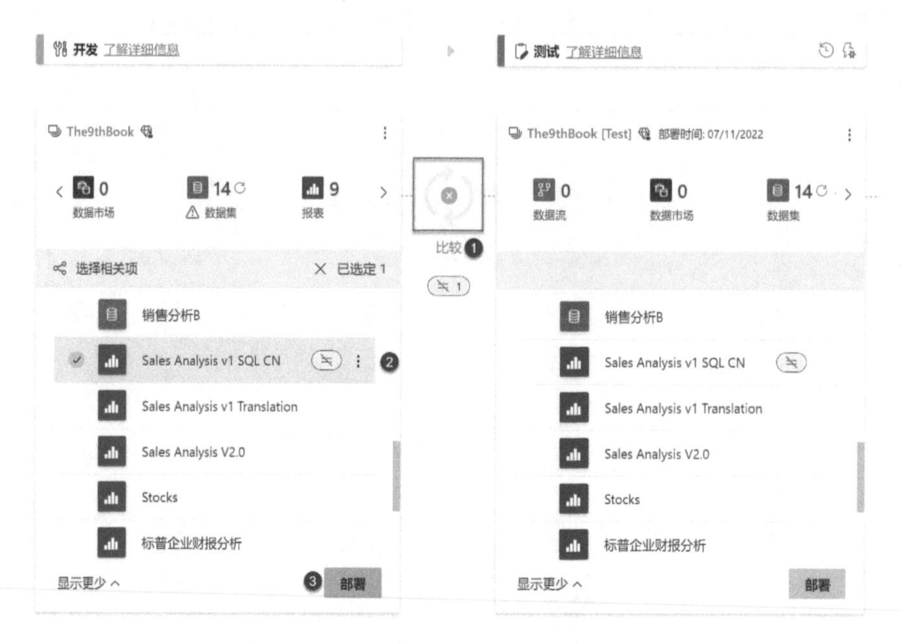

图 4.74　选中对应的对象进行同步部署

例 89 管理管道内容和反向部署

3 个容器中的内容并非总是完全一致的，例如对于同一个数据集，在不同容器可以分别配置不同开发、测试和生产参数，本例将介绍数据库的配置。

01 选中【测试】容器后单击右上方的标志或者下方的【显示更多】选项，见图 4.75。

02 在出现的【部署设置】界面中选中需要配置的数据集，见图 4.76。

图 4.75　单击【显示更多】选项

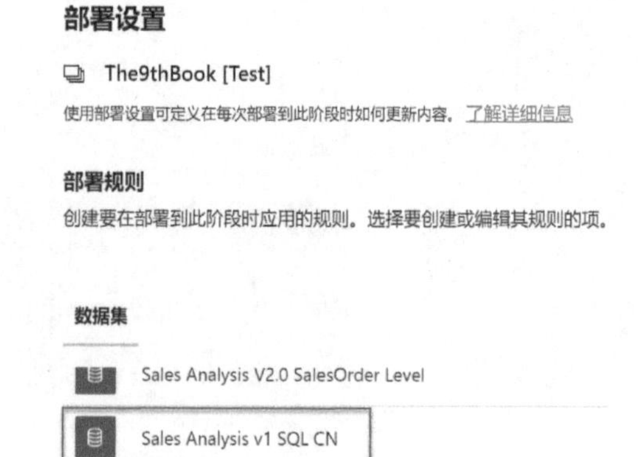

图 4.76　选中相关的数据集

03 在新界面中单击【添加规则】按钮，为数据集添加切换规则，见图 4.77。

04 参照图 4.78 中的内容，将【替换此数据源】中的数据源替换为【通过此】中的数据源，单击【保存】按钮完成替换。

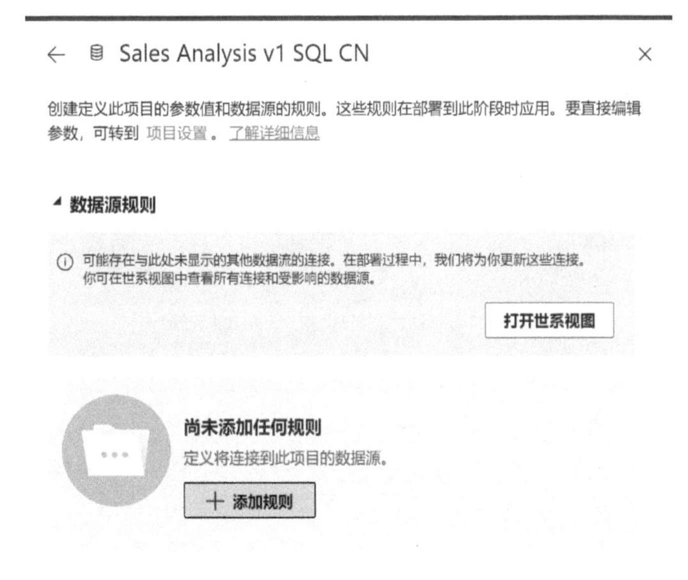

图 4.77　为数据源添加规则

图 4.78　替换工作区的数据库配置

除了切换数据源选项外，用户还可以对容器进行其他设置操作，单击容器旁的 ⋮ 图标，可从管道中取消分配工作区，见图 4.79。

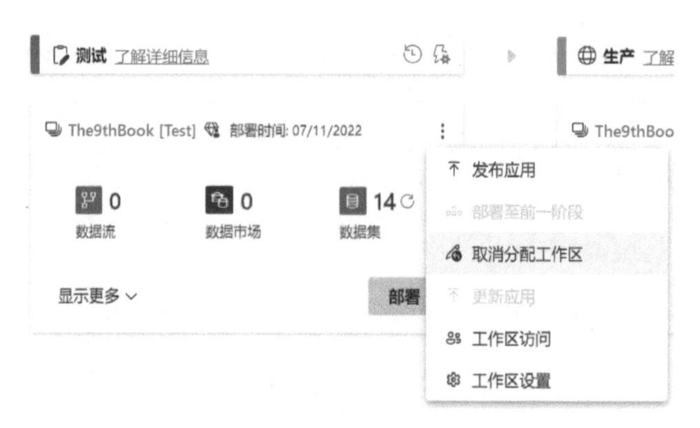

图 4.79　在管道容器中取消分配工作区

管道部署支持反向部署功能，即从生产到测试到开发的内容反向同步，但仅当上一阶段为空时，才可部署到上一阶段。当部署到上一阶段时，无法选择特定项目，将部署所有内容。

01 提前将【测试】容器中的内容彻底删除，在【生产】容器的菜单中选择【部署至前一阶段】选项，见图 4.80。

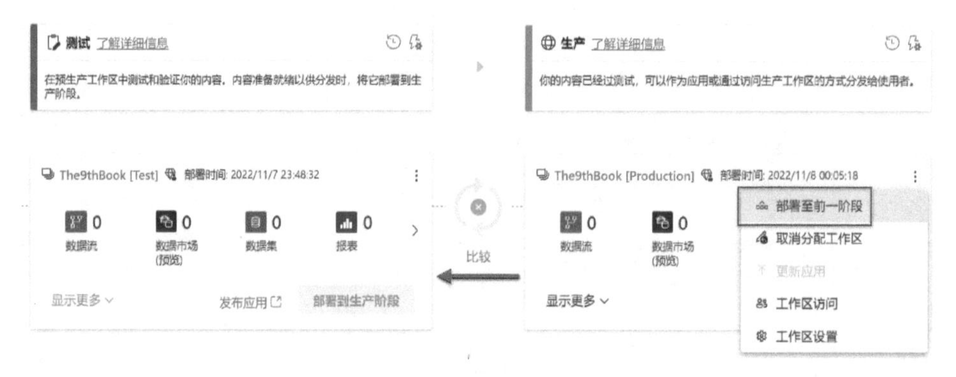

图 4.80　从【生产】容器反向部署到【测试】容器

02 如果用户并不想直接删除上一阶段的内容，也可以对上一阶段容器进行【取消分配工作区】操作，然后再反向部署，见图 4.81。

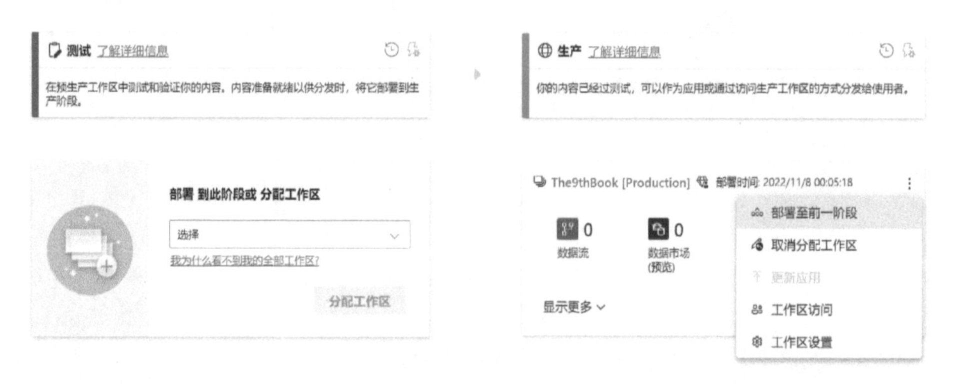

图 4.81　以取消测试工作区方式进行反向部署

03 在弹出的【从生产部署到测试】对话框中可添加注释，单击【部署】按钮开始反向部署，见图 4. 82。

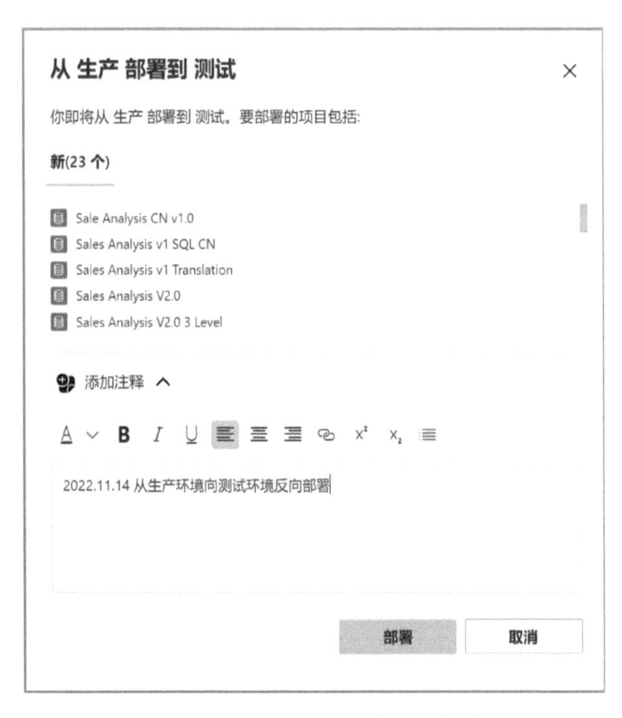

图 4. 82 向测试环境反向部署

04 图 4. 83 为部署完成后的效果，如果之前取消测试工作区，管道将自动生成新的【测试】容器。

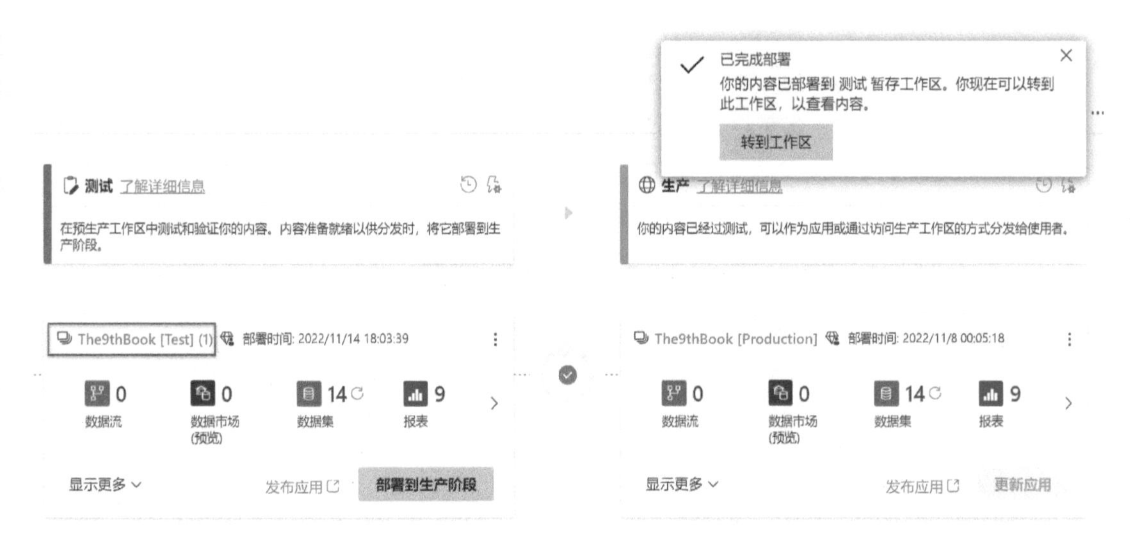

图 4. 83 反向部署完成后的结果

单击容器左上方的图标可浏览部署历史记录，见图 4. 84。

图 4.84 浏览容器之间的部署历史记录

技巧 31 如何设置语言、视角和认可标签

问题：

- 如何在报表模型中实现翻译设置？
- 如何在报表模型中实现多视角设置？
- 如何为报表设置已升级、已认证和推荐认可标签？

本例将介绍其他有特色的企业应用功能，包括多语言（翻译）功能设置、视角设置、认可标签设置和敏感标签设置。

例 90 启用报表多语言设置

什么是报表的翻译设置？其实可以简单理解为在一张报表中同时设置多个语言版本的翻译，根据 Power BI Service 的语言设置，报表将显示所对应的翻译版本，见图 4.85 和图 4.86，本例将介绍实现翻译度量名称的设置步骤。

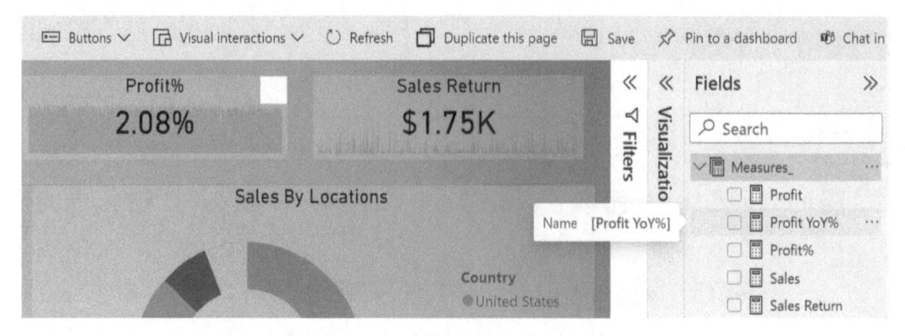

图 4.85 英文环境中度量名称为英文

01 在 Tabular Editor 对话框中连接数据模型，选中【Translation】文件夹并单击鼠标右键，在弹出的快捷菜单中选择【New Translation】选项，见图 4.87。

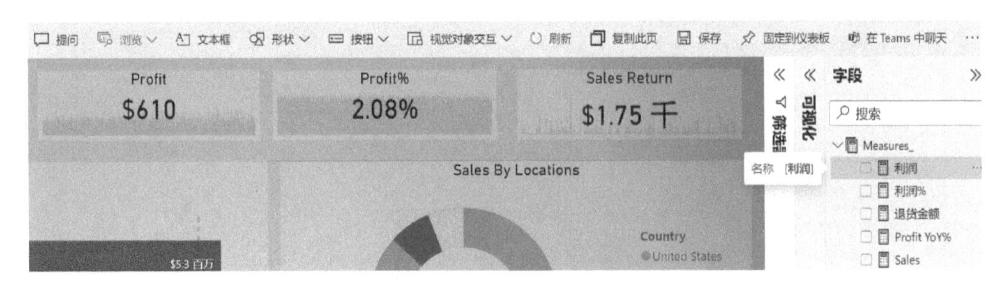

图 4.86　简体中文环境中度量名称为简体中文

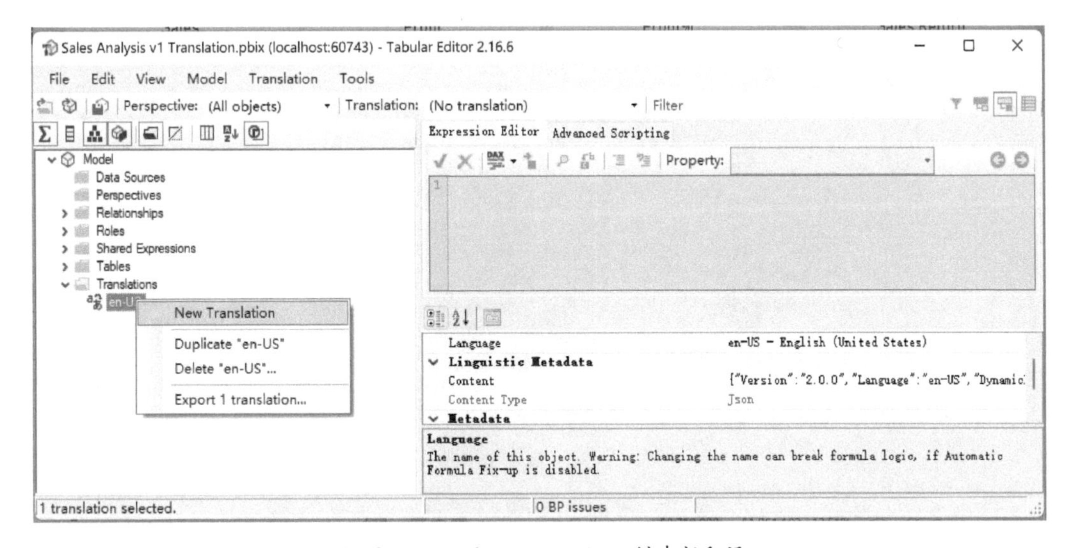

图 4.87　用 Tabular Editor 创建新翻译

02 在【Select Culture】对话框中选择添加简体中文，见图 4.88。

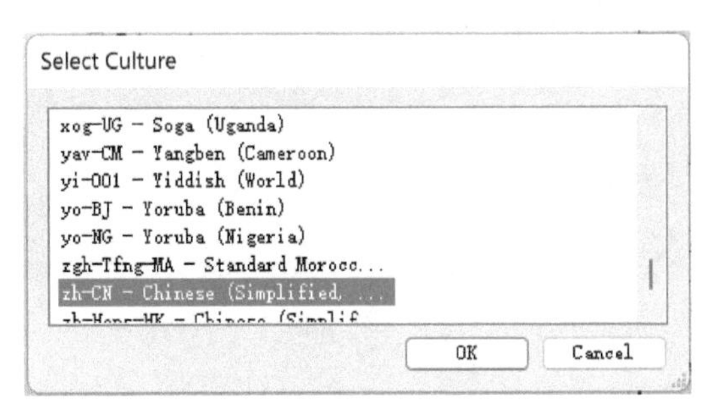

图 4.88　选择添加简体中文翻译

03 选择示例中的度量（如 Profit），在【Translated Names】选项区下方的简体中文栏中填入中文名称【利润】，单击【保存】按钮，见图 4.89。

04 返回到 Power BI Service 中将语言调整为中文（简体），见图 4.90。

05 重新打开示例文件，观察度量名称发生了变化，见图 4.91。这便是多语言翻译功能的效果。

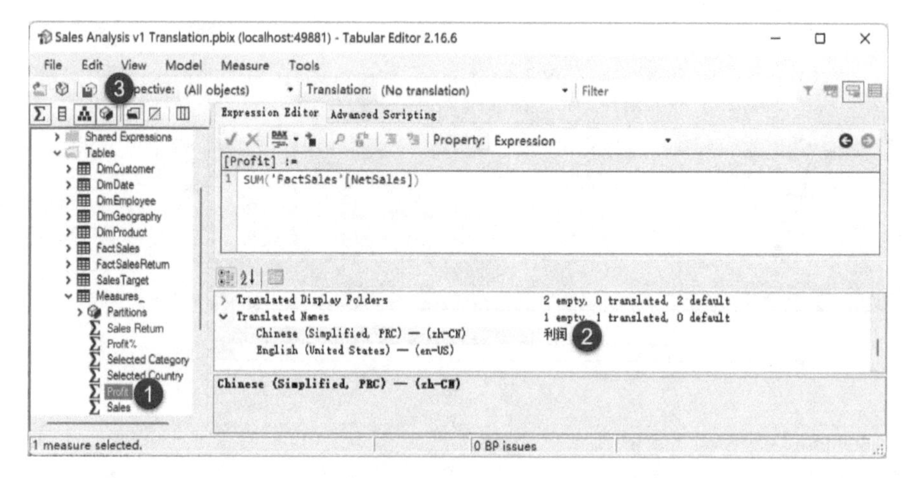

图 4.89 设置对应度量字段的中文翻译名称

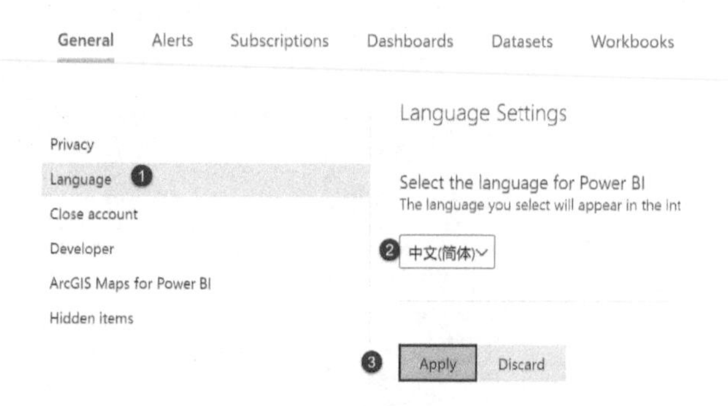

图 4.90 在 Power BI Service 中设置语言

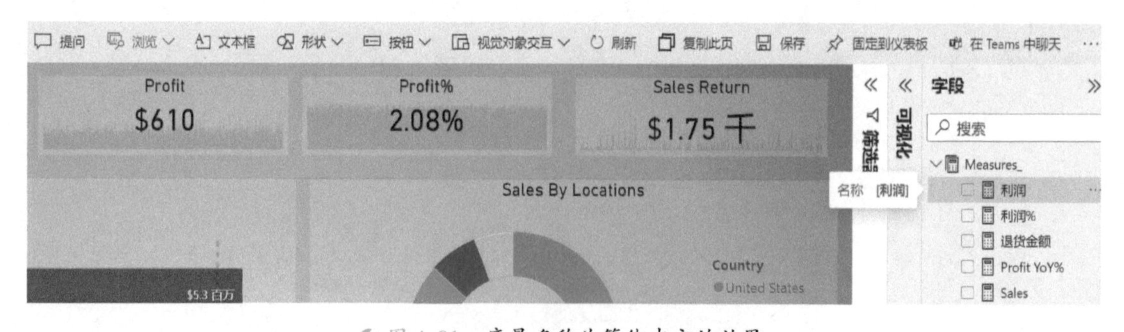

图 4.91 度量名称为简体中文的效果

例 91 启用设置视角功能

视角（Perspective）是指为用户设置专属的报表视图，视图仅包括一部分指定的表、字段和度量的内容，为用户浏览报表提供便利。需要区分视角并非是安全设置，不用于数据安全控制。本例将介绍如何设置视角功能。

01 用 Tabular Editor 打开示例文件，在菜单中选择【Perspectives】-【New Perspective】选项，为

新视角命名（如【view1】），见图 4.92。

02 展开【Tables】，选中所有表格，在右键菜单中选择【Show in Perspectives】-【view1】选项，将表格包含到视角中，见图 4.93。

03 选中任意的度量，在右键菜单中选择【Hide in Perspectives】-【view1】选项，将度量进行隐藏，见图 4.94。

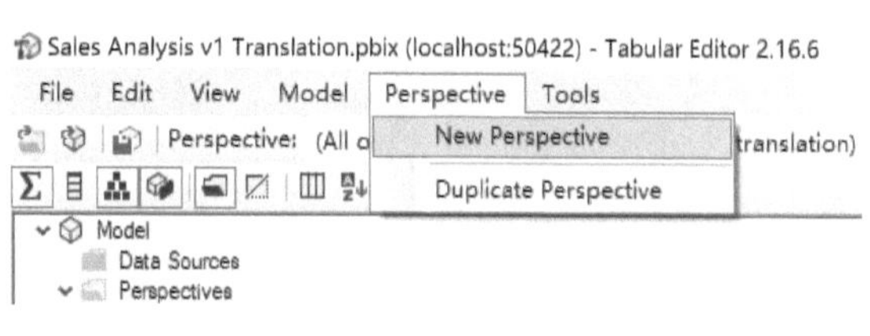

图 4.92 在 Tabular Editor 中添加新视角

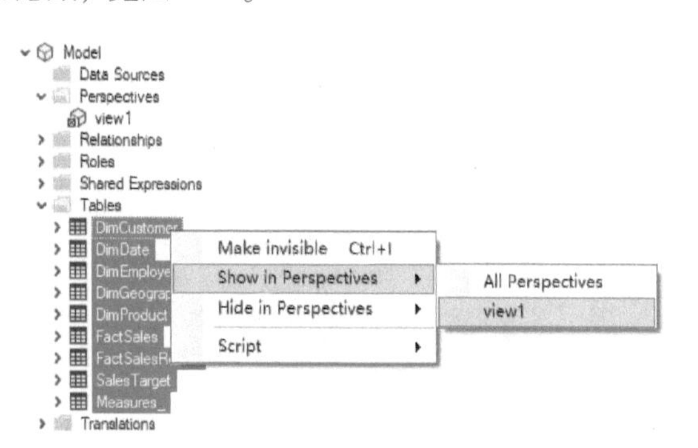

图 4.93 将表格包含到视角中

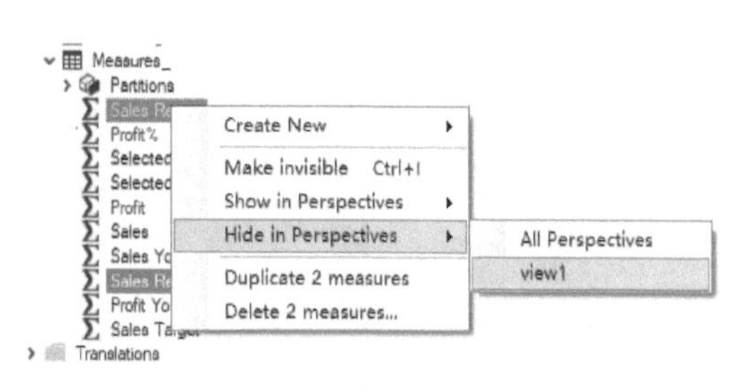

图 4.94 将度量在视角中隐藏

04 保存设置，返回 Power BI Desktop 中，在【可视化】选项区中选择【个性化视觉对象】-【报表-读取者透视】-【view1】选项，单击【应用于所有页面】选项，见图 4.95。

图 4.95 在 Power BI Desktop 中选择视角

05 将报表发布到 Power BI Service 中，到此便完成了视角的设置。之后，启动个性可视化功能，在【值】选项区中观察【你正在查看所调用的部分数据 view1】文字描述，证明的确是在所选视角设置中，见图 4.96。

一张报表可以有多个视角设置，在本地连接数据集时，用户可以自行选择所需的视角，见图 4.97。

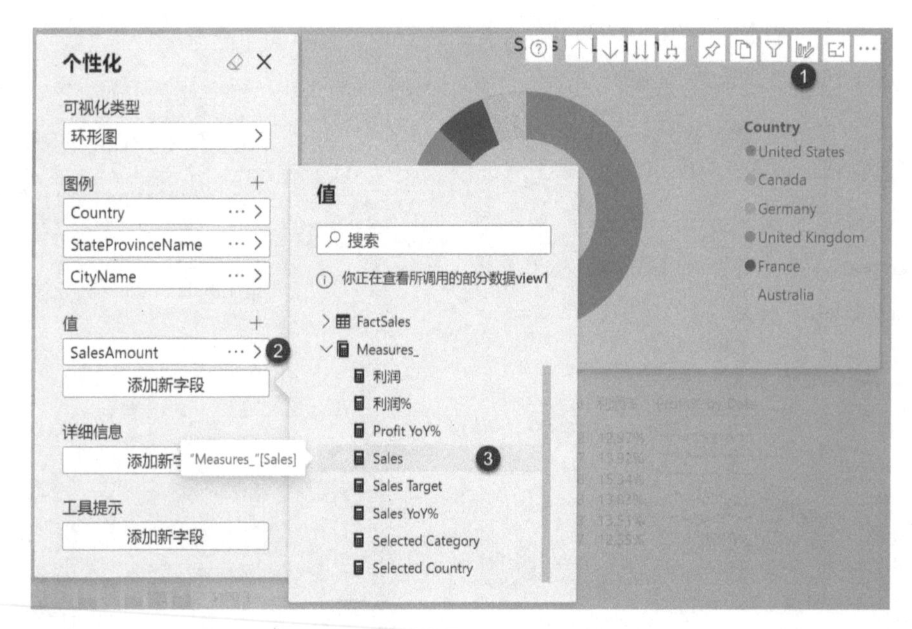

图 4.96　在视角设置下的个性可视化效果

图 4.97　通过 Power BI Desktop 连接数据集中的视角效果图

例 92 启用设置已升级、已认证和特别推荐内容

对于大多数用户，在 Power BI Service 海量报表中查找真正需要的内容实则不易。Power BI Service 提供认可设置，目的是方便用户通过认证标签找到组织官方认可的内容，如企业内部认证的数据集或数据流等。本例将介绍如何为报表设置认可标签。在正式介绍前，Power BI Service 管理员应确保相关选项为开启状态，见图 4.98。

01 登录 Power BI Service，在工作区中选中任意报表后单击【设置】选项，在【认可】选项区中调整报表的级别选项，见图 4.99。

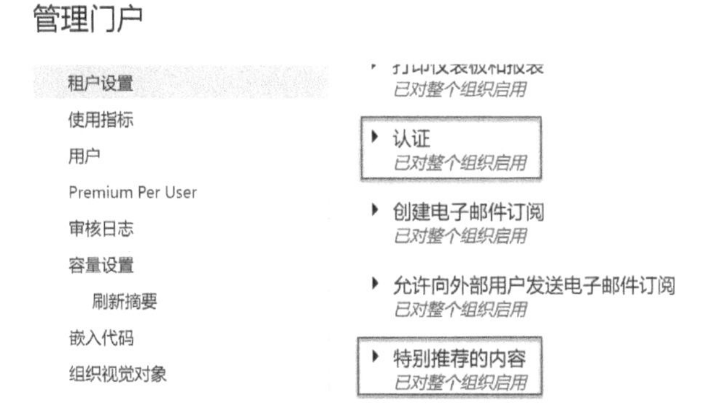

图 4.98 在【租户设置】中开启认证和特别推荐的内容选项

图 4.99 报表中的认可设置

02 选择完认可等级后，观察报表旁认可字段的变化，见图 4.100。

所有　内容　数据集 + 数据流　数据市场(预览版)

名称	类型	所有者	已刷新	下次刷新时间	认可 ↑
标普企业财报分析	报表	The9thBook	22/11/6 10:00:17	—	已认证
Sales Analysis V2.0	报表	The9thBook	22/11/1 09:56:27	—	已升级

图 4.100 报表中的认可字段属性

03 在 Power BI Service 主页中浏览相关内容，特别推荐内容显示在上方推荐栏中，而下方区域通过筛选器进行筛选可显示全域已认可或已升级的内容，见图 4.101。

图 4.101 在 Power BI Service 主页中显示认证内容

例 93 启用设置企业敏感度标签

敏感度标签是用于保护企业内部数据安全性的一种方法，可以通过该功能为报表设置绝密、高度机密内部浏览等安全标签，以达到对内容安全程度的限制。本例将介绍通关于设置敏感度标签方面的知识。注意，Power BI 管理员需要在 Power BI 管理门户中开启【允许用户对内容应用敏感度标签】功能，见图 4. 102。Microsoft 365 管理员还需在 Microsoft Purview 合规中心设置标签相关数据安全政策，此处不做详细介绍，见图 4. 103。

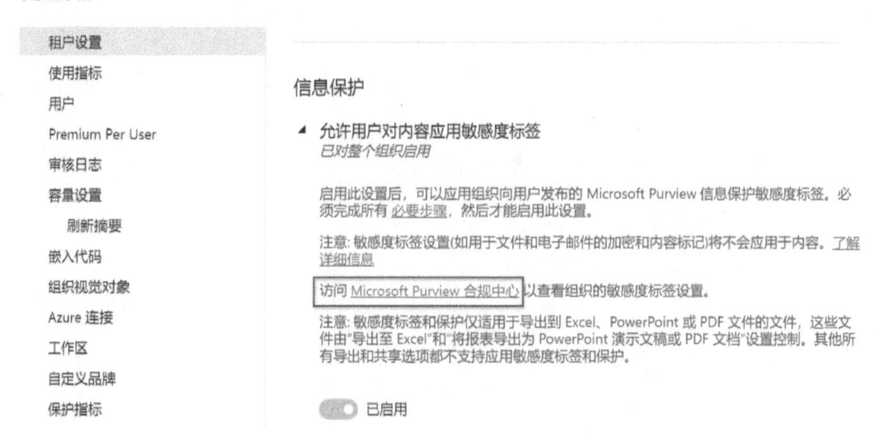

图 4.102 在 Power BI 门户中启用【允许用户对内容应用敏感标签】功能

01 完成以上设置后，在 Power BI Service 中选中相应的报表内容，在设置菜单的【敏感度标签】栏设置具体的标签，相应的标签数据政策将限制报表的分享内容方式，见图 4. 104。

信息保护

概述 标签 标签策略

ⓘ 你现在可以为 Teams、SharePoint 网站和 Microsoft 365 组创建具有隐私和访问控制设置的敏感度标签。为此，必须首先 完成这些步骤 以启用

敏感度标签用于分类电子邮件、文档、网站等。(自动或由用户)应用标签时，根据你选择的设置保护内容或网站。例如，可创建用于签

+ 创建标签 发布标签 刷新

名称	顺序	范围
高度机密	0 - 最低	文件, 电子邮件, 架构化数据资产
内部使用	1	文件, 电子邮件
绝密	2 - 最高	文件, 电子邮件

图 4.103　在 Microsoft Purview 合规中心设置标签相关数据安全政策

图 4.104　为报表设置敏感度标签效果

02 在 Power BI Service 中打开报表，选择【导出数据】选项，见图 4.105。

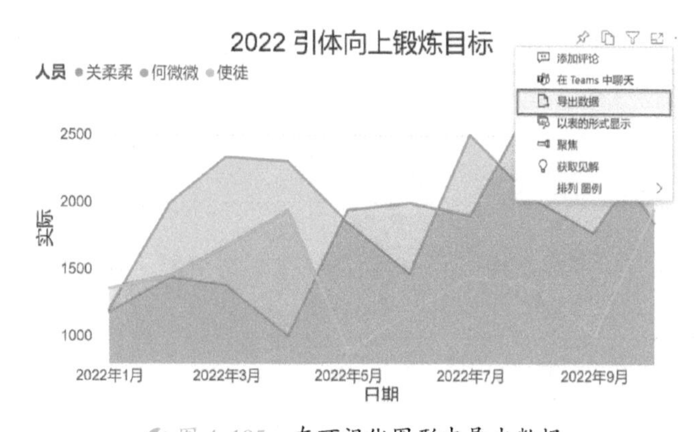

图 4.105　在可视化图形中导出数据

注意，如果操作用户不是标签组成员则无法使用该功能，见图 4.106。

图 4.106　无权限导出数据的错误信息

03 在弹出的【导出数据】对话框中选择导出数据选项，单击【导出】按钮，见图 4.107。

图 4.107 选择以【汇总数据】形式导出数据

04 在本地打开导出的 Excel 数据，在文件下方可见具体的敏感度标签提示信息，见图 4.108。

由于敏感度标签的数据政策限制，当 Excel 文件在非组织环境中被打开时，外部用户无法查看 Excel 敏感信息，见图 4.109。

12	2022/3/1	使徒	1500	1670
13	2022/4/1	关柔柔	2000	1004
14	2022/4/1	何微微	1800	2310
15	2022/4/1	使徒	1500	1940
16	2022/5/1	关柔柔	2000	1946
17	2022/5/1	何微微	1800	1852
18	2022/5/1	使徒	1500	879
19	2022/6/1	关柔柔	2000	1998

Sheet1

就绪 绝密 辅助功能: 调查

图 4.108 带有敏感度标签信息的本地 Excel 文件

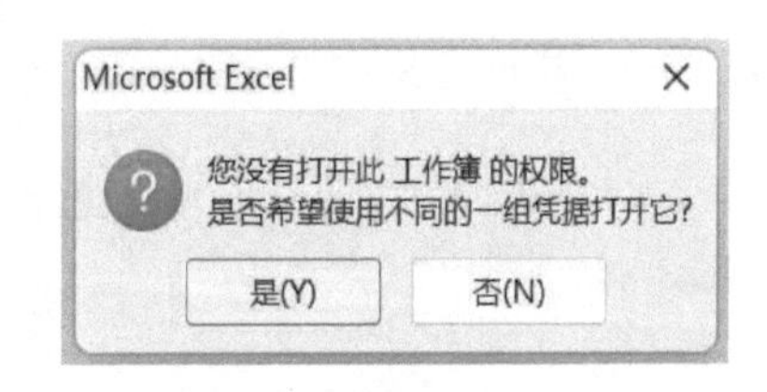

图 4.109 外部环境无法查看被保护的信息

技巧 32 如何实现数据安全控制

问题：

- 如何实现行级别的权限设置?
- 如何实现列级别的权限设置?
- 如何实现表级别的权限设置?
- 如何在 Power BI Service 中进行安全设置?

数据安全控制一直是个重要的话题，Power BI 提供 3 种级别数据安全设置，分别是表级别、列级别和行级别，本例将分别介绍这 3 种安全级别设置方面的知识。

例 94 设置静态行级别安全控制

什么是行级别安全控制？行级别安全控制是指根据访问权限对具体行记录的控制，从技术层面来说，行级别控制是通过 DAX 表达式实现的，当表达式判断返回为 True 时，访问才被允许。本例将介绍实现静态行级别的权限设置。

01 打开示例文件，在菜单中单击【建模管理】-【管理角色】，见图 4.110。

图 4.110 创建安全管理角色

02 在【管理角色】对话框中单击【创建】按钮，并选择【地理表】-【添加筛选器】-【国家】选项，见图 4.111。

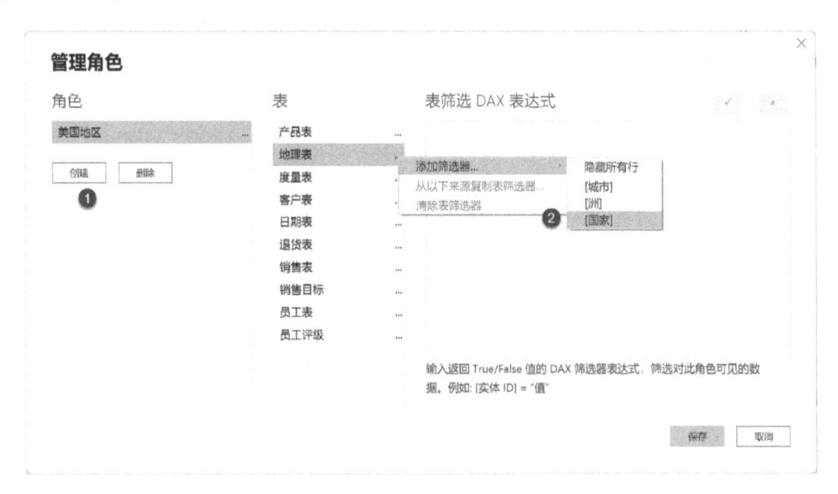

图 4.111 创建角色并设置字段表达式

03 在【表筛选 DAX 表达式】对话框中填入筛选条件，单击【保存】按钮，见图 4.112。

04 设置完成后退出角色管理，单击【通过以下身份查看】按钮，在弹出的【以角色身份查看】对话框中勾选对应角色（这里勾选【美国地区】复选框），单击【确定】按钮，见图 4.113。

图 4.112 设置具体 DAX 表达式

图 4.113 选择具体的角色进行查看

05 此时报表仅显示美国地区相关的数据，这便是静态行级别权限设置，见图 4.114。

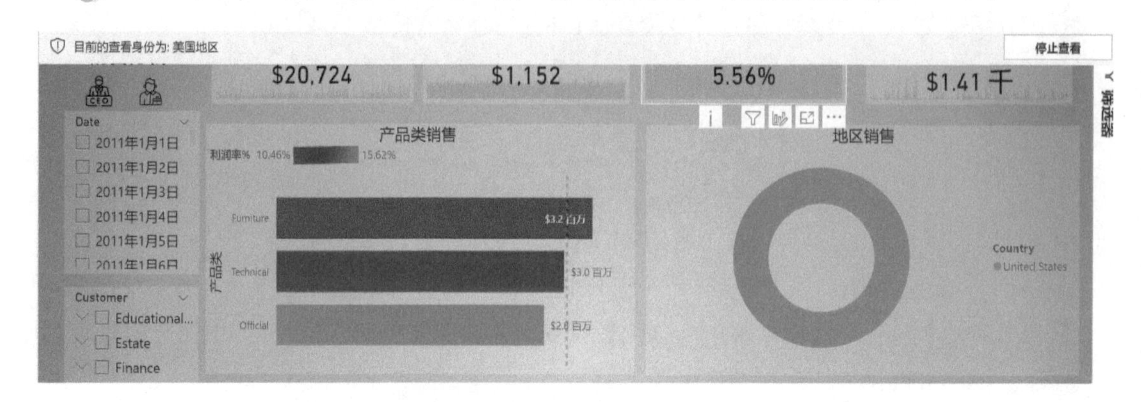

图 4.114 在 Power BI Desktop 中的行级别设置显示效果

静态行级别设置的优点是简单快速，缺点是相对不灵活。假设报表中有 N 个国家，那么就需要同时创建 N 个角色和写 N 种表达式，因此静态行级别设置只适用于快速简单的场景。

例 95 设置动态行级别安全控制

相比静态行级别设置，动态行级别设置更加灵活，此时仅需要创建一个角色，便可完成动态行级别的设置。本例将介绍动态行级别的实现。

01 动态行级别设置需要用户提前在模型表中设置登录电子邮件（Email）信息，见图 4.115。

国家	销售经理	图片URL	Email
Australia	Yuan	https://emojipedia-us.s3.dualstack.us-west-1.amazonaws.com/thumbs/160/apple/325/grinning-face_1f600.png	Yuan.lei@[illegible]
Canada	Vivien	https://emojipedia-us.s3.dualstack.us-west-1.amazonaws.com/thumbs/160/google/313/lion_1f981.png	vivien.he@[illegible]
France	Yoyo	https://emojipedia-us.s3.dualstack.us-west-1.amazonaws.com/thumbs/120/apple/325/kissing-face-with-closed-eyes_1f61a.png	yoyo.guan[illegible]
Germany	Mohamed	https://emojipedia-us.s3.dualstack.us-west-1.amazonaws.com/thumbs/120/apple/325/lying-face_1f925.png	mohanmed[illegible]
United Kingdom	Moschell	https://emojipedia-us.s3.dualstack.us-west-1.amazonaws.com/thumbs/120/samsung/320/face-with-medical-mask_1f637.png	moschell.ja[illegible]
United States	Martin	https://emojipedia-us.s3.dualstack.us-west-1.amazonaws.com/thumbs/120/apple/325/neutral-face_1f610.png	martin.ben[illegible]

图 4.115 设置每位销售经理的登录电子邮件信息

02 在数据模型关系中将其与地理表中的国家进行关联，使得对应的员工才可以查询相应的国家信息数据，见图 4.116。

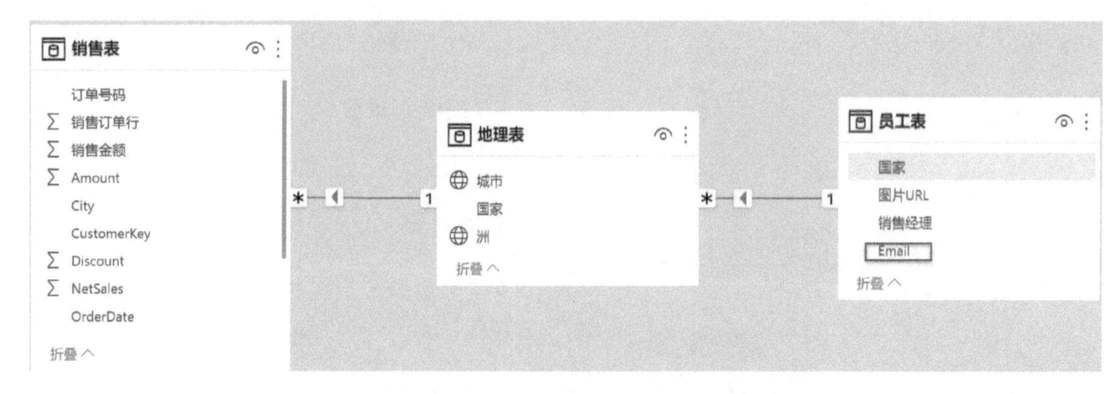

图 4.116 设置员工表与地理表之间的关系

03 在管理角色对话框中创建一新角色动态行级别，并输入如下表达式，该表达式的意思是 Email 字符串需要等于当前登录用户邮件账户，也就是通过用户的登录 Power BI Service 的权限来控制内容，见图 4.117。

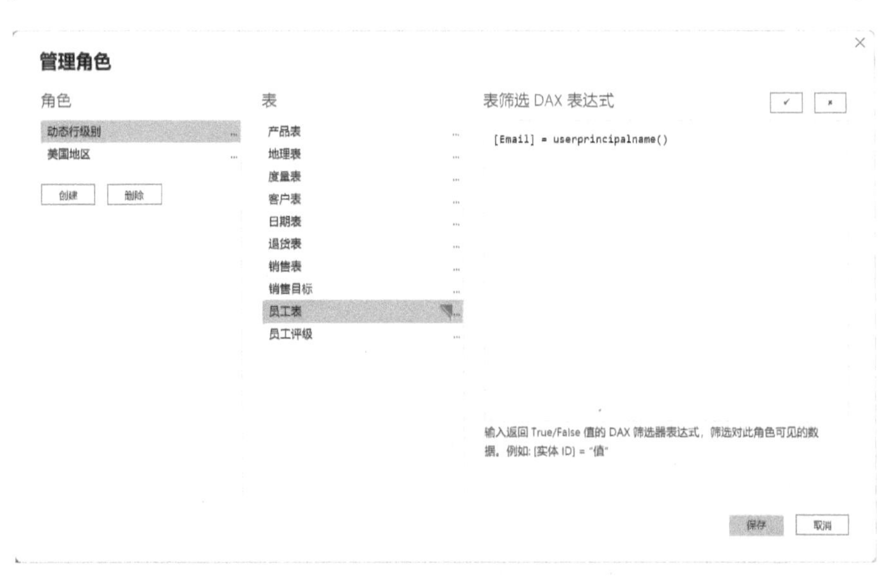

图 4.117 设置 Email 筛选条件

例 96 设置列级别与表级别安全控制

本例将分别介绍列级别与表级别的安全设置。首先打开示例文件观察其中的两张表，下面将会对其进行相应的安全设置，见图 4.118。

列级别安全设置

销售经理	销售目标	经理评语
Martin	$1,150,000	
Mohamed	$2,400,000	
Moschell	$800,000	
Vivien	$2,330,000	
Yoyo	$3,710,000	
Yuan	$4,360,000	
Mohamed	$40,000	30000 is too low, 4000 is good enough- boss
Vivien	$320,000	bad news !!!
Martin	$200,000	raise the bar
Yuan	$660,000	raise your target u need to work harder - BOSS
Yuan	$30,000	update!!!
Yuan	$10,000	you met your target - boss
总计	$16,010,000	

表级别安全设置

销售人员	日期	评级
Martin	2011/12/31	C
Martin	2012/12/31	C
Martin	2013/12/31	C
Martin	2014/12/31	C
Mohamed	2011/12/31	B
Mohamed	2012/12/31	B
Mohamed	2013/12/31	B
Mohamed	2014/12/31	B
Moschell	2012/12/31	A
Moschell	2014/12/31	C
Moschell	2013/12/31	D
Moschell	2011/12/31	E
Vivien	2011/12/31	A
Vivien	2013/12/31	A
Vivien	2014/12/31	A
Vivien	2012/12/31	B
Yoyo	2011/12/31	A
Yoyo	2012/12/31	A
Yoyo	2013/12/31	B
Yoyo	2014/12/31	B
Yuan	2011/12/31	A
Yuan	2012/12/31	A
Yuan	2013/12/31	B
Yuan	2014/12/31	B

图 4.118 要设置的目标表

01 在 Power BI Desktop 中创建两个新角色，见图 4. 119。

图 4. 119 在 Power BI Desktop 中创建两个新角色

02 参照之前的例子，在 Power BI Desktop 菜单中选择【外部工具】-【Tabular Editor】选项，也可以先开启 Tabular Editor 并选中对应的 Power BI 报表。在 Tabular Editor 对话框的【销售目标】表格中选中【经理评语】字段，展开【Object Level Security】栏，设置【列级别安全】为 None，这便是对于列级别的安全设置，见图 4. 120。

03 接下来，进行表级别安全设置。选中角色【表级别安全】对象，在【Table Permissions】栏中将对应表的属性改为【None】，这便是对于表级别的安全设置，见图 4. 121。

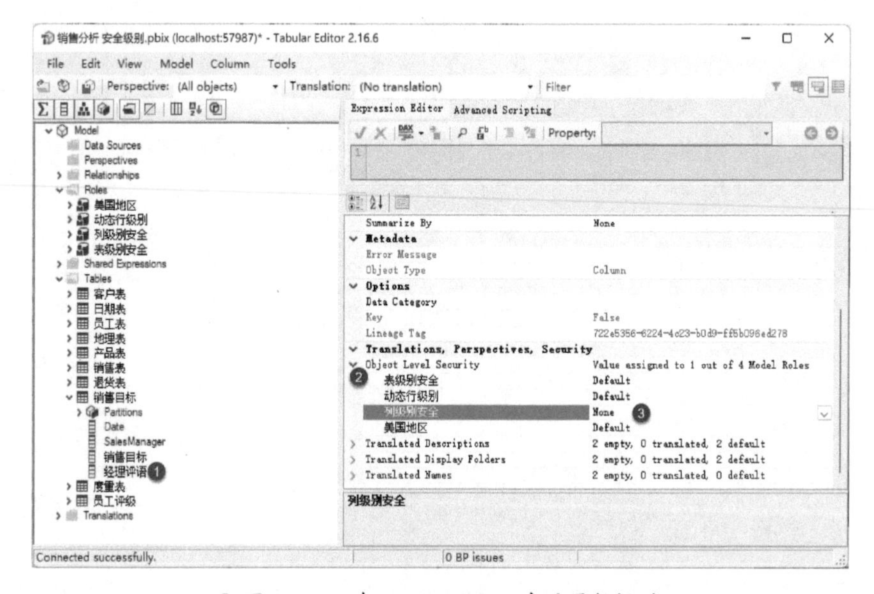

图 4. 120 在 Tabular Editor 中设置数据列

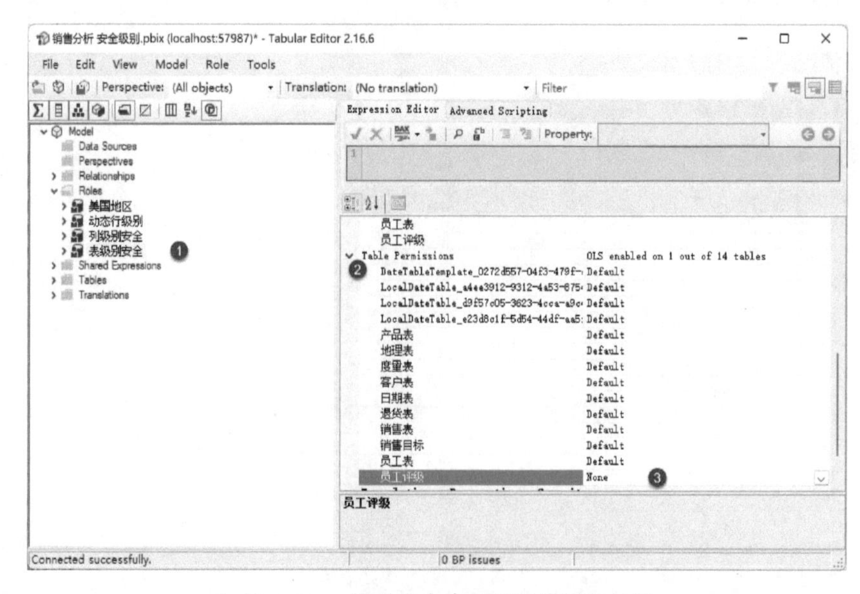

图 4. 121 修改角色中数据列的访问权限

04 在 Tabular Editor 中单击保存图标，见图 4.122。

05 返回到 Power BI Desktop 报表中，分别使用不同的角色进行查询，见图 4.123。

图 4.122 单击保存按钮完成角色的设置

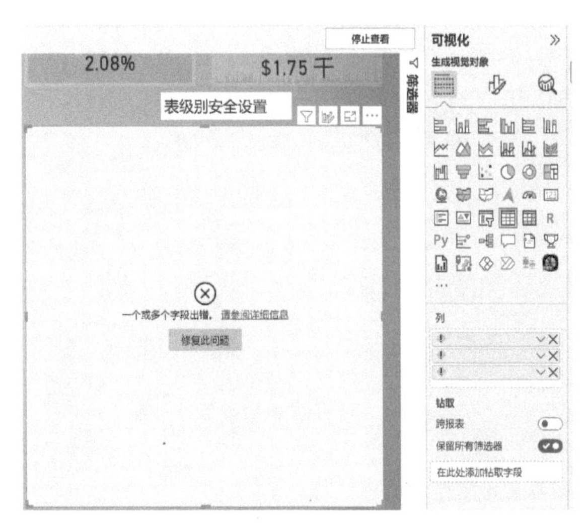

图 4.123 表安全级别控制的效果

例 97 在 Power BI Service 的安全设置

当在 Power BI Desktop 中设置好角色后，将报表发布到 Power BI Service 中并在 Power BI Service 中为角色添加用户，最终完成安全设置应用。本例将介绍在 Power BI Service 中设置级别权限。

01 将 Power BI 报表发布到 Power BI Service 工作区中，在对应数据集旁的 ··· 菜单中选择【安全性】选项，见图 4.124。

02 在【行级别安全性】选项中选择对应角色，添加人员或组对象，然后单击【添加】按钮，见图 4.125。

图 4.124 在 Power BI Service 数据集中选择【安全性】选项

图 4.125 为角色添加人员或组操作

03 完成添加后单击【保存】按钮退出设置，见图 4.126。以人员身份登录 Power BI Service 观察级别设置效果，应与 Power BI Desktop 中一致。

需要注意的是，安全设置只对权限为【查看者】的权限有效（【查看器】为机器翻译 Viewer 的结果），如果用户本身是位于更高的访问权限，则不受限制约束，见图 4.127。

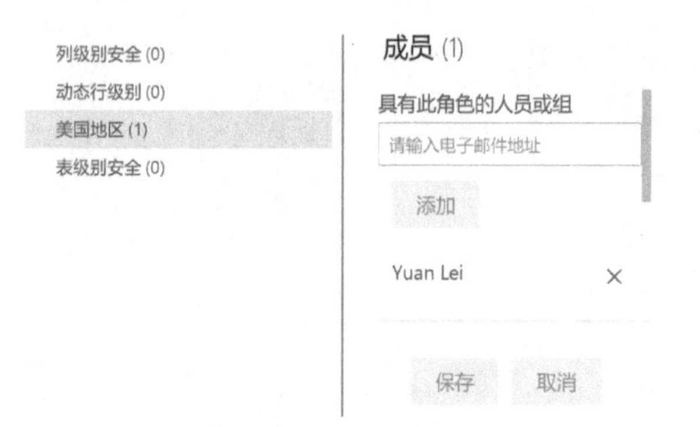

图 4.126　保存添加的设置

图 4.127　相关人员的访问工作区权限设置

第 5 章

「Power Platform与Microsoft 365集成——兄弟同心，其利断金」

虽然 Power BI 是数据分析的利器，但站在更高的战略角度去看，仅依靠一款工具难以完整支撑企业数字化转型的全面需求。作为 Power Platform 中的一员，Power BI 天然与 Power Apps、Power Automate 深度结合，也能与 Azure Cloud、Microsoft 365 Cloud（Office）形成集成应用，从而产生合力，其中很多应用都基于 SaaS 场景实现（Software as a Service，即软件即服务）。本篇主要介绍 Power BI 与其他工件结合的典型应用案例。

技巧 33　如何切换前端分析工具

问题：

- 如何实现在 Excel 与 Power BI 间复制 Power Query?
- 如何将 Power Query、Power Pivot 从 Excel 导入 Power BI?
- 如何在 Excel 中分析发布的 Power BI 数据集?

在分析场景中，分析人员可能需要在不同的场合环境下切换前端工具 Excel 和 Power BI，分析人员不希望这个过程是重复性的工作，以最小代价完成转换则是最理想的方案。

例 98　跨文件复制 Power Query

复制 Power Query 是指将 Power Query 从 Excel 复制到 Power BI Desktop 中（反之亦然），而用户不用重复其中的数据处理步骤。

01 在 Power BI 源文件的 Power Query 界面中选中相关查询，在右键菜单中选择【复制】选项，见图 5.1。

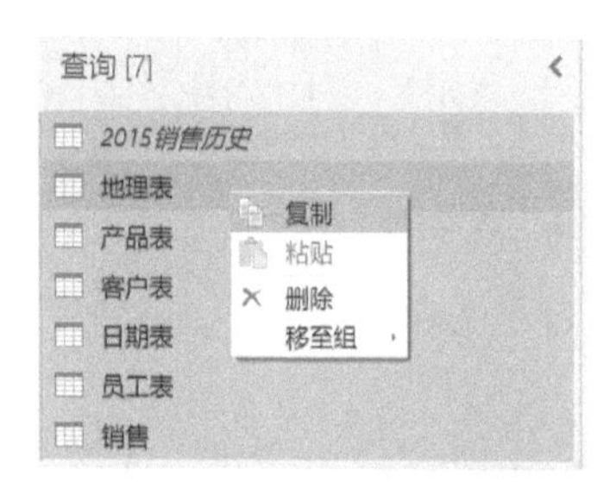

图 5.1　在 Power BI Desktop 编辑查询界面下复制查询

02 打开另一 Excel 文件，在 Power Query 编辑器的右键菜单中选择【粘贴】命令，见图 5.2。

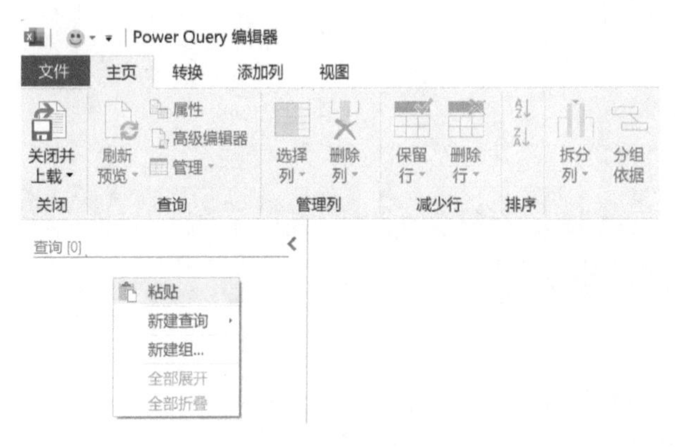

图 5.2 粘贴查询

03 这样便可将查询步骤和内容一次性复制、粘贴到 Excel Power Query 中，见图 5.3，反之亦然。

图 5.3 在 Excel Power Query 中完成的查询效果

例 99 将 Excel Power Query、Power Pivot 导入 Power BI Desktop

Power BI Desktop 支持一键导入 Excel Power Query、Power Pivot 中。图 5.4 为 Excel 中的数据模型，下面介绍如何将模型导入 Power BI 中。

当月价格变动% 列标签				
行标签	2020	2021	2022	总计
1	2.18%	-0.17%	-9.02%	-2.34%
2	-6.51%	-1.25%	-4.84%	-4.20%
3	-8.85%	-0.04%	4.86%	-1.34%
4	18.45%	4.62%	-13.66%	3.14%
5	8.77%	-1.56%	-1.45%	1.92%
6	6.54%	5.71%	-9.72%	0.84%
7	7.32%	2.97%	13.09%	7.79%
8	10.01%	3.73%	-4.58%	3.05%
9	-6.64%	-6.06%	-0.52%	-4.41%
10	-4.40%	7.67%		1.63%
11	10.26%	1.88%		6.07%
12	3.93%	-0.11%		1.91%
总计	3.42%	1.45%	-2.87%	0.99%

图 5.4 源文件 Excel 效果

01 确保关闭源 Excel 文件，打开另一 Power BI 文件，选择【文件】-【导入】-【Power Query Power Pivot、Power View】选项，见图 5.5。

02 选择对应的 Excel 文件，然后 Power BI 会提示需要导入 Excel 工作簿内容，单击【启动】按钮，见图 5.6。

图 5.5 启用 Power BI 的导入功能

图 5.6 导入 Excel 工作簿内容提示 1

03 待完成导入后，观察所提示的导入内容，其中包括查询、数据模型、KPI 和度量值，但是没有包括 Power View，见图 5.7。这是因为图 5.4 中仅仅是普通的透视表和图，并不属于 Power View。

因此最终导入完成后的结果中并没有包括 Power View，见图 5.8。这种导入方法是单向的，目前没有从 Power BI Desktop 将模型导入 Excel 的官方软件。

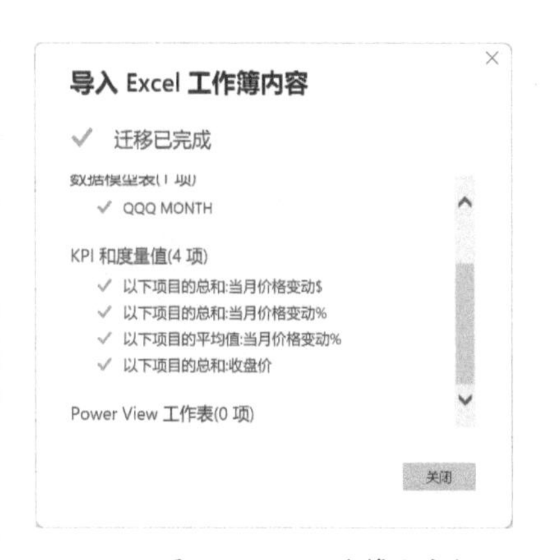

图 5.7 导入 Excel 工作簿内容提示 2

图 5.8 最终导入完成效果图

例100 在 Excel 中分析高级应用

在 Excel 中分析是指用 Excel 作为前端工具，读取 Power BI 云上的 Power BI 数据集。

01 登录 Power BI Service，如果是首次使用该功能，则需要在顶部菜单中选择【下载】-【获取“在 Excel 中分析”更新】选项，见图 5.9。

02 选中目标工作区中的任一数据集，在旁边的…菜单中选择【在 Excel 中分析】选项，见图 5.10。

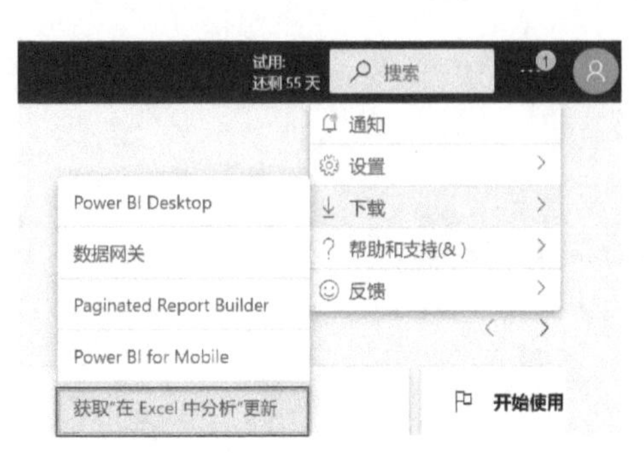

图 5.9 更新插件

图 5.10 选中任意的目标数据集启动在 Excel 中分析功能

03 稍等片刻，系统会提示【你的 Excel 文件已就绪】信息，单击【在 Excel Web 版本中打开】按钮，见图 5.11。

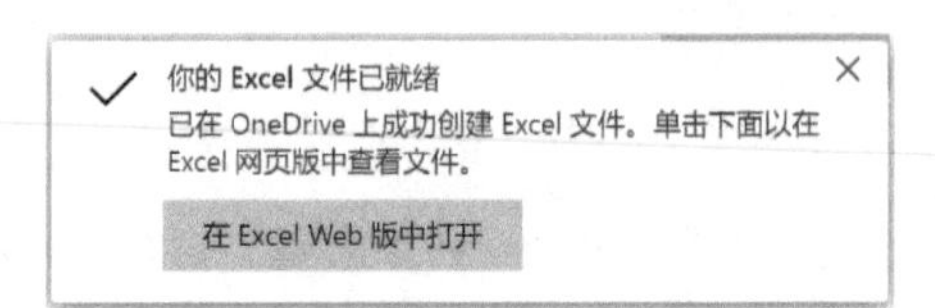

图 5.11 生成 Excel 分析文件并在 Excel Web 版本中打开

04 此时便可以在 Excel Online 界面中使用并分析 Power BI 数据集中的模型，见图 5.12。

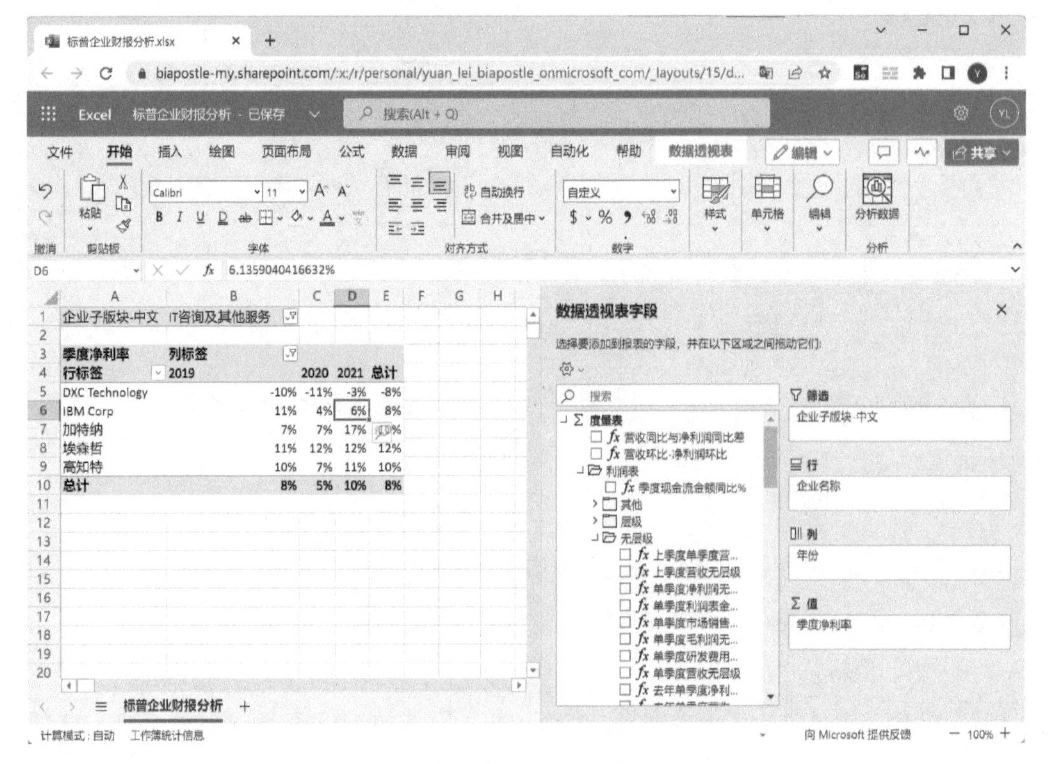

图 5.12 在 Excel Online 中使用 Power BI 数据集

05 如果要获取本地 Excel 文件，可以选择【下载副本】选项，见图 5.13。

图 5.13　将 Excel Online 另存为本地 Excel 文件

技巧 34　如何用 SharePoint 管理 Power BI 版本

问题：

- 如何有效备份 Power BI Desktop 版本？
- 如何查询 Power BI 版本注释？

在企业应用中，多人开发 Power BI 的场景并不少见，这就自然会产生多个版本存在的情况，最原始的保存方法是不断在文件名称加后缀保存成不同文件，例如 pbi01. pbix、pbi02. pbix 等。但是这样的保存方式会导致冗余版本过多，不易于版本之间的管理，并且也无版本的注释功能。因此，如何有效管理多版本 Power BI 文件是一件重要的事情，为了更加有效地管理 Power BI 报表版本，可使用 SharePoint 作为版本管理的工具。

例101　用 SharePoint 备份报表文件

01 在 SharePoint 站点内选择【文档】-【新建】-【文件夹】选项，创建一个文件夹，见图 5.14。

图 5.14　添加新文件夹

02 单击【添加列】旁的下拉图标①，选择【显示/隐藏列】选项②，为文档添加需要的列，见图 5.15。

03 勾选需要的列名称，包括【版本】【签入注释】等列，单击【应用】选项使其生效，见图 5.16。

图 5.15　添加新的字段列　　图 5.16　勾选需要的字段列

04 单击 SharePoint 菜单中的【向 OneDrive 添加快捷方式】①和【同步】选项②，见图 5.17。

图 5.17　向 OneDrive 添加本地快捷方式并同步内容

05 完成以上操作后，OneDrive for Business 中将产生 SharePoint 的文件夹快捷方式，将目标 Power BI 文件放入 OneDrive 中，见图 5.18。

图 5.18　在本地同步路径中放入目标文件

06 稍等片刻后，目标文件将自动同步到 SharePoint 云端，将光标悬停在文件旁的 ⁝ 图标上，在弹出的菜单中选择【更多】-【签出】选项。【签出】功能使他人不能同时编辑同一文件，见图 5.19。

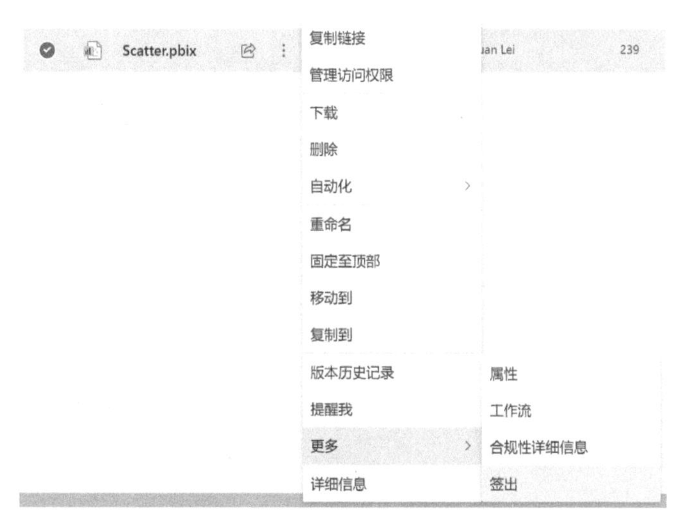

图 5.19 选择【签出】选项

07 在 OneDrive for Business 中打开对应 pbix 文件，修改后关闭文件，见图 5.20。

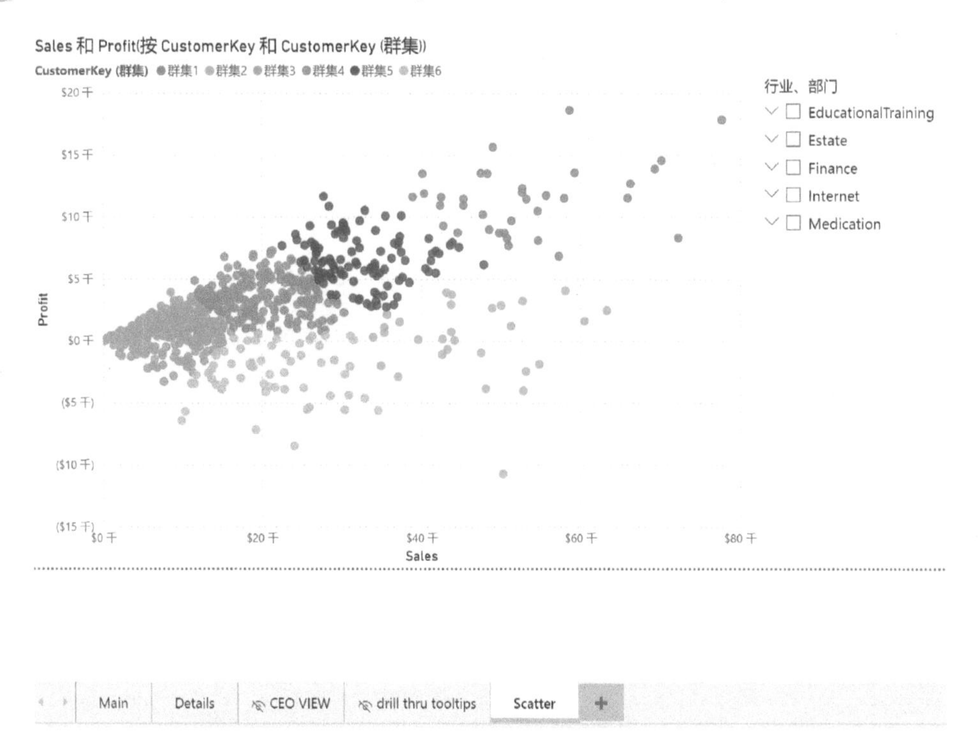

图 5.20 修改目标文件并将其保存

08 回到 SharePoint 文档中，把光标悬停在文件旁的 ⁝ 图标上，在弹出的菜单中选择【更多】-【签入】选项，见图 5.21。

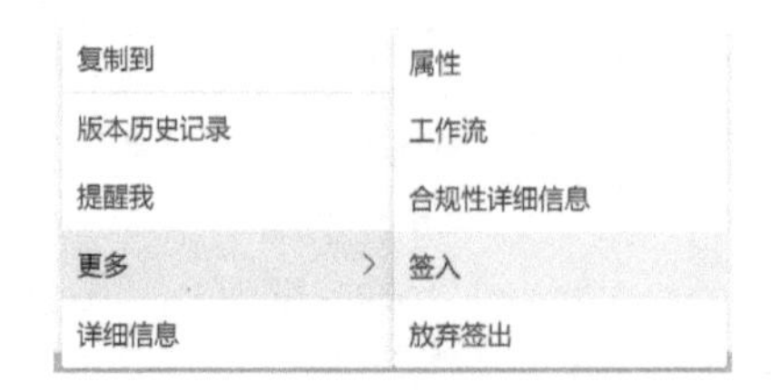

图 5.21　选择【签入】选项

09 在弹出的对话框中可填入注释的内容，然后单击【签入】按钮，见图 5.22。

10 完成签入后，在菜单中选择【版本历史记录】选项，见图 5.23。

图 5.22　系统提示输入嵌入的注释

图 5.23　选择【版本历史记录】选项

11 在弹出的【版本历史记录】对话框中可见不同版本的信息以及注释，在版本旁的下拉菜单中可选择【还原】【删除】【查看】选项，见图 5.24。

图 5.24　可查看具体的版本记录并进行删除和还原操作

签出与签入功能是保证同一人在同一时间修改同一文件的保障，开发者应先签出文件，然后再修改文件。另外，在 SharePoint 中还提供了主要和次要版本的设置选项，见图 5.25。

图 5.25 对 SharePoint 库设置版本

例102 管理 Power BI 版本信息

本例将介绍在 SharePoint 上读取 Power BI 版本主数据内容的方法。

01 打开 Power BI Desktop，选择【获取数据】–【SharePoint Online 列表】选项，单击【连接】按钮，见图 5.26。

图 5.26 选择获取 Point Online 列表类型数据

02 在【SharePoint 列表】对话框中输入对应站点的 URL 名称，然后单击【确定】按钮，见图 5.27。

SharePoint Online 列表
站点 URL
https://biapostle.sharepoint.com/sites/PowerPlatform/
实现
2.0
1.0
高级选项
确定
取消

图 5.27 填入对应 SharePoint 的站点信息

03 在【导航器】对话框中勾选【Documents】列表，单击【转换数据】按钮，见图 5.28。

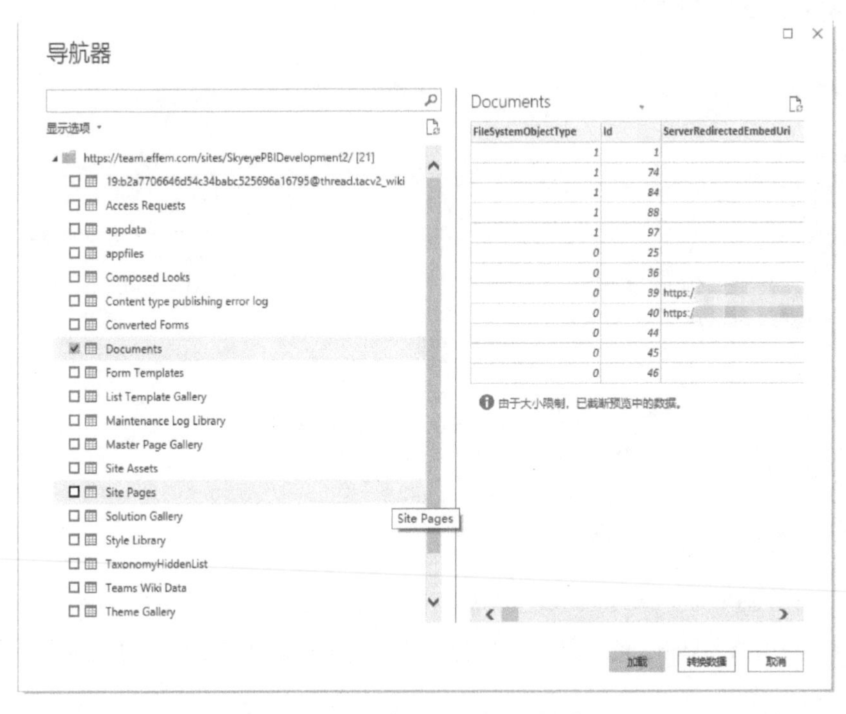

图 5.28 勾选 Documents 列表

04 在众多列中找到【File】列，单击列旁的图标，在【展开 File】对话框中勾选需要显示的列属性信息，单击【确定】按钮，见图 5.29。

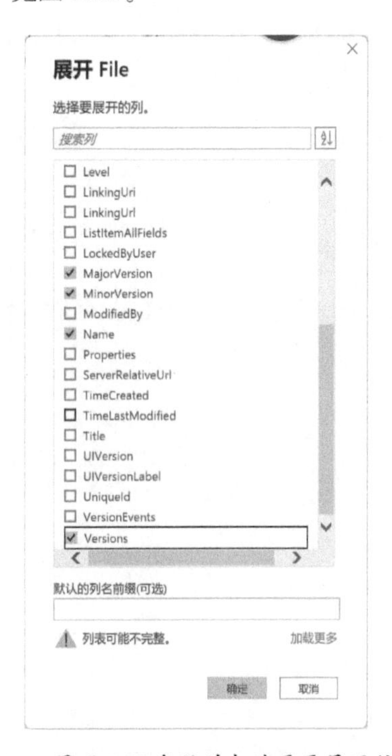

图 5.29 展开 File 字段并勾选需要展开信息字段

05 展开后出现新列【Version. 1】，再次单击图标，将其内容进一步展开，见图 5. 30。

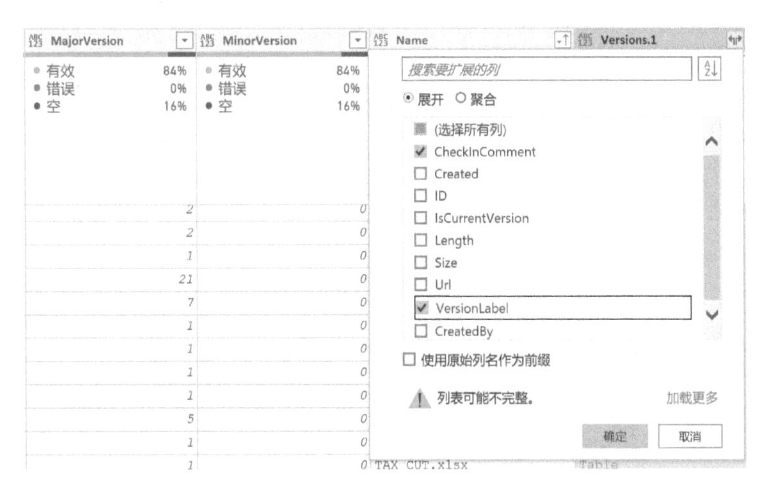

图 5. 30 继续展开并再次勾选需要展开信息字段

06 完成数据获取后，再将数据用于 Power BI 版本主数据管理分析，见图 5. 31。

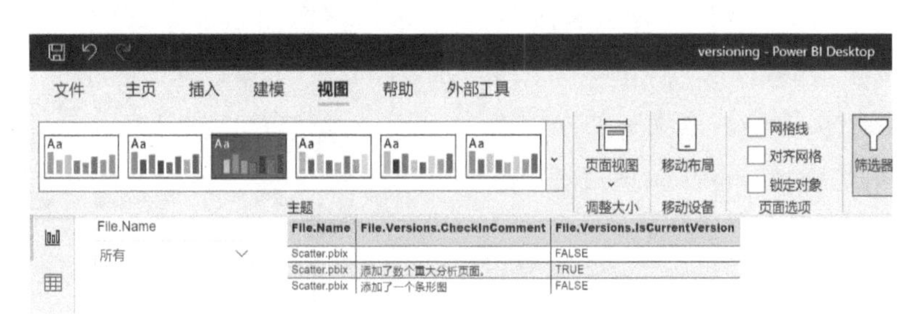

图 5. 31 最终效果

技巧 35 如何实现 Power Apps 与 Power BI 集成

问题：

- 如何使用 Power Apps 显示 Power BI 查询结果？
- 如何利用 Power Apps 在 Power BI 中更新数据库？

Power Apps 是 Power Platform 中用于开发应用的工具，它可以跟 Power BI Service 进行联动，即直接在 Power BI Service 中插入 Power Apps 控件，或者让其他 Power BI 控件控制 Power Apps 查询结果，甚至在 Power Apps 控件中直接修改对应数据源并直接作用于 Power BI。

例103 嵌入 Power Apps 并实现联动

在本例中，首先实现 Power BI 控件与 Power Apps 控件的联动效果，通过切片器筛选，在 Power Apps 控件中显示对应的销售目标。注意，本例的操作环境为 Power BI Service，请提前确保拥有 Power Apps 的 Microsoft 365 E3 或者 E5 许可，一般可通过购买 Microsoft 365 订阅自动获得。本例中使用的数据库连接为 Microsoft Azure SQL 直连模式，所有的数据同步更新在 Power BI 报表中。另外，强烈建议在 Power BI Service 环境中完成本例，而不是在 Power BI Desktop 中。

01 创建一个类似于图 5.32 的布局，其中上方的码表图显示销售历史和销售目标数值。

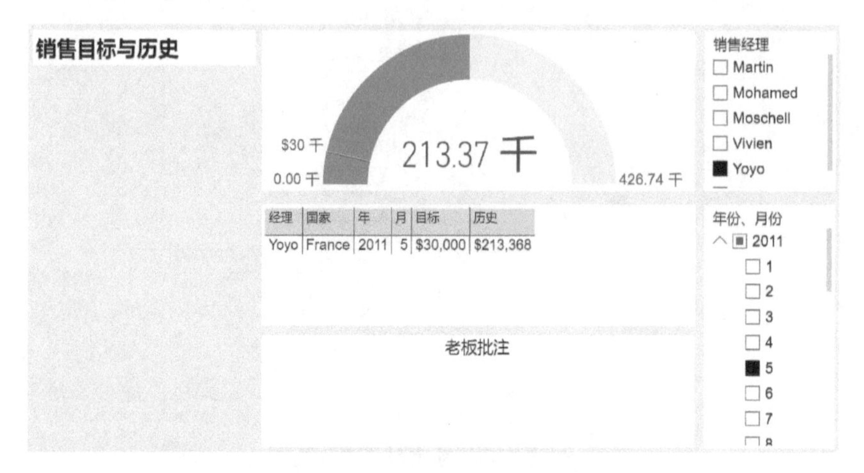

经理	国家	年	月	目标	历史
Yoyo	France	2011	5	$30,000	$213,368

图 5.32 创建 Power BI Service 的布局

02 在可视化面板中选中【Power Apps for Power BI】并将其插入到报表中，见图 5.33。

03 在【PowerApps Data】选项中插入相关将要引用的查询字段，此时 Power Apps 控件中出现【选择应用】和【新建】两个选项。两者区别是如果用户之前已经成功建立 Power Apps 画布应用，则可选择【选择应用】选项，否则用户需要选择【新建】选项，见图 5.34。图 5.35 为选择已有控件的效果图。

图 5.33 插入 Power Apps for Power BI 控件

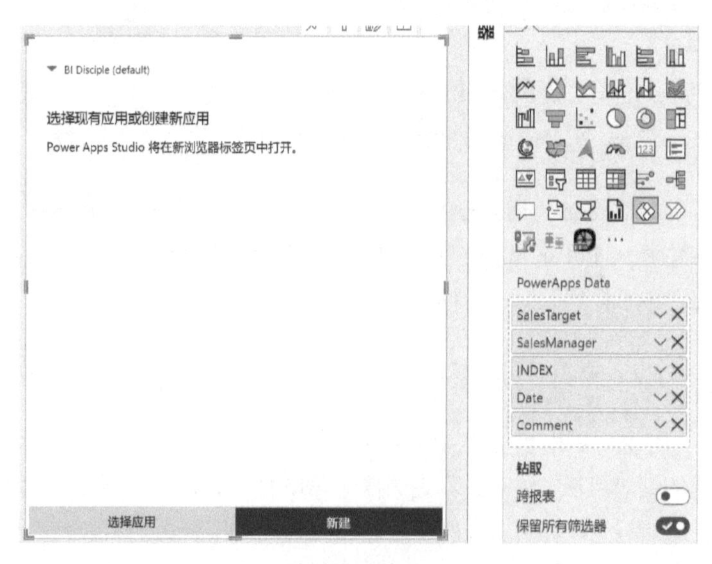

图 5.34 在 Power Apps 控件中插入相关的字段

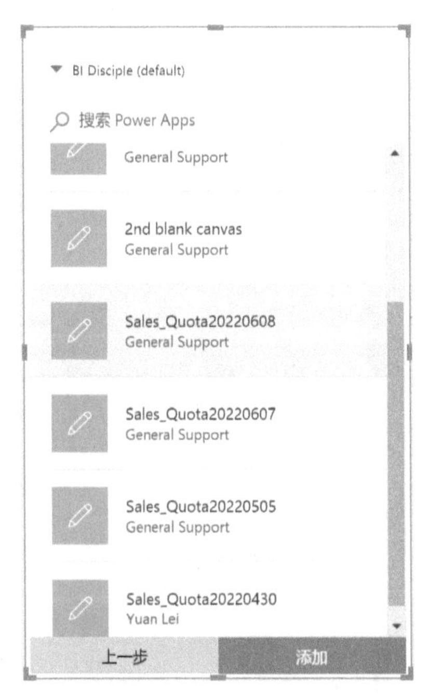

图 5.35 选择之前创建的 Power Apps 控件

04 假设需要新建 Power Apps，则单击【新建】按钮，界面会自动跳转至 Power Apps 画布设计器中，留意新的 Power Apps 中含有【PowerBIIntegration】控件，这个控件用于同步 Power Apps 与 Power BI 的查询结果，见图 5.36。

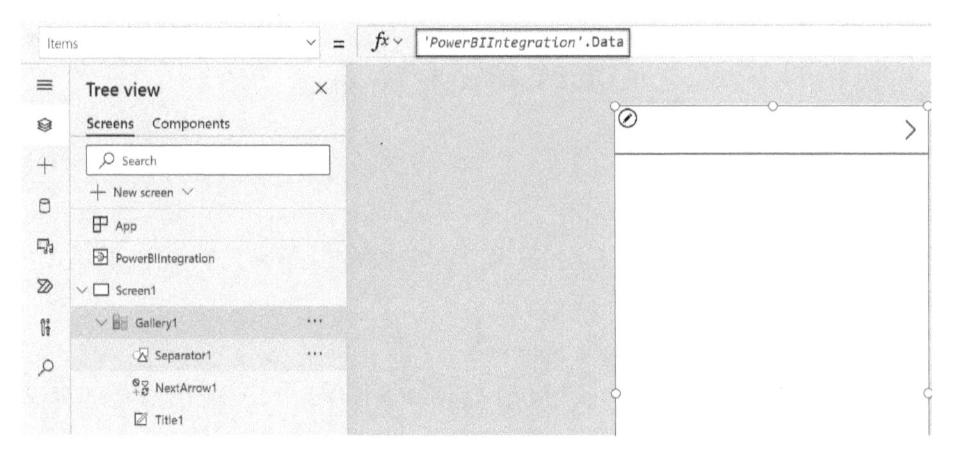

图 5.36 新建 Power Apps 画布中包含 PowerBIIntegration 联动控件

05 用户需要在 Power Apps 中连接对应的数据源，见图 5.37。因为创建 Power Apps 应用不是本例的重点，因此此处省略具体创建步骤。

06 创建 Power Apps 完毕后，保存并发布 Power Apps，然后在 Power BI 报表中刷新，观察 Power Apps 控件与 Power BI 其他控件的联动效果，见图 5.38。

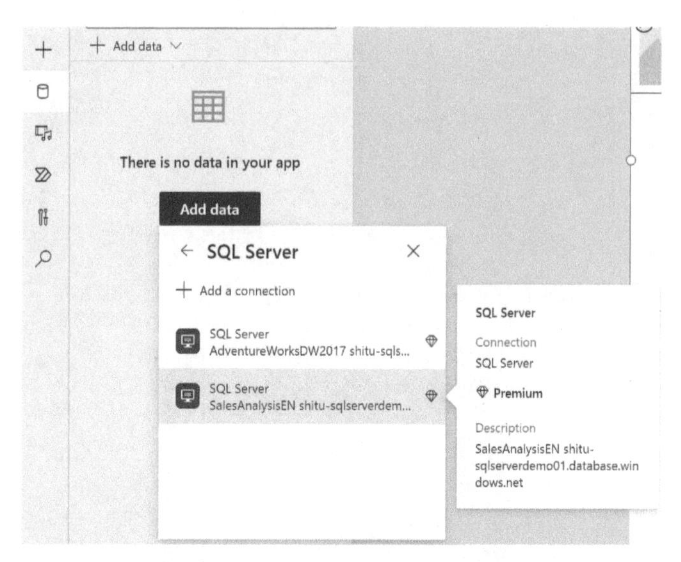

图 5.37 连接对应的数据源（钻石符号代表 Premium 许可）

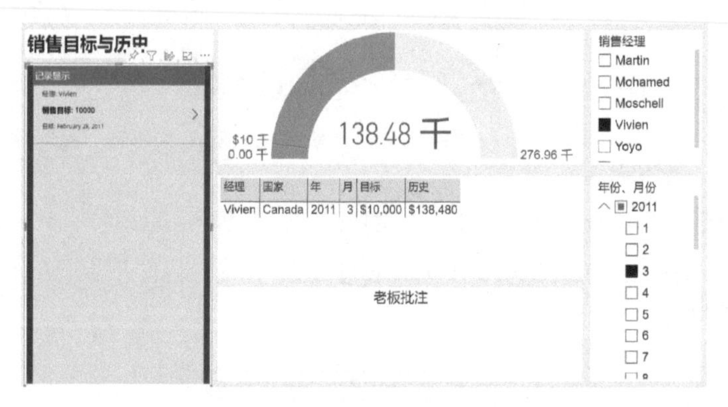

图 5.38 成功设置 Power BI 中 Power Apps 的联动效果

例104 用 Power Apps 更新 Power BI 数据

Power Apps 不但可以显示查询结果，还可以用于直接修改查询结果，在本例中将插入一个 Power Apps 屏幕，用于直接编辑数据源。

01 在上一例的基础上添加一个 Power Apps 屏幕，见图 5.39。

02 在【更新】按钮的【OnSelect】选项中填入以下 Patch 命令用于更新对应的数据源记录，其中 Power Apps 的 Filter 函数用法与 DAX 用法完全一致。

```
Patch(SalesTarget,First(Filter(SalesTarget,INDEX= record.Selected.INDEX)),
{
SalesTarget: Value(TextTarget.Text), // SalesTarget 列为 bigint 类型,所以要用 value 函数转换成数值型
Comment: TextComment.Text //comment 列为 nvarchar 类型,所以直接用控件的值,也就是 text 类型
});
PowerBIIntegration.Refresh();Navigate(Display,None)
```

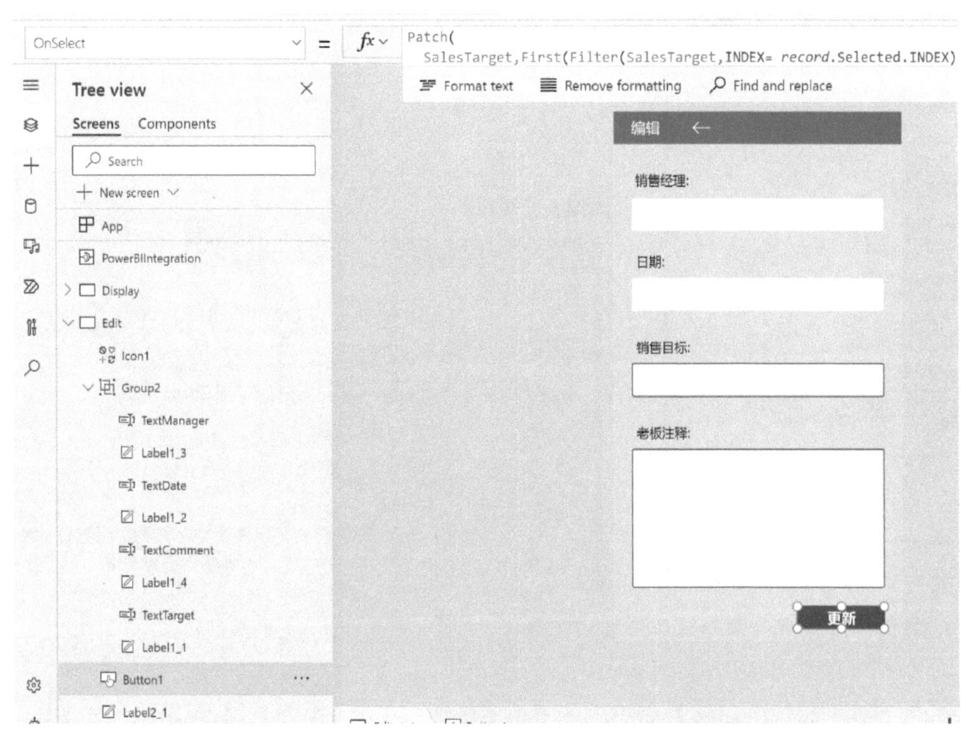

图 5.39 在 Power Apps 中添加一个新的屏幕（Screen）

03 创建完毕后，保存并更新 Power Apps，返回 Power BI 报表中，单击原有【记录显示】界面中的【>】箭头，见图 5.40。

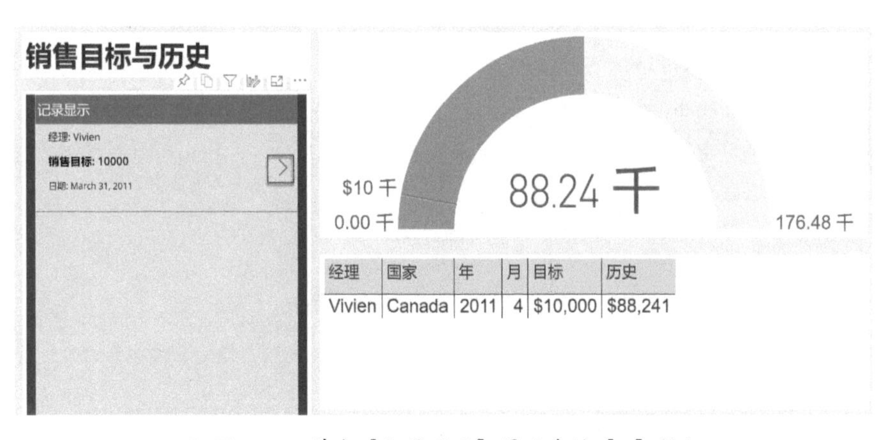

图 5.40 单击【记录显示】界面中的【>】按钮

04 在【编辑】界面下可以对具体的信息进行更新（如【销售目标】或【老板注释】的更新），完成之后单击【更新】按钮，见图 5.41。

05 稍等片刻，观察在 Power BI 报表中的同步更新效果。Power Apps 直接更新后台的 SQL 记录，并通过直连模式更新在 Power BI 报表中，见图 5.42。如果用户使用的数据是导入模式，则需要通过刷新数据集的方式。

图 5.41　在【编辑】界面中添加注释信息

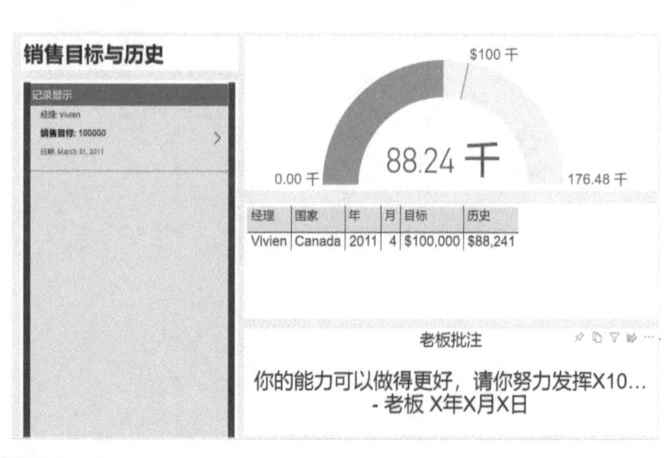

图 5.42　更新后的结果

技巧 36　如何实现 Power Automate 与 Power BI 集成

问题：

- 如何用 Power Automate 刷新 Power BI 报表？
- 如何用 Power Automate 一键发送查询结果到电子邮箱中？
- 如何用 Power Automate 一键导出查询结果？

Power Automate 是 Power Platform 中用于自动化应用的工具，它可以跟 Power BI Service 进行自动化联动，比如通过 Power Automate 自动或即时刷新 Power BI 数据集，通过 Power Automate 实现在 Power BI 报表中一键发送查询结果至电子邮箱中。总之，与 Power Automate 结合，Power BI 会变得更加自动化。

例105　通过 Power Automate 实现即时刷新数据集

Power BI Pro 允许用户每天设置 8 次计划刷新数据集，见图 5.43。但有时因为意外情况，用户往往需要临时手动去刷新数据集，在没有 Power Automate 的情况下，需要先登录到 Power BI Service 门户，再单击刷新对应的数据集，见图 5.44。但在没有计算机的情况下，这就显得有一些麻烦了。本例将介绍如何通过 Power Automate 在移动端即时刷新 Power BI 数据集，注意，需预先在移动设备中安装 Flow（Power Automate 在移动端的名称）应用。

图 5.43　在 Power BI 中设置计划刷新

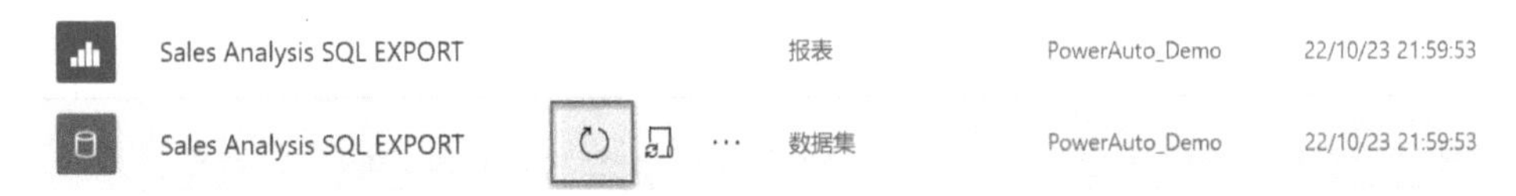

图 5.44 在 Power BI Service 中手动刷新数据集

01 登录 Power Automate 门户端，创建一个新的云端流，并添加手动触发流，见图 5.45。

图 5.45 添加手动触发流

02 单击【新步骤】按钮，通过关键词【PowerBI】进行搜索，单击【刷新数据集】选项，见图 5.46。

图 5.46 单击【刷新数据集】选项

03 在【刷新数据集】对话框中填写对应的工作区和数据集信息，完成后单击【保存】按钮，见图 5.47。

图 5.47 设置工作区和数据集参数

04 在移动端启动 Flow，在【按钮】面板中单击对应按钮，触发数据集刷新，见图 5.48。

05 完成刷新后，观察对应数据集的刷新记录，新的刷新类型为 Via Api，这便是通过 Power Automate 移动端完成的手动刷新，见图 5.49。这种刷新没有任何次数限制，用户可将触发器改为按每小时、甚至每分钟进行自动刷新。

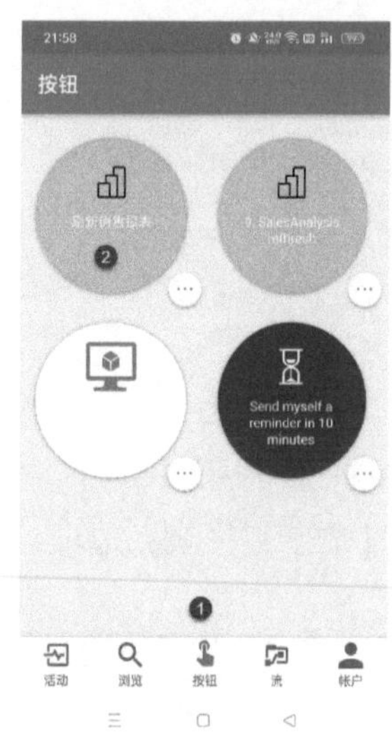

图 5.48 在 Flow 中单击对应的按钮

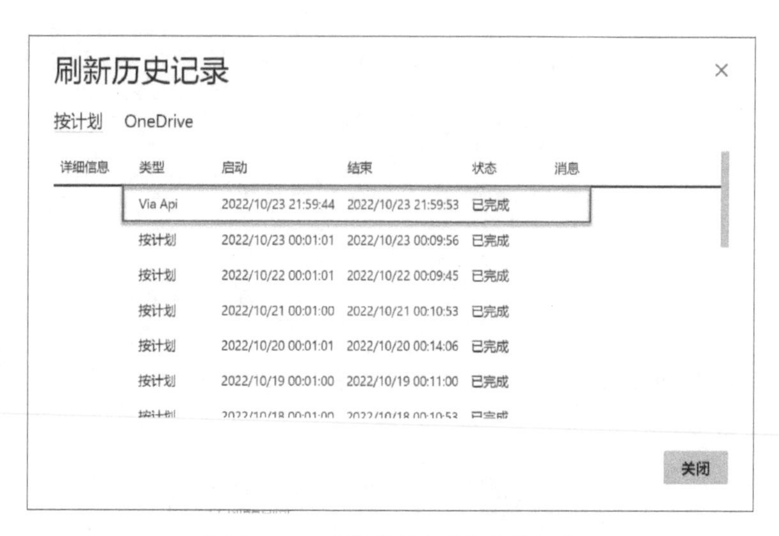

图 5.49 观察刷新完的数据集记录

例106 用 Power Automate 一键发送查询结果

本例将沿用例 104，在 Power BI 报表中通过 Power Automate 建立发送电子邮件的功能。当更新了【销售目标】和【老板注释】后，通过单击 Power Automate 可视化按钮，会一键发送更新结果至员工邮箱中。

01 在 Power BI 报表中直接插入一个【Power Automate for Power BI】控件，见图 5.50。

图 5.50 插入 Power Automate for Power BI 控件

02 选中该控件，在【Power Automate data】栏中放入相关字段，用户需提前准备相关电子邮件地址字段，以便完成后续电子邮件发送设置，见图 5.51。

03 为了更好地展示效果，暂时将控件拉大，观察其中的操作步骤。单击控件旁边的…图标，在弹出的菜单中选择【编辑】选项，见图 5.52。

图 5.51 在 Power Automate data 字段中填入相关引用字段和邮件地址

图 5.52 选择【编辑】选项

04 稍等片刻，控件会跳转至 Microsoft Power Automate 界面，选择【新建】-【模板】选项，见图 5.53。

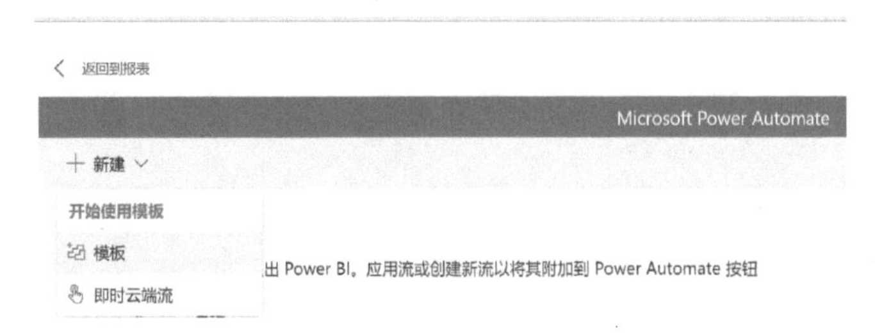

图 5.53 在 Microsoft Power Automate 界面下选择【新建】-【模板】选项

05 在自动产生的触发器【单击了 Power BI 按钮】对话框中单击【New step】（新步骤）按钮，添加新步骤，见图 5.54。

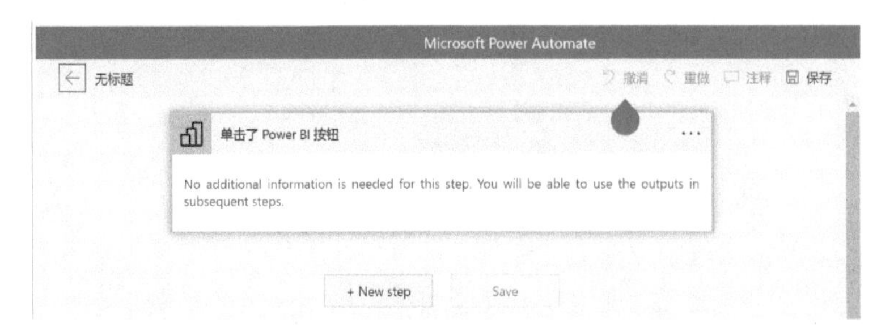

图 5.54 为 Power Automate 添加新步骤

06 通过关键字【send outlook】选择添加新步骤【发送电子邮件（V2）】，见图 5.55。

07 在【到】字段中填入【Power BI 表 Email】，注意不要填【User email】，【User email】是指登录 Power BI Service 的用户邮件，见图 5.56。

图 5.55　在新步骤中搜索发送电子邮件

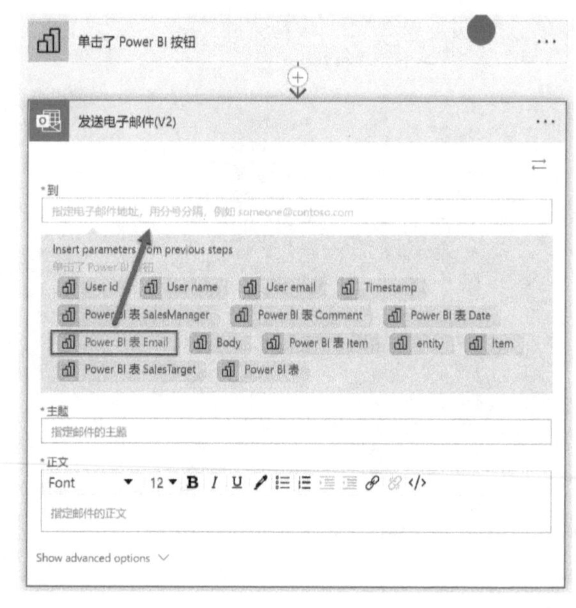

图 5.56　将【到】字段设置为【Power BI 表 Email】

08 参照图 5.57，继续完成剩余内容的编写，其中的【Apply to each】是 Power Automate 自动添加的结果，功能是为多个查询结果重复发送邮件。

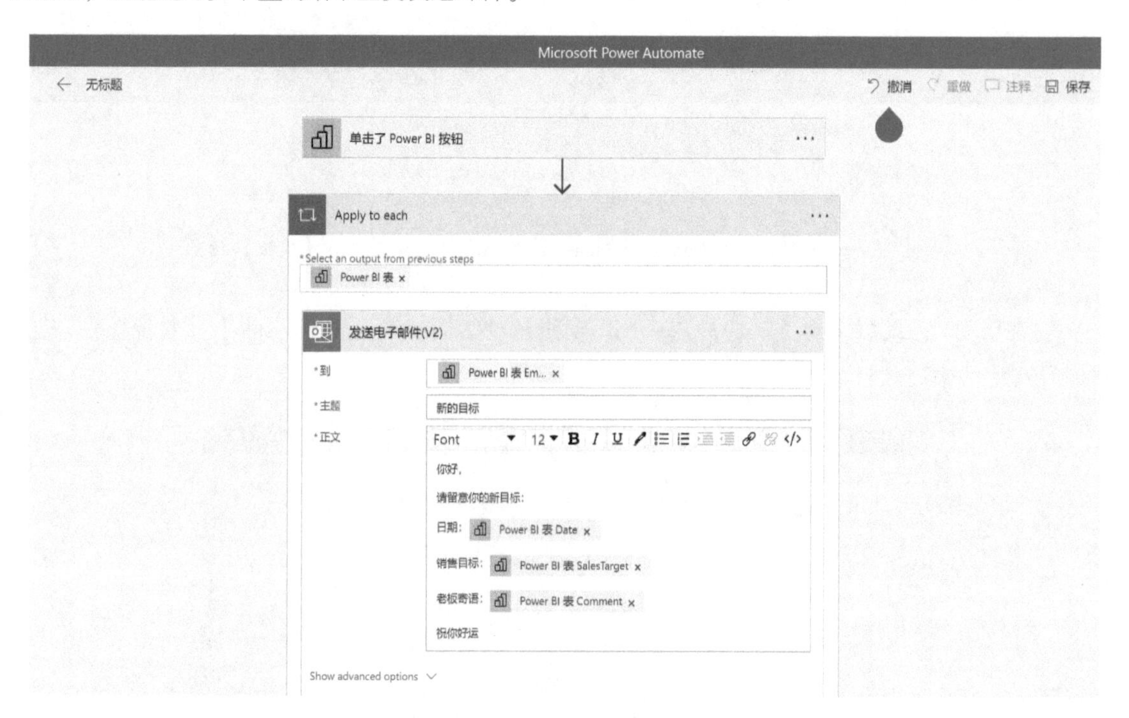

图 5.57　填写发送电子邮件内容的模板

09 完成设置后单击图 5.54 中的【Save（保存）】按钮，并随后单击【应用】按钮，然后单击“<-”箭头返回到 Power BI 界面下。在【Power Automate for Power BI】中设置【Button text】和【填充】属性。完成后，单击 Power Automate for Power BI 按钮，触发关联的 Power Automate 云端流，见图 5.58。

10 稍等片刻，观察收件邮箱中的电子邮件内容，见图 5.59。

图 5.58 继续编辑 Power Automate for Power BI 的属性设置

图 5.59 通过 Power Automate 发送的电子邮件效果

如果用户需要选择已经创建的 Power Automate 云端流，则可以在开始设置时直接选择对应的云端流，而不用创建新云端流，见图 5.60。

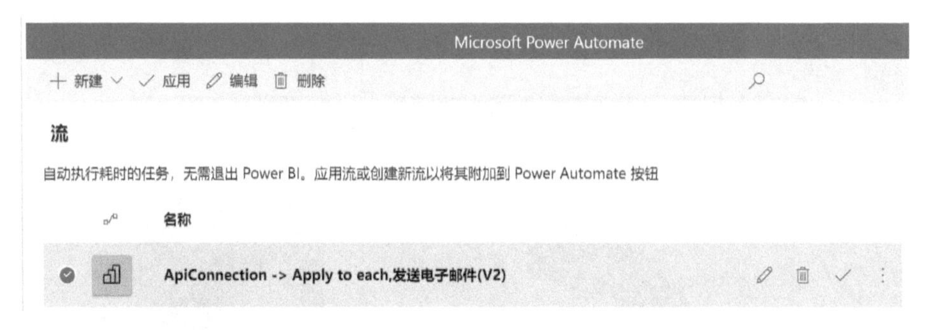

图 5.60 直接选择已存在的 Power Automate 云端流

例107 用 Power Automate 实现发送警报

在上例中，通过手动的方式触发发送电子邮件操作。在本例中，将在 Power BI Service 仪表盘中设置自动触发邮件操作。

01 在 Power BI Service 报表中选择销售目标与历史对比码表可视化对象，单击上方的【固定视觉对象】图标，见图 5.61。

02 在弹出的对话框中用户可创建新仪表板或者使用现有仪表板，此处选择【新建仪表板】并设置仪表板名称，单击【固定】按钮，见图 5.62。

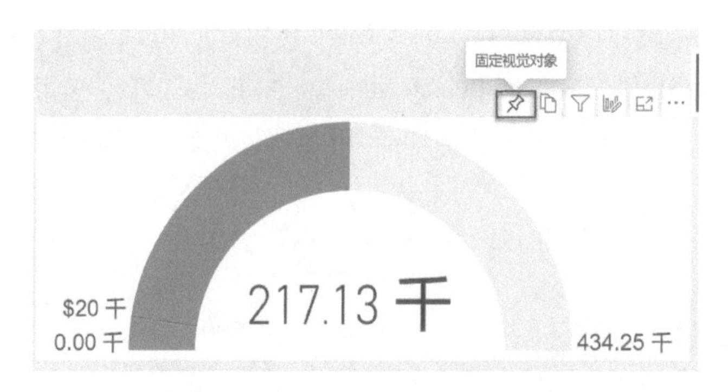

图 5.61 将码表设置为固定视觉对象

图 5.62 新建仪表板

03 在仪表板右上方菜单中选择【管理警报】选项，见图 5.63。

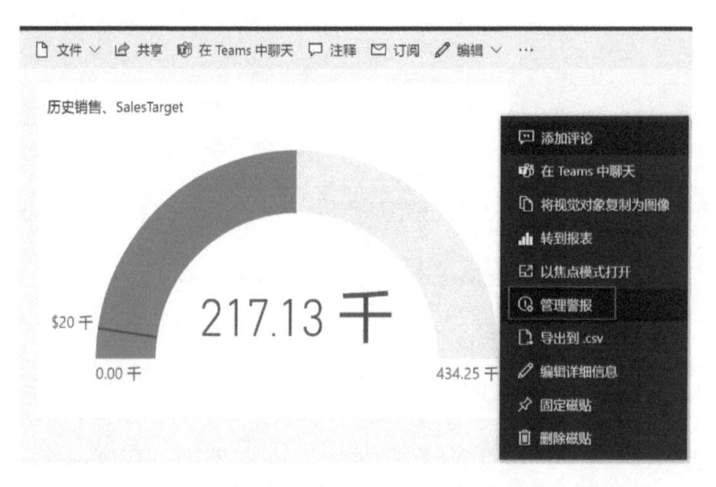

图 5.63 为仪表板中的可视化对象设置管理警报

04 在弹出的【管理警报】对话框中设置警报的阈值，并单击【使用 Microsoft Power Automate 触发其他操作】链接，见图 5.64。

05 页面跳转至 Power Automate 门户端中的模板，在默认界面下单击【继续】按钮，见图 5.65。

图 5.64　设置阈值并单击【使用 Microsoft Power Automate 触发其他操作】链接

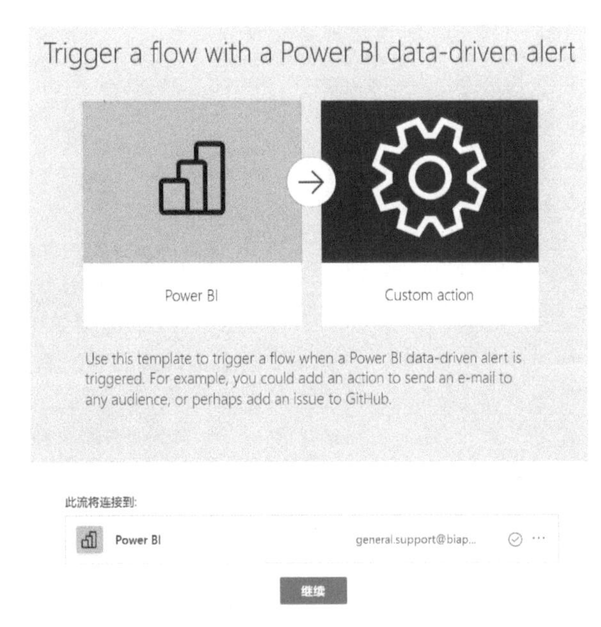

图 5.65　在 Power Automate 模板中单击【继续】按钮

06 参照之前的案例，在触发器下方单击添加新动作，然后选择【发送电子邮件】选项，并填写相关的信息，见图 5.66。

图 5.66　为触发器添加新的发送电子邮件操作

07 设置完毕后，调整报表中的码表阈值，等待自动邮件的推送，见图 5.67。

值得一提的是，仪表板需要约 15 分钟间隔时间与 Power BI 报表同步，可以在仪表板中设置多个可视化以及相关的警报，见图 5.68。

图 5.67 收到事件触发的自动提示邮件

图 5.68 设置多个仪表板和 Power Automate 警报

技巧 37 如何实现 Power BI 与 Teams 集成

问题：

- 如何在 Teams 对话中引用 Power BI 报表？
- 如何在 Teams 频道中嵌入 Power BI 报表？
- 如何在 Teams 应用中嵌入 Power BI 应用？

Microsoft Teams（以下简称 Teams）提供关联或嵌入其他 Office 应用的功能，比如在 Teams 中查看邮件、Power BI 报表及审批流程等。Microsoft Teams 的定位是 Office 中心化的办公沟通交流工具，本例将介绍 Teams 与 Power BI 之间的各种联动。

在 Teams 对话中引用 Power BI 报表

01 打开任意 Teams 对话框，在【键入新消息】文本框下找到并单击 Power BI 图标，如果找不到 Power BI 图标，则单击旁边的 ··· 图标，在弹出菜单中也可找到 Power BI 图标，见图 5.69。

02 在弹出的对话框中双击选择对应的 Power BI 报表，见图 5.70。

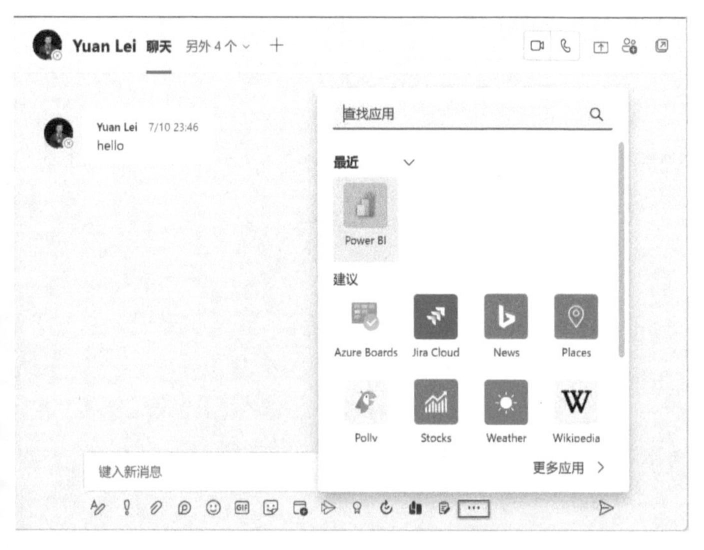

图 5.69 在 Teams 对话框中引用 Power BI 报表

图 5.70 选中对应的 Power BI 报表

03 在引用报表下方添加对话描述，之后选择发送功能，见图 5.71。

图 5.71 发送 Power BI 报表链接应用给对方

例109 在 Teams 频道中嵌入 Power BI 报表

01 选中 Teams 中任意团队的某个频道（Channel），单击旁边的【+】符号，见图 5.72。

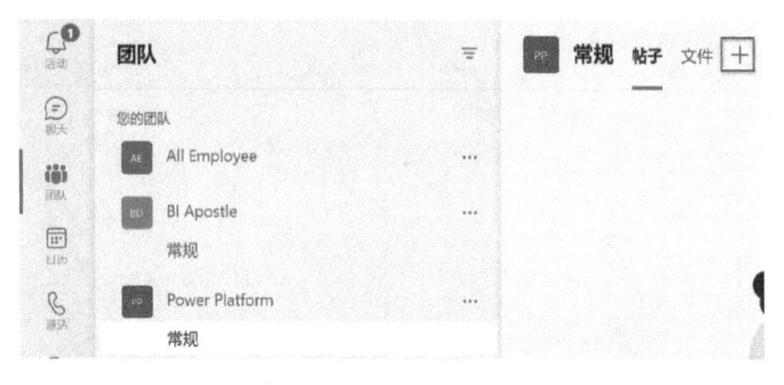

图 5.72 在 Teams 中选择对应的团队与频道

02 在弹出的【添加选项卡】对话框中通过输入关键字搜索 Power BI 并添加 Power BI 选项卡，见图 5.73。

图 5.73 在频道中添加 Power BI 选项卡

03 选择对应的 Power BI 报表并单击【保存】按钮，见图 5.74。

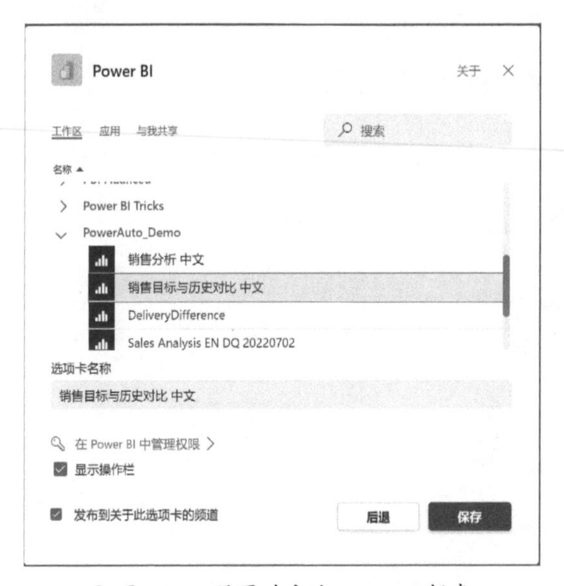

图 5.74 设置对应的 Power BI 报表

04 该报表将会成为新的选项卡，用户可直接在频道选项卡中对报表进行浏览操作，见图 5.75。

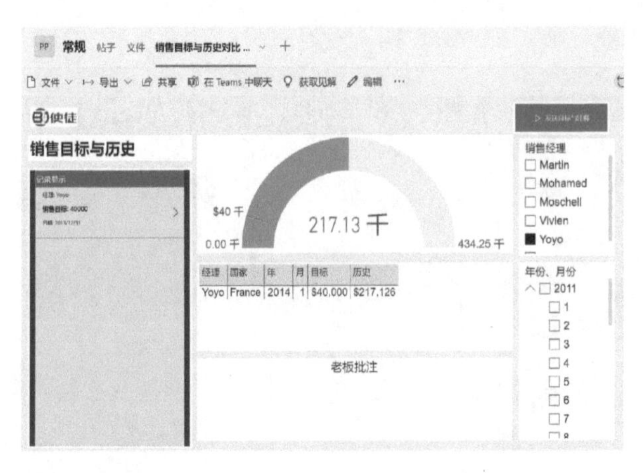

图 5.75 设置完成的选项卡效果

例110 在 Teams 应用中嵌入 Power BI 应用

01 在 Teams 主界面左侧的菜单栏中单击 ··· 图标，并添加 Power BI 图标，见图 5.76。

02 稍等片刻，待 Power BI 应用加载完毕后，观察 Teams 主页面中嵌入的 Power BI Service 应用，见图 5.77。

图 5.76 在 Teams 主界面下单击添加应用

图 5.77 插入的 Power BI 应用

03 单击其中的报表内容，可以直接在 Teams 中浏览 Power BI 报表而不用另外登录 Power BI，见图 5.78。

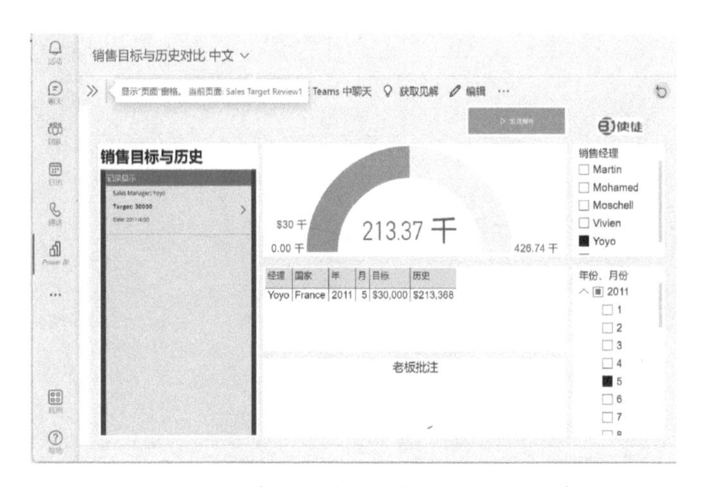

图 5.78 在应用界面下浏览 Power BI 报表

技巧 38 如何实现 Power BI 与 Forms 集成

问题：

- 如何获取 Forms 中的调查问卷数据？

Microsoft Forms（以下简称 Forms）是一款用于作为问卷调查或者在线测试的办公应用工具，

图 5.79 为 Forms 的调查结果【答复】选项卡，单击【在 Excel 中打开】按钮可直接下载 Forms 调查数据，再通过 Power BI 读取 Excel 数据，分析调查结果。这种方式的缺点是每次都需要手动导出数据。本例将介绍如何在 SharePoint 中直接读取 Excel 中的调查数据。

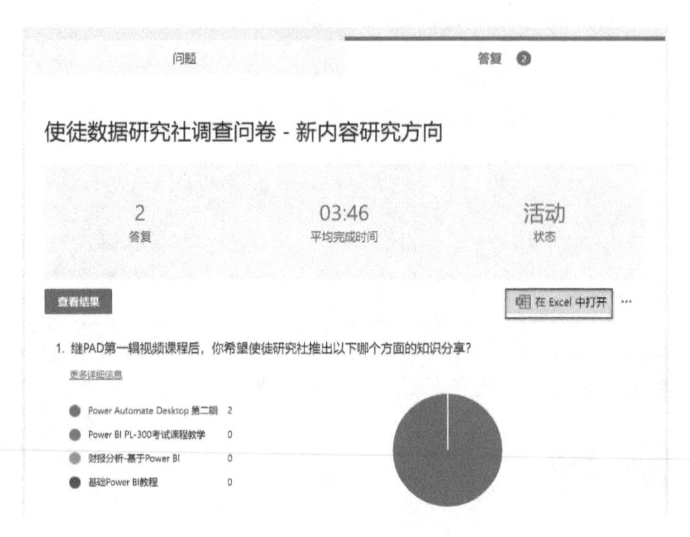

图 5.79 在 Microsoft Forms 中的 Excel 数据记录

例111 从 SharePoint 创建 Forms 连接

01 在 SharePoint 中选中对应的文档区，选择【新建】-【适用于 Excel 的 Forms】选项，见图 5.80。

图 5.80 选择【适用于 Excel 的 Forms】选项

02 在弹出的对话框中输入Forms的具体名称，然后单击【创建】按钮，见图5.81。

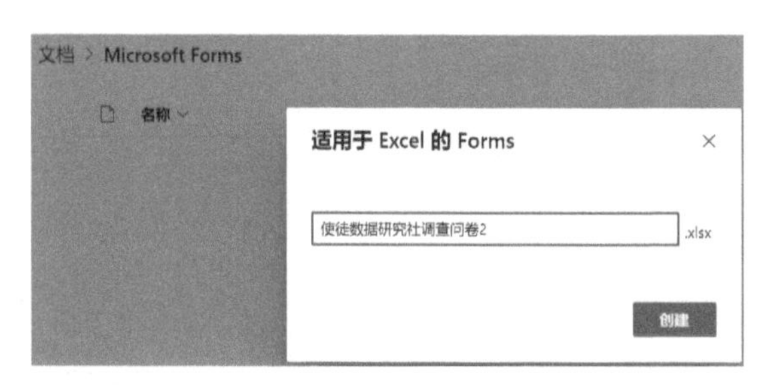

图5.81 设置适用于Excel的Forms的名称

03 完成后界面会自动跳转到Forms中，用户便可以在其中直接设置问卷，界面的数据可以直接同步存储于Excel中，见图5.82。

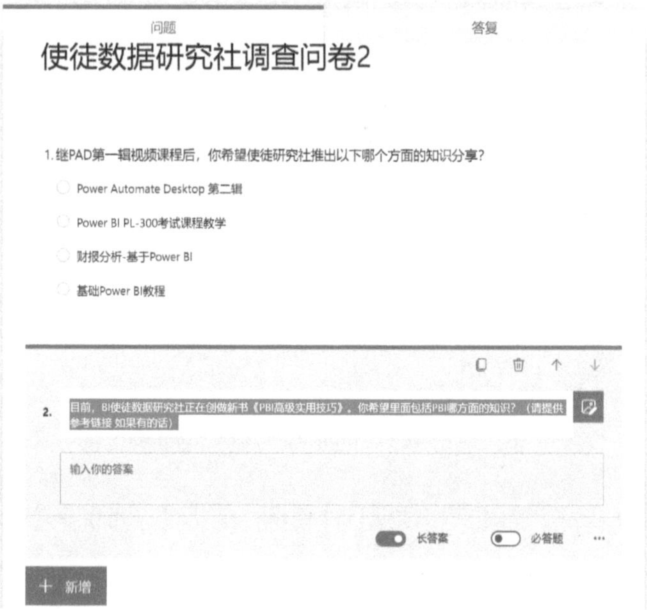

图5.82 创建Forms调查问卷

用户只要通过Power BI Desktop获取SharePoint上的数据集，便可直接连接Excel数据。技巧39将介绍连接SharePoint上Excel文件的方式。读者可能会问：如果我需要读取的不是新的Forms，而是已经存在的Forms记录呢？对于这种需求，在本书定稿之时，微软并没有提供官方的Forms API接口供Power BI直接使用，因此无法直接实现读取已经存在的Forms记录，作为一种变通方法，用户可以尝试将Excel内容另外存放入SharePoint，再利用Power Automate设置Forms与SharePoint中Excel的自动同步，这部分内容超越了本书的范围，作者将在Power Automate云端流相关题材的书籍中另行介绍。

技巧 39 如何实现 SharePoint 和 OneDrive for Business 与 Power BI 集成

问题：

- 如何获取 SharePoint Excel/CSV 数据？
- 如何获取 SharePoint 列表数据？
- 如何获取 SharePoint 文件夹数据？
- 如何启用 OneDrive 刷新？

SharePoint 和 OneDrive for Business 是 Microsoft 365 中常用的云存储工具，用户可以用它们来替代存储在本地路径下的 Excel 和 CSV 文件，这样做的好处是文件始终处于云端，当 Power BI Service 报表连接云端数据时，用户不用进行额外的网关设置，非常便利。本例将介绍如何在 Power BI 中获取 SharePoint 或 OneDrive for Business 数据。

例112 从 SharePoint 文档中读取 Excel 数据

本例将延续 Microsoft Forms 中的例子，通过 Web 方式获取 Forms 对应的 Excel 数据集。

01 返回到 SharePoint 中，单击 ⋮ 图标并在弹出的菜单中选择【详细信息】选项，并将右侧菜单栏下拉至【路径】处，选择复制【路径】，见图 5.83。

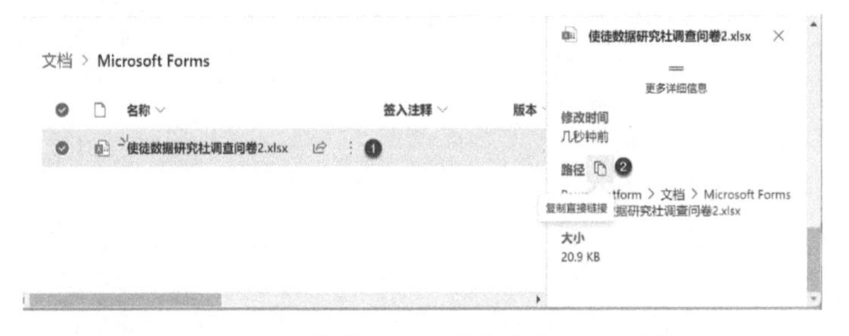

图 5.83 复制 Forms 到对应的 Excel 路径

02 打开 Power BI Desktop，在【获取数据】对话框中选择【全部】-【Web】选项，单击【连接】按钮，见图 5.84。

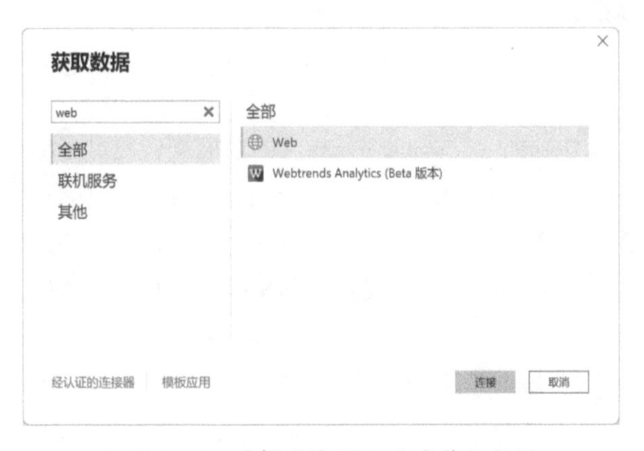

图 5.84 选择通过 Web 方式获取数据

03 在【从 Web】对话框的 URL 文本框中填入刚才复制的路径，然后单击【确定】按钮，见图 5.85。

图 5.85 填入对应的 Excel 文件路径

04 在验证界面中选择【组织账户】选项，验证登录成功后，单击【连接】按钮，见图 5.86。

图 5.86 用【组织账户】验证登录身份

05 在【导航器】对话框中，选择 Table1 或 Form1，单击【确定】按钮完成连接，见图 5.87。

图 5.87 读取 Excel 中的数据

值得一提的是，很多用户会将 SharePoint 同步到本地 Excel 作为数据源，见图 5.88。但显然这是错误的做法，因为 Power BI 只会将该文件当作本地数据源处理，用户还需要设置额外的网关。

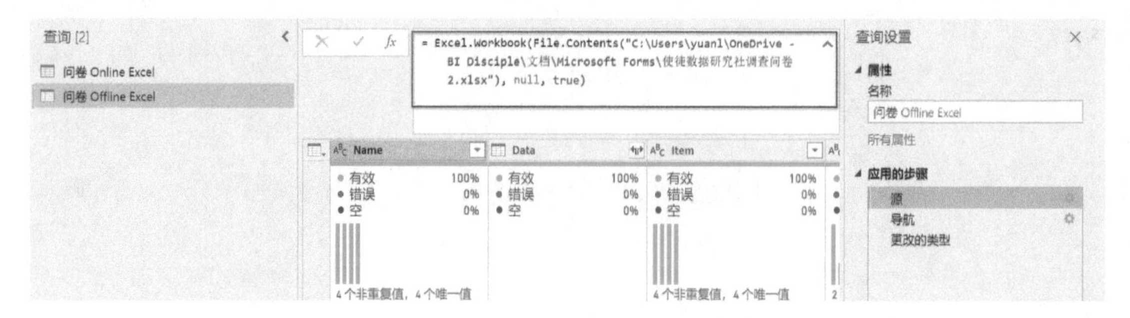

图 5.88　从本地桌面连接 Excel

从 SharePoint 列表中读取 Excel 数据

本例将介绍通过 SharePoint 获取数据。

01 在指定 SharePoint 网站中设置 SharePoint 列表，见图 5.89。

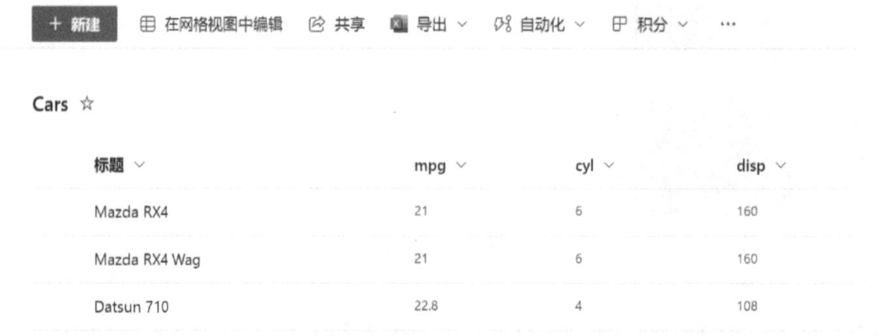

+ 新建　在网格视图中编辑　共享　导出　自动化　积分　…

Cars ☆

标题	mpg	cyl	disp
Mazda RX4	21	6	160
Mazda RX4 Wag	21	6	160
Datsun 710	22.8	4	108

图 5.89　在 SharePoint 文档中设置的列表

02 在 Power BI Desktop 中选择【获取数据】选项，在弹出的【获取数据】对话框中选择【全部】-【SharePoint Online 列表】选项，单击【连接】按钮，见图 5.90。

图 5.90　通过 SharePoint Online 列表方式获取数据

03 在【SharePoint Online 列表】对话框的【站点 URL】文本框中填入对应的 SharePoint 网站，用户可选择对应的【视图模式】，见图 5.91。

图 5.91 填入 SharePoint 的站点 URL

04 在【导航器】对话框中勾选相应的列表，单击【加载】按钮完成导入列表，见图 5.92。

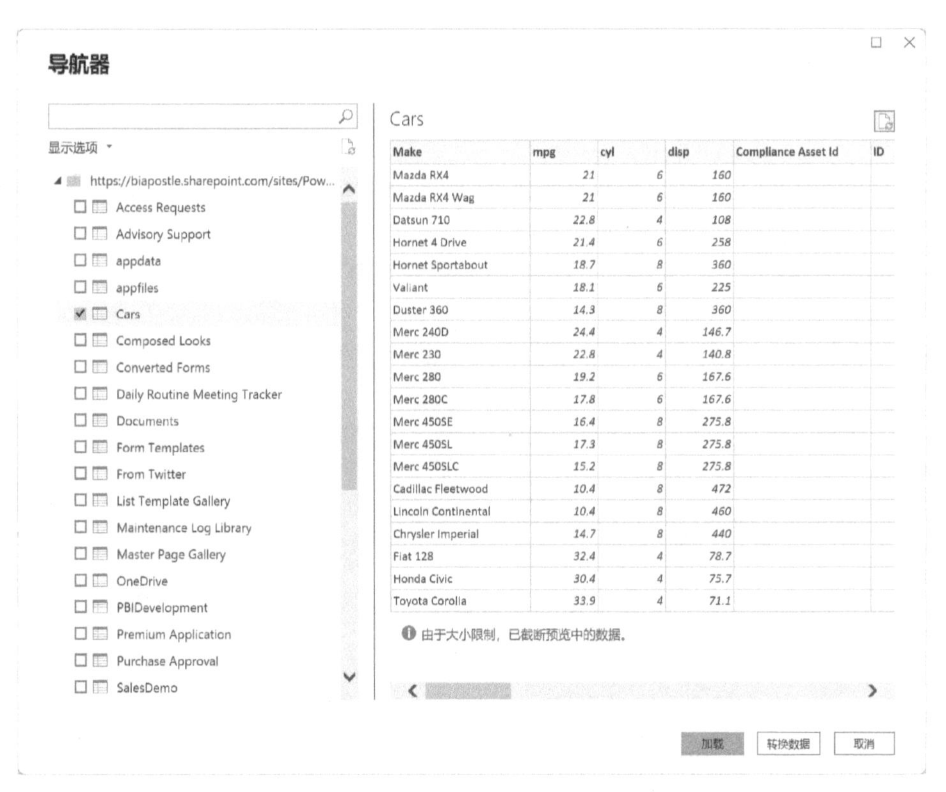

Make	mpg	cyl	disp	Compliance Asset Id	ID
Mazda RX4	21	6	160		
Mazda RX4 Wag	21	6	160		
Datsun 710	22.8	4	108		
Hornet 4 Drive	21.4	6	258		
Hornet Sportabout	18.7	8	360		
Valiant	18.1	6	225		
Duster 360	14.3	8	360		
Merc 240D	24.4	4	146.7		
Merc 230	22.8	4	140.8		
Merc 280	19.2	6	167.6		
Merc 280C	17.8	6	167.6		
Merc 450SE	16.4	8	275.8		
Merc 450SL	17.3	8	275.8		
Merc 450SLC	15.2	8	275.8		
Cadillac Fleetwood	10.4	8	472		
Lincoln Continental	10.4	8	460		
Chrysler Imperial	14.7	8	440		
Fiat 128	32.4	4	78.7		
Honda Civic	30.4	4	75.7		
Toyota Corolla	33.9	4	71.1		

图 5.92 在导航器对话框中勾选相应的列表

例114 从 SharePoint 文件夹中读取 Excel 数据

在前文中介绍了如何读取追加文件夹中的数据，本例将介绍通过 SharePoint 文件获取数据的方法。

01 在 OneDrive for Business 或 SharePoint 中设置文件夹（Stocks_EXCEL），用于存放 Excel 数据，

见图 5.93。

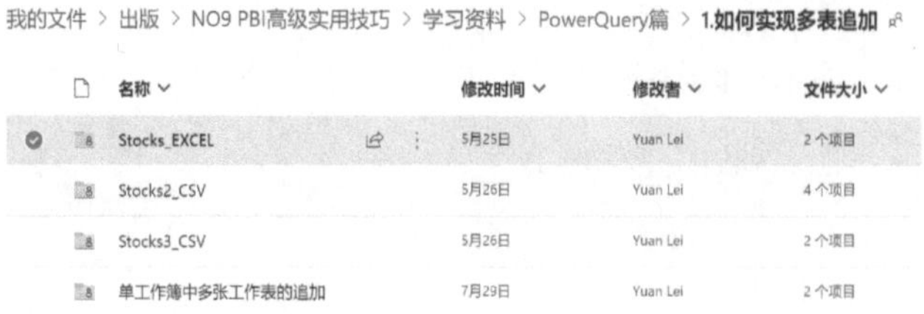

我的文件 > 出版 > NO9 PBI高级实用技巧 > 学习资料 > PowerQuery篇 > **1.如何实现多表追加**

名称	修改时间	修改者	文件大小
Stocks_EXCEL	5月25日	Yuan Lei	2 个项目
Stocks2_CSV	5月26日	Yuan Lei	4 个项目
Stocks3_CSV	5月26日	Yuan Lei	2 个项目
单工作簿中多张工作表的追加	7月29日	Yuan Lei	2 个项目

图 5.93　在 OneDrive for Business 或 SharePoint 中的数据文件夹

02 在 Power BI Desktop 的【SharePoint 文件夹】对话框中填入对应的站点 URL，单击【确定】按钮，见图 5.94。

图 5.94　在【SharePoint 文件夹】对话框中填入站点 URL

03 Power BI 将读取站点下的所有文件内容，单击【转换数据】按钮，见图 5.95。

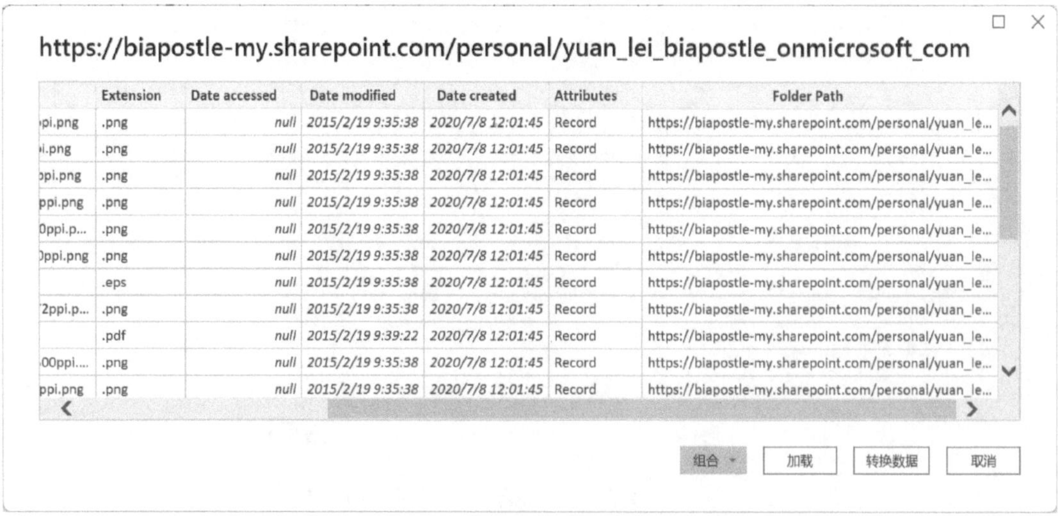

https://biapostle-my.sharepoint.com/personal/yuan_lei_biapostle_onmicrosoft_com

	Extension	Date accessed	Date modified	Date created	Attributes	Folder Path
pi.png	.png	null	2015/2/19 9:35:38	2020/7/8 12:01:45	Record	https://biapostle-my.sharepoint.com/personal/yuan_le...
i.png	.png	null	2015/2/19 9:35:38	2020/7/8 12:01:45	Record	https://biapostle-my.sharepoint.com/personal/yuan_le...
pi.png	.png	null	2015/2/19 9:35:38	2020/7/8 12:01:45	Record	https://biapostle-my.sharepoint.com/personal/yuan_le...
ppi.png	.png	null	2015/2/19 9:35:38	2020/7/8 12:01:45	Record	https://biapostle-my.sharepoint.com/personal/yuan_le...
0ppi.p...	.png	null	2015/2/19 9:35:38	2020/7/8 12:01:45	Record	https://biapostle-my.sharepoint.com/personal/yuan_le...
)ppi.png	.png	null	2015/2/19 9:35:38	2020/7/8 12:01:45	Record	https://biapostle-my.sharepoint.com/personal/yuan_le...
	.eps	null	2015/2/19 9:35:38	2020/7/8 12:01:45	Record	https://biapostle-my.sharepoint.com/personal/yuan_le...
2ppi.p...	.png	null	2015/2/19 9:35:38	2020/7/8 12:01:45	Record	https://biapostle-my.sharepoint.com/personal/yuan_le...
	.pdf	null	2015/2/19 9:39:22	2020/7/8 12:01:45	Record	https://biapostle-my.sharepoint.com/personal/yuan_le...
00ppi....	.png	null	2015/2/19 9:35:38	2020/7/8 12:01:45	Record	https://biapostle-my.sharepoint.com/personal/yuan_le...
ppi.png	.png	null	2015/2/19 9:35:38	2020/7/8 12:01:45	Record	https://biapostle-my.sharepoint.com/personal/yuan_le...

组合　加载　转换数据　取消

图 5.95　成功读取 SharePoint 中的内容

04 对【Folder Path】字段进行关键字筛选，见图 5.96。

05 图 5.97 为筛选后的结果，仅保留含有关键字【Stocks_EXCEL】的文件。

06 参考前文的 Excel.Workbook 函数，即可完成剩余文件的合并效果，见图 5.98。

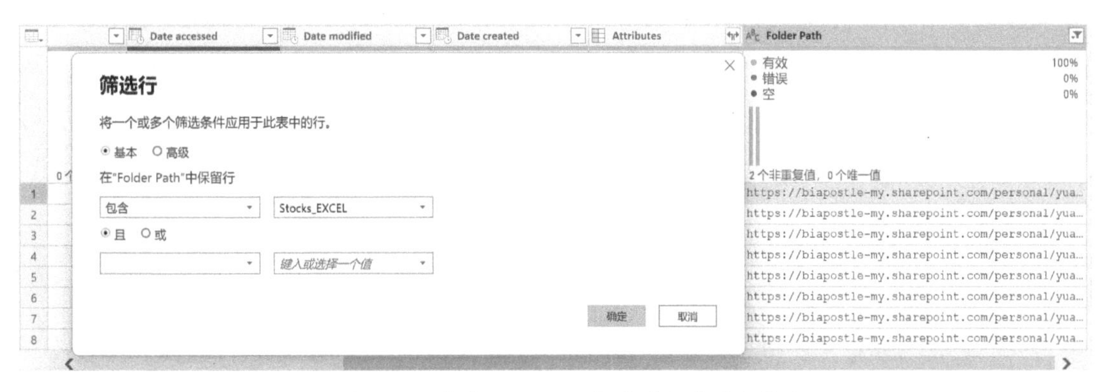

图 5.96　对【Folder Path】中的记录进行筛选

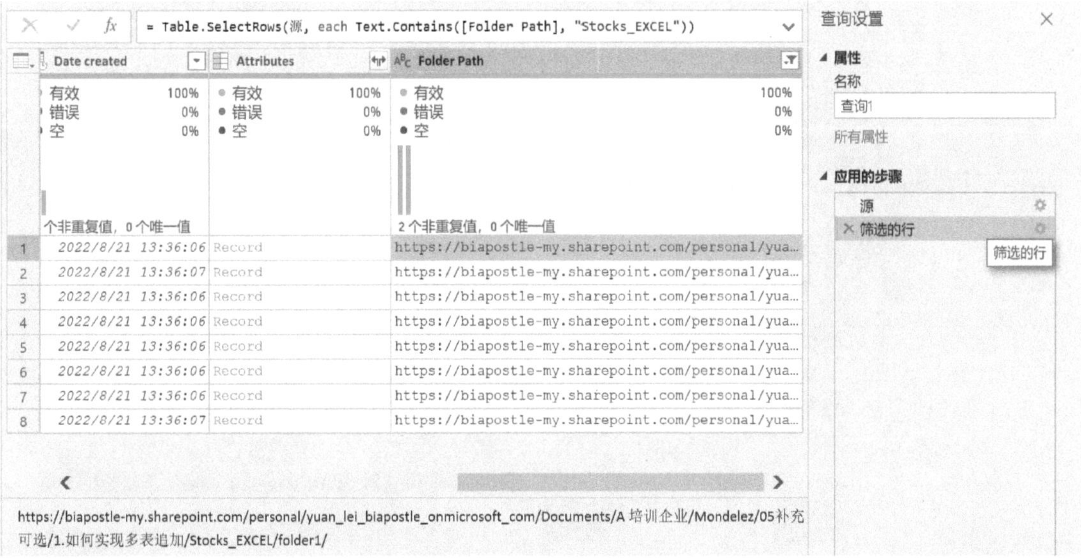

= Table.SelectRows(源, each Text.Contains([Folder Path], "Stocks_EXCEL"))

	Date created	Attributes	Folder Path
1	2022/8/21 13:36:06	Record	https://biapostle-my.sharepoint.com/personal/yua...
2	2022/8/21 13:36:07	Record	https://biapostle-my.sharepoint.com/personal/yua...
3	2022/8/21 13:36:06	Record	https://biapostle-my.sharepoint.com/personal/yua...
4	2022/8/21 13:36:06	Record	https://biapostle-my.sharepoint.com/personal/yua...
5	2022/8/21 13:36:06	Record	https://biapostle-my.sharepoint.com/personal/yua...
6	2022/8/21 13:36:06	Record	https://biapostle-my.sharepoint.com/personal/yua...
7	2022/8/21 13:36:06	Record	https://biapostle-my.sharepoint.com/personal/yua...
8	2022/8/21 13:36:07	Record	https://biapostle-my.sharepoint.com/personal/yua...

查询设置　属性　名称　查询1　所有属性　应用的步骤　源　筛选的行

https://biapostle-my.sharepoint.com/personal/yuan_lei_biapostle_onmicrosoft_com/Documents/A 培训企业/Mondelez/05补充可选/1.如何实现多表追加/Stocks_EXCEL/folder1/

图 5.97　筛选结果

= Table.AddColumn(删除的其他列, "自定义", each Excel.Workbook([Content],true))

	Name	Content	自定义
1	MSFT.xlsx	Binary	Table
2	JNJ.xlsx	Binary	Table
3	AAPL.xlsx	Binary	Table
4	V.xlsx	Binary	Table
5	MSFT.xlsx	Binary	Table
6	MCD.xlsx	Binary	Table
7	MCD.xlsx	Binary	Table
8	FB.xlsx	Binary	Table

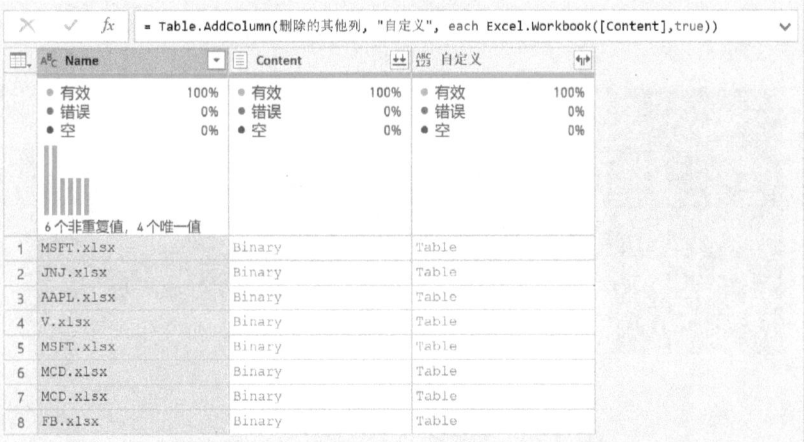

图 5.98　通过 Excel.Workbook 函数获取 Table

例115 通过 OneDrive for Business 刷新报表

01 将 Power BI 文件保存到 OneDrive for Business 中，在 Power BI Service 主页中选择任意工作区，单击【新建】-【报表】选项，见图 5.99。

02 在【添加数据以开始使用】页面中单击【这些选项】链接，见图 5.100。

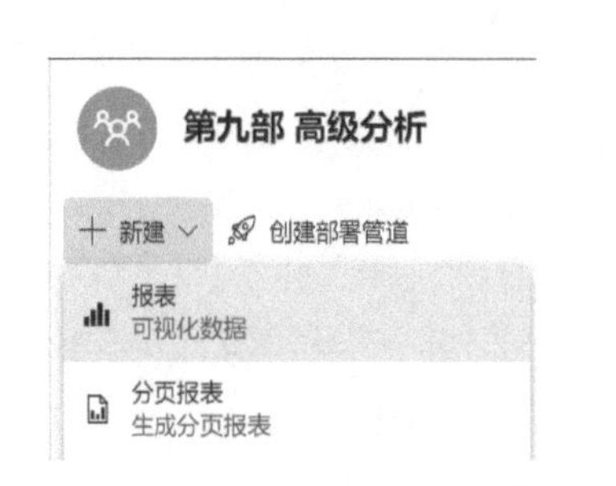

图 5.99 在新工作区中新建报表

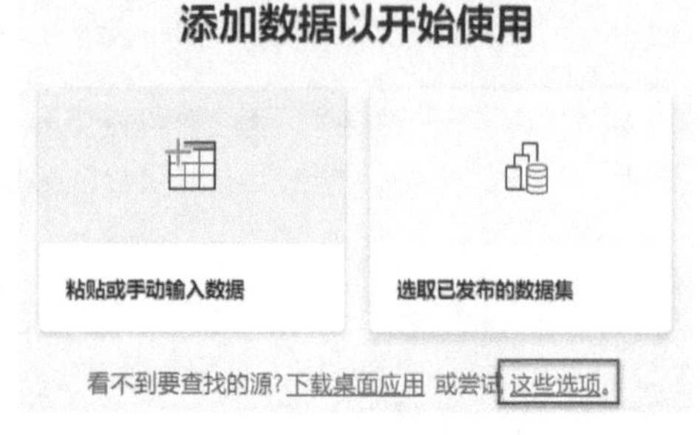

图 5.100 单击【这些选项】链接

03 在【新建内容】页面中单击【文件】下的【获取】按钮，见图 5.101。

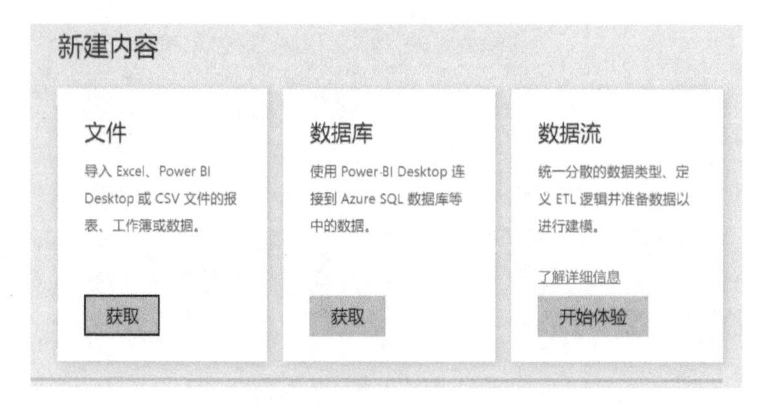

图 5.101 单击【获取】按钮

04 在【发现内容】界面中单击【OneDrive 企业版】图标，见图 5.102。

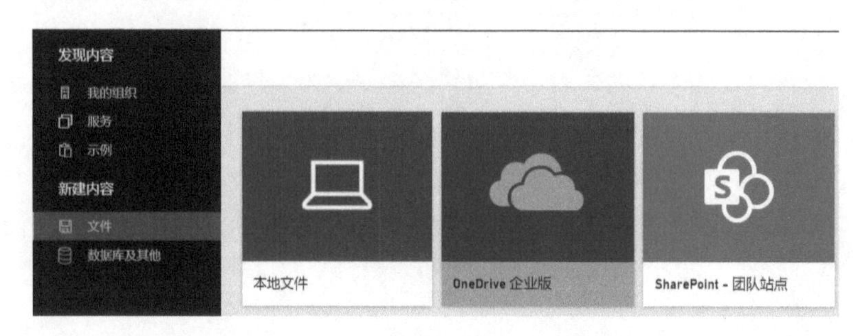

图 5.102 选择 OneDrive 企业版

05 Power BI Service 将连接至对应的 OneDrive for Business 内容，此时可以浏览并选择对应的文件

(这里选择【调查问卷 . pbix】文件)，然后单击【连接】按钮，见图 5.103。

图 5.103 找到 OneDrive 中对应的文件

06 pbix 文件成功连接后，其报表与数据集将上传至工作区中，见图 5.104。

图 5.104 通过 OneDrive for Business 方式上传 pbix 文件

07 确保数据集设置的【OneDrive 刷新】选项为开启状态，见图 5.105。

08 用户可在【刷新历史记录】对话框的【OneDrive】选项卡中查看刷新历史记录，OneDrive 默认刷新频率为每小时自动更新一次，见图 5.106。

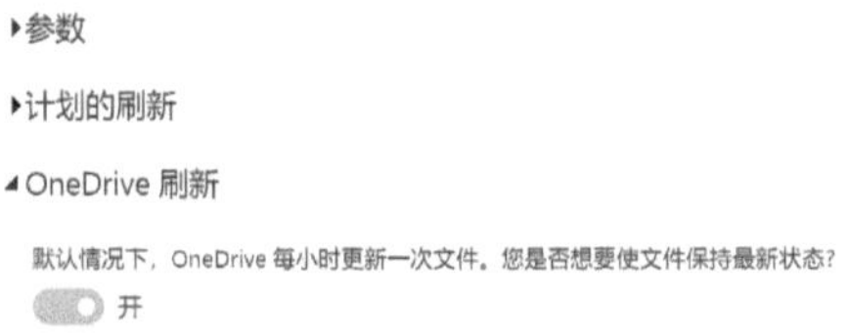

▸参数
▸计划的刷新
◂OneDrive 刷新
默认情况下，OneDrive 每小时更新一次文件。您是否想要使文件保持最新状态?
开

图 5.105 开启【OneDrive 刷新】选项

图 5.106 查看 OneDrive 刷新历史记录

值得一提的是，OneDrive 刷新有别于按计划刷新，其优势在于不用每次额外发布修改后的 pbix 报表，劣势在于并不会刷新 pbix 文件中的数据更新，仅更新报表页面，用户需要手动在 pbix 中刷新数据，见图 5.107。

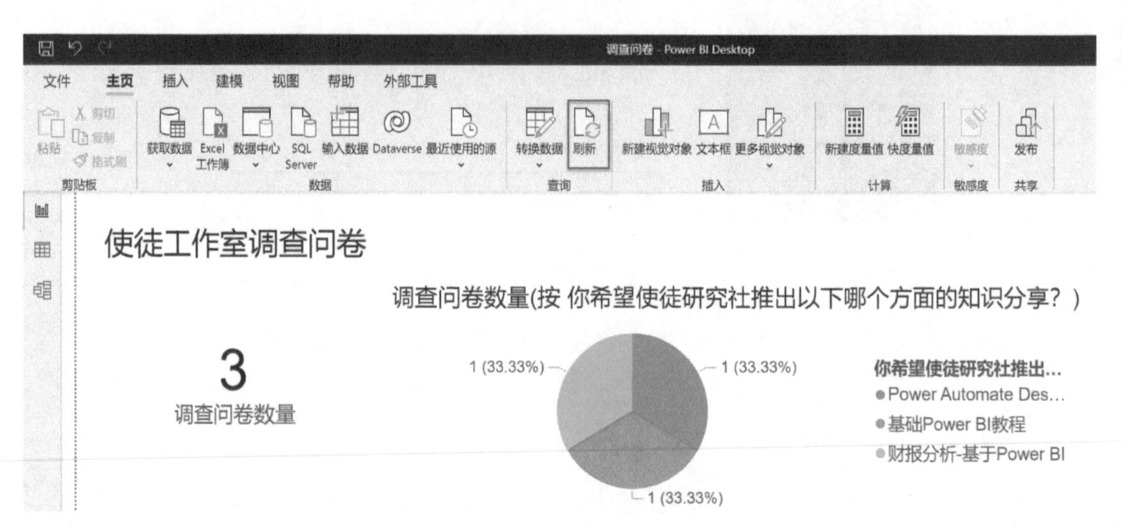

图 5.107 单击【刷新】图标

例116 在 SharePoint 列表中生成报表

01 用户可对 SharePoint 列表快速生成 Power BI 分析报表，在 SharePoint 列表中选择【积分（英文原文为 Integrate）】-【Power BI】-【可视化列表】选项，见图 5.108。

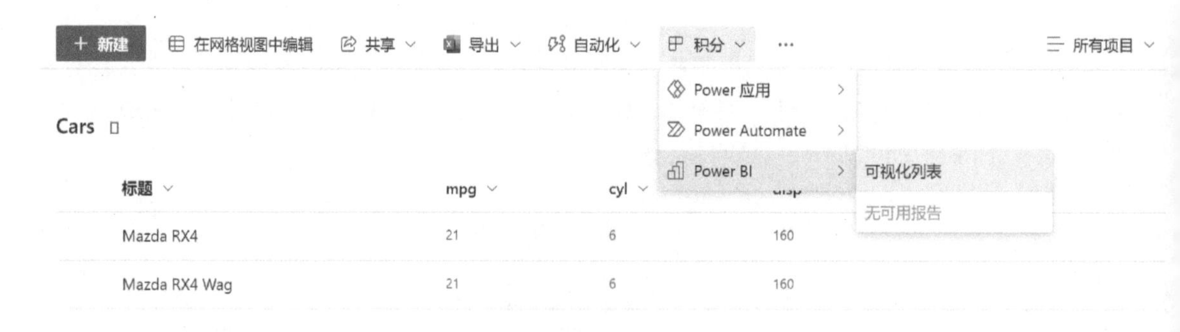

图 5.108 SharePoint 列表菜单

02 依据列表中的已有字段和内容，Power BI 将智能生成数据分析报表，见图 5.109。

03 单击个性可视化图标，用户可对个性化对象进行个性化设置，完成设置后单击【发布到列表】选项，见图 5.110。

04 在【发布到列表】对话框中填写报表名称，见图 5.111。

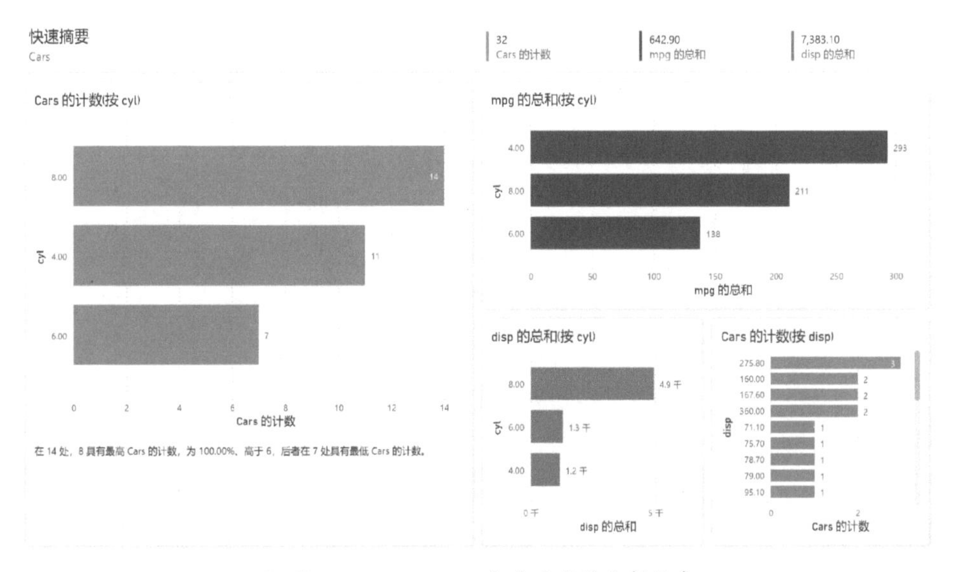

图 5.109　Power BI 智能生成的分析报表

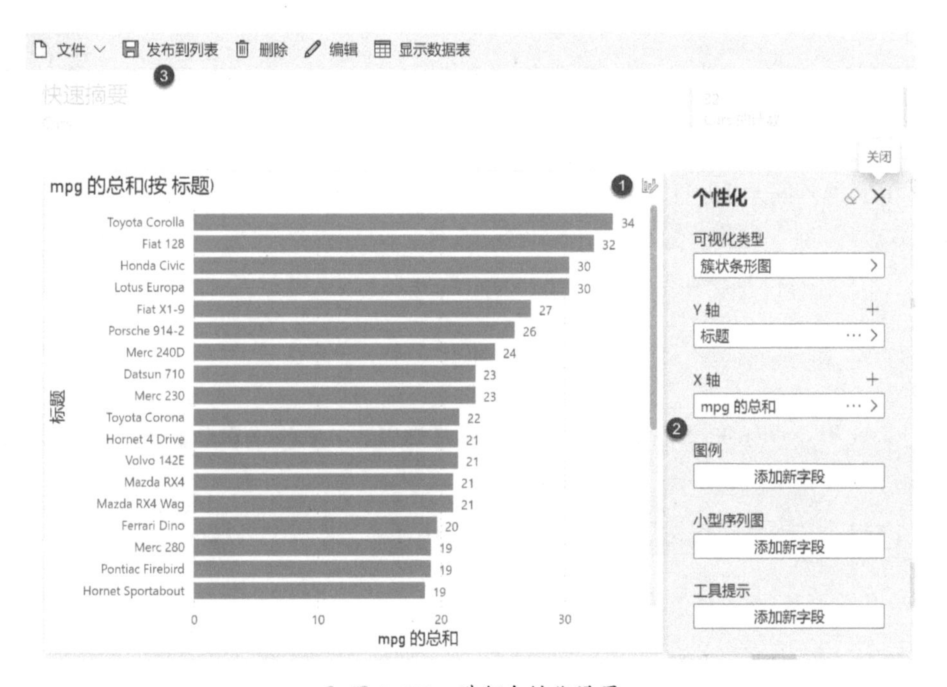

图 5.110　进行个性化设置

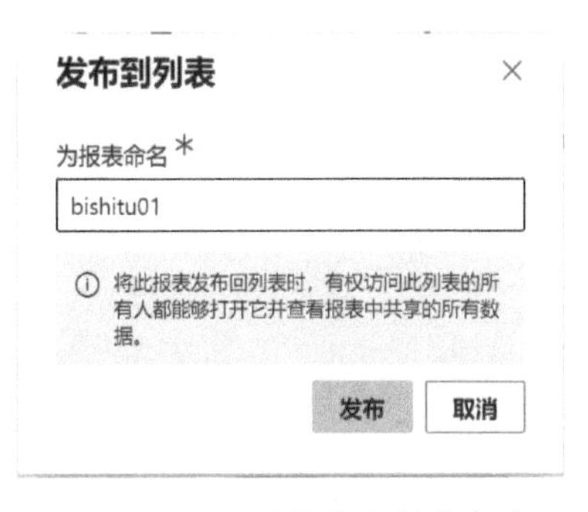

图 5.111　为新生成报表命名

05 返回 SharePoint 列表，选择【积分】-【Power BI】选项子菜单中新创建的报表，见图 5.112。

图 5.112 选择已创建的可视化报表

值得一提的是，通过 SharePoint 列表直接生成的 Power BI 分析报表仅存在于列表中，所以用户无法直接在 Power BI Service 中重现相应的内容。

技巧 40 如何实现 Power BI 与 PowerPoint 集成

问题：

- 如何在 PowerPoint 中生成静态 Power BI 报表内容？
- 如何在 PowerPoint 中生成动态 Power BI 报表内容？

PowerPoint 是常用的办公软件，如何在 PowerPoint 中嵌入 Power BI 报表呢？除了最简单的复制、粘贴图片方式以外，还可以将整张 Power BI 报表以静态或者动态的方式嵌入到 PowerPoint 中，从而高效且美观地演示文稿材料。本例将介绍在 PowerPoint 中嵌入 Power BI 的相关方法。

例117 在 PowerPoint 中生成静态报表内容

01 在 Power BI Service 中打开指定的报表，选择【导出】-【PowerPoint】-【嵌入图像】选项，见图 5.113。

02 在【导出】对话框中保持默认选项，单击【导出】按钮，见图 5.114。

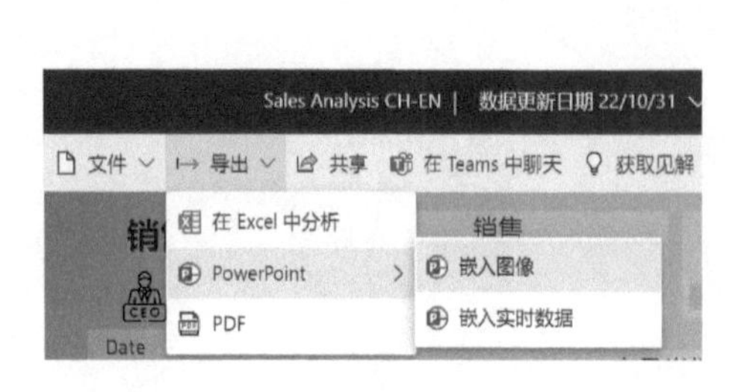

图 5.113 选择【嵌入图像】选项

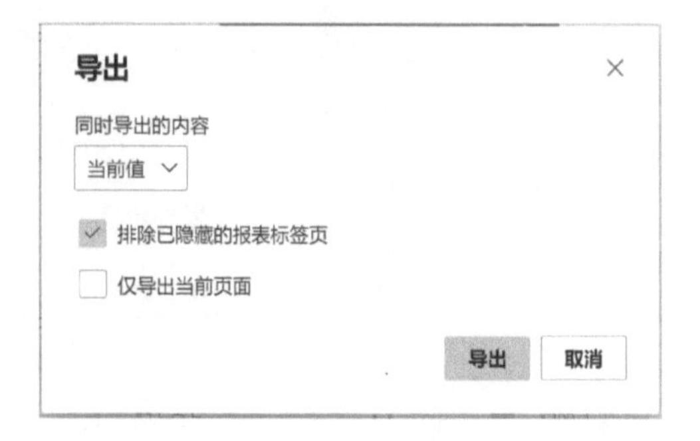

图 5.114 单击【导出】按钮

03 观察导出的 PowerPoint 文稿效果，见图 5.115。

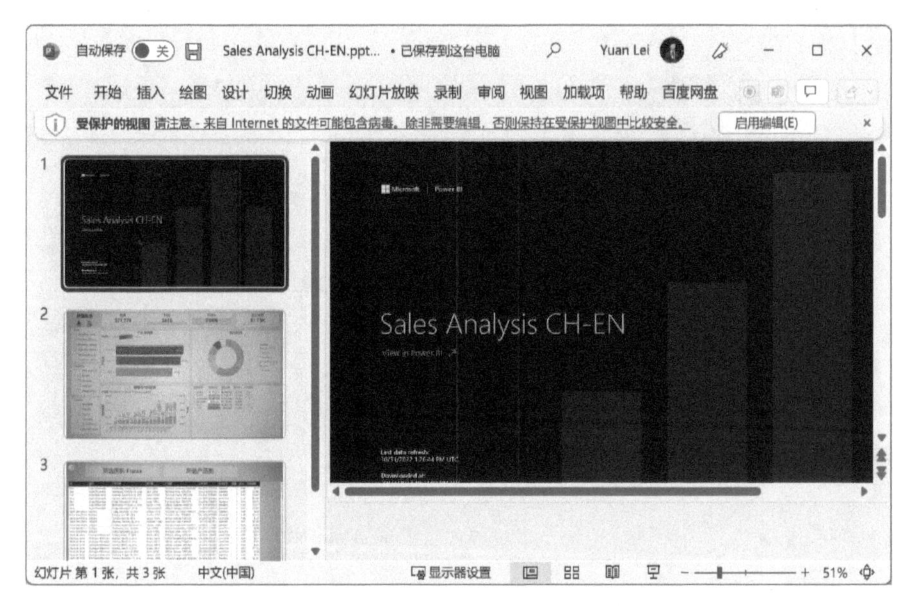

图 5.115 导出后的静态 PowerPoint 效果图

例118 在 PowerPoint 中生成动态报表内容

01 选择【导出】-【PowerPoint】-【嵌入实时数据】选项。

02 在弹出的对话框中单击【在 PowerPoint 中打开】按钮，见图 5.116。

图 5.116 嵌入实时数据

03 导出的 PowerPoint 文稿包含两页幻灯片，第一页是动态实时连接的 Power BI 嵌入报表，用户可直接浏览报表中的动态内容，第二页是关于下载 PowerPoint 中 Power BI 插件的信息，见图 5.117。

04 对于需要在 PowerPoint 中安装插件的用户，可单击第二页幻灯片中的下载链接，见图 5.118。

05 在浏览器中查看 Power BI 插件的安装要求，该插件除了支持在 Windows 系统安装，同时也支持在 Mac 系统安装，见图 5.119。

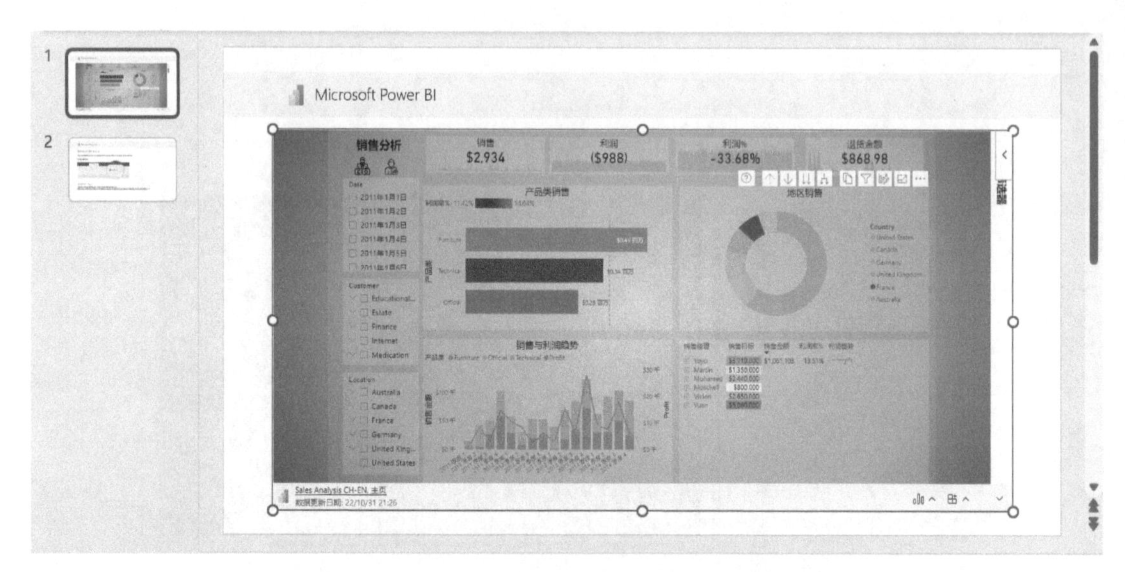

图 5.117　导出后的动态 PowerPoint 效果图

图 5.118　单独安装 PowerPoint 中的 Power BI 插件

图 5.119　PowerPoint 中的 Power BI 插件安装条件

06 值得一提的是，对于 Microsoft 365 用户，也可以选择直接在 PowerPoint 中插入 Power BI Service 报表，复制 Power BI 报表的 URL 地址，见图 5.120。

图 5.120 在 Power BI Service 中复制报表的 URL 地址

07 打开一新的 PowerPoint 文件，选择【插入】-【Power BI】选项，稍等片刻，在出现的嵌入对象中粘贴 URL 地址后单击【插入】按钮，见图 5.121。

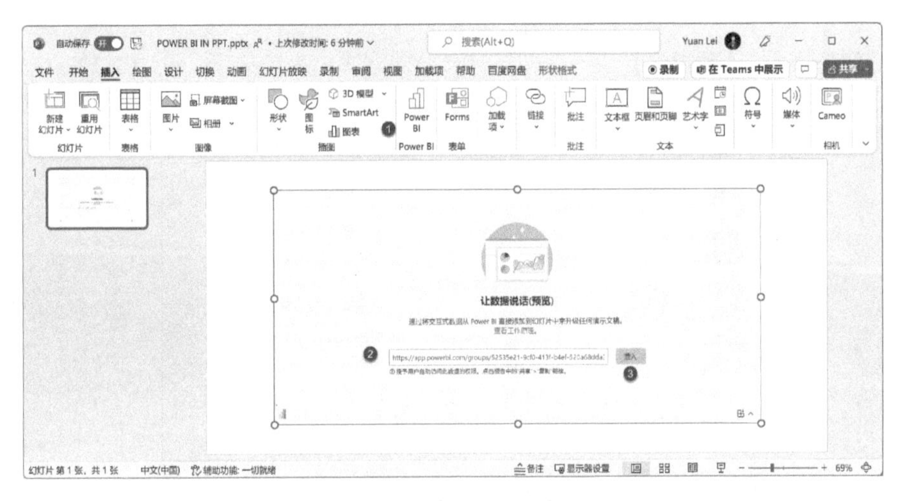

图 5.121 单击【插入】按钮

08 插入完成后，用户可在插件下方选择刷新或对报表内容进行进一步筛选，这种插入的优势在于可在一份 PowerPoint 文件中包含多份独立的 Power BI 动态报表内容，见图 5.122。

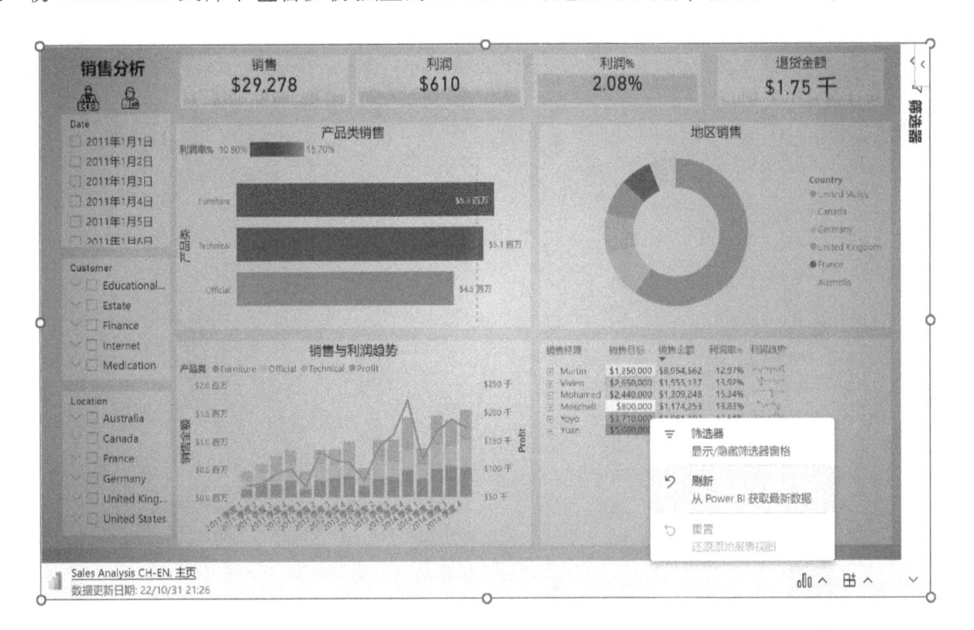

图 5.122 直接插入 Power BI 报表的效果图

技巧 41　如何实现 Power BI 与 Word 集成

问题：

- 如何将 Power BI 表格数据导入 Word 文档中？

通过创建带格式的表功能，可实现将分析结果直接以表的格式导入 Word 文档，该功能甚至支持导出 PowerPoint、Excel 等格式。

例119 将表格数据导入 Word 文档

01 在任意 Power BI【数据集】菜单中选择【创建带格式的表】选项，见图 5.123。

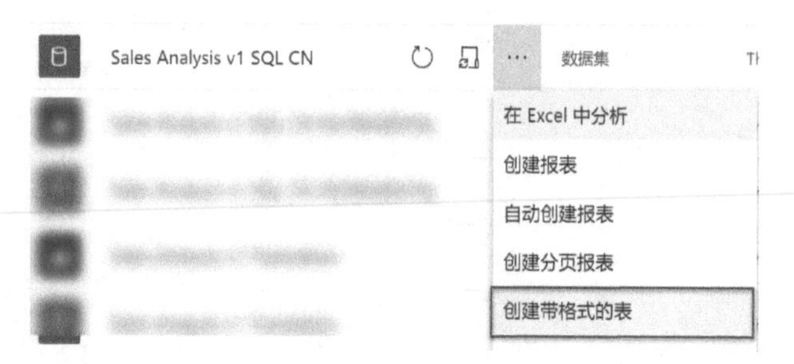

图 5.123　在数据集中创建带格式的表

02 在【创建带格式的表】界面下参照图 5.124 创建具体的表格内容。

文件　主页　Table Format　编辑

产品类	产品子类	利润%
Furniture	Appliance	17.04%
Furniture	Bookshelf	15.66%
Furniture	Chair	15.40%
Furniture	Desk	-17.84%
Official	Appliances	9.34%
Official	Bookbinding	14.28%
Official	Envelope	25.10%
Official	Label	24.67%
Official	Lashing	14.67%
Official	Paintings	-9.15%
Official	Paper	23.37%
Official	Storage	27.62%
Official	Supplies	13.95%
Technical	Accessory	16.57%
Technical	Equipment	15.75%
Technical	Phone	12.78%

构建　字段　值　产品类　产品子类　利润%

创作时，仅显示 500 行。请转到阅读视图或导出报表以查看所有行

第 1 页，共 1 页

图 5.124　创建带格式的表的效果

03 完成后，选择【主页】-【导出】-【Microsoft Word（.docx）】选项，见图 5.125。

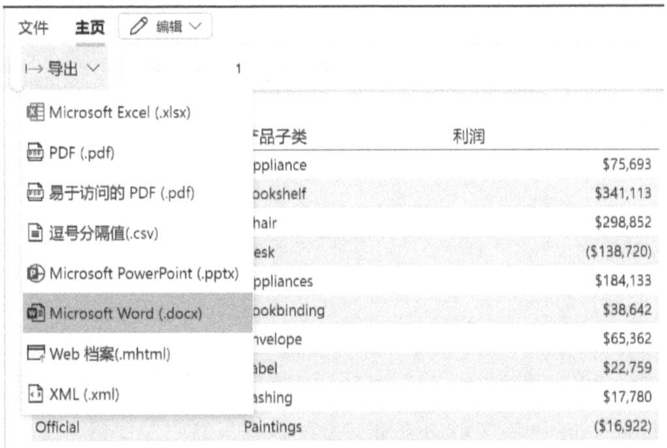

图 5.125 在【主页】菜单中选择导出 Microsoft Word 文档

04 图 5.126 为从 Power BI Service 导出的 Word 表格效果。除了 Word 格式，此功能也支持导出 Microsoft PowerPoint、PDF、CSV 和 Excel 等多种格式。

产品类	产品子类	利润
Furniture	Appliance	$75,693
Furniture	Bookshelf	$341,113
Furniture	Chair	$298,852
Furniture	Desk	($138,720)
Official	Appliances	$184,133
Official	Bookbinding	$38,642
Official	Envelope	$65,362
Official	Label	$22,759
Official	Lashing	$17,780
Official	Paintings	($16,922)
Official	Paper	$58,638
Official	Storage	$299,352
Official	Supplies	$37,055
Technical	Accessory	$127,513
Technical	Equipment	$130,232
Technical	Phone	$216,172
Technical	Print	$238,446
总计		$1,996,102

图 5.126 从 Power BI Service 导出的 Word 表格效果

第 6 章

「企业应用——站在企业视角升级BI」

工欲善其事、必先利其器。对于开发用户而言，除了学习 M 语言、DAX、模型和可视化分析相关的知识，也需要掌握 Power BI 工具知识，特别是 BI 领域，这是因为对于特殊或者复杂度相对高的任务，开发者需要精准使用正确的开发工具以提高开发的效率与能力。本章主要围绕与 Power BI 报表开发的相应功能展开介绍，提升用户对开发工具的了解与技能。

技巧 42　用 Power BI 回写数据库功能

问题：

- 如何在 Power BI 中实现静态回写功能？
- 如何在 Power BI 中实现动态回写功能？

什么是回写（Writeback）？此处所说回写是指从 Power BI 报表中将数据写回到数据库中，该功能是通过在 Power BI 中执行 SQL 语言而实现的。读者可能会问：Power BI 不是仅用于可视化数据分析吗？实际上，Power BI 的功能已经超越了传统意义的单纯 BI 功能了，这也是现代 BI 的发展趋势。

例120　用 Power BI 实现增量备份——静态回写

下面考虑以下业务场景，业务系统每周会提供未来两周的计划生产值，如在 2021 年 6 月 6 日，系统计划提供 6 月 6 日与 6 月 13 日这两周的生成产量目标，见图 6.1。在 2021 年 6 月 13 日，系统计划提供 6 月 13 日与 6 月 20 日这两周的生成产量目标，见图 6.2。

生产计划日	SKU号码	SKU名称	版本	生产箱数
2021/6/6	10001	奶油巧克力棒	20210606	1000
2021/6/6	10002	榛子巧克力棒	20210606	2000
2021/6/13	10003	草莓巧克力棒	20210606	1050
2021/6/13	10004	芒果巧克力棒	20210606	2080

图 6.1　20210606 版本的生产计划

生产计划日	SKU号码	SKU名称	版本	生产箱数
2021/6/13	10003	草莓巧克力棒	20210613	1001
2021/6/13	10004	芒果巧克力棒	20210613	2022
2021/6/20	10005	芥末巧克力棒	20210613	3005
2021/6/20	10006	咖啡巧克力棒	20210613	2005

图 6.2　20210613 版本的生产计划

许多作业系统没有保存记录的功能，旧版本数据会被自动删除。假设，现在回到 6 月 11 日，这时【生产计划】中原来 6 月 6 日的记录已经消失，而 6 月 13 日的生产计划量发生了调整。现在要做的是将新的生产计划量更新到历史表中，见图 6.3。

Results Messages

	生产计划日	SKU号码	SKU名称	版本	生产箱数
1	2021-06-13 00:00:00	10003	草莓巧克力棒	20210613	1001
2	2021-06-13 00:00:00	10004	芒果巧克力棒	20210613	2022
3	2021-06-20 00:00:00	10005	芥末巧克力棒	20210613	3005
4	2021-06-20 00:00:00	10006	咖啡巧克力棒	20210613	2005

图 6.3　生产计划 20210613 版本的记录数据

通过执行以下 SQL 命令，先将历史存储表中的相关记录删除，再插入相关的更新记录，见图 6.4。

```
/*先删除记录表中与生产表重合的日期*/
delete from [历史生产记录] where [生产计划日] in (select [生产计划日] from [生产计划])

/*在生产记录中插入相关日期记录*/
insert into [历史生产记录] select * from [dbo].[生产计划] where [生产计划日] in (select [生产计划日] from [生产计划])

/*查看更新后的历史记录*/
select * from [历史生产记录]
```

100 %

Results Messages

	生产计划日	SKU号码	SKU名称	版本	生产箱数
1	2021-06-06 00:00:00	10001	奶油巧克力棒	20210606	1000
2	2021-06-06 00:00:00	10002	榛子巧克力棒	20210606	2000
3	2021-06-13 00:00:00	10003	草莓巧克力棒	20210613	1001
4	2021-06-13 00:00:00	10004	芒果巧克力棒	20210613	2022
5	2021-06-20 00:00:00	10005	芥末巧克力棒	20210613	3005
6	2021-06-20 00:00:00	10006	咖啡巧克力棒	20210613	2005

图 6.4　通过 SQL 语句更新记录

```
/* 先删除记录表中与生产表重合的日期* /
delete from [历史生产记录] where [生产计划日] in (select [生产计划日] from [生产计划])
/* 在生产记录中插入相关日期记录* /
insert into [历史生产记录] select *  from [dbo].[生产计划] where [生产计划日] in (select [生产计
划日] from [生产计划])
/* 查看更新后的历史记录* /
select *  from [历史生产记录]
```

以上操作皆是通过 SQL 语句完成增量备份操作的，接下来的问题是如何将上述的逻辑移植到 Power BI 中。本例将介绍在 Power BI 中对两个版本的记录进行合并，用新的记录覆盖旧的重复的生产计划记录。注意，为完成本例介绍，用户需要提前安装设置 Microsoft SQL 数据库。本例将介绍第一种回写方法，其作用可简单理解为把表 A 内容增量备份至表 B，而这个执行过程是通过 Power BI 完成的。

01 在 SQL 数据库中创建【生产计划】表，并插入 20210606 版本的数据记录，见图 6.5。

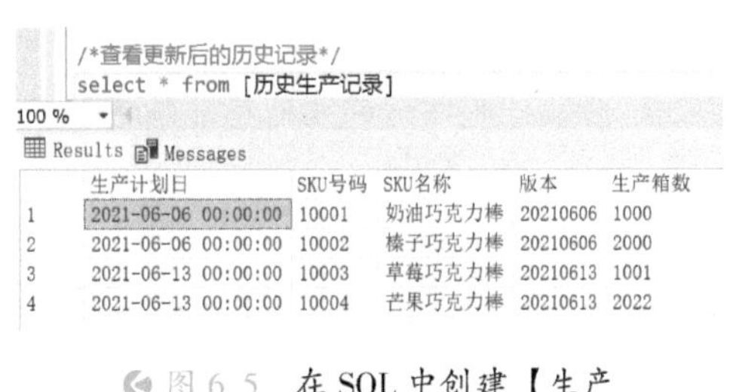

```
/*查看更新后的历史记录*/
select * from [历史生产记录]
```

100 %

Results Messages

	生产计划日	SKU号码	SKU名称	版本	生产箱数
1	2021-06-06 00:00:00	10001	奶油巧克力棒	20210606	1000
2	2021-06-06 00:00:00	10002	榛子巧克力棒	20210606	2000
3	2021-06-13 00:00:00	10003	草莓巧克力棒	20210613	1001
4	2021-06-13 00:00:00	10004	芒果巧克力棒	20210613	2022

图 6.5　在 SQL 中创建【生产计划】表并插入记录

02 在 Power Query 界面下右击查询面板，选择【新建查询】-【空查询】选项，修改查询名称为【删除更新记录】，在弹出的界面中插入相关的 SQL 语句，单击【完成】按钮，见图 6.6。

03 创建另一空白查询，取名为【执行更新】。单击

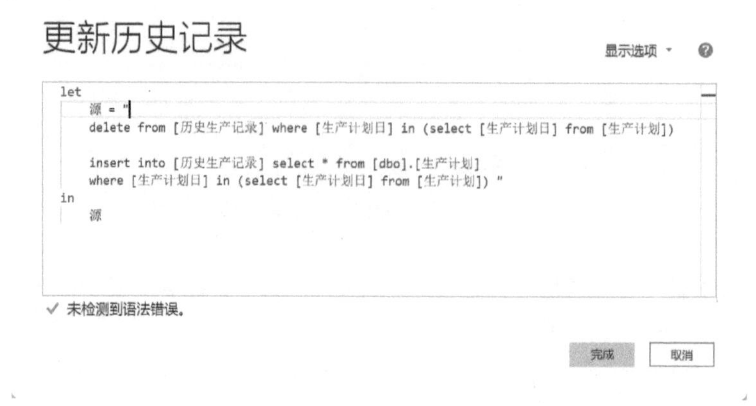

图 6.6　在 Power Query 中创建一个空查询并插入 SQL 语句

【高级编辑器】按钮，并直接修改其中的 M 语句，见图 6.7。此处利用 Value. NativeQuery( ) 函数调用之前的 SQL 语句，单击【完成】按钮退出高级编辑器。

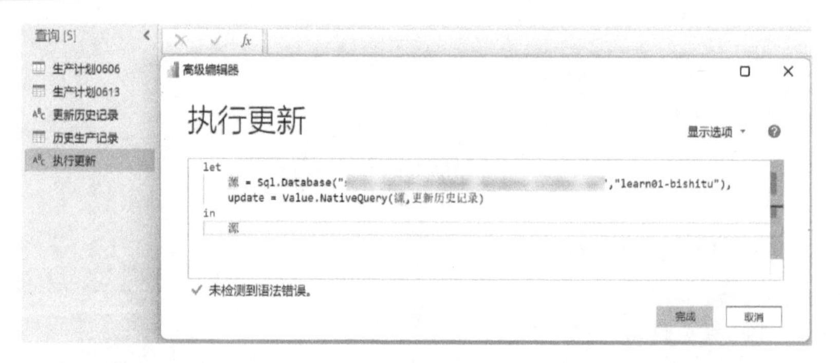

图 6.7　再创建一个空查询并引用删除更新记录查询

04 单击【编辑权限】按钮，然后单击【运行】按钮，执行该 SQL 查询，见图 6.8。

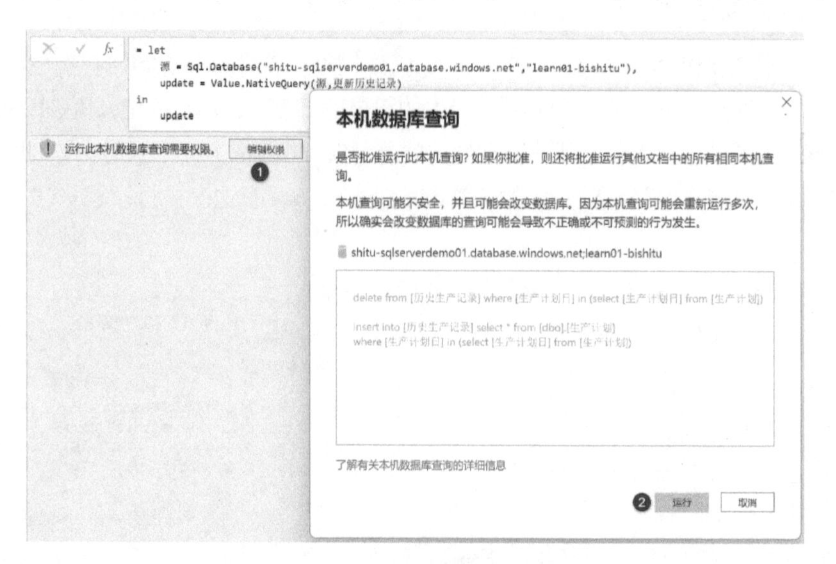

图 6.8　确认执行 SQL 查询

05 成功运行后，查看【历史生产记录】结果，确认更新成功，见图 6.9。

查询 [5]：生产计划0606、生产计划0613、更新历史记录、历史生产记录、执行更新

= 源{[Schema="dbo",Item="历史生产记录"]}[Data]

	生产计划日	SKU号码	SKU名称	版本	生产箱数
	有效 100% 错误 0% 空 0%	有效 100% 错误 0% 空 0%	有效 100% 错误 0% 空 0%	有效 100% 错误 0% 空 0%	有效 100% 错误 0% 空 0%
	3 个非重复值，0 个唯一值	6 个非重复值，6 个唯一值	6 个非重复值，6 个唯一值	2 个非重复值，0 个唯一值	6 个非重复值，6 个唯一值
1	2021/6/6 0:00:00	10001	奶油巧克力棒	20210606	1000
2	2021/6/6 0:00:00	10002	榛子巧克力棒	20210606	2000
3	2021/6/13 0:00:00	10003	草莓巧克力棒	20210613	1001
4	2021/6/13 0:00:00	10004	芒果巧克力棒	20210613	2022
5	2021/6/20 0:00:00	10005	芥末巧克力棒	20210613	3005
6	2021/6/20 0:00:00	10006	咖啡巧克力棒	20210613	2005

图 6.9 执行完成后的结果

06 将该报表发布至 Power BI Service 中并设置刷新日期和时间，便可以定时更新 SQL 数据库中的数据。

注意，如果想省略每次查询的用户批准提示步骤，则在 Power BI Desktop 的【选项】-【安全性】-【本机数据库查询】中取消勾选【新本机数据库查询需要用户批准】复选框，见图 6.10。

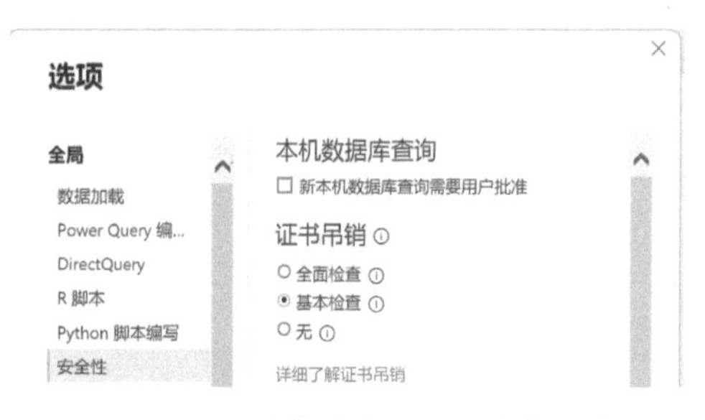

图 6.10 取消勾选本机数据库查询选项

也许有人会质疑这样的操作增加了安全风险。实际上，用户还是要通过认证账户才可通过 Power BI 对数据操作，换句话说，如果拥有该读写账户，也可以登录 SQL 直接修改记录。从这个角度而言，Power BI 并没有带来额外的风险，而真正的风险控制是对账户权限的控制。也许有人还会问，这样做的意义是什么？为什么不通过存储过程（Stored Procedure）去自动执行呢？的确存储过程是可以做到同样的效果，可是存储过程并不是对所有人开放，而 Power BI 回写只是作为一种可选项供大家参考。

例121 增量备份——用 Power BI 实现动态回写功能

在上例中通过用 Power Query 执行脚本，将从表 A 的查询数据回写至表 B 中，而整个过程中 Power BI 自身除了触发脚本，其他的都直接交给 SQL 去处理了。例子中的 SQL 命令是静态的，也就是说写“死”了。还可以更进一步，将这个 SQL 语句以动态的形式表达出来，这样随着数据不断变动，回写的内容也将动态发生改变。另外，Power BI 数据源可以是 MySql、Orcale、Excel 或者 Web 等，通过动态回写方式便可灵活控制系统间的数据迁移，适合搭建数据环境及进行可行性分析，从而大幅节约开发成本与时间，本例将介绍在 Power BI 中实现这种动态回写的方法。

01 以 Excel 数据源为例，先读取 Excel 记录，并将其命名为【生产计划 Excel 源】，见图 6.11。

02 确保设置所有的列为文本格式，否则后面的 SQL 语句执行会出错，见图 6.12。

03 写一段 SQL 语句，这段语句的作用是将行值写入 SQL 表中，见图 6.13。

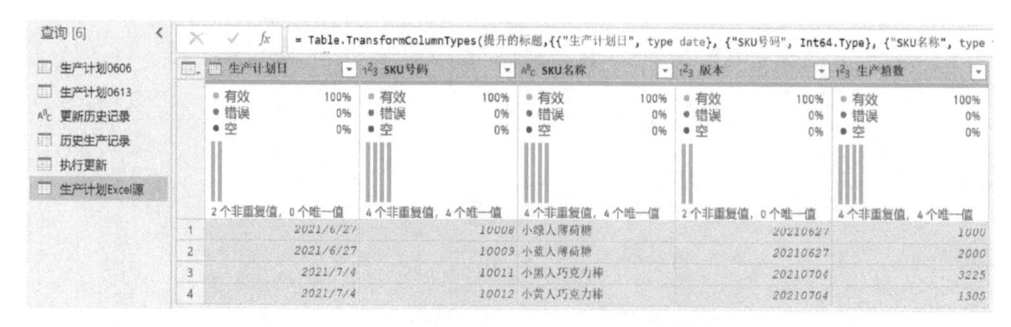

图 6.11 在 Excel 数据源中的新生产计划记录

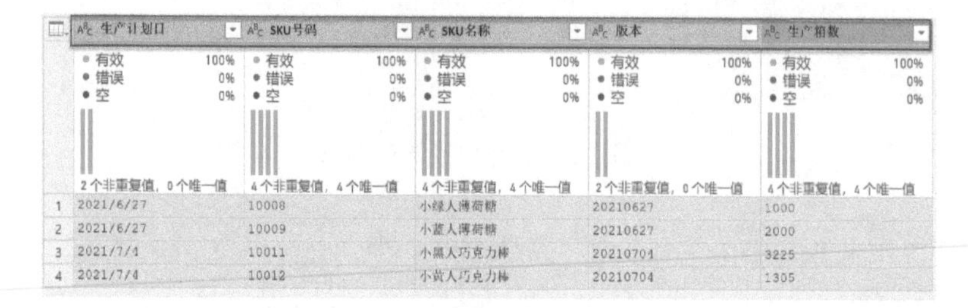

图 6.12 将字段更改为文本格式

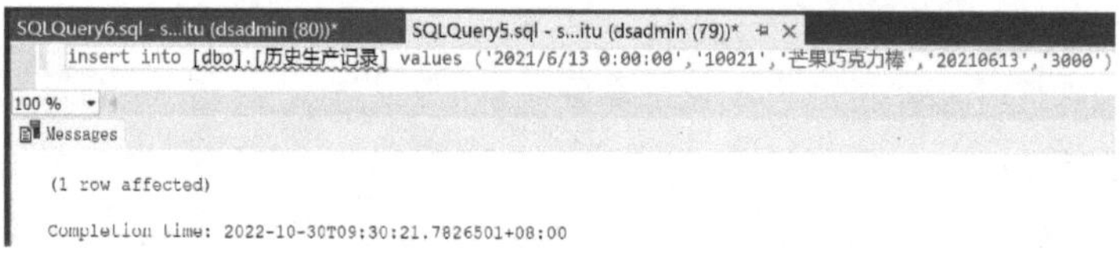

```
insert into [dbo].[历史生产记录] values ('2021/6/13 0:00:00','10021','芒果巧克力棒','20210613','3000')
```

(1 row affected)

Completion time: 2022-10-30T09:30:21.7826501+08:00

图 6.13 尝试在 SQL 中插入新记录

```
insert into [dbo].[New Plan] values ('2021/6/13 0:00:00','10003','草莓巧克力棒','Current Version','3001')
```

04 选择【添加列】选项，再通过【自定义列】对话框的【可用列】中生产动态的 SQL 记录，见图 6.14。注意，需要在【SKU 名称】前添加 N 识别符，否则会出现乱码效果，见图 6.15。

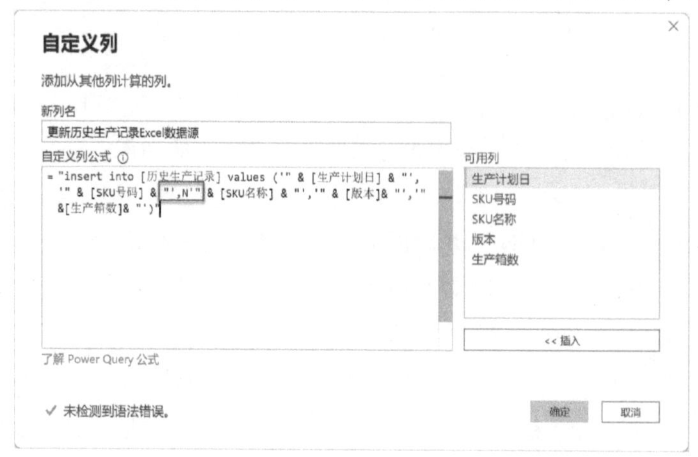

图 6.14 在 Power BI 中插入动态 SQL 字符串

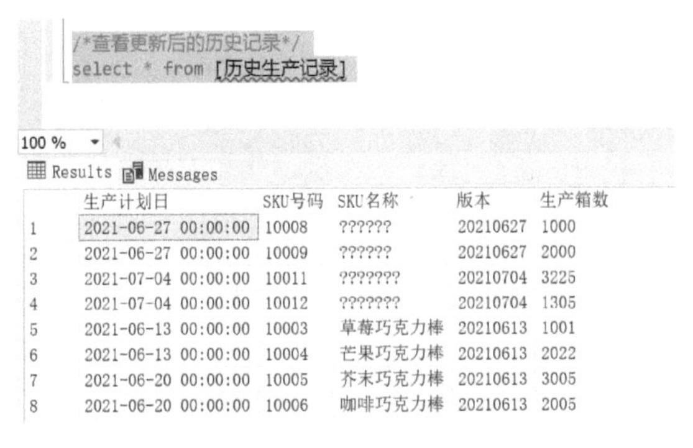

	生产计划日	SKU号码	SKU名称	版本	生产箱数
1	2021-06-27 00:00:00	10008	??????	20210627	1000
2	2021-06-27 00:00:00	10009	??????	20210627	2000
3	2021-07-04 00:00:00	10011	???????	20210704	3225
4	2021-07-04 00:00:00	10012	???????	20210704	1305
5	2021-06-13 00:00:00	10003	草莓巧克力棒	20210613	1001
6	2021-06-13 00:00:00	10004	芒果巧克力棒	20210613	2022
7	2021-06-20 00:00:00	10005	芥末巧克力棒	20210613	3005
8	2021-06-20 00:00:00	10006	咖啡巧克力棒	20210613	2005

图 6.15 乱码的【SKU 名称】

05 创建一个新的空白查询（将其命名为【执行更新 Excel 源】），用于执行 SQL 语句。之后打开【高级编辑器】，参照以下方式写一个简单的函数，参数值的类型为 table，单击【确定】按钮，见图 6.16。

图 6.16 创建一个执行 SQL 语句查询

06 回到刚才的【生产计划 Excel 源】查询，选择【添加列】-【调用自定义函数】选项，在弹出的【调用自定义函数】对话框中参照图 6.17 设置参数，单击【确定】按钮。

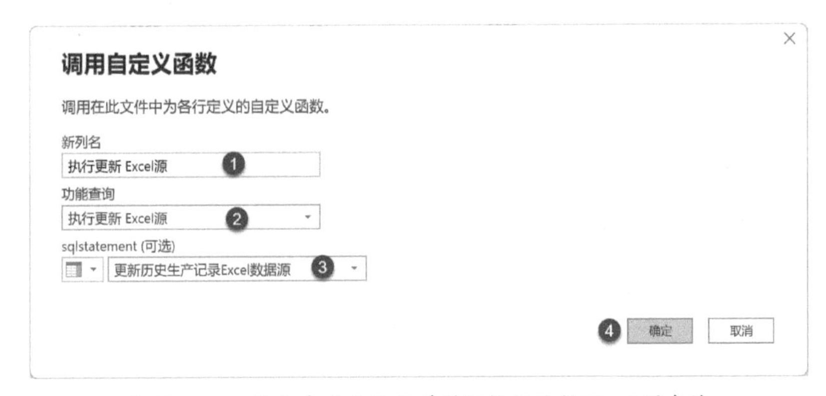

图 6.17 添加自定义函数并引用执行更新 Excel 源查询

07 执行完毕后，如果结果没有错误提示，那么说明 SQL 动态更新已经成功执行，见图 6.18 和图 6.19。

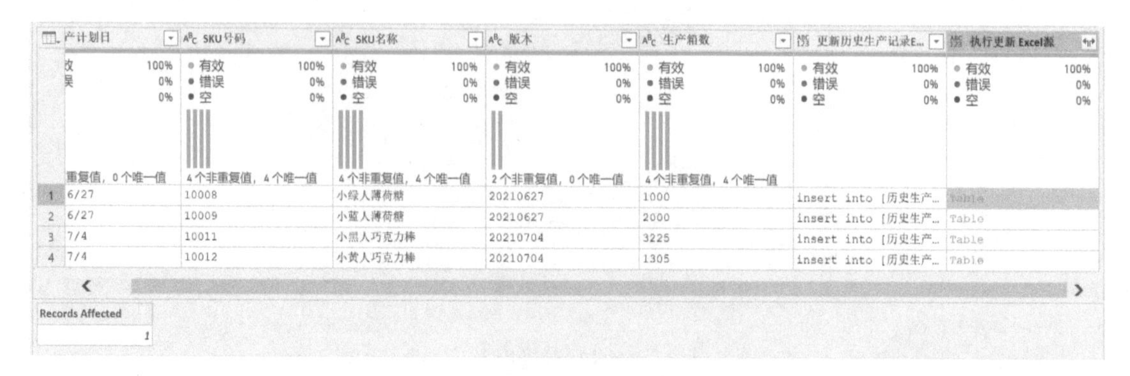

产计划日
SKU号码
SKU名称
版本
生产箱数
更新历史生产记录E...
执行更新 Excel表
有效
错误
空
4个非重复值，4个唯一值
2个非重复值，0个唯一值
6/27
7/4
10008
10009
10011
10012
小绿人薄荷糖
小蓝人薄荷糖
小黑人巧克力棒
小黄人巧克力棒
20210627
20210704
1000
2000
3225
1305
insert into [历史生产...
Table
Records Affected
1

图 6.18　执行动态语句更新后的结果

```
/*查看更新后的历史记录*/
select * from [历史生产记录]
```

Results　Messages

	生产计划日	SKU号码	SKU名称	版本	生产箱数
1	2021-06-27 00:00:00	10008	小绿人薄荷糖	20210627	1000
2	2021-06-27 00:00:00	10009	小蓝人薄荷糖	20210627	2000
3	2021-06-13 00:00:00	10003	草莓巧克力棒	20210613	1001
4	2021-06-13 00:00:00	10004	芒果巧克力棒	20210613	2022
5	2021-06-20 00:00:00	10005	芥末巧克力棒	20210613	3005
6	2021-06-20 00:00:00	10006	咖啡巧克力棒	20210613	2005
7	2021-07-04 00:00:00	10011	小黑人巧克力棒	20210704	3225
8	2021-07-04 00:00:00	10012	小黄人巧克力棒	20210704	1305

图 6.19　验证查询更新结果

如果希望动态设置更新日期条件，比如仅执行 N 周后的记录行，则可以提前对查询进行筛选，见图 6.20。

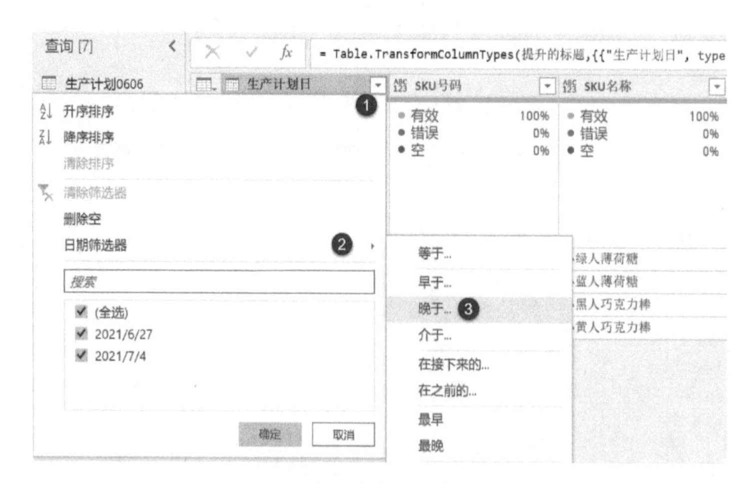

图 6.20　对【生产计划日】进行动态筛选

假设因为某种原因，数据已经写入 SQL 里面了，如何先检查是否有重复数据呢？这里建议采用以下 2 种方法。

方法 1：在每行执行时先检查有没有重复的记录。语句为 IF［找不到相关的记录］THEN［插入新记录］。考虑到插入的行数如果太多，每行查询然后插入会消耗大量的资源，应慎重使用该方法。

方法 2：设置一个新的函数和查询，在每次执行插入前，先执行删除满足条件的记录。语句为 IF EXISTS [满足查询条件] Delete * from [表] where [条件]。这种方式可以一次性删除所有相关的记录，比第一种方式更为快捷。但是问题在于这个检查必须在插入语句前执行。而 Power Query 加载查询时是随机执行查询，换言之，无法保证先执行删除检查，后执行插入。因此建议可将查询设置为 Power BI Service DataFlow，便可以确定查询执行的先后顺序。

技巧 43 如何利用 XMLA 终结点读写数据模型

问题：

- 如何在 DAX Studio 中直接查询云端报表模型？
- 如何在 Tabular Editor 中编辑云端报表模型？
- 如何在 SSMS 中查询和刷新云端报表？
- 如何在 Microsoft Visual Studio 中部署和刷新云端报表？

XMLA 是 XML for Analysis 协议的缩写，是一种用于分析的协议，用于在客户端应用程序和 Analysis Service 实例之间进行通信。用户可以通过 XMLA 协议直接编辑 Azure Analysis Service、SQL Server Analysis Service 和 Power BI Service 中的数据模型，实现更加快捷高效的开发。本例将介绍数种 XMLA 读写数据模型的方法。本例中涉及的第三方应用软件没有汉化版本，故此将使用英文版本。另外，在正式介绍前，需要设置 XMLA 终结点读写模式和默认存储格式。

01 以 Power BI Service 租户管理员身份登录，见图 6.21。

02 将【管理门户】-【Premium Per User】-【XMLA 终结点】选项设置为【读写】，单击【保存】按钮，见图 6.22。

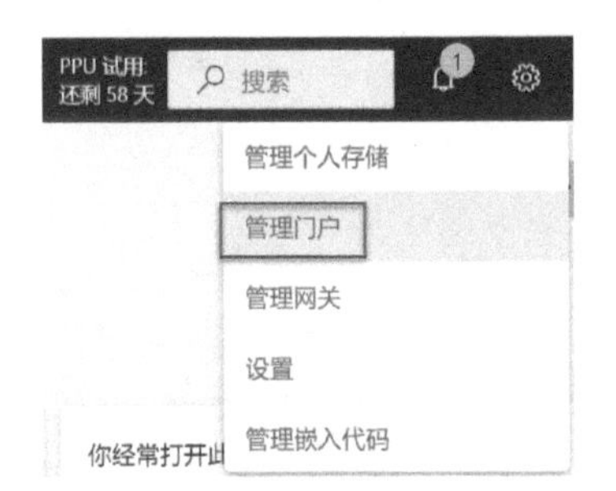

图 6.21 在 Power BI Service 中登录管理门户

图 6.22 将【XMLA 终结点】设置为读写模式

03 选择对应的工作区，在菜单中选择【工作区设置】选项，见图 6.23。

04 在工作区设置版面切换至【高级版】选项卡，启用 Pro、Premium Per User、Premium per capacity 或者嵌入许可中的任意一种，设置【默认存储格式】为【大型数据集存储格式】，见图 6.24。

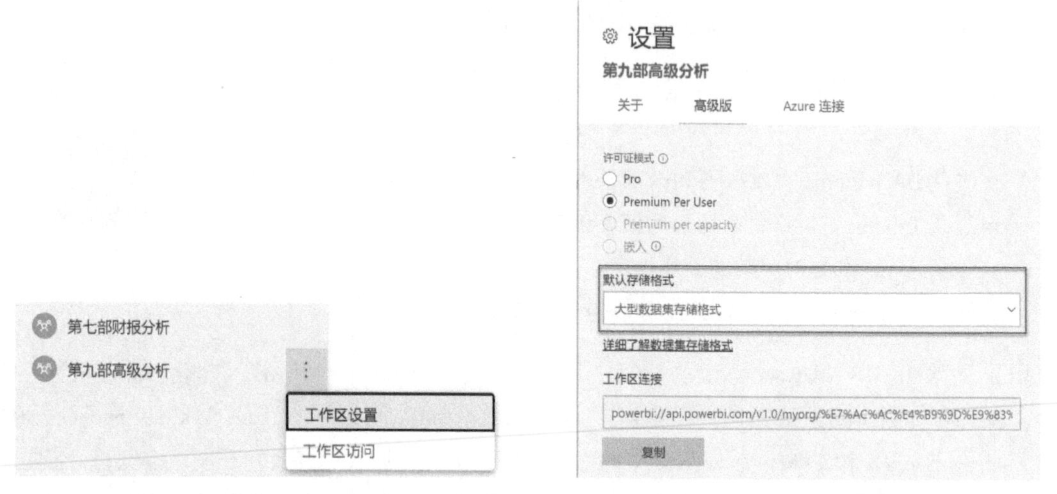

图 6.23 选择【工作区设置】选项

图 6.24 将【默认存储格式】设置为【大型数据集存储格式】

05 单击【复制】按钮复制工作区连接，之后单击【保存】按钮。

例122 在 DAX Studio 中查询云端数据

本例介绍用 DAX Studio 通过 XMLA 连接数据模型并对模型进行查询，这样操作的优势在于用户可以远程对模型进行查询，而不用登录 Power BI Service。

01 启动 DAX Studio，单击【Connection】选项，在弹出的【connect】对话框的【Tabular Server】文本框中粘贴工作区连接，单击【Connect】按钮，见图 6.25。

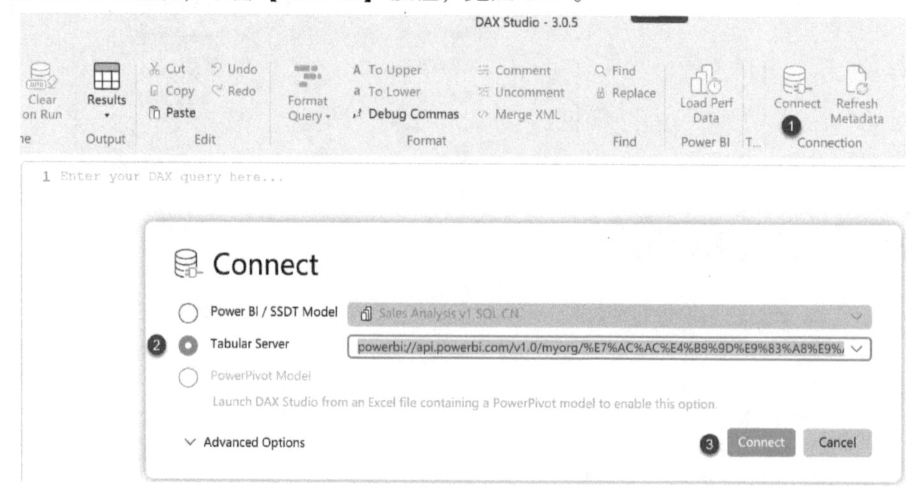

图 6.25 在 DAX Studio 中连接表格模型

02 连接成功后，输入 EVALUATE + DAX 公式并执行，观察查询结果，见图 6.26。

Metadata　Functions　DMV

Sales Analysis v1 SQL CN

Model

Search

- DateTableTemplate_0272d55...
- LocalDateTable_a4ee3912-93...
- LocalDateTable_e23d8c1f-5d...
- 产品表
  - ProductKey
  - 产品类
  - 产品子类
- 地理表
  - 城市
  - 国家
  - 洲
- 度量表
- 客户表

```
1 EVALUATE
2 SUMMARIZECOLUMNS (
3     '日期表'[Year Month],
4     '地理表'[国家],
5     '产品表'[产品类],
6     '客户表'[行业],
7     "销售额", [Sales],
8     "销售数量", SUM ( '销售表'[Amount] )
9 )
```

Log　Results　History

Year Month	国家	产品类	行业	销售额 ↓	销售数量
2013-12	United States	Official	Medication	49918.568	131
2014-09	United States	Furniture	Finance	49241.248	52
2014-05	United States	Technical	EducationalTraining	47675.964	59
2013-10	United States	Furniture	Finance	47640.6	40
2014-10	United States	Furniture	Medication	47093.935	41
2014-08	United States	Furniture	Estate	46385.682	49
2014-06	United States	Furniture	EducationalTraining	45131.772	72
2014-10	United States	Official	Internet	44036.356	99

图 6.26　在 DAX Studio 中对数据模型进行查询

03 当需要切换数据，可在【Metadata】选项卡的下拉菜单中选择对应的数据库，见图 6.27。

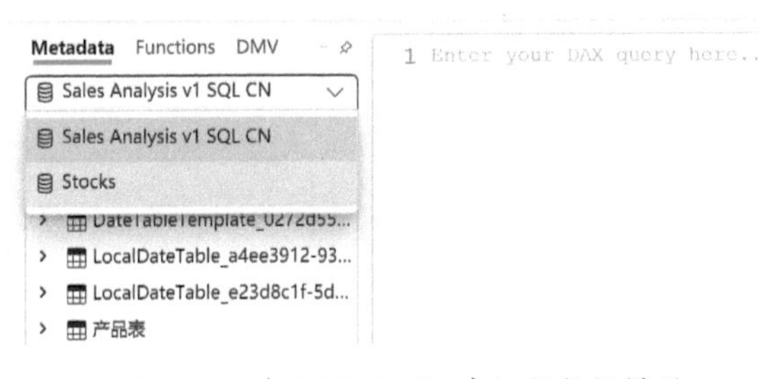

图 6.27　在 DAX Studio 中切换数据模型

例123 在 Tabular Editor 中开发云端模型

本例介绍用 Tabular Editor 通过 XMLA 连接数据模型并对模型进行编辑。这样操作的优势在于用户可以远程更新数据模型，而不用重新发布模型。

01 启动 Tabular Editor 并连接工作区，单击【OK】按钮，见图 6.28。

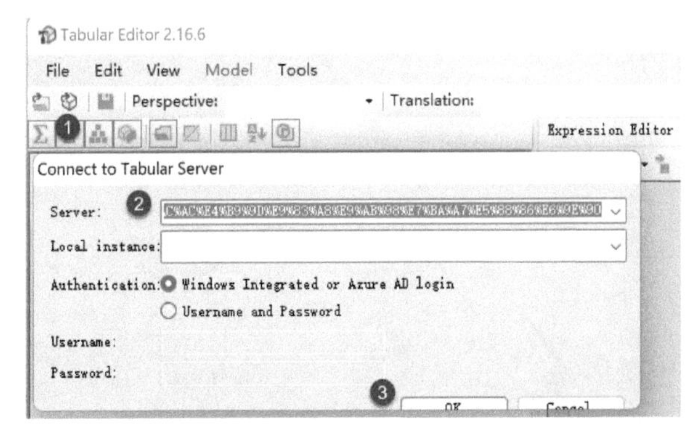

图 6.28　启动 Tabular Editor 并连接工作区

02 在【Choose Database】对话框中选择需要连接的数据模型，单击【OK】按钮，见图 6.29。

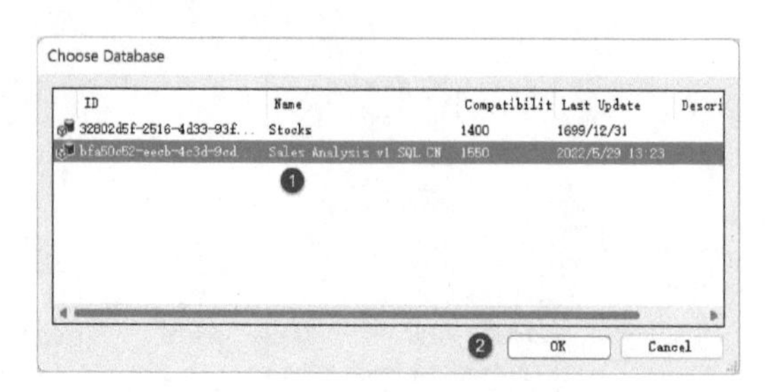

图 6.29 选择对应的数据模型

03 连接成功后，选择任意表并单击鼠标右键，在弹出的快捷菜单中选择【Create New】-【Measure】选项，创建新度量，见图 6.30。

图 6.30 选择在模型中创建新度量

04 在当前界面中输入度量名称并设置度量公式，单击保存按钮，见图 6.31。

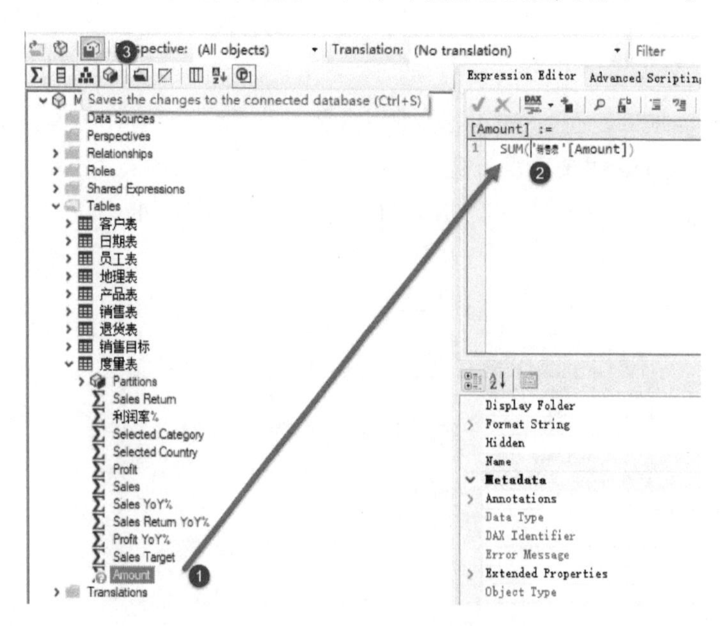

图 6.31 编写度量并保存模型

05 返回 Power BI Service，在报表页面单击【刷新】图标，观察度量同步，见图 6.32。

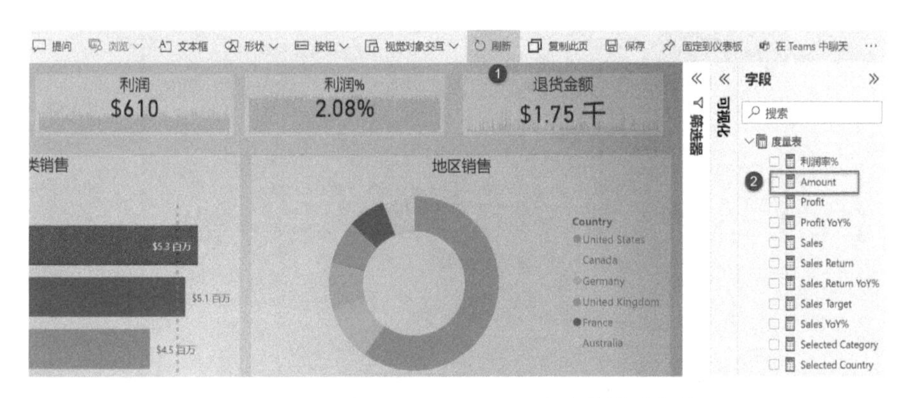

图 6.32　在 Power BI Service 中查看模型变化

例124 在 SSMS 中查询和刷新云端数据

本例介绍用 SSMS 通过 XMLA 连接数据模型并对模型进行处理（Process）。这样操作的优势在于用户可以远程刷新部分数据表，而不用默认刷新所有表。

01 在 SSM 登录界面下设置【Server type】为【Analysis Service】，将工作区粘贴到【Server name】文本框中，根据实际的验证方式设置【Authentication】与【User name】选项，见图 6.33。

02 在【Connection Properties】选项卡中填写【Connect to database】信息，单击【Connect】按钮，见图 6.34。

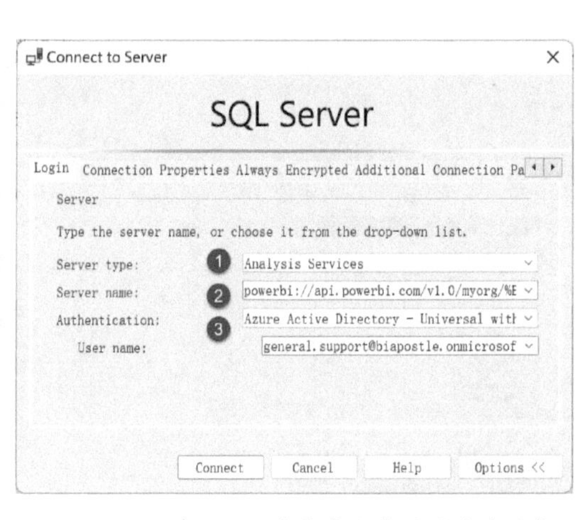

图 6.33　在 SSMS 登录界面中设置登录信息

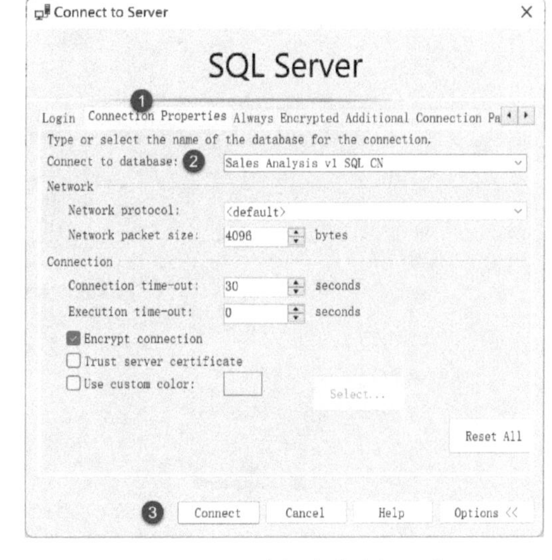

图 6.34　选择登录的数据库

03 成功连接工作区后。观察 SSMS 中显示对应的数据库信息，见图 6.35。

04 在相应的数据表上单击鼠标右键在弹出的快捷菜单中选择【Process Table】选项，见图 6.36。

05 勾选对应数据表，设置【Mode】为【Process Full】，单击【Script】按钮生成脚本，见

图 6.37。

图 6.35 成功通过 XMLA 连接的效果图

图 6.36 选择【Process Table】选项

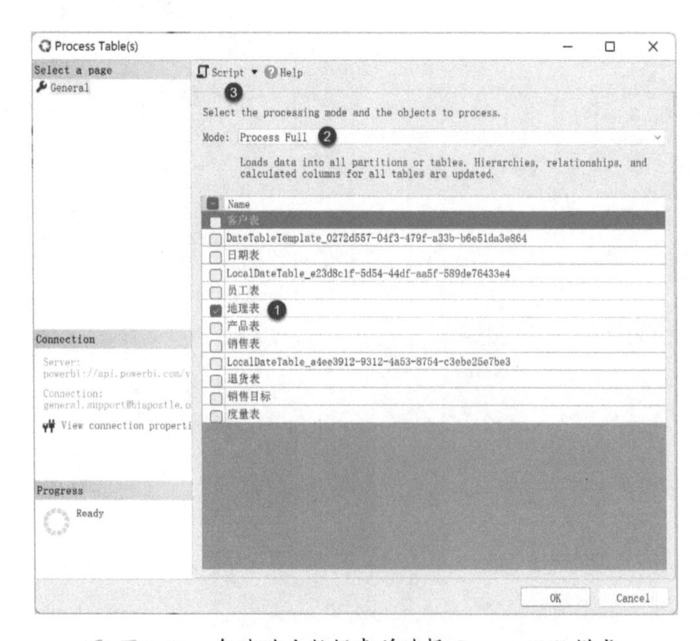

图 6.37 勾选对应数据表并选择 Process Full 模式

06 在 SSMS 主界面中单击 Execute（执行）按钮进行处理，见图 6.38。

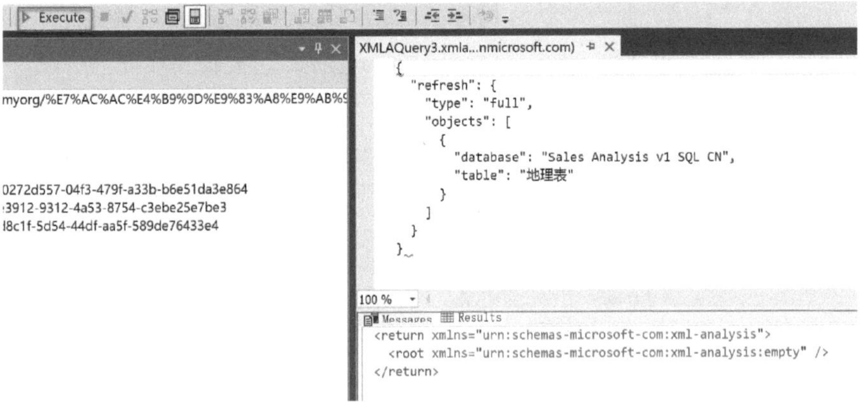

图 6.38　选择执行对应的 XMLA 脚本

07 处理完成后，在 Power BI Service 中查看刷新的结果，见图 6.39。

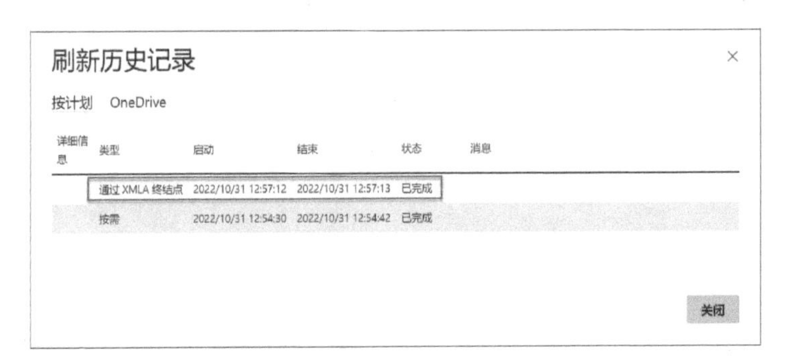

图 6.39　在 Power BI Service 中查看刷新的结果

除此之外，SSMS 也同样支持执行 DAX 查询，见图 6.40 和图 6.41。

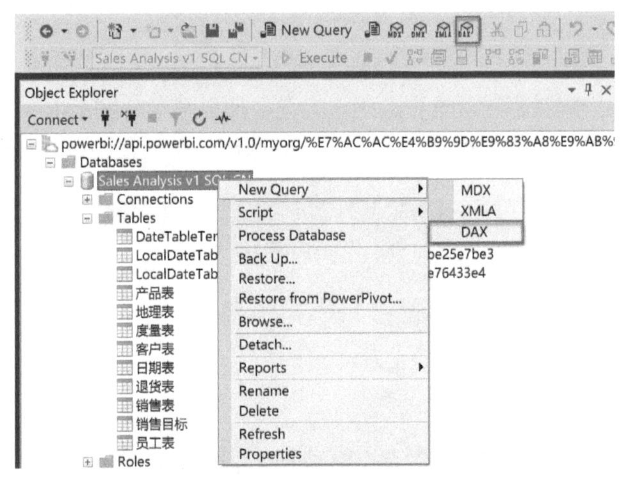

图 6.40　在 SSMS 中生成 DAX 查询界面

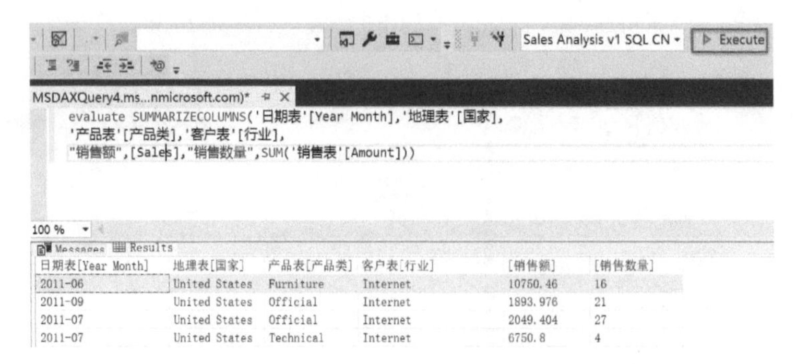

图 6.41　在 SSMS 中执行 DAX 查询语句

例125 在 Microsoft Visual Studio 中部署和刷新云端模型

本例将介绍在 Microsoft Visual Studio 中通过 XMLA 发布表格模型。

01 在 Microsoft Visual Studio 中创建一个表格模型，见图 6.42。

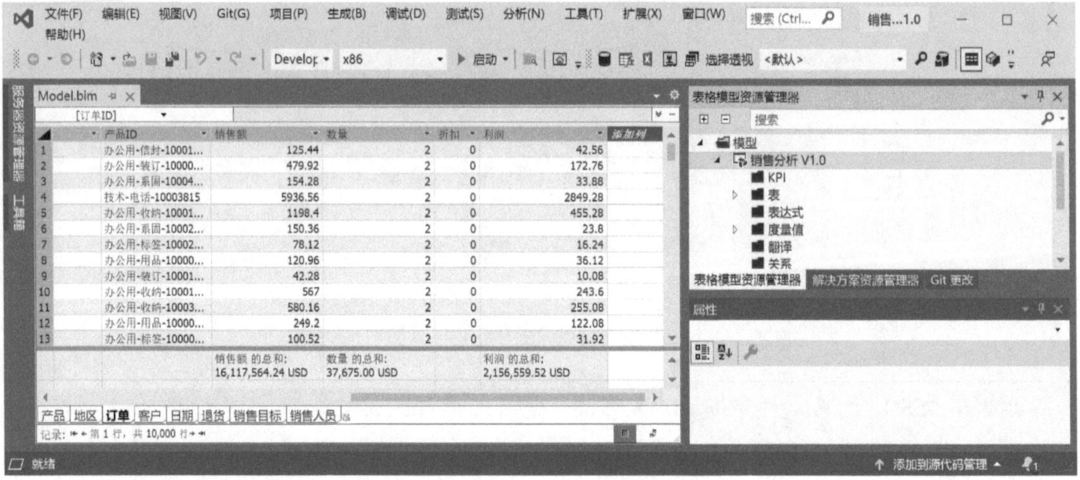

图 6.42　创建表格模型

02 在右侧的【解决方案资源管理器】选项卡中选中项目名称，按<Alt + Enter>键打开属性对话框（本例为【销售分析 V1.0 属性页】对话框或者在右键菜单中选择【属性】选项，见图 6.43。

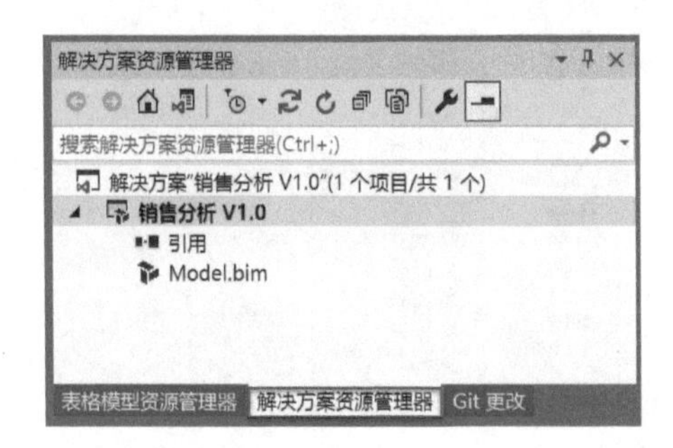

图 6.43　切换至【解决方案资源管理器】选项卡

03 在属性对话框中将 Power BI 工作区连接填入【服务器】中，单击【确定】按钮，见图 6.44。注意 Microsoft Visual Studio 不支持中文工作区名称，此处改为英文工作区。

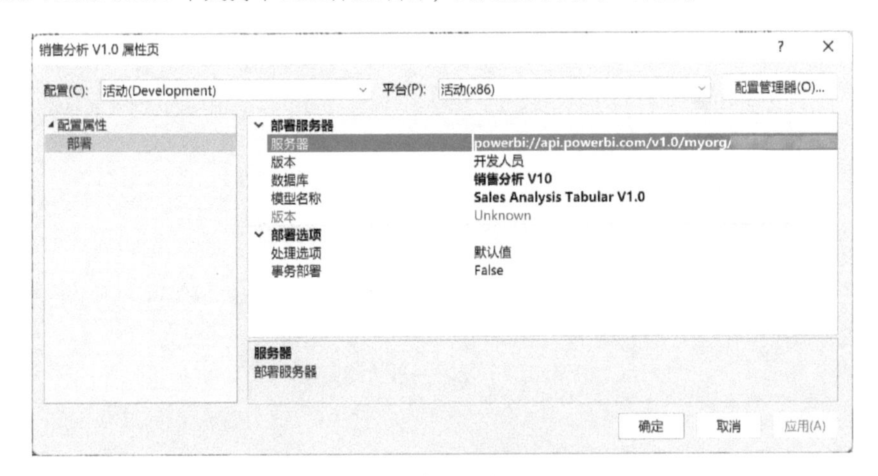

图 6.44 填写服务器的名称

04 在菜单中选择【生成】-【部署解决方案】选项，见图 6.45。

05 稍等片刻，部署成功完成后观察 Power BI Service 中新部署的模型。注意，部署只包括数据集而没有任何报表部分，见图 6.46。

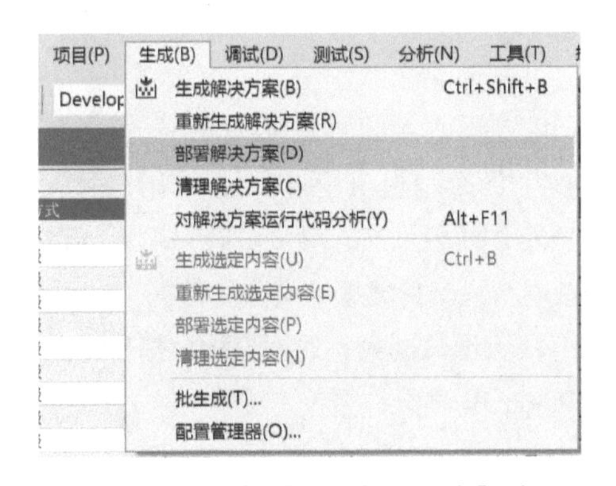

图 6.45 选择【部署解决方案】选项

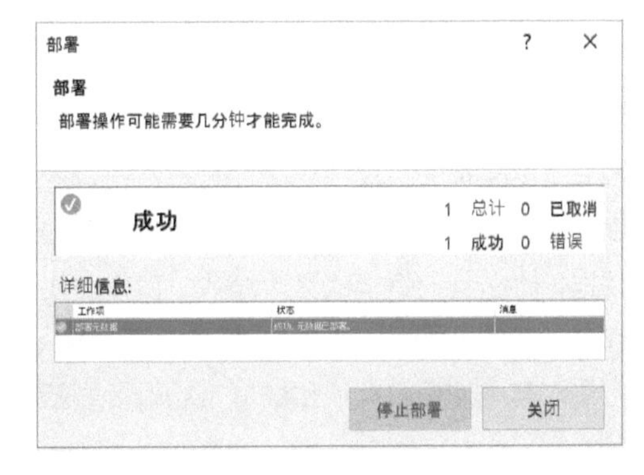

图 6.46 等待部署完成

06 同样，利用 XMLA 终结点，用户可处理数据模型，见图 6.47。

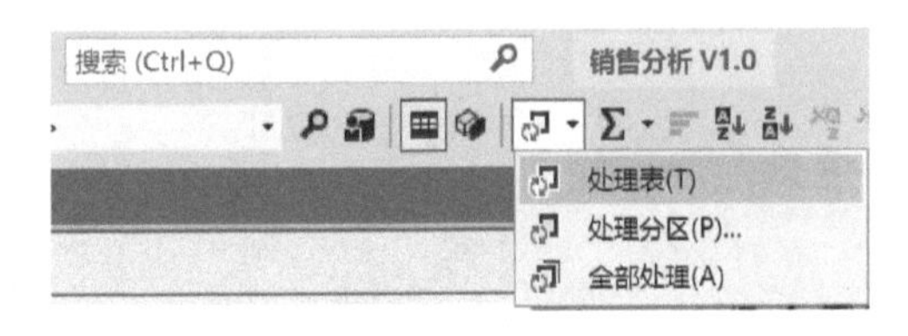

图 6.47 在 Microsoft Visual Studio 中处理表

直至本书完稿之时，Microsoft Visual Studio 还不支持从 XMLA 中导入表格制数据模型，见图 6.48 和图 6.49。

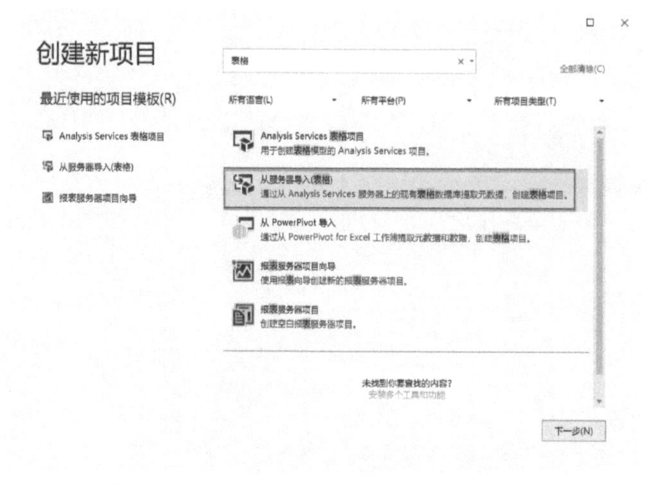

图 6.48 选择【从服务器导入（表格）】选项

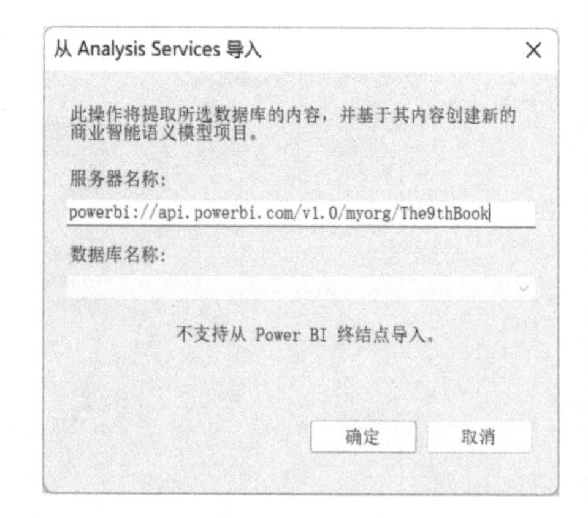

图 6.49 粘贴 Power BI Service XMLA 终结点

技巧 44 如何实现增量刷新

问题：

- 如何实现数据集的增量刷新？
- 如何实现数据流的增量刷新？
- 如何实现数据市场的增量刷新？

默认设置下，Power BI 使用的是全量刷新数据模式，全量刷新适合于小型的数据集，但当数据集基数较大时，全量刷新过程会消耗过多系统资源，很可能影响报表性能。此种情况下，用户可以考虑使用增量刷新模式，增量刷新是企业级应用中的一项重要功能，顾名思义，增量刷新只刷新指定增量部分数据，比全量刷新模式更为高效。值得一提的是，增量刷新只支持数据库类型的数据，对于 Excel 或 CSV 文本类型数据源，增量刷新并没有优势，本示例将介绍实现数据集、数据流和数据市场的增量刷新方法。其中使用数据流和数据市场增量刷新功能需要 Power BI 高级许可。

例126 设置数据集增量刷新

01 打开 Power BI Desktop 文件，在 Power Query 界面选择【管理参数】-【新建参数】选项，见图 6.50。

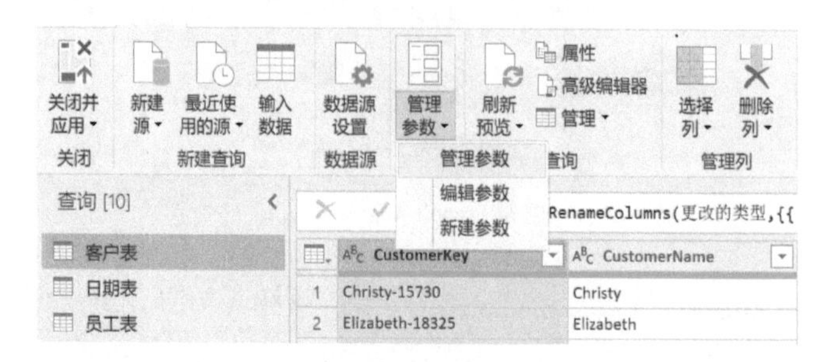

图 6.50 选择【新建参数】选项

02 在【管理参数】对话框中分别新建【RangeStart】和【RangeEnd】（参数名称需完全一致）两个参数，将其【类型】设置为【日期/时间】，填入任意日期值，见图 6.51。

图 6.51 设置【RangeStart】和【RangeEnd】参数【日期/时间】类型

03 确保所选的字段为【时间/日期】类型，在字段下拉菜单中选择【自定义筛选器】选项，见图 6.52。

图 6.52 选择【自定义筛选器】选项

04 参照图 6.53，在【筛选行】对话框中设置所选日期范围，单击【确定】按钮完成设置。

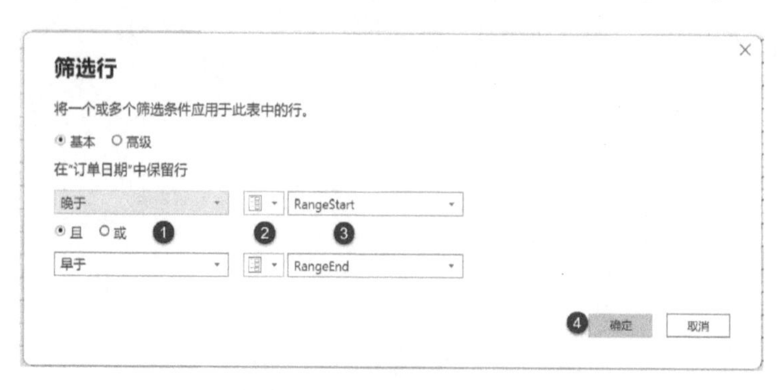

图 6.53 设置日期范围

05 返回 Power BI Desktop 报表中，选中销售表并单击鼠标右键，在弹出的快捷菜单中选择【增量刷新】选项，见图 6.54。

06 在【增量刷新和实时数据】对话框中设置具体的刷新细节，单击【应用】按钮，见图 6.55。

图 6.54 选择【增量刷新】选项

图 6.55 设置增量刷新的相关参数

07 以上便是数据集增量刷新的设置方法，之后将报表发布到 Power BI Service 中并尝试刷新。首次刷新为全量刷新，时间会较为长，后续刷新则为增量刷新，刷新时间将大为减少。另外，增量刷新报表不可被直接下载，只可以实时连接方式下载，见图 6.56。

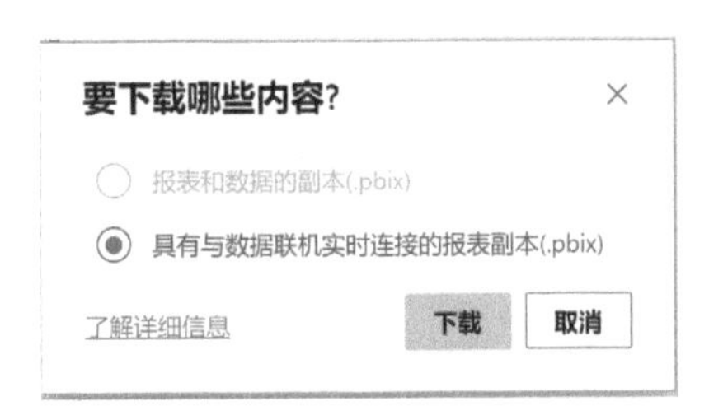

图 6.56 不支持下载增量刷新报表中的报表和数据

例127 设置数据流增量刷新

01 登录 Power BI Service，在相应的数据流中选择增量刷新，见图 6.57。

用户应确保目标字段为【日期/时间】字段，否则无法设置增量刷新，见图 6.58。

图 6.57 在相应的数据流中选择增量刷新

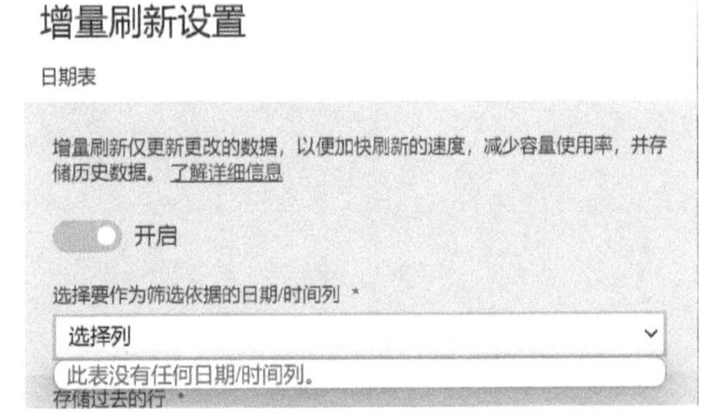

图 6.58 无法识别非【日期/时间】列

02 参照图 6.59 设置刷新，具体设置与之前介绍的报表增量刷新相似，单击【保存】按钮。

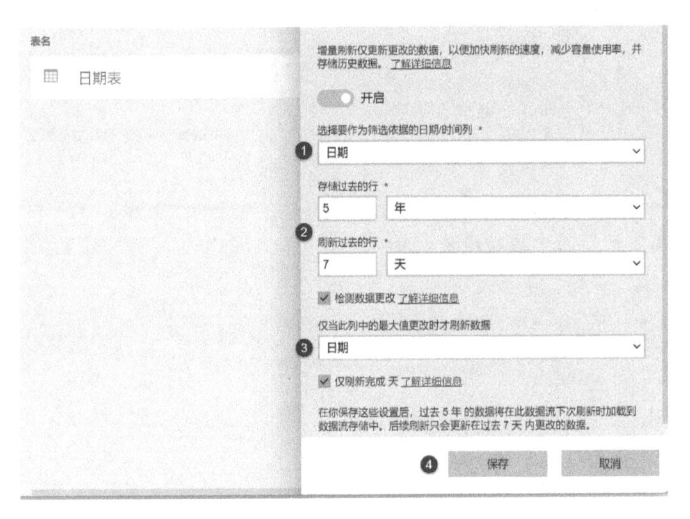

图 6.59 设置数据流增量刷新

03 需要注意的是，目前只有 Power BI Service 高级容量模式支持数据流增量刷新，见图 6.60。

⚠ 此数据流包含必须使用高级容量才能刷新的 包含有效增量刷新策略的表。若要启用刷新，请将此工作区升级到高级容量。了解详细信息

表名	表类型	操作
日期表	Custom	

图 6.60 系统提示需升级为高级容量模式

设置数据市场增量刷新

01 在数据市场界面中单击【增量刷新】按钮，见图 6.61。

02 参照图 6.62 设置刷新，具体设置与之前介绍的报表增量刷新相似，单击【保存】按钮。

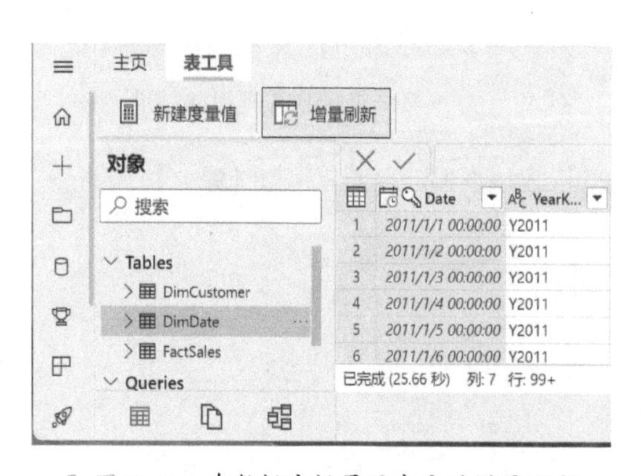

图 6.61 在数据市场界面中启动增量刷新

图 6.62 设置数据市场增量刷新

技巧 45 如何实现 Power BI 与 Azure 存储账户集成

问题：

- 如何将 Power BI 数据流写入 Azure 存储账户？
- 如何用 Power BI 读取 Azure 存储账户数据？

为行文方便，本文将 Azure Data Lake Storage Gen 2 简称为存储账户。默认情况下，用户使用的 Power BI 数据存储在其内部存储空间中。通过将数据流与存储账户集成，可将数据流存储在存储账户中。这样做的好处是业务用户可以在 Azure 存储账户中保存多个版本的历史数据，并且可将数据进行

扩展使用。本例将介绍实现 Power BI 和存储账户的集成，实现对存储账户的数据读写。

在正式实施前，用户需以管理员的身份登录 Power BI Service【管理门户】并确保【Azure 连接】的【工作区级存储权限】为开启状态，管理员同时还可设置【租户级存储】的 Azure 存储账户，见图 6.63。

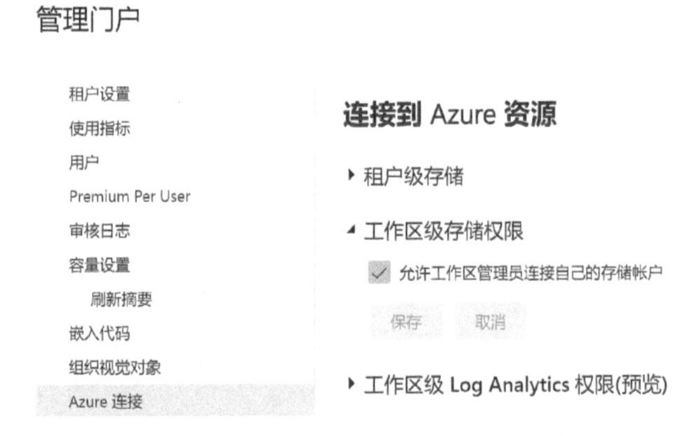

图 6.63 开启【工作区级存储权限】

另外，用户还需确保在存储账户中 Power BI Service 角色有读写权限，见图 6.64。

图 6.64 在存储账户中设置 Power BI Service 角色读写权限

例129 通过 Azure 存储账户保存数据流历史版本

01 在 Power BI Service 工作区域中单击【工作区设置】选项，在【Azure 连接】选项卡中展开【存储】选项，单击【连接到 Azure】按钮，若想使用默认连接则勾选【使用默认 Azure 连接】选项，见图 6.65。

02 在【Azure 连接】选项卡中分别设置【订阅】【资源组】和【存储账户】信息，或者是用默认 Azure 连接账户，见图 6.66。图 6.67 为连接完成后的效果图。

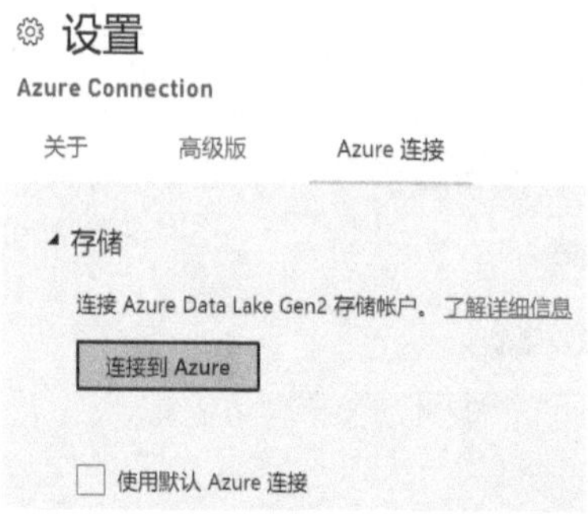

图 6.65　在工作区中设置 Azure 连接

图 6.66　设置相关信息

03 在工作区中创建数据流（具体的创建步骤请参考相关章节）并保存数据流，见图 6.68。

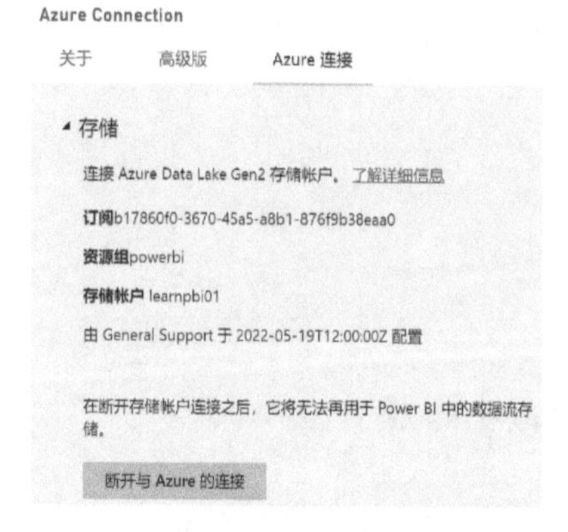

图 6.67　Azure 连接成功后的显示界面

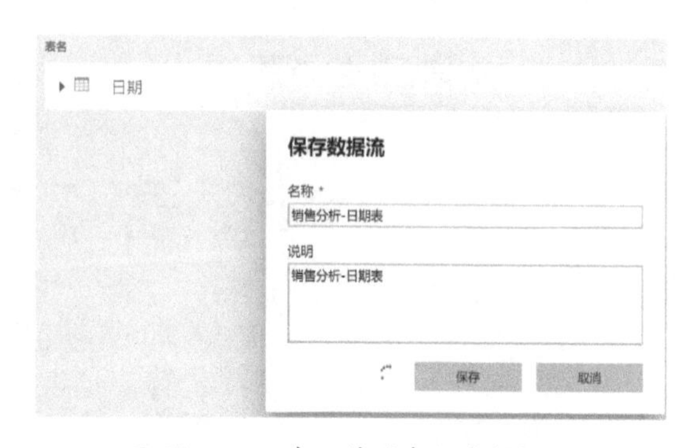

图 6.68　在工作区中保存数据流

04 在工作区中刷新创建完成的数据流，见图 6.69。

05 在 Azure 中打开相应的存储账户，选择【存储浏览器（预览）】-【blob 容器】选项，见图 6.70。

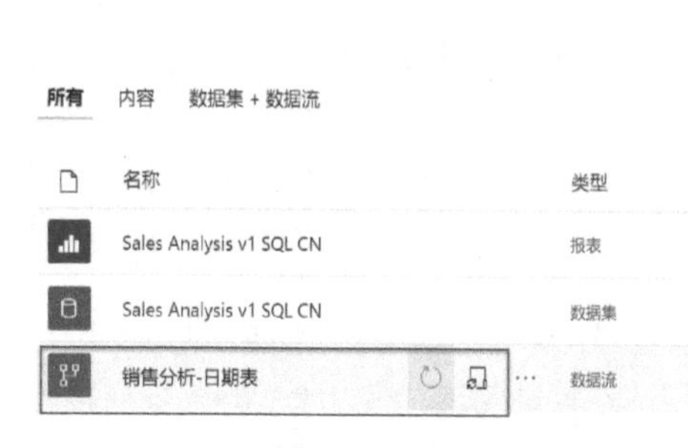

图 6.69　在工作区中刷新数据流

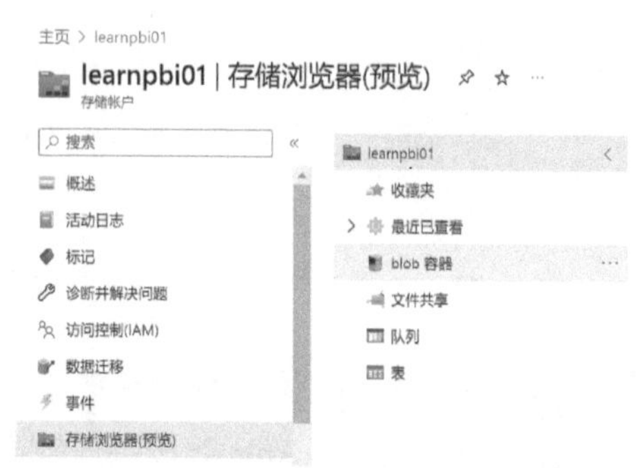

图 6.70　在 Azure 中打开存储账户

在相应的工作区文件夹中包含了两个子文件夹，其中【model. json. snapshots】文件夹用于存储表结构信息（表头信息），【日期 . CSV. snapshots】文件夹用于存储表身数据信息，见图 6. 71。每一次数据流刷新都将生成新版本的历史数据，见图 6. 72。这便是通过存储账户存储 Power BI 数据流的操作。

Blob containers > powerbi > Azure Connection > 销售分析-日期表

Authentication method: Access key (Switch to Azure AD User Account)

Search blobs by prefix (case-sensitive)

Showing all 3 items

Name	Last modified	Access tier	Blob type
[..]			
model.json.snapshots			
日期.csv.snapshots			
model.json	2022/11/9 20:46:19	Hot (Inferred)	Block blob

图 6. 71　工作区中所包含的数据流历史数据

learnpbi01
收藏夹
powerbi
最近已查看
blob 容器
$logs
power-bi-backup
powerbi
查看全部
文件共享

添加目录　上传　刷新　删除　复制　粘贴　重命名　获取租约

blob 容器 > powerbi > Azure Connection > 销售分析-日期表 > 日期.csv.snapshots

身份验证方法: 访问密钥 (切换到 Azure AD 用户帐户)

按前缀搜索 Blob (区分大小写)

显示所有 2 项

名称	上次修改时间
[..]	
日期.csv@snapshot=2022-11-09T12:39:01.7143333Z	2022/11/9 20:38:53
日期.csv@snapshot=2022-11-09T12:43:51.0945910Z	2022/11/9 20:43:26

图 6. 72　刷新所产生的历史数据

例130　读取 Azure 存储账户中的历史版本数据流

上节已经介绍了如何将数据流历史信息写入存储账户的方法，本节将介绍用 Power BI 读取相关的历史数据，见图 6. 73。值得一提的是，由于历史数据分别存储在不同文件夹中，因此需要分别获取表头和表身数据后进行数据追加，本例将介绍其中的关键步骤。

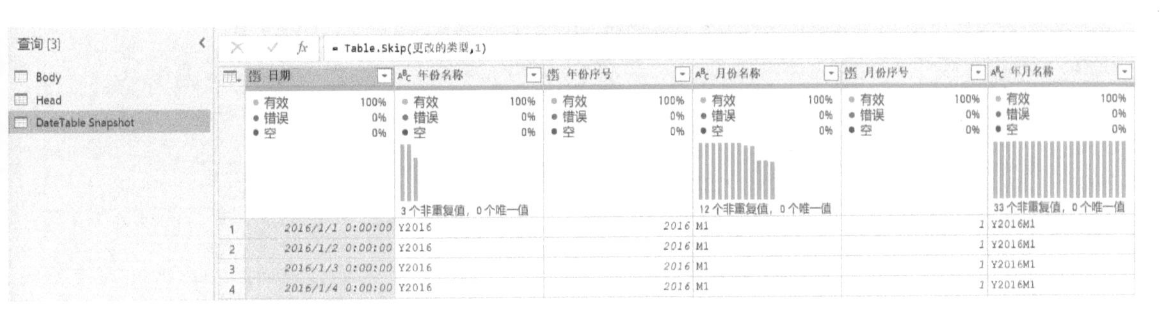

图 6. 73　Azure 从存储账户中获取的历史版本数据

01 在 Power BI Desktop 的【获取数据】对话框中选择【Azure Blob 存储】选项，单击【连接】按钮，见图 6. 74。

02 在【Azure Blob 存储】对话框中输入对应的存储账户名称，单击【确定】按钮，见图 6.75。

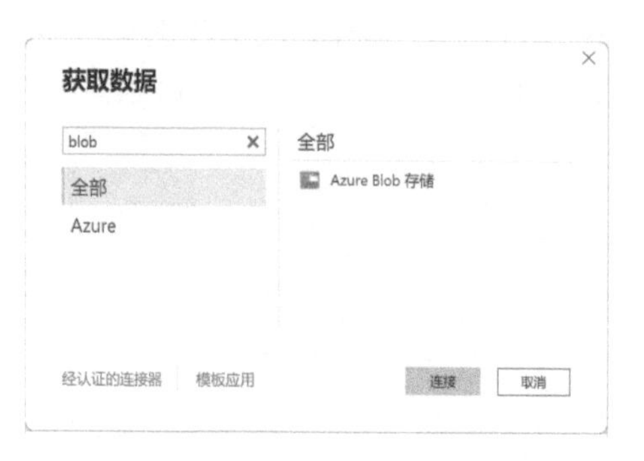

图 6.74 选择【Azure Blob 存储】选项

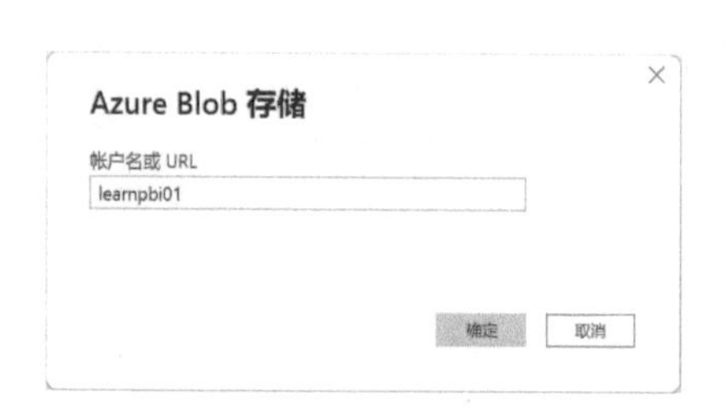

图 6.75 输入存储账户名称

03 在【账户密钥】验证界面粘贴相应的密钥，单击【连接】按钮，见图 6.76。图 6.77 为成功获取存储账户中数据的效果，其中包含表头数据和表身数据。

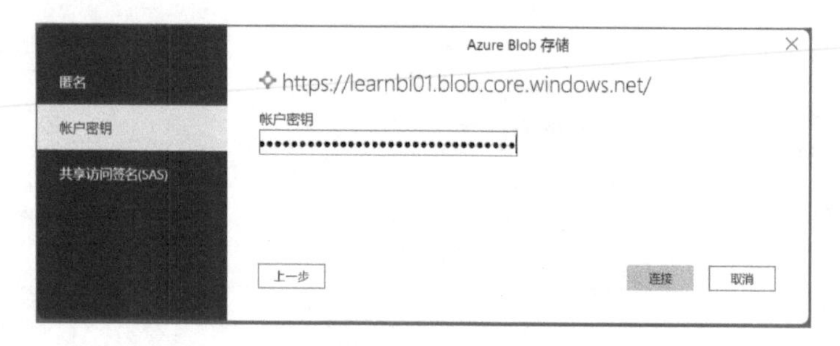

图 6.76 粘贴存储账户对应的账户密钥

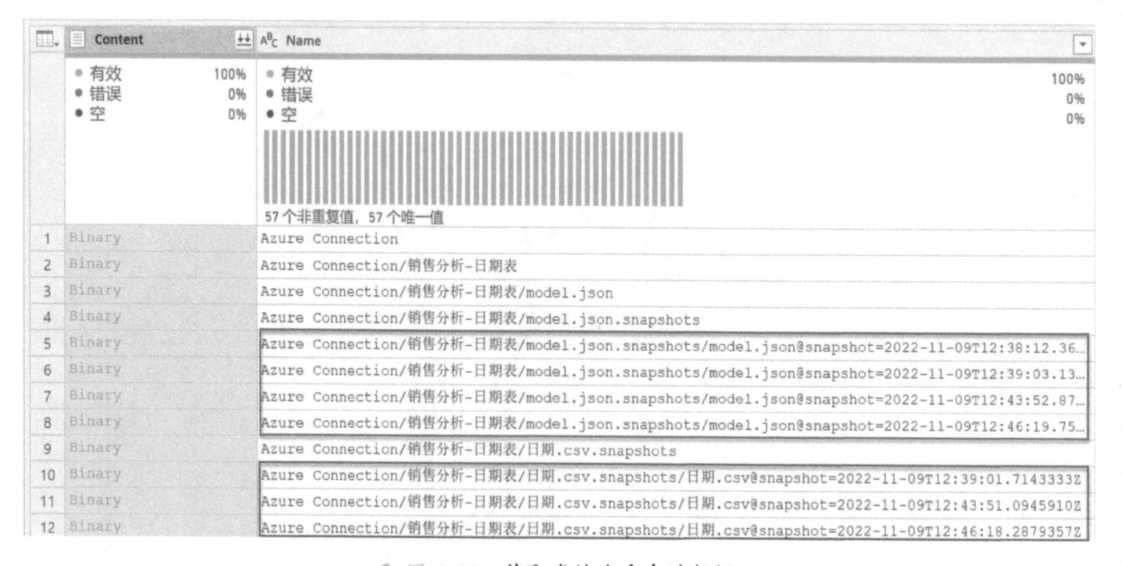

图 6.77 获取存储账户中的数据

04 获取表身（Body）数据，用 CSV.Document 函数从二元数据中获取其中的 Table 数据，见图 6.78。

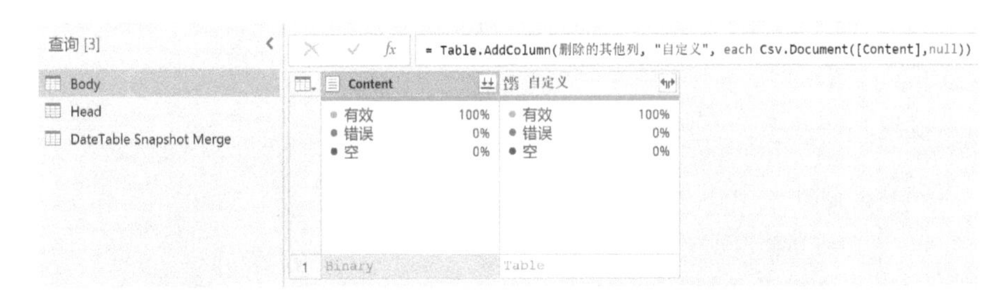

图 6.78 通过 CSV. Document 函数获取表身数据

05 继续展开 Table 数据，具体步骤不再赘述，最终获取表身数据，见图 6.79。

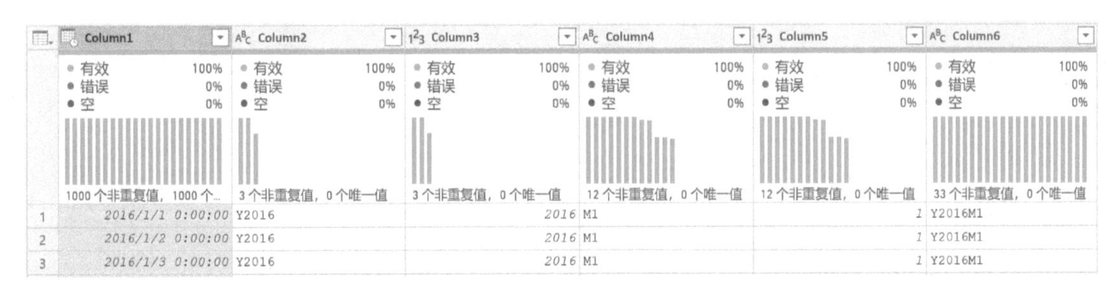

	Column1	Column2	Column3	Column4	Column5	Column6
1	2016/1/1 0:00:00	Y2016	2016	M1	1	Y2016M1
2	2016/1/2 0:00:00	Y2016	2016	M1	1	Y2016M1
3	2016/1/3 0:00:00	Y2016	2016	M1	1	Y2016M1

图 6.79 最终获取的表身数据

06 获取表头（Head）数据，使用 Json. Document 函数从二元数据中获取其中的 Record 数据，见图 6.80。

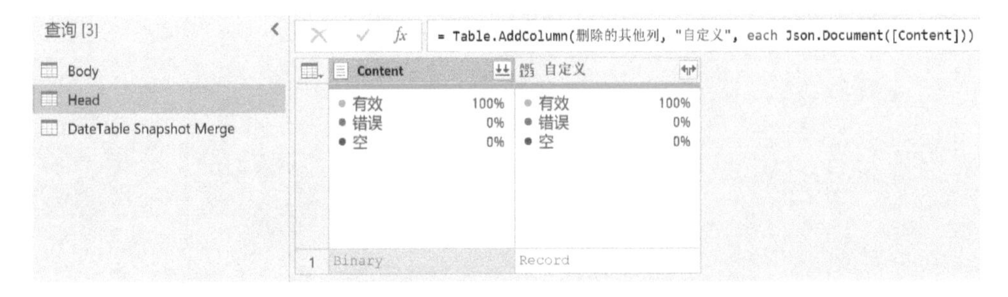

图 6.80 通过 Json. Document 函数获取表头数据

07 继续展开 Record 数据并进行转置，具体步骤不再赘述，最终获取表头数据，见图 6.81。

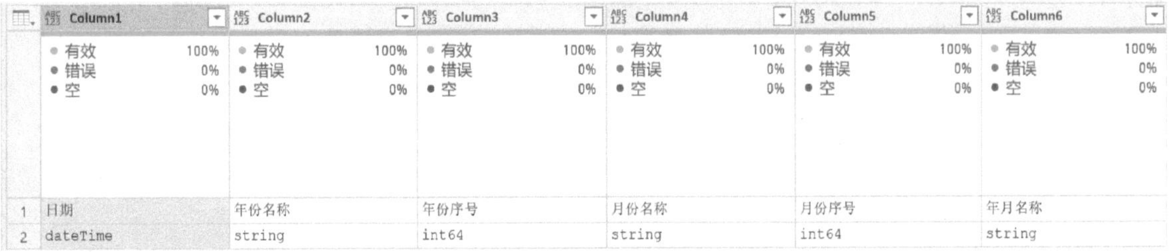

	Column1	Column2	Column3	Column4	Column5	Column6
1	日期	年份名称	年份序号	月份名称	月份序号	年月名称
2	dateTime	string	int64	string	int64	string

图 6.81 最终获取的表头数据

08 将两个表进行追加，再删去第二行的冗余数据，见图 6.82，从而获取了最终的数据历史版本数据，见本例最开始的图 6.73。

图 6.82　通过追加形式完成表身与表头的合并